现代实用

养猪

技术大全 第二版

● 郭宗义　王金勇　主编

化学工业出版社

· 北京 ·

图书在版编目（CIP）数据

现代实用养猪技术大全 / 郭宗义，王金勇主编．
2版 . —北京：化学工业出版社，2022.2
ISBN 978-7-122-40505-0

Ⅰ．①现… Ⅱ．①郭…②王… Ⅲ．①养猪学 Ⅳ．① S828

中国版本图书馆 CIP 数据核字（2021）第 263829 号

责任编辑：邵桂林　　　　　　　　装帧设计：张　辉
责任校对：宋　夏

出版发行　化学工业出版社
　　　　　（北京市东城区青年湖南街13号　邮政编码100011）
印　　装　天津市银博印刷集团有限公司
850mm×1168mm　1/32　印张18¼　字数537千字
2022年4月北京第2版第1次印刷

购书咨询：010-64518888
售后服务：010-64518899
网　　址：http://www.cip.com.cn
凡购买本书，如有缺损质量问题，本社销售中心负责调换。

定　　价：99.00元　　　　　　　　版权所有　违者必究

现代实用养猪技术大全

编写人员名单

主　　编　郭宗义　王金勇

副 主 编　朱　丹　刘　良　张廷焕　张利娟

编写人员　（以姓氏笔画排序）

王可甜　王金勇　邓　娟　邓秋云

龙　熙　白小青　朱　丹　刘　良

刘德宏　李继刚　吴　迪　邱进杰

何发贵　张　亮　张凤鸣　张廷焕

张利娟　陈　磊　陈四清　陈主平

陈明君　范志莲　欧秀琼　罗　洪

胡艳蓉　柴　捷　翁昌龙　郭宗义

涂　志　潘　晓　潘红梅　魏文栋

现代实用养猪技术大全

前言

FOREWORD

随着农村经济的发展和农村外出务工人数的增加，我国养猪业的结构和养猪规模发生了新的变化，农村生猪散养的比例大幅度减少，规模化猪场明显增加，养猪业正快速向专业化、规模化、集约化的方向发展。但是，目前养猪业在养殖观念、养殖基础设施、饲养技术、疫病防控体系、猪场管理，以及粪污处理等方面还有诸多问题，养殖规模与技术力量不协调的问题尤为突出，技术人才缺乏已成为制约规模猪场健康发展的主要因素。

由于近几年规模化养猪发展迅速，国家"南猪北养"政策出台、"温氏代养模式""智慧养猪""网上卖猪"等新鲜事物出现，加上非洲猪瘟的流行，导致在猪场规划建设、设施设备、管理水平、猪群规模、养殖方式、生产工艺、疾病发生状况、粪污等废弃物处理利用方式方法、经营模式、养殖结构、养殖环境、生猪品种、饲喂技术、营养供给、生物安全控制等方面发生了很大改变，2009年我们编写出版的《现代实用养猪技术大全》的某些内容已经不能适用新的要求，某些观点也已经过时。结合近年来出现的养猪新技术、新装备，我们对《现代实用养猪技术大全》进行了修改、补充和完善。书中上篇补充了更多的相关实用资料，知识面更加广泛；中篇补充了一些如母猪批次化生产管理等新技术、新方法，内容上也进行了优化调整，并增加了5个关于母猪繁殖和饲养管理方面的视频；下篇增加了一些猪病的现场图片，因而更加直观。修订后的内容紧扣当前养猪生产实际，更加关注养猪业发展方向。

本书在介绍猪的生物学特征的基础上，详细介绍了猪场的定位与投资决策、猪场建设与设备、种猪引进、饲料配制、饲养管理、繁殖配种、经营管理、疾病防治、环境控制、市场营销等养猪生产的每一个环节的技术关键。同时，在编写中我们吸取了国内外一些养猪专家比较实用的观点，重点表达了许多生产实践过程中遇到的新问题、新体会和新观点。

本书以一个新建猪场决策定位、投资建设、投入生产到产品销售的全过程的生产管理为主线进行编写，能为从事养猪行业的有关人员提供较好的参考，同时也可作为指导猪场畜牧技术人员、兽医工作人员的实用参考书。

由于时间紧迫，加之水平所限，书中定有不妥之处，敬请广大读者批评指正，以便将来再版时加以修订。

编　者
2022 年 2 月于重庆荣昌

现代实用养猪技术大全

目录

CONTENTS

绪 论

上 篇　养猪基本知识

下 篇　猪病防治

现代实用养猪技术大全

绪 论

第一章

现代养猪业概况

chapter
one

猪肉是我国城乡居民生活消费的必需品，而且在居民肉类消费总量中的比例高达 60% 左右，是绝对的餐桌主导，尽管近年来畜禽以及牛羊肉的占比有所提高，但是猪肉在餐桌的地位难以撼动；同时，猪肉价格占到 CPI 比重的 3% 左右，可以说猪肉价格的波动不但直接影响着城乡居民的生活水平以及消费情况，而且也影响着中国宏观经济的波动和宏观调控政策走向，这就足以说明生猪为何具备"猪粮安天下"的战略地位了。

"猪的全身都是宝"，肉、皮、脑、内脏等都可食用；皮可用于制革和煮胶；油脂可用于制造肥皂；鬃毛在机械工业、国防工业、毛纺工业等行业也有广泛的用途；肝、胆、毛、血、骨可提取多种有价值的药品和工业用品。

猪是多胎动物，具有性成熟早、世代间隔短、繁殖利用率高、出栏周期短、屠宰率高、适应性强等特性，养殖便捷且猪肉产品销路广泛，是农民增加收入的一条重要渠道，在国家战略中具有不可替代的地位和作用。

第一节　世界养猪业概况

家猪被广泛饲养于世界各地，亚洲、欧洲和美洲均有巨大的存栏量。目前，全球生猪养殖主要集中在中国、美国、欧盟等国家和地区，美国是仅次于中国的第二大猪肉生产国。同时由于自然环境、文化和宗教等因素的影响，猪在世界范围内的分布数量并不均匀。根据美国农业部（USDA）对世界范围内生猪养殖及出栏情况的统计结果发现，2017年，世界生猪存栏量为76905万头，比2016年下降了2.01%。中国、欧盟以及美国的存栏总量占世界存栏量的比重为85.01%。中国的存栏量占到了世界的56.57%，在2014年以后连续3年下降。2017年，欧盟（28国）存栏量占世界的比重为19.15%，美国占比为9.30%，两者都是在2014年以后连续3年上升。2007—2017年世界生猪存栏情况见图1-1。

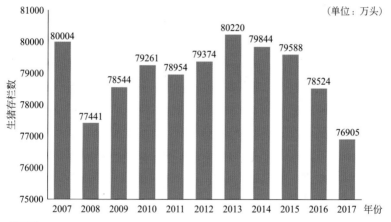

图1-1 2007—2017年世界生猪存栏情况（数据来源：美国农业部，USDA）

2017年，世界生猪出栏量达到125411万头，比2016年上升了5.20%。中国、欧盟（28国）以及美国的出栏量占到了世界的85.56%，比2016年有所下降，中国的出栏量占世界的比重为54.10%，比2016年上升了2.09%。欧盟（28国）出栏量占比为21.15%，美国占10.31%，欧盟和美国的份额都有所下降。2007—2017年世界生猪出栏情况见图1-2。

美国生猪养殖是以大规模养殖场为主。21世纪以来，美国生猪养殖规模发展逐渐放缓，大规模养殖场数量和存栏比重稳步上升，整体

（单位：万头）

图1-2 2007—2017年世界生猪出栏情况（数据来源：
美国农业部，USDA）

波动幅度不超过10%；美国大规模猪场中智能化水平极高，能够实现全程监控、生产性能自动测定等一系列的生产工作，同时，其养殖过程专业化水平高，将不同阶段生猪进行专门化养殖，有效提高生产效率；生猪交易市场一直延续20世纪60年代提出的合同制交易方式，该方式能够有效应对市场价格变化，降低风险，提高效率；同时，对于环境保护方面，美国也通过制定相关法律严格控制生猪养殖产业对环境的污染；在经营模式上，以大型肉类企业为代表的一体化生产模式在美国生猪养殖业中占主导地位。这些企业覆盖包括饲料加工、遗传育种、生猪养殖、屠宰及肉制品加工等产业环节，形成全产业链联动。

　　欧洲生猪主要以丹麦为典型，不同于美国的大规模养殖场，丹麦生猪养殖主要以中小规模养殖为主，其生产经营方式灵活多变，同样也具有极高的专业化水平，从种猪、仔猪、育肥猪，生产、销售等均有专门的场所负责，这大大提高了生产效率。作为世界上生猪育种工作做得最好的国家之一，丹麦实施良种繁育体系，严格做好疫病防控工作，其公猪精液由全国范围内测定选育出的最优秀的公猪站供应，病死猪和屠宰场的废弃物由专门工厂进行回收处理；在丹麦生猪产业同样有相关的生猪产业合作社以及协会共同促进发展，生猪养殖合作社及协会的经营服务促进了生猪养殖业的健康高效发展，其中生猪养殖合作社组织协调，诸如育种、饲养、防疫等环节，生猪养殖协会由生猪养殖场、屠宰加工厂等组成，是促进养猪业与政府部门沟通的桥梁，这大大降低了生猪生产者的风险，提高了生产效率；在环保方面，丹麦更加注重生猪产业的循环发展，丹麦从生猪养殖的肥料还田、化肥严格使用、定期抽查等方面，对生猪养殖过程中产生的环境污染问题进行有效整治，促进生猪养殖业的循环可持续发展。

中国是主要猪肉生产国和进口国，未来生猪市场形势对全球生猪市场走势起着至关重要的作用。我国生猪产业正处在转型升级的关键时刻，生猪行业处在分散至集中的整合期，养殖场数量减少，养殖规模扩大，生产成本增加但伴随规模效益递增。欧盟以及美国等发达国家和地区的生猪养殖水平远远高于中国，但是近年来，中国生猪养殖也逐渐朝着规模化、机械化、智能化方向发展。

一、猪场建设与设施设备概况

1. 现代化猪场建设

自20世纪60年代以来，发达国家逐渐实行集约化养猪生产。目前来说，大部分养猪业发达国家基本实现集约化生产，随着养猪规模的不断扩大、生产技术的不断进步，以及现代化技术的不断发展，现代养猪业逐渐形成了规模化、机械化、自动化、智能化养殖模式。随着新技术、新理念在猪的育种、饲料营养、饲养管理、环境控制、疫病防控、经营管理等方面的广泛应用，对猪场建设的技术水平不断提出新的要求。

随着现代化密闭式猪舍的使用，猪场场址的选择受到环境制约的因素不断降低，智能化、现代化装置与设备越来越多地参与到猪场建设的过程中，猪只自动饲喂系统、猪舍环控系统、粪便收集处理系统等大量应用在猪舍中，能够显著降低生产力成本，提高生产效率。总体来说，现代化、机械化、智能化是现代猪场建设的重点关注因素。对于猪场选址、生产工艺、建筑设计、设备选择等将在本书第九章进行详细介绍。

2. 猪场设施设备使用现状

随着养猪业的集约化发展，自动化、智能化、低能耗、高环保的

养猪设施设备逐渐得到了人们的重点关注，同时"智能猪业""福利化养殖""低碳养殖"等生产理念逐渐备受广大养殖户重视。近年来，国内外研究人员对养猪相关设施设备已有较为深入的研发与改进，国内外先进养殖场对现代化养猪设施设备的应用也有较大改观，主要体现在基础设施逐渐走向标准化、物联网技术备受养猪产业的重视与推崇、猪舍环境调控越来越受到重视、动物福利逐渐得到越来越多人的关注、粪污处理工艺走向多元化等方面。

物联网技术在养猪生产中的应用逐渐深入人心，智能化装备在养猪生产过程中的推广和使用不断增强。在畜牧业生产中，物联网技术不断得到研发人员和猪场工作人员的重视，越来越多的规模化猪场逐渐实现了以物联网为基础的自动化、智能化养殖，这些设备的使用节约了人力物力、提高了生产效率，最终提高了经济效益。物联网技术在猪舍环境监测、自动饲喂系统等方面的应用渐趋成熟，随着研究的不断深入，人们不断把目光延伸到养猪生产的其他过程中，利用传感器或者红外热成像等技术构建的监控装置，能够实时监测猪只健康状况和生活环境，并将数据进行实时传输，实现对猪只健康状况的监控。近年来，随着人们对食品安全的重视，越来越多的研发人员和设备公司加大了对产品的追踪方面的研究，利用智能识读、无线传感器网络、移动地理信息等物联网技术实现养猪生产从养殖、屠宰、零售的全线追踪。

猪舍内环境调控技术不断进步，有效地提高了生产效率，降低了养殖成本。圈舍内环境控制受到国内外学者的广泛关注，科研工作者和设备研发公司积极研发环境控制系统，以期提高生产效率、降低生产成本。我国大部分地域属于季风性气候，通常面临着冬天寒冷、夏天炎热，南方地区冬季湿冷、夏季高温高湿等问题。目前来说，根据我国的气候条件以及圈舍建设情况，研发出了夏季滴水降温、喷淋降温、水控调温床等局部降温措施，冬季保温墙体，仔猪保温箱等设施设备保证冬季圈舍温度，同时，物联网技术的应用能够有效地监测圈舍内温湿度、风速、气体浓度、光照强度等环境参数。科研人员通过对环境控制系统加入动态补偿控制，在优化了猪舍环境调控系统的同时，又对不同季节多环境因子进行模糊化及逻辑推理，生成不同季节的调控策略及规则。但总体看来，虽然能够实现对猪舍环境参数的实时监测，以及对某些局部环境进行调控，但总体来说对猪舍环境的监测、调控状况还不够完善，圈舍内的各环境因子对猪的影响是多因子耦合的关系，而目前的调控系统多数仍是单一调控，找到一个更加合适、精准的控制算法计算出各因子的合理输出值将非常实用且必要。

动物福利问题逐渐得到大家的广泛关注，畜禽健康养殖技术以及相关装备逐渐得到推广和应用。欧洲国家从 20 世纪 90 年代开始就逐渐关注畜禽养殖的福利问题，良好的动物福利能够有效释放畜禽的生长、繁殖潜能。与欧美发达国家相比，我国目前没有明确的动物福利相关法律法规，同时，由于我国规模化猪场占有比例小，资金投入以及装备研发力度小，因此，与欧美发达国家相比有较大的差距。目前，我国相关科研工作者提出了适合我国国情的舍饲散养工艺技术以及相关装备，研发出了适合中国养猪生产的设施设备，如：福利化新型母猪产床、改善猪只生存环境、提供猪只玩具等，这些相关技术和装备在养猪过程中不断推广，但是，由于土地面积、资金、思想观念等问题的制约，这些技术和设备的推广仍存在一定的阻力。

随着人们对环保问题的关注，畜禽养殖场的粪污处理也越来越受到科研人员以及养殖企业的重视，同时也加大了对畜禽粪污处理和资源化利用技术及装置的研发力度。在粪污处理前如何高效进行固液分离是粪污处理工作的重点，部分科研人员研究发现通过两级分离仓与干燥仓的配合得到含水量低的粪便，便于后期的有机肥处理。猪场产生的废水是比较难处理的有机废水，因为其排量大、温度低、废水中固液混杂，有机物含量高，氮、磷含量丰富且不易去除，单纯使用物理、化学或生物学方法都很难达到排放要求。

二、主要品种与生产水平概况

目前世界上饲养的主要猪种有大白猪、长白猪、杜洛克猪、皮特兰猪以及汉普夏猪，这些猪种的主要特性有生长速度快、屠宰率和胴体瘦肉率高等，但是也有肉质欠佳、抗逆性差等缺点。

大白猪又称为大约克夏猪，原产于英国北部的约克郡及其临近区域，迄今已有 230 余年的培育历史。约克夏猪有大、中、小三型，目前作为普遍的是大约克夏猪，因其体型大、毛色全白，又名为大白猪。大白猪是目前世界上分布最广的品种之一。大白猪体躯大，体型

匀称，被毛全白，少数额角上有小暗斑，颜面微凹，耳大直立，背腰多微弓，腹充实而紧，四肢较高。相较于其他品种，大白猪繁殖性能较高，母猪泌乳性强，哺乳率高。据最新统计，经产丹系大白猪平均产仔数可达到 15 头以上。同时大白猪具有增重快、饲料转化率高的优点。

长白猪原产于丹麦，又名兰德瑞斯，因其体躯特长，毛色全白，故在中国通称为长白猪。长白猪作为优秀的瘦肉型猪种，在世界上分布很广，很多国家从 20 世纪 20 年代起相继从丹麦引进长白猪，结合本国的自然和经济条件，长期进行选育，育成了适应本国的长白猪，目前主要有英系长白猪、美系长白猪、法系长白猪等。长白猪外貌清秀，体躯呈流线型。被毛纯白且浓密柔软，头狭长，颜面直，耳大前倾，颈、肩轻盈，背腰特长，腹部直而不松弛，体躯丰满，后腿肌肉发达，皮薄，骨细结实。长白猪的繁殖性能较好，据最新统计，丹系长白猪经产母猪平均产仔可达 16 头以上。丹麦长白猪具有生长速度快、饲料报酬高、胴体熟肉率高的优点，但其存在着肉质欠佳、抗逆性差等缺点。

杜洛克猪原产于美国东北部，其主要亲本是纽约州的杜洛克、新泽西州的泽西红、康涅狄克州的红毛巴克夏猪和佛蒙特州的 Red Rock 猪。1872 年这四类猪开始建立统一的品种标准，1883 年成立统一的育种协会，开始统称他们的良种猪为杜洛克 - 泽西猪，后简称为杜洛克猪。20 世纪 50 年代后，杜洛克猪朝着瘦肉型猪方向发展，并逐渐达到了目前的品种标准，成为世界著名的瘦肉型猪种，在世界上分布广泛。杜洛克猪体型大，被毛红色，从金黄色到暗棕色，深浅不一，樱桃红色最受欢迎。耳中等大，耳尖下垂，颜面微凹，体躯深广，肌肉丰满、四肢粗壮。杜洛克猪产仔数量不高，通常平均窝产仔数 10 头左右。但杜洛克猪母性好、仔猪生命力顽强、断奶存活率高、增重速度快、饲料利用率高、胴体瘦肉率较高。相较于大白猪和长白猪等外种猪，杜洛克猪体型更为健壮，肌肉结实，尤其是腿肌和腰肉丰满，同时相对耐粗饲，对环境的适应性较好，且肉质较好，肌内脂肪含量较高，大理石纹分布均匀，嫩度和多汁性较好，氟烷阳性率低，产生的 PSE 和 DFD 肉少。

皮特兰猪原产于比利时布拉邦特（Brabant）地区的皮特兰村，一般认为是利用当地的一种黑白斑土种猪和法国的贝叶猪（Bayeu）杂交，再导入英国泰姆沃斯（Tamworth）或者巴克夏猪的血液选育而成的。皮特兰猪体型中等，体躯呈方形，被毛灰白夹有形状各异的大块黑色斑点，有的还夹有部分红毛。头较轻盈，耳中等大小，微向前倾，颈和四肢较短，肩部和臀部肌肉特别发达。法国皮特兰繁殖性能差，产仔数少，平均窝产仔数为 10 头左右，其生长速度和饲料转化率一般，特别是 90 千克以后生长速度显著减缓，但其突出表现为胴体瘦肉率高、背膘薄等。皮特兰猪肉质相对较差、肌纤维较粗、氟烷基因阳性率高，易发生猪应急综合征（PSS），产生 PSE 肉。

汉普夏猪原产于美国肯塔基州布奥尼地区（Broone），19 世纪 30 年代，英国汉普夏州的不列颠黑背猪输入美国，随后经过改良皮肤变薄，曾被称为薄皮猪。1893 年肯塔基州成立了薄皮猪协会，1904 年正式命名为汉普夏猪，成立良种登记协会。汉普夏猪在 20 世纪 50 年代开始逐渐向瘦肉型猪发展，成为世界著名的瘦肉型猪种，广泛分布于世界各地。汉普夏猪体型大，毛色特征突出，被毛黑色，在肩部和颈部接合处有一条白带围绕。由黑皮白毛形成一灰色带，故有"银带猪"之称。头中等大小，耳中等大小而直立，嘴较长而直，体躯较长，背腰呈弓形，后躯臀部肌肉发达。汉普夏猪繁殖力不高，窝产仔数通常在 10 头左右，但其母性好、体质强健。其生长性能一般，但其胴体性状很好，尤其以胴体背膘薄、眼肌面积大、瘦肉率高而著称。其肉质欠佳，肉色浅，分钟 olta 反射系数低，系水力差。在杂交利用中可以作为终端父本，以提高商品猪的胴体品质。

三、废弃物处理与利用概况

工业、农业和生活活动是现代污染的主要来源，而猪场粪便和污水是造成养猪业污染的主要原因。随着猪场建设规模的扩大，产生的废弃物量逐渐增加，从而增加猪场废弃物处理的压力。因此，必须对猪场养殖产生的粪便和污水进行净化处理。相关研究结果表明，猪场废弃物如果直接排放到周围环境，不经处理会污染土壤、水源、空气，还会对人体健康造成影响。因此，对猪场废弃污物的无害化处理已逐渐成为相关科研、管理部门的热点和难点。近几年来，许多地方推广猪场废弃物的无害化处理综合利用技术，在达标排放的同时净化

environ境，将粪便与污水变成燃料和肥料，效果显著。

（一）猪场废弃物定义及分类

根据《畜禽养殖废弃物管理术语》（GB/T 25171—2010）中的定义，生猪养殖废弃物是指生猪养殖过程中产生的废弃物，包括粪、尿、垫料、冲洗水、猪只尸体、饲料残渣和臭气、医疗废弃物、生活垃圾等等，其中最主要的养殖废弃物是生猪日常生产产生的粪便和养殖污水。粪便是指生猪日常生产产生的粪、尿排泄物。根据粪便中固体物含量不同，生猪粪便又分成固体粪便、半固体粪便、粪浆和液体粪便，不同状态粪便之间没有十分明显的区分界线，比如粪浆和半固体粪便在直观上基本无法进行区分，粪便的各种状态主要与生猪养殖场养殖工艺直接相关。养殖污水是生猪日常生产中冲洗系统运行后产生的液体废弃物，其中包括粪便残渣、尿液、散落的饲料以及生猪毛发和皮屑等。

生猪养殖场通常根据废弃物的形态，可将其分为固体废弃物、液体废弃物和气体废弃物三部分。其中固体废弃物包括生猪养殖过程中产生的猪粪、猪只尸体、胎衣以及饲料残渣等。液体废弃物包括猪只尿液，生产浪费用水，圈舍清洁、消毒等冲洗用水，圈舍降温用水以及员工生活污水等。气体废弃物包括生猪养殖生产产生的粪尿臭气。

（二）国外猪场废弃物处理综述

1. 完善的法律法规

丹麦执行欧盟共同农业政策（CAP）和良好农业规范（GAP）等相关法律、法规，出台畜禽粪污管理条例，其中规定了粪肥的储存时间、方式，要求所有养殖场必须满足"和谐原则"。丹麦是欧盟第一个实行"生态税收"改革的国家，立法规定了土地载畜量，以维持动物排泄与土地消纳的平衡。法国执行欧盟《硝酸盐指令》，要求硝酸盐必须在适当的时间、合适的地点排放适当的量，硝酸盐肥料的最大施用量为170千克/（公顷·年）。法国将欧盟《饮用水指令》中关于饮用水权和卫生设施权的规定、欧盟《水框架指令》中关于硝酸盐在农业上的排放规定、欧盟《工业排放指令》中关于畜禽养殖的规定，均写入本国法律，在《卫生条例》和《环境法典》中，对于畜禽粪便的定性、使用及市场投放都有相应的管理措施。美国在国家总的法律条文中对粪污管理进行了概括性描述，在各州一级的环境立法中进行制度化，在下一级的地方政府法律法规条文中进行细化，构成了控制畜禽粪污控制的三级管理框架。如美国国会于 1972 年颁布净水法案，法案将畜禽养殖场列入污染物排放源，规定未经国家环保局批准，任何企业不得向任一水域排放任何污染物。美国《联邦水污染法》中规定 1000 标准头（2500 头体重 25 千克以上的猪）或超过 1000 标准头以上的猪场，必须得到许可才能建场，1000 标准头以下、300 标准头以上的猪场其污水无论排入贮粪池还是排入水体均需得到许可。英国在畜牧污染治理方面起到了很好的示范作用。首先，英国制定了《环境保护法》（1990 年）、《环境法》（1995 年）等约束畜禽养殖业环境行为的总法，其次政府还制定了《水法》（1989 年）、《水资源法》（1991 年）、《苏格兰污染防治法》（1974）等单项法律，在法律中明确了畜禽养殖业环境污染的条款。第三，英国还制定了《青贮饲料》《粪便与农业燃油》等针对农业和畜牧业管理的专项法规，细化和完善了国家对环境管理的法律体现。

2. 精细的管理要求

丹麦在畜禽养殖粪污资源化管理中要求每公顷土地饲养 1.4 个动物单位（1 个动物单位相当于每年产出 100 千克氮的某重量级别的一定数量动物，相当于 1 头奶牛或 3 头种猪或 30 头生猪或 2500 只肉鸡），即每公顷土地每年施用的氮肥中氮的总量不能超过 140 千克。每个农场饲养家畜的数量不得超过 500 个单位，但一般农场在达到 250 个单位时，相关部门和机构就对其环境效应进行评估，根据评估结果再决定是否同意其扩大规模。当难以达到耕作面积与粪肥平衡标准时，养殖户会出售多余的粪肥给其他种植户。目前，在丹麦，大约 80% 的有机农场和 70% 的有机奶牛场建立了粪肥交易合作伙伴关系。法国规定，农田消纳粪污量按氮的指标来计算，每公顷土地允许排放 140～150 千克的氮，每公顷土地允许饲养 4～5 头肥猪，100 公顷土地允许饲养 500 头肥猪。英国要求母猪在 400 头以上的规模猪场必须进行环境影响评价，必须将环评报告书和建设申请书同时申报审批。在粪污处理后还田利用方面，规定畜禽粪便中总氮的最大施用量为

每年250千克/公顷，建议的粪便废水的最大施用量为50立方米/公顷，且每3周不超过一次，收获后在冬季闲置的农用地不得使用粪肥。

3. 适用的技术模式

在丹麦，每个养殖场基本上都配备了一套粪污处理设施，包括沉淀池、曝气池、抽送和搅拌设备、液体肥施肥车和固体肥抛肥车。丹麦除了推广配套的施肥设备，还大力推广精准粪肥施用技术。丹麦仅允许每年2～5月份进行粪浆还田，故需修建能储存9个月以上粪浆的粪浆池，粪浆储存期间，需在粪浆池上覆盖15～20厘米的秸秆，防止臭气及挥发性气体的排放，该措施能减少80%的臭气扩散。在丹麦近10%的粪便由集中式沼气池站进行处理，近20%的畜禽养殖户参与到沼气生产中。大多数沼气被用于发电，产生的余热则输送给当地集中供热厂使用，使能效利用达到最高。法国粪污处理技术主要有固液分离、堆肥利用以及沼气能源化技术等。这些技术可以单独使用，也可以组合使用。法国90%左右的养殖场采用粪污分离技术，分离的固体用作有机肥或牛床垫料等，液体至少储存2个月后还田利用。10%养殖场通过建造大型沼气池发酵设施，将粪污用于沼气发电。法国畜禽粪污固体分离技术分为：格网、栏条或平板进行固液分离，干湿分离机分离，筛子震动分离，滚压机分离等，养殖场可以根据自身的需求，选择不同的固液分离技术。法国猪场通常采用1/3的漏粪水泥地板，经过特殊角度设计的水泥平台结合刮粪板，可以更有效地分离尿液与粪便，这一设计可以得到含水量为70%的鲜粪。鲜粪一部分用于沼气工程，另一部分经过高温脱水成干粪，送去配方厂进行养分添加和造粒，形成上百种适合不同作物生长的有机肥；沼渣进行氨吹脱，而后制成液体浓缩肥料；沼液在通过先进技术处理后实现水资源清洁利用，如用于附近产业链接的肉联厂、加工厂的生产中。

4. 有效的鼓励政策

2000～2012年，丹麦政府对沼气工程建设给予20%补贴，沼气作为可再生能源，其收益免国税；沼气发电上网电价为10欧分每千瓦时；对粪便处理利用规定严格，收取粪便及废弃物处理费。英国和丹麦分别承担农民建造贮粪设施建设费用的 50% 和 40%；日本在每年的地方财政年度预算中，拨出一定的款额来防治畜禽粪便污染，养殖场环保处理设施建设费的 50% 由国家财政补贴，25% 由政府解决。荷兰政府对粪便运输补贴距离给予不同的运输补贴，对距离 50 千米以上的运输，根据运输距离给予金额不等的运输补贴，荷兰政府从 1998 年起，一直实行对饲料生产厂高征税，税款用于弥补畜牧环境治理资金的不足，并由国家补贴建立粪肥加工厂，瑞典通过提高化肥价格，以刺激农场主利用畜禽粪便作为有机肥的积极性。

第二节　我国养猪业现状

我国是一个养猪大国，猪肉产量位居世界第一。生猪养殖业作为我国畜牧生产中的重要支柱产业，是国民肉类食品的主要来源。2018 年全国猪肉产量为 5404 万吨，占畜禽肉总产量的 63.45%；生猪存栏 42817 万头，出栏 69382 万头。

我国是主要猪肉生产国和进口国，未来生猪市场形势对全球生猪市场走势起着至关重要的作用。我国生猪产业正处在转型升级的关键时刻，生猪行业处在分散至集中的整合期，养殖场数量减少，养殖规模扩大，生产成本增加但伴随规模效益递增。

自 2012 年以来，生猪存栏有总体处于下降趋势，同样地，国内能繁母猪存栏也是处于下降趋势。2018 年以来，受非洲猪瘟疫情影响，全年生猪存栏量可能继续下滑，但同时，我国生猪的养殖效率得到了快速提升，psy 指数显著提升。同时我国生猪养殖范围分布广泛，区域化布局明显，但总体来说，生猪养殖主要分布在国内主要粮食生产大省，其中四川、河南、湖南、山东等为主要的养殖省份。非洲猪瘟疫情的暴发导致各省生猪调入、调出受限，严重影响了各地区生猪价格，产销区供需的不均衡，严重影响了生猪价格差异。我国生猪养殖模式多样，散户养殖模式在我国仍然占据主要地位，近年来，随着市场竞争压力的不断增加以及新环保法的出台，大量散户逐渐退出生猪养殖产业，目前我国规模化养猪主要有两种模式，

其一是"公司自繁自养"模式，一种是"公司＋农户"模式，"公司自繁自养"模式是指公司从饲料、育种、养殖甚至包括屠宰、销售等进行全权负责完成的生产模式，而"公司＋农户"模式主要是指公司提供猪苗、饲料、兽药、生产技术等，饲养环节由农户完成的生产合作模式。

一、我国养猪业生产水平

总体来说我国养殖水平不高，生产效率偏低。虽然我国平均每头能繁母猪提供的商品猪数量由 2011 年的 13.5 头提高到 2017 年的 16 头左右，但是与世界其他国家相比较，目前我国生猪生产效率仍然较低。根据美国农业部 2017 年发布的生猪生产数据计算，中国生猪存栏量占全球的 56.57%，而全年生产猪肉总量却只占 48.18%；欧美生猪存栏量占全球的 19.15%，但猪肉产量占全球的 21.07%；美国的生猪存栏量占全球的 9.3%，但其猪肉产量占全球的比例却有 10.56%，高存栏、低生产效率仍是我国目前养猪业存在的主要问题。

近年来，我国的养殖模式不断由散户养殖向规模化养殖转变。自 2005 年开始，我国养猪行业逐渐由农户散养型占主导向养猪专业户、大型集约化养猪企业转变，逐渐改变了长期以来全民养猪的局面。据有关部门统计，全国有 5600 多万个养猪场，其中年出栏 500 头以下的散户数量约占 99%，户均出栏不足 13 头。近年来，规模化生产发展迅速，2017 年统计发现，目前 500 头以下的家庭猪场生猪出栏大致占全国总供应的 60%～65%，这就说明，我国生猪产业正处于从小散到规模的转型之中，但当下甚至未来多年中国养猪业的大半壁江山都将由家庭猪场占据。散养户多采用母猪到育肥猪一条龙饲养工艺，规模养殖大多采用多点式饲养、全进全出工艺。随着饲料原料成本不断上升，劳动力资源紧缺、成本节节攀升，部分集约化程度高的猪场从传统开放、半开放猪舍逐步转向全环境控制的全封闭猪舍，从人工劳动发展到机械清粪或者水泡粪、自动喂料等自动化设备的应用。

我国生猪生产方式逐渐由数量型向质量型转变。生产健康、安全、无污染食品逐渐成为大家的共识。瘦肉精、莱克多巴胺等违禁饲料添加剂已退出历史的舞台，禁用药物及休药期也被强制执行，饲料中重金属含量得到控制，通过这种方法有利于提高产品竞争优势，激活国内市场，改变供求平衡关系，达到养猪生产者和猪肉消费者的双赢。种猪品种由地方脂肪型猪转向外来瘦肉型以及多元杂交型猪，瘦肉率由 35%～45% 提高到 60%～65%，商品猪 70% 以上是瘦肉型猪。部分种猪场不再简单追求生长速度和瘦肉率，而是把肉色、肌间脂肪等肉质指标纳入育种计划，以提高瘦肉型猪肉的风味和口感。

二、我国养猪业存在的主要问题

我国目前的生猪产业正处在转型期，生猪生产相对落后，目前仍存在大量小规模、分散饲养的养殖户。生猪生产技术服务体系不健全问题尤为突出，良种繁育体系不够完善，基层畜牧兽医队伍不稳定，检测设备和手段落后，导致防疫不力和兽药滥用，专业合作组织规模较小，实力薄弱，组织协调力不强，市场风险仍不易规避，影响生猪生产的稳定发展，进一步发展需要解决以下主要问题。

1. 原种被国外控制

种猪位于生猪产业链的顶端，利润大、技术含量高，是养猪业的核心竞争力，是区分养猪强国的重要标志，也是我国养猪业最薄弱的环节。我国种猪长期依赖进口，并有逐渐增加的趋势，20 世纪 90 年代每年数百头，2000 年后每年千余头，2008 年达到创纪录的 1.2 万头，2009 年虽受猪流感影响下降了 31%，但 2010 年我国种猪进口计划申报数量较往年又有较大幅度增长，为世界最大的种猪进口国，导致我国常年只能充当为养猪强国打工者的角色。这其中的原因固然有发达国家在"长白""约克夏"等几个品种的选育上已进行了近百年，奠定了难以企及的技术优势与市场优势，我国要想赶上非常困难，但更重要的原因是我国长期重引进轻选育，陷入"引种—退化—再引种"的怪圈，虽然 2010 年开始实行全国联合育种计划，但由于选育周期长、见效慢，达到发达国家的水平还需要较长的时间。另外，我国是世界上地方猪品种资源最丰富的国家，地方猪虽然生长较慢、瘦肉率较低，但肉质好、口感好、耐粗饲、抗病力强，这些特性正好是下一代种猪选育的主要目标，因此，目前应着力对地方猪品种资源进行保护，有了充足的基因资源，就取得了下一步发展的主动权。

2. 规模化标准化养殖问题突出

自 2007 年猪肉危机爆发后，国家对规模化养殖进行了大力扶持，规模化进程明显加快，2009 年全国规模化程度达到 43%，这虽然是发展的方向，但一哄而上的结果也导致种种问题，特别是 300 头母猪以下的中小规模猪场，问题较多：一是工程化水平不高，猪场设计与修建不规范，设施设备不配套，完全达不到标准化养殖的需要，更无法适应未来动物福利的要求；二是人才严重短缺，猪场由于离城市较远，生活与工作条件较差，加之由于防疫的需要控制出入，很难吸引与留住人才，特别是追求生活质量的年轻人，更是避之不及，规模化养殖的技术含量较高，由于人才的缺乏导致相当数量的猪场生产水平还不及散养管理得精细；三是抗风险能力弱，我国养猪业存在严重的周期性波动，常常导致养殖环节的负利润，大猪场可以凭借资金实力渡过难关，但中小规模猪场对市场极其敏感，市场大幅波动往往会对其造成致命影响。

3. 自主创新能力弱

（1）国外因素 据统计，目前全世界 86% 的研发投入、90% 以上的发明专利都是掌握在发达国家手里。凭借科技优势和建立在科技优势基础上的国际规则，发达国家及其跨国公司形成了对世界市场特别是高技术市场的高度垄断，从中获取大量超额利润。知识产权成为影响发展中国家现代化进程的最大不确定因素。同时发达国家频频用技术制造贸易壁垒来达到限制进口与增加出口的目的，比如近年来的发达国家大力提倡"动物福利"，虽然它在动物保护方面有积极作用，但同时也被发达国家利用来作为保护本国产业的壁垒。最近，"碳排放"关注度持续升温，本来是为了应对全球气候变暖，保护人类生存环境，但也给发达国家以借口，将达不到"碳排放"标准的产品拒之门外。

（2）国内因素 现代养猪业不同于传统养猪业，是一个高投入、高产出同时伴有高风险的产业，企业的利润往往来源于技术上的创新，并且养猪业越发达，对技术依赖越强。我国整体科技水平不高，主要表现在：一是原始创新少，以模仿创新和技术跟踪为主，高新技术产业领域的国际分工中仍处于国际价值链的低端；二是自主知识产权少，三是成果转化率低，目前我国畜牧业的技术应用效率仅为 40%～50%，而发达国家一般都在 70% 以上。

4. 食品安全管理难度大

2011 年 3 月，双汇爆出了"瘦肉精"事件，再次将猪肉推向了全国舆论的风口浪尖。其实，熟悉猪肉市场的可能一点也不奇怪，因为这已经不是一次两次了，2001 年，广东爆出"瘦肉精"事件，全国一片哗然；2003 年，媒体大量报道猪的药物残留与重金属残留，全国人民谈猪肉色变；2005 年，四川暴发猪链球菌，西南地区全不吃猪肉；2006 年，上海再次爆出"瘦肉精"中毒事故，浙江也在猪肉中检出了剧毒的"六六六"和"滴滴涕"；2009 年，猪流感席卷全球。可以看出，全国性的猪肉质量事件平均 2 年就发生一次，由于猪肉在国内肉类消费中占绝对优势，每一次这样的事件都会引起全国关注，也会对养猪业造成重大打击。其实国家对猪肉质量安全不可谓不重视，参照国际标准制订了大量法律法规，成立了相应的监督管理部门，但猪肉的产业链太长，从种、养、加、销有十几个环节，跨越多个管理与监督部门，每一环节都有可能引发质量问题，导致"瘦肉精"之类的事件一再发生。但目前消费者对食品安全越来越重视，猪肉质量是养猪业必须要面对与解决的问题。

5. 生态环境对生猪业发展的制约日益突出

随着规模化、集约化程度的提高，饲养数量及饲养密度急剧增加，饲养及加工过程中产生的大量排泄物和废弃物对人类、其他生物以及畜禽自身生活环境的污染愈来愈突出，已成为一个不可忽视的污染源。养猪业对生态环境的影响主要表现在空气污染、水资源的浪费、水污染、森林砍伐、土地和土壤的破坏等几个方面。养猪业排放主要是甲烷和氨气，也是温室气体排放的重要来源；养猪业还是水资源的一个重要消耗者，占了全球人类水消耗的 8% 之多，主要是用于饲料作物灌溉和猪粪便污物的处理。养猪业环境污染问题有一个容易被忽视的原因是资源利用重视不够，不是把猪粪便和污水作为资源看待，而是作为废弃物处理，处理不及时即成为污染源。包括过去一段时间的研究也主要集中在粪污处理的角度，而不是先从利用的角度去考虑如何处理，有不少项目仍是围绕处理后如何排放，这样从经济的角度看就没有养殖场会有积极性去配合处理，所以污染问题总是很难解决。因此，要治理养猪业带来的环境污染，迫切需要进一步加强研究降低猪臭气及其他污染物（如 N、P、重金属等）排放的营养调控技术和饲养技术，

建立资源再生利用、生态型可持续健康养猪新技术、新模式。

6. 重大动物疫病成为制约我国生猪业发展的障碍

我国原有的对猪威胁较严重的疾病尚未得到全面、有效的控制，如大肠杆菌病、沙门氏菌病、败血型仔猪副伤寒、慢性型副伤寒、猪瘟、口蹄疫等。近年来由于种猪和疫苗的进口，一些新的传染病也随之带入，如非洲猪瘟、繁殖呼吸综合征、断奶仔猪多系统衰竭综合征等，目前尚无有效的防治办法。我国对养猪生产环境中有害微生物和有害气体的快速检测和控制、环境的消毒管理规程、卫生控制的规范、卫生控制标准等还缺乏系统研究。加之猪和猪肉制品流通的频繁和管理欠规范，防疫体系不完善，疾病的综合防治措施不力，严重危害了养猪业的发展。

7. 社会服务体系不健全

现代养猪业的发展必须要求以健全的社会化服务体系为支撑，这是其有别于传统养猪业的另一重要标志。社会化服务主要包括产前、产中、产后的业务指导；信息的收集、整理、形成、发布和传播；生产所需良种、防疫用品、药品、机械设备等的供应；猪场等生产设施的建设；产品市场的开拓和销售；监督检测体系的建设等内容。在这些服务体系中，政府扮演了公益性服务的职能，合作组织、行业协会则承担本组织和本行业的自我服务职能，企业则基本以市场机制为基础，实行营利性服务。养猪业发达国家普遍实现了社会化，在生产经营上，以市场需求为导向，遇到问题找市场不找市长，找中介组织不找政府部门。而社会化服务体系在我国却刚刚起步，是最不受重视也是最薄弱的一环，是下一步我国发展现代养猪业需要重点解决的问题。

8. 生猪养殖规模化发展面临人才瓶颈和劳动力短缺

近年来我国城市经济的快速发展，吸收了大量农村劳动力进入第二、三产业，劳动力短缺对生猪产业的影响已经显现。由于养猪的工作环境相对较差，其从业人员的社会地位也相对较低，加上规模化养猪对防疫要求很高，需长时间的隔离，生活单调乏味，许多人不愿从事此行业，导致养殖企业招工难，养殖企业缺乏有能力、有技术、肯吃苦的熟练饲养人员，而具备较全面养殖技术和实际操作经验的规模养殖场场长更少，这对生猪产业的稳定和长期发展十分不利。

第二章

chapter two

养猪业发展趋势

第一节　我国生猪产业发展的趋势

我国生猪产业发展呈现如下趋势：

一、品种发展趋势

从品种结构来看，洋三元、二洋一土、洋二元、土二元、地方猪、培育品种等组成多元养殖品种结构将在今后一段时间长期存在。

二、主导方向发展趋势

规模化、标准化养殖，集约化生产，品牌化经营，市场化运作是生猪产业发展的主导方向。国家会综合考虑资源禀赋、环境承载能力等因素，因地制宜发展适度规模养殖和大型现代生猪企业集团，加快生猪生产方式转变。继续实施生猪标准化规模养殖场建设项目和标准化规模养殖扶持项目，加强养殖场基础设施改造，提升设施化装备水平。深入开展生猪养殖标准化示范创建，建立健全标准生产体系，推进高效适用生产技术的集成创新与推广，切实发挥示范场的辐射带动作用。发挥大型一体化企业的引领作用，依托龙头企业科技、人才、

信息、资金等优势，带动规模猪场提高管理水平和技术水平，促进生猪养殖的标准化、规模化和产业化，使适度规模养殖成为我国生猪生产发展的主体，切实增强生猪综合生产能力。

三、生猪养殖发展趋势

生态养殖、无抗养殖、福利化养殖、节能养殖是生猪养殖的趋势。近年来，世界各国均意识到抗生素滥用产生的问题，在发达国家已开始流行不使用抗生素的养殖方法，即无抗养殖方法，代表了健康养殖的发展方向。例如，瑞典早在1986年迈出第一步，宣布全面禁止抗生素用作饲料添加剂。丹麦也陆续禁止了多种抗生素作为生长促进剂使用，至2008年，丹麦国内养猪生产中抗生素的使用量比最高时减少近50%。2006年，欧盟成员国全面停止使用所有抗生素生长促进剂，包括离子载体类抗生素。养殖业正面临一场艰难的环保革命！中国农村的污染源80%以上来自于畜禽养殖业，养殖业的污染已经不容回避！养殖场要想继续生存和发展，实现可持续发展，环保养殖工艺技术的采用，是国内养殖业唯一出路。

四、养猪资源发展趋势

人力资源、土地资源、饲料资源和环境约束日益加强。新一代年轻人不愿意从事养殖业，而养殖业骨干们渐渐老去，养殖场除了提高薪酬福利、改变工作环境以增加吸引力，别无他法。养殖业不过是许多年轻人谋生的手段，当他们面临更多的选择时，只有快乐的工作才能留住他们的心。因此，为解决人力资源紧张难题，只有采用自动化设备、先进生产工艺和先进管理技术，让饲养员变成管理员，依靠先进的自动化设施设备、科学化管理和先进生产工艺来解决人力资源紧张是趋势！养殖业是一个特殊行业，场地往往受到气候、地形、水源和周围土地资源等等因素影响，还有，随着中国经济发展水平提高，很多地方政府不愿意发展养殖业，因此适合养殖业发展的土地资源越来越紧张。

五、企业经营发展趋势

企业兼并重组和低利润趋势是常态。国家将会完善生猪产业链利益连接机制，协调和引导龙头企业与基地农户通过契约、股份合作等方式结成利益共同体。引导建立生猪合作社等合作组织，稳步增强养殖场（户）市场竞争能力和抗风险能力。推进生产者与屠宰加工的利益融合，逐步取消活猪中间流通环节，推进生产者与屠宰场的直接联系。鼓励生猪定点屠宰厂（场）采用"厂场挂钩"、订单生产以及建设生猪养殖基地等方式，扩大协议养殖或自养生猪规模。逐步推行生猪主产区生猪"就近屠宰，冷链运输"的养殖、屠宰、加工一体化经营模式，在全国形成以跨区域流通的现代化屠宰加工企业为主体，区域性肉品加工企业发挥重要功能作用，以供应本地市场的定点屠宰企业为补充，梯次配置、布局合理、有序流通的产业布局。制定生猪屠宰及肉类加工业的产业发展政策，推动大型加工企业加大体制机制创新力度，不断完善生产、加工、配送和销售供应链的管理体系，增强对市场经济的适应能力。大力支持生猪屠宰及肉类加工龙头企业和养殖基地建设，进一步推动生猪产品加工业由初级加工向精深精细加工的转变，朝着规范化、标准化、规模化、集团化、一体化方向发展。大企业拥有大量资金、技术和设备等优势资源，可以较容易树立品牌。大资本的注入也会导致出现超大型种猪场，成为行业的龙头企业，一般有更好的营销渠道，可以更快地打开市场。同时合作中的主体形成利益共同体，共享信息数据，根据信息自动调整生产，实现供需相对平衡，可以有效避免风险，并通过企业的高效生产管理技术，来提高生产效率，同时也可以解决超大型猪场土地资源紧张的困局。"大鱼吃小鱼"是任何行业发展的自然规律，落后不仅要挨打，还可能会被吃掉。随着越来越多的大资本进入养猪业，也随着养猪业的集约化、规模化提速，养殖科学管理理论的普及，养猪技术的提高，生产成绩将大大提高，养殖产品将丰富多样，供应充足。因此养猪业的暴利时代已终结，养猪场保持低利润是趋势。

六、养殖设备发展趋势

养殖设备自动化、智能化，管理信息化、智慧化。如今人们对于养殖的要求更加严格，需要的不仅仅只是数量上的要求，更多的是在于品质上的提升，所以现代养殖设备的发展主要体现在了设备自动化的改进、节能化的发展以及福利化设施设备的开发与创新。发展趋势

主要是以下几个方面为主：从单纯重视猪栏到开始重视气候调控和自动喂料设备；利用图像处理等方式设备向成套化、标准化发展；设备从简单加工向提高工艺含量发展；与动物福利相结合；设备由耗能型向节能型发展。

七、猪肉质量发展趋势

健全饲料管理法律法规体系，加大饲料质量安全监管力度，严厉打击违法添加"瘦肉精"等行为，完善饲料生产经营诚信体系，推动饲料生产规模化、标准化、集约化，建立完善饲料质量安全风险防控机制。推动养殖与屠宰环节联动，科学整合现有质量安全检测项目，加强生猪质量检验检测体系建设，探索建立质量安全追溯系统，将质量安全监管责任落实到位。加强畜禽标识和养殖档案管理，引导养殖、屠宰、销售一体化经营，推动建立质量安全追溯体系，提高品牌肉市场占有率。督促屠宰企业建立肉品质量安全管理体系，鼓励其采用能满足卫生和质量安全要求的先进屠宰加工技术，及时有效打击私屠滥宰及制售假劣肉类制品等各种违法行为。推动建立和完善生猪养殖、防疫、交易、交割、加工、运输、冷鲜保藏等标准，积极推进标准实施。切实加强基层动物卫生监督机构人员队伍、着装和执法条件等方面建设，不断提升监督执法能力与水平。加强对生猪饲养环境、种猪质量、饲料和兽药等投入品的使用以及生猪交易与运输的监督管理，指导生猪安全生产。

八、生猪疫病防控发展趋势

以实施国家中长期动物疫病防治规划为契机，在前期工作基础上进一步加大生猪疫病防控力度，切实落实免疫、监测、检疫监管、消毒、无害化处理以及养殖环节防疫管理等各项防控措施，努力确保不发生区域性生猪重大疫情。进一步加强口蹄疫、非洲猪瘟等重大猪病防控，统筹做好生猪流行性腹泻等常见病防控指导。加强养猪场综合防疫管理，不断提高生物安全水平。近期非洲猪瘟疫情的暴发，对疫病防控提出了更高的要求。近年来，国家通过加强对养殖场的综合防疫管理、重大猪病传入的防控和跨区域引种的检测和隔离，不断增强对生猪疫病的防控力度。在一系列有效的整体防控措施之下，生猪疫病流行强度逐年下降，这也能够间接地缓和了以往由流行疫病导致的生猪行业价格的较大波动。接下来如何高效地防控非洲猪瘟疫情的扩散将是以后防疫工作的重点。

九、废弃物利用发展趋势

深入贯彻实施《畜禽规模养殖污染防治条例》，立足技术指导和服务职能，研究和推广高效、经济、适用的畜禽养殖粪污综合利用模式，促进粪污的资源化利用。坚持减量化、资源化废弃物综合利用原则，合理布局生猪养殖，大力推行养猪业与种植业、林果业有机结合的生态养殖方式，引导在耕地、山地、园林中建设相应的配套猪场，如每千亩基本农田规划配套一个千头猪场，每万亩规划配套一个万头猪场，形成田中有场、园中有场等新格局，全面解决生猪养殖带来的环境问题，推进生猪养殖生产生态协调发展。

第二节　猪业科技发展的趋势

我国猪业科技发展呈现如下发展趋势：

一、育种技术发展趋势

育种目标多元化，育种技术系统化，育种数据海量化。育种目标与市场需求密切相关。随着猪肉需求的多样化，猪的育种目标也日益多元化。在保持和适度提高瘦肉率的前提下，继续提高猪的生长速度和饲料利用率，重点加强繁殖性状和肉质性状。抗病育种也应考虑纳入育种目标。另外，猪作为模式动物开辟了猪资源利用的新途径。在育种方法与技术上，综合传统 BLUP 育种、标记辅助选择、全基因组选择育种，遗传修饰、基因组编辑、体细胞克隆、干细胞等生物新技术，超声波、无线射频识别、计算机自动控制、生物芯片等测定技术为一体的现代育种新技术日益系统化，猪育种将迈入大数据时代。

二、饲养管理技术发展趋势

从饲料营养和饲养管理方面，营养素的体内代谢与调控已深入到分子水平，从营养基因组学、蛋白质组学、代谢组学研究营养与基因的互作。肠道微生物的功能研究是重点研究领域，围绕广辟饲料资源、提高利用率、减少排放三个方面，新型饲料、饲料添加剂开发与利用成为主导方向。

三、疫病防控技术发展趋势

从疫病防控技术来看，未来发展将集中在主要疫病新型诊断技术建立与产品研发、新型疫苗研发、替代抗生素生物制剂的研究筛选、生猪生物安全防范技术研究与应用。

四、废弃物处理技术发展趋势

废弃物无害化处理和资源化利用技术将进一步提升和推广。

现代实用养猪技术大全

上 篇

养猪基本知识

第三章

猪的生物学特性

chapter three

第一节　生物学特性

　　猪在进化过程中形成了各种各样的生物学特性。不同的猪种既有种属的共性，又有各自的特性。在养猪生产实践中，要不断地认识和掌握猪的生物学特性，并加以利用。

一、繁殖率高，世代间隔短

　　猪的性成熟早，妊娠期、哺乳期短，因而世代间隔比牛、马、羊都短，一般 1.5～2 年一个世代，如果采用头胎母猪留种，可缩短至一年一个世代。一般 4～5 月龄达到性成熟，6～8 月龄可以初配。我国优良地方猪种性成熟时间较早，产仔月龄亦可随之提前，太湖猪有 7 月龄产仔分娩的。在正常饲养管理条件下，猪一年能分娩 2 胎，两年可达到 5 胎。初产母猪一般产仔 8 头左右，经产母猪产仔数可达 12 头以上，个别的可达 20 头以上。但这还远远没有发挥猪的繁殖潜力，据研究，母猪卵巢中有卵原细胞 11 万多个，繁殖利用年限内仅排卵 400 多个，每个发情期排卵 20 个左右。而公猪每次射精量可达 200～500 毫升，其有效精子数高达 200 亿～1000 亿个。实验证明，通过外激素处理，可使母猪在一个发情期内排卵 30～40 个，个别可达 80 个。因此，只要采取适当的繁殖措施，改善营养和饲养管理条件，以及采取先进的选育方法，进一步提高猪的繁殖性能是可行的。

二、生长周期短、发育迅速、沉积脂肪能力强

猪由于妊娠期较短，同胎仔数又多，故出生时发育不充分，头占全身的比例大，四肢不健壮，初生体重小，一般平均只有 1～1.5 千克，约占成年体重的 1%，各系统器官发育不完善，对外界环境的适应能力差。为了补偿妊娠期内发育不足，仔猪生后的头两个月生长速度特别快。1 月龄体重为初生重的 5～6 倍，2 月龄体重为 1 月龄体重的 2～3 倍。发育迅速，各系统、器官日趋发育完善，能很快适应生后的外界环境。在满足其营养需求的条件下，一般 160～170 日龄体重可达到 100 千克左右，即可出栏上市，相当于初生重的 90～100 倍。猪在生长初期，骨骼生长强度大，在胴体中所占比例高，以后，生长重点转移到肌肉，最后，强烈地沉积脂肪。猪利用饲料转化为体脂的能力较强，是阉牛的 1.5 倍左右。据此，在猪的饲养中应合理利用饲料，正确控制营养物质的供给，同时根据生产需要和市场需求，确定适时出栏体重，避免脂肪过分沉积，影响胴体品质。猪生长周期短、生长发育迅速、周转快等优越的生物学特性和经济学特点，对养猪经营者降低成本、提高经济效益十分有益。

三、食性广、饲料转化率高

猪是杂食动物，食性广，饲料利用率强。猪对精料有机物的消化率为 76.7%，也能较好地消化青粗饲料，对青草和优质干草的有机物消化率分别达到 64.6% 和 51.2%。猪虽耐粗饲，但是对粗饲料中粗纤维的消化较差，而且饲料中粗纤维含量越高对日粮的消化率也就越低。因为猪既没有反刍家畜牛、羊的瘤胃，也无马、驴发达的盲肠，猪对粗纤维的分解几乎全靠大肠内微生物，所以，在猪的饲养中，应注意精、粗饲料的适当比例，控制粗纤维在日粮中所占的比例，保证日粮的全价性和易消化性。当然，猪对粗纤维的消化能力随品种和年龄不同而有差异，我国地方猪种较国外培育品种具有较好的耐粗饲料特性。

四、不耐热

成年猪汗腺退化，皮下脂肪层较厚，散热难；另一方面，被毛少，表皮层较薄，对日光紫外线的防护力差。这些生理上的特点，使猪相对不耐热。成年猪适宜温度为 20～23℃，仔猪的适宜温度为 22～32℃。当环境温度不适宜时，猪表现出热调节行为，以适应环境温度。当环境温度过高时，为了有利于散热，猪在躺卧时会将四肢张开，充分伸展驱体，呼吸加快或张口喘气；当温度过低时，猪则蜷缩身体，最小限度地暴露体表，站立时表现夹尾、曲背、四肢紧收，采食时也表现为紧凑姿势。

五、嗅觉和听觉灵敏、视觉不发达

猪的鼻子具有特殊的结构，嗅区广阔，嗅黏膜的绒毛面积很大，分布在嗅区的嗅神经非常密集。因此，猪的嗅觉非常灵敏，能辨别各种气味。仔猪在生后几小时便能鉴别气味，依靠嗅觉寻找乳头，在三天内就能固定乳头；猪依靠嗅觉能有效地寻找埋藏在地下很深的食物，凭着灵敏的嗅觉，识别群内的个体、自己的圈舍和卧位，保持群体之间、母仔之间的密切联系；对混入本群的它群个体能很快认出，并加以驱赶，甚至咬伤；嗅觉在公母性联系中也起很大作用，例如公猪能敏锐闻到发情母猪的气味，即使距离很远也能准确地辨别出母猪所在方位。

猪的耳朵大，外耳腔深而广，听觉相当发达，即使很微弱的声响，都能敏锐地觉察到。另外，猪头转动灵活，可以迅速判断声源方向，能辨声音的强度、音调和节律，对各种口令和声音刺激物的调教可以很快地建立条件反射。仔猪生后几小时，就对声音有反应，到 3～4 月龄时就能很快地辨别出不同声音刺激物。猪对意外声响特别敏感，尤其是与吃喝有关的声音更为敏感。在现代化养猪场，为了避免由于喂料音响所引起的猪群骚动，常采取一次全群同时给料装置。猪对危险信息特别警觉，睡眠中一旦有意外响声，就立即苏醒，站立警备，因此为了保持猪群安静，尽量避免突然的音响，以免影响其生长发育。

猪的视觉很弱，缺乏精确的辨别能力，视距、视野范围小，不靠近物体就看不见东西。对光刺激一般比声刺激出现条件反射慢得多，对光的强弱和物体形态的分辨能力也弱，辨色能力也差。人们常利用猪这一特点，用假母猪进行公猪采精训练。

猪对痛觉刺激特别容易形成条件反射，可适当用于调教。例如，利用电围栏放牧，猪受到一二次微电击后，就再也不敢接触围栏了。猪的鼻端对痛觉特别敏感，利用这一点，用铁丝、铁链捆紧猪的鼻端，可固定猪只，便于打针、抽血等。

六、定居漫游、群体位次明显、爱好清洁

猪具有合群性，习惯于成群活动、居住和睡卧。结对是一种突出的交往活动，群体内个体间表现出身体接触和保持听觉的信息传递，彼此能和睦相处。但也有竞争习性，大欺小，强欺弱；群体越大，这种现象越明显。生产中见到的争斗行为主要是为争夺群体内等级、争夺地盘和争食。在猪群内，不论群体大小，都会按体质强弱建立明显的位次关系，体质好、"战斗力强"的排在前面，稍弱的排在后面，依次形成固定的位次关系。

猪不在吃睡的地方排泄粪尿，喜欢在墙角、潮湿、蔽荫、有粪便气味处排泄。因此可以利用群体易化作用调教仔猪学吃饲料和定点排泄。若猪群过大，或围栏过小，猪的上述习惯就会被破坏。

第二节 行为特性

行为是动物对某种刺激和外界环境适应的反应。猪和其他动物一样，对其生活环境、气候条件和饲养管理条件等反应，在行为上都有其特殊的表现，而且有一定的规律性。随着养猪生产的发展和人们对动物福利认识的提高，人们越来越关注猪的行为活动模式及其调教方法，以期获得最佳的经济效益。

一、采食行为

猪的采食行为包括摄食与饮水，并具有各种年龄特征。猪生来就具有拱土的行为特性，拱土觅食是猪采食行为的一个突出特征。猪鼻

子是高度发育的器官，在拱土觅食时，嗅觉起着决定性的作用。尽管在现代猪舍内，饲以良好的平衡日粮，猪还表现拱地觅食的特征。喂食时每次猪都力图占据食槽有利的位置，有时将两前肢踏在食槽中采食，如果食槽易于接近的话，个别猪甚至钻进食槽，站立在食槽的一角，就像野猪拱地觅食一样，以吻突沿着食槽拱动，将食料搅弄出来，抛撒一地。

猪的采食具有选择性，特别喜爱甜食，研究发现未哺乳的初生仔猪就喜爱甜食。颗粒料和粉料相比，猪爱吃颗粒料；干料与湿料相比，猪爱吃湿料，且花费时间也少。

猪的采食是有竞争性的，群饲的猪比单饲的猪吃得多、吃得快，增重也高。猪在白天采食 6～8 次，比夜间多 1～3 次，每次采食持续时间 10～20 分钟，限饲时少于 10 分钟，自由采食进食时间长，而且会表现每头猪的嗜好和个性。仔猪每昼夜吃奶次数因年龄不同而异，约在 15～25 次范围，占昼夜总时间的 10%～20%，大猪的采食量和摄食频率随体重增大而增加。

在多数情况下，饮水与采食同时进行。猪的饮水量很大，仔猪初生后就需要饮水，主要来自母乳中的水分。仔猪吃料时饮水量约为干料的两倍，即水与料之比为 3∶1；成年猪的饮水量除饲料组成外，很大程度取决于环境温度。吃混合料的小猪，每昼夜饮水 9～10 次，吃湿料的平均 2～3 次，吃干料的猪每次采食后立即需要饮水，自由采食的猪通常采食与饮水交替进行，直到满意为止，限制饲喂猪则在吃完料后才饮水。

二、排泄行为

猪不在吃睡的地方排粪尿，这是祖先遗留下来的本性，因为野猪不在窝边拉屎撒尿，以避免敌兽发现。在良好的管理条件下，猪是家畜中最爱清洁的动物。猪能保持其睡卧床干洁，能在猪栏内远离卧床的一个固定地点进行排粪尿。猪排粪尿是有一定的时间和区域的，一般多在食后饮水或起卧时，选择阴暗潮湿或污浊的角落排粪尿，且受邻近猪的影响。据观察，生长猪在采食过程中不排粪，饱食后约 5 分钟左右开始排粪 1～2 次，多为先排粪后再排尿，在饲喂前也有排泄的，但多为先排尿后排粪，在两次饲喂的间隔时间里猪多为排尿而很少排粪，夜间一般排粪 2～3 次，早晨的排泄量最大，猪的夜间排泄活动时间占昼夜总时间的 1.2%～1.7%。

三、群居行为

　　猪的群体行为是指猪群中个体之间发生的各种交互作用。一个稳定的猪群，是按优势序列原则，组成有等级制的社群结构，个体之间保持熟悉，和睦相处，当重新组群时，稳定的社群结构发生变化，则爆发激烈的争斗，直至重新组成新的社群结构。

　　猪群具有明显的等级，这种等级刚出生后不久即形成。仔猪出生后几小时内，为争夺母猪前端乳头会出现争斗行为，常出现最先出生或体重较大的仔猪获得最优乳头位置。同窝仔猪合群性好，当它们散开时，彼此距离不会太远，若受到意外惊吓，会立即聚集一堆，或成群逃走。当仔猪同其母猪或同窝仔猪离散后不到几分钟，就出现极度活动，如大声嘶叫，频频排粪尿等。年龄较大的猪与伙伴分离也有类似表现。

四、争斗行为

　　争斗行为包括进攻防御、躲避和守势的活动。在生产实践中能见到的争斗行为一般是为争夺饲料和地盘所引起。新合并的猪群内的相互交锋，除争夺饲料和地盘外，还有调整群居结构的作用。遇到意外或其他危险时，尤其是当头部遇到攻击时，常表现为后退。可利用该习性进行头部保定和转栏。

　　猪的争斗行为，多受饲养密度的影响，当猪群密度过大，每头猪所占空间下降时，群内咬斗次数和强度增加，会造成猪群吃料攻击行为增加，降低饲料的采食量和增重。这种争斗形式主要是咬对方。一般体重大的猪占优位，年龄大的比年龄小的占优位，公比母、未去势比去势的猪占优位。小体型猪及新加入原有群中的猪则往往列于次等，同窝仔猪之间群体优势序列的确定，常取决于断奶时体重的大小，不同窝仔猪并圈喂养时，开始会激烈争斗，并按不同来源分小群躺卧，大约 24～48 小时内，明显的统治等级体系就可形成，一般是简单的线形。在年龄较大的猪群中，特别在限饲时，这种等级关系更明显。在整体结构相似的猪群中，体重大的猪往往排在前列，不同品种构成的群体中不是体重大的个体而是争斗性强的品种或品系占优势。优势序列建立后，就能够和平共处，常常优势猪利用尖锐响亮的呼噜声形成恐吓或用其吻突实施佯攻，就能代替咬斗，使得次等猪马上就退却，不会发生争斗。

五、性行为

性行为包括发情、求偶和交配行为，母猪在发情期，可以见到特异的求偶表现，公、母猪都表现一些交配前的行为。

发情母猪主要表现卧立不安，食欲忽高忽低，发出特有的音调柔和而有节律的哼哼声，爬跨其他母猪，或接受其他母猪爬跨，频频排尿，尤其是公猪在场时排尿更为频繁。

公猪一旦接触母猪，会追逐它，嗅其体侧肋部和外阴部，把嘴插到母猪两腿之间，突然往上拱动母猪的臀部，口吐白沫，往往发出连续的、柔和而有节律的喉音哼声，有人把这种特有的叫声称为"求偶歌声"。当公猪性兴奋时，还出现有节奏的排尿。

六、母性行为

母性行为包括分娩前后母猪的一系列行为，如絮窝、哺乳及其他抚育仔猪的活动等。

母猪临近分娩时，通常以衔草、铺垫猪床絮窝的形式表现出来，如果栏内是水泥地而无垫草，只好用脚抓地来表示，分娩前 24 小时左右，母猪表现神情不安，频频排尿、磨牙、摇尾、拱地、时起时卧，不断改变姿势。母猪整个分娩过程中，自始至终都处在放奶状态，并不停地发出哼哼的声音，母猪乳头饱满，甚至奶水流出，容易使仔猪吸吮到。母猪分娩后以充分暴露乳房的姿势躺卧，形成一热源，引诱仔猪挨着母猪乳房躺下，授乳时常采取倒卧姿势，一次哺乳中间不转身，母仔双方都能主动引起哺乳行为，母猪以低度有节奏的哼叫声呼唤仔猪。

母猪非常注意保护自己的仔猪，在行走、躺卧时十分谨慎。当母猪躺卧时，不断用嘴将其仔猪排出卧位后慢慢地依栏躺下，以防压住仔猪，一旦遇到仔猪被压，只要听到仔猪的尖叫声，马上站起，直到不压住仔猪为止。带仔母猪对外来的侵犯，先发出警告吼声，仔猪闻声逃窜或伏地不动，母猪会张合上下颌对侵犯者发出威吓，甚至进行攻击。刚分娩的母猪即使对饲养人员捉拿仔猪也会表现出强烈的攻击行为。这些母性行为，地方猪种表现尤为明显。现代培育品种，尤其是高度选育的瘦肉猪种，母性行为有所减弱。

七、活动与睡眠

猪的行为有明显的昼夜节律，活动大部分在白昼。夜间也有活动和采食，遇上阴冷天气，活动时间缩短。猪昼夜活动也因年龄及生产特性不同而有差异，仔猪昼夜休息时间占 60%～70%，种猪约 70%，母猪 80%～85%，肥猪为 70%～85%。

哺乳母猪睡卧时间表现出随哺乳天数的增加睡卧时间逐渐减少，走动次数由少到多，时间由短到长，这是哺乳母猪特有的行为表现。哺乳母猪睡卧休息有两种，一种属静卧，一种是熟睡，静卧休息姿势多为侧卧，少为伏卧，熟睡为侧卧。

仔猪出生后 3 天内，除吸乳和排泄外，几乎全是酣睡不动，随日龄增长和体质的增强活动量逐渐增多，睡眠相应减少，但至 40 日龄大量采食补料后，睡卧时间又有增加，饱食后一般较安静睡眠。仔猪活动与睡眠一般都效仿母猪。出生后 10 天左右便开始同窝仔猪群体活动，单独活动很少，睡眠休息主要表现为群体睡卧。

八、探究行为

探究行为包括探查活动和体验行为。猪的一般活动大都来源于探究行为，大多数是朝向地面上的物体，通过看、听、闻、尝、啃、拱等感官进行探究。猪对新近探究中所熟悉的许多事物，表现有好奇、亲近的两种反应，仔猪对小环境中的一切事物都很"好奇"，对同窝仔猪表示亲近。用鼻突来摆弄周围环境物体是猪探究行为的主要方式，其持续时间比群体玩闹时间还要长。

猪在觅食时，首先是拱掘动作，先是用鼻闻、拱，当诱食料合乎口味时，便开口采食，这种摄食过程也是探究行为。同样，仔猪吸吮母猪乳头的序位，母仔之间彼此能准确识别也是通过嗅觉、味觉探查而建立的。

九、异常行为

异常行为是指超出正常范围的行为，猪的异常行为有多种表现。

其中，恶癖是对人畜造成危害或带来经济损失的一种。恶癖的产生多与动物所处环境中的有害刺激有关。活动范围受限制程度增加时，有些猪咬栏柱的频率和强度增加，攻击行为也增加。口舌多动的猪，常将舌尖卷起，不停地在嘴里伸缩动作，有的还会出现拱癖和空嚼癖。同类相残是另一种恶癖，如神经质的母猪在产后出现食仔现象。在拥挤的圈养条件下，或营养缺乏或无聊的环境中常发生咬尾等异常行为，给生产带来极大危害。

十、后效行为

后效行为又称条件反射行为，是指非生来就有而通过后天获得的行为。猪的后效行为是猪生后对新鲜事物的熟悉而逐渐建立起来的。例如：小猪在人工哺乳时，每天定时饲喂，只要按时给予笛声或铃声或饲喂用具的敲打声，训练几次，即可听从信号指挥，到指定地点吃食。通过训练建立的某些后效行为已被应用养猪生产中，如训练公猪爬跨台畜用于采精。

第四章

猪的品种与评价

第一节　猪的品种

一、地方品种

（一）地方猪种简介

我国地域辽阔，地形气候复杂多样，生态生产条件各异，养猪形式、生活习惯丰富多彩，加之经济发展水平的不同，形成了大量各具特色的地方猪种。按猪种的起源、自然地理条件、社会经济条件的区划原则，地方猪种可大致划分为华北、华中、江海、华南、西南和高原六个主要的地区类型。

1. 华北型

分布区域以长江、秦岭为界，主要分布在内蒙古、新疆、东北、黄河流域和淮河流域，该类型猪特点是毛色几乎全为黑色，繁殖力强，经产母猪产仔数12头左右，代表性猪种有民猪、河套大耳猪、哈白猪、伊犁白猪、八眉猪。

2. 华南型

分布在南岭以南，云南省的西南及南部边缘、广西、广东省偏南的大部地区、福建的东南角和台湾等地，该类型猪毛色以黑白花斑居多，繁殖力较低，一般产仔数 9 头左右，代表性猪种有滇南小耳猪、陆川猪、大花白猪、五指山猪。

3. 华中型

分布于我国中部省市、华北型与华南型的过渡地带，该类型猪毛色多为黑白花，一般产仔 12 头左右，代表性猪种有赣南花猪、金华猪、宁乡猪、通城猪。

4. 西南型

分属于云贵高原和四川盆地，该类型猪毛色分黑、黄红、花三种，以黑色居多，独有荣昌猪为白色（眼周黑）；繁殖力中等，经产仔数 12 头左右，代表性猪种有内江猪、荣昌猪、柯乐猪、撒坝猪等。

5. 江海型

分布于华北、华中两大类型的过渡地带，处在汉水和长江的中下游，该类型猪毛色以黑色、花色为主，繁殖力极高，经产仔数多在 13 头以上，代表性猪种有太湖猪、姜曲海猪。

6. 高原型

分布于青藏高原区的西藏、青海及甘肃、四川、云南的部分地区，该类型猪体型很小，外貌像野猪，毛色为黑色、灰褐色及黑白花，繁殖力较低，一般 5~6 头，鬃质好、产量高，代表性猪种有藏猪。

我国地方猪种品种繁多，列入《中国畜禽遗传资源志·猪志》（2008）的地方猪种有 76 个。2014 年 2 月列入《国家级畜禽遗传资源保护名录》的地方猪种有 42 个，分别为八眉猪、大花白猪、马身猪、淮猪、莱芜猪、内江猪、乌金猪（大河猪）、五指山猪、二花脸猪、梅山猪、民猪、两广小花猪（陆川猪）、里岔黑猪、金华猪、荣昌猪、香猪、华中两头乌猪（通城猪）、清平猪、滇南小耳猪、槐猪、蓝塘猪、藏猪、浦东白猪、撒坝猪、湘西黑猪、大蒲莲猪、巴马香猪、玉江猪（玉山黑猪）、姜曲海猪、粤东黑猪、汉江黑猪、安庆六白猪、莆田黑猪、嵊县花猪、宁乡猪、米猪、皖南黑猪、沙乌头猪、乐平猪、海南猪（屯昌猪）、嘉兴黑猪、大围子猪。

（二）地方猪种种质特性

1. 适应环境能力强

在云南、贵州、四川一部分地区及青藏高原，地方猪种能适应当地粗放的饲料饲养条件。如藏猪能适应高海拔、高寒、低氧压的严酷条件，在耐热、高温高湿下的适应性、耐饥饿、抗病力方面，我国地方猪种也有良好表现。

2. 性成熟早

我国地方品种猪的初情期、性成熟一般都比外国猪种早，初情期平均98日龄，性成熟131.29天（许振英，1989）。有些猪种（海南猪等）的小公猪60日龄即可配种，而国外猪种大白猪的初配日龄为210天。我国猪种不仅性成熟早，而且发情明显，这种特性在杂交利用、新品种培育及生产推广上具有缩短生产周期、节约成本等优势。

3. 肉质优良

在猪肉品质上，中国猪种表现尤为出色。中国地方猪肌肉颜色鲜红，系水率强，干物质及肌内脂肪含量高，大理石纹适中，肌纤维细且数量多，在风味口感上表现为柔软、细嫩、多汁、味香。如民猪、河套大耳猪、姜曲海猪肌内脂肪含量分别比长白、大白高1.18、5.58、2.86个百分点（引自彭中镇等，1994）。

4. 品性温良

有利于降低圈栏成本、便于管理及推广养猪新技术。

（三）利用方式

1. 杂交利用

本地母猪为母本与长白、大白、杜洛克、皮特兰等外种猪的二元、三元、四元杂交利用，如"母猪本地化、公猪外种化、肥猪杂种化"就是地方猪种利用的好经验。"两洋一土""一洋一土"以及"三洋一土"是地方猪种利用的好模式。

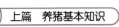
2. 培育新品种、新品系

利用地方猪种适应性强、肉质好的优良特性，结合外种猪优点，培育繁殖性能优、生长速度快、饲料报酬高的新品种（配套系），是地方猪种利用的新趋势。如北京黑猪、伊犁白猪、上海白猪、湖北白猪的培育与利用。

3. 小型猪利用

利用香猪生产高档肉食品或烤乳猪，适应市场需要或利用其培育医用动物或宠物也是一种利用方式。

二、培育品种

（一）总体情况

利用地方猪种与外种猪杂交来培育新品种（配套系），开始于外种猪的引入。在引进猪种中，中约克夏猪、大约克夏猪、巴克夏猪、杜洛克猪、波中猪、切斯特白猪、汉普夏猪、苏联大白猪、长白猪、皮特兰猪对我国培育猪种（配套系）的育成产生了很大作用。

中国培育猪种的培育过程大致可分为 19 世纪 50 年代后的引入杂交和 20 世纪 50 年代以后的选育定型阶段。新中国成立后，各级政府非常重视猪品种资源的保护和开发利用工作。1972—1982 年，经省（市、自治区）主管部门鉴定验收的猪新品种（新品系）有 15 个；1983—1990 年，我国又相继育成猪新品种（新品系）25 个。1996 年 1 月，农业部批准成立了国家畜禽遗传资源管理委员会，从 1998 年以来通过国家家畜禽遗传资源管理委员会审定的新品种（配套系）就有 15 个以上。

总结我国培育猪种的育种历史，归纳其技术路线，主要有 3 条：①以血缘不清的杂种群为基础进行整群选育而成，如北京黑猪、新金猪等的培育；②以杂种群为基础，引进 1～2 个外来品种杂交后横交固定而成，如哈白猪、上海白猪等的培育；③按计划开展的杂交育种，如汉中白猪、三江白猪等的培育，这类猪种约占我国培育猪种的60% 以上。

为使我国小型猪遗传资源得到充分利用，在小型猪的实验动物品

系培育方面开展了大量工作，取得初步成绩，已培育 7 个小型猪近交系或封闭群：五指山猪近交系、海南五指山猪近交白系、版纳微型猪近交系、广西巴马香猪封闭群、贵州小香猪（从江香猪）封闭群、贵州剑河白香猪Ⅱ系、中国试验用小型猪封闭群。

（二）培育猪种种质特性

培育猪种不仅具有地方品种适应性强、耐粗放管理、繁殖力高、肉质好等特点，同时在肥育性状和胴体瘦肉率方面也达到了相应的水平。与地方猪种相比，培育新品种（系）在生长速度、饲料报酬、瘦肉率上有较大提高，表现出较好的生产性能：经产仔数 9.68～14.6 头，日增重 443～666 克，瘦肉率 43.00%～62.37%，屠宰率 67.69%～76.55%，三点均膘 2.49～5.21 厘米；培育的配套系生产性能为：经产仔数 9.88～13.5 头，达 90 千克日龄 147.0～178.9 天，日增重 702～928 克，活体背膘 1.06～1.96 厘米，饲料转化率（2.38～3.19）∶1，瘦肉率 55.98～68.00%。

（三）培育猪种利用方式

（1）新品种的培育大大丰富了生猪品种资源和优良基因库，推动了猪育种科学的发展，在养猪生产中发挥着重要作用。

（2）培育猪种作为当家母本品种，以二元杂交方式生产高质量瘦肉型猪，为满足市场需求、推动养猪业迈上新台阶提供了扎实物质基础。

（3）作为新品种、配套系培育的素材，培育猪种可缩短育种周期、加速育成新品种（配套系），如昌潍白猪就是以培育猪种哈白猪和里岔黑猪为育种素材历经 17 年培育成功的。军牧一号猪即以培育品种三江白猪为母本选育而成。

三、引进品种

（一）引进猪种简介

我国从 19 世纪末起先后引进外来猪种 10 余个，其中波中猪、巴克夏猪、大约克夏猪、苏白猪、克米洛夫猪、长白猪、杜洛克猪对中国猪种改良影响较大，见表 4-1。

表4-1 引入猪种简略表

序号	名称	原产地	外貌
1	波中猪	美国	黑色兼六白
2	巴克夏猪	英国	黑色兼六白
3	苏白猪（苏联大白猪）	前苏联	白色
4	切斯特白猪	美国	白色
5	大约克夏猪（大白猪）	英国	白色
6	兰德瑞斯（长白猪）	丹麦	白色
7	杜洛克猪	美国	棕色
8	汉普夏猪	美国	黑色、肩带白
9	皮特兰猪	比利时	黑白花

（二）引进猪种性能特性

1. 生长肥育性能好

引进猪种体格高大，体型匀称，中躯呈圆桶形，四肢肌肉丰满，后备猪生长发育快。日增重700克左右，饲料报酬3以下，100千克体重活体背膘2厘米以下。

2. 瘦肉率高

90千克屠宰时背膘薄、眼肌面积大、后腿比例大，瘦肉率高，一般在55%～65%，高者可达70%左右。

3. 性成熟晚

性发育迟，发情表现不明显，发情期几乎无减食停食现象；发情观察、配种较难。

4. 肉质较差

出现PSE肉的比例较高，尤其是皮特兰；pH值、肉色、大理石纹评分及肌内脂肪含量均不如中国地方猪种。

5. 饲养管理要求较高

对饲料营养水平要求高，对粗放饲养管理条件、高温高湿及饥饿环境下的适应性及忍受力较差。

（三）利用方式

1. 杂交利用

为克服地方猪种生长慢、饲料报酬低、瘦肉率低的缺点，我国先后多次引进外种猪，与本地猪进行杂交生产瘦肉型商品猪，为满足市场需求、提高人们生活水平发挥了巨大作用。土二元、土三元就是中外猪种间两种主要的杂交利用方式。洋三元（DLY）是外种猪间杂交利用的主要模式。

2. 作为培育新品种、配套系的原始素材

为了综合地方猪种肉质优、适应性强的优势和外种猪生长快、省饲料、瘦肉多的特性，长期以来我国开展了大量以地方猪种和外种猪为遗传材料的育种工作，取得了可喜的育种成绩。

第二节 猪生产性能的评价

一、经济类型

猪的经济类型主要根据猪种瘦肉率及其相关性状指标来划分，一般来说，瘦肉率越高，眼肌面积越大，背膘越薄，瘦肉生产潜力越大。不同类型猪性能指标及用途各不相同。

1. 瘦肉型猪

瘦肉率 56% 以上，三点均膘 3 厘米以下，眼肌面积 28 平方厘米以上。常用于优质肉猪生产与充当杂交利用亲本及配套系培育素材。

2. 兼用型猪

瘦肉率 45～55.9%，三点均膘 3.1～5 厘米，眼肌面积 19～27.9 平方厘米，用于二元、三元杂交母本及新品种、配套系培育素材。

3. 脂肪型猪

瘦肉率 45% 以下，三点均膘 5 厘米以上，眼肌面积 19 平方厘米以下，用于杂交利用、培育新品种素材、特色性状保种以挖掘优良基

因、烤乳猪生产等。

二、评定方法

对猪种进行生产性能评定，不仅可明白其所属经济类型，而且可对其育种历史、生产用途及商品猪生产中充当何种亲本类型有个全面了解，对于制定营养水平、饲养管理条件以及选择适宜的生态环境条件均有重要参考价值。生产性能评定方法一般从体型外貌、繁殖性能、生长肥育性能及胴体、肌肉品质等方面进行。对猪种进行生产性能测定及评价是开展猪群选育、种猪选择的重要前提。

（一）体型外貌评价指标

体型外貌不仅反映本品种特征，也反映了内部结构和生理机能以及生产性能和健康状况等。不同品种、类型的猪其外形要求是不同的，故在外形选择的同时应结合品种特征和需要进行选留，以达到优秀个体的要求。对体型外貌的评价主要有以下三个重要方面：

1. 合格性评价

首先看其是否符合品种特性，从毛色、头型、耳型、体型等方面观察是否符合本品种特征，以确定其是否合格。按毛色分有白色、黑色、棕色、花色、乌白毛等，按头型分有直面、凹面、凸凹面型等，按耳型分有立耳、垂耳、半垂耳等，按体型分有大、中、小型。

2. 外形基本要求

在符合品种特征的基础上，主要看其体型是否与生产性能相符，体质是否结实，整体发育是否协调，是否有遗传缺陷等。常见的遗传缺陷有阴囊疝、脐疝、锁肛、隐睾、瞎奶头等。优秀个体应体形匀称、肢蹄结实、步行稳健、精神饱满，无遗传缺陷和损征。图 4-1 为瘦肉型母猪标准外形图。

在种用个体的选择评价时，除了观察其腹部、臀部等部位发育是否良好外，要着重对其肢蹄结实度和形状进行选择。养猪生产中肢蹄结实与否对种猪使用寿命和繁殖配种机能的发挥具有很大影响，从而关系到猪场生产成绩和经济效益。图 4-2 是对猪肢蹄形状的描述，其中只有正肢势是理想的肢势。此外，有裂蹄和关节肿大的个体都不应作为种用。

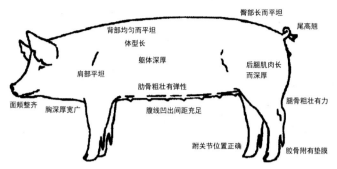

图4-1 瘦肉型母猪标准外形图

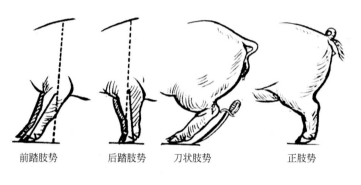

前踏肢势　　　后踏肢势　　　刀状肢势　　　正肢势

若是尖小脚弯曲，盘脚踏蹄路踩虚

图4-2 猪的各种肢蹄形状

3. 种用要求

用于种用的个体还需对其繁殖性能相关的外形特征进行评定。用于种用的个体要求外生殖器及奶头发育良好，性征明显。种公母猪应具有 6 对以上发育良好、分布均匀的乳头，没有瞎乳头及翻转乳头。公猪睾丸应发育良好，左右大小对称，无隐睾、无阴囊疝，包皮无积尿；母猪应阴户充盈，发育良好，阴户不上翘，无受伤。

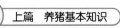

（二）繁殖性能评价指标

母猪发情早晚、发情表现、产仔多少及泌乳护仔能力是评价母猪繁殖能力的主要指标。

（1）初情期 母猪开始出现发情现象的时期。这时生殖系统发育趋于完善，有发情表现、排卵、交配欲并具有受胎能力。初情期是反映猪种早熟性的重要指标。

（2）总产仔数 出生时全窝仔猪总数，包括死胎、木乃伊和畸形猪在内。

（3）活产仔数 出生时全窝存活的仔猪数，包括衰弱即将死亡的仔猪在内。

（4）初生窝重 出生时全窝存活仔猪体重之和，在出生后 12 小时内测定。

（5）21 日龄窝重 21 日龄时全窝仔猪体重之和，包括寄养进来的仔猪在内，但寄出仔猪的体重不应计在内。寄养应在 3 天内完成，注明寄养情况。21 日龄窝重反映母猪泌乳力的大小。

（6）育成率 育成仔猪数占产活仔数的百分比，如有寄养情况，应在产活仔数中扣除寄出仔猪数，加上寄养进来的仔猪数。一般哺乳率应在 85% 以上，否则应从种猪质量、饲料与饲养管理、疾病防控、环境控制等方面查找原因。

（7）7 日龄仔猪存活数 仔猪出生后第七天还存活下来的仔猪数量，反映仔猪的存活能力和母猪的哺育能力。

（三）生长肥育性能评价指标

（1）日增重 测定期间的日均增重，用克（g）表示，是反映猪在测定期内生长速度的指标。

（2）达目标体重日龄 控制测定猪的体重在一定范围内，称重前停料 12 小时以上，记录测定日期和出生日期，并转换成达目标体重日龄。该指标是反映猪从出生至达目标体重期间的生长速度指标。

（3）料重比 测定期间每单位增重所消耗的饲料量，反映单位饲料投入获得的体重增长数量。

（4）活体背膘厚 测定垂直于背部皮下脂肪的厚度，以厘米为单位，可采用 A 超或 B 超进行测定。活体膘厚反映脂肪沉积与肌肉的生长相关情况，膘厚越薄，肌肉生长越充分，瘦肉率越高，越有利于提高种猪质量等级、售价与竞争力。

（四）胴体品质评价指标

（1）屠宰率　胴体重占宰前活重的百分比，反映猪的产肉能力。优质瘦肉型猪屠宰率在 75% 以上。

（2）6～7 肋皮厚　将左边胴体倒挂，用游标卡尺测量胴体背中线6～7 肋处皮肤厚度，单位为厘米。

（3）6～7 肋膘厚　将左边胴体倒挂，用游标卡尺测量胴体背中线6～7 肋处脂肪厚度，单位为厘米。

（4）三点均膘（平均背膘厚）　将左边胴体倒挂，用游标卡尺测量胴体背中线肩部最厚处、最后肋、腰荐结合处三点的脂肪厚度，以其平均数表示，单位为厘米。

（5）眼肌面积　将左边胴体从胸椎和腰椎结合处垂直断开，用游标卡尺测量左边胴体最后肋处眼肌的最大宽度和最大高度，单位用厘米表示，眼肌面积 = 眼肌最大宽度 × 眼肌最大高度 × 0.7（厘米 ^{2}）。或用硫酸纸覆盖于眼肌横切面上，用深色笔沿眼肌边缘描出轮廓，用求积仪求出面积，单位为厘米 ^{2}。

（6）后腿比例　在屠宰测定时，将左边胴体后肢向后成行状态下，沿腰荐结合处垂直切下的后腿重量占左边胴体重量的百分比。后腿比例反映后腿发育水平，是反映猪种产肉率高低的重要指标，优质肉猪后腿比例在 30% 以上。

（7）胴体瘦肉率　取左边胴体除去头、蹄、尾、板油及肾脏后，将其分为前、中、后三躯。前躯与中躯以 6～7 肋间为界垂直切下，后躯从腰椎与荐椎处垂直切下。将各躯皮脂、骨与瘦肉分离开来并分别称重。分离时肌间脂肪视作瘦肉不另剔除，皮肌视作肥肉也不另剔除。分离出来的所有瘦肉重量占左侧胴体重量的百分比即为胴体瘦肉率。瘦肉率与肉质存在负相关，瘦肉型猪保持适度瘦肉率 60% 以上，有利于高产条件下保持猪肉良好食用品质与加工性能，增强种猪体质、适应性，延长利用年限及提高养猪综合效益。

（五）肌肉品质评定

（1）肌肉 pH_1 值　在屠宰 45～60 分钟内测定。采用 pH 计，将探头插入倒数第 3～4 肋间处的眼肌内，待读数稳定 5 秒以上，记录 pH_1 值。

（2）肌肉 pH_{24} 值　取倒数第 3～4 肋间处的眼肌放置在 4℃ 冰箱中 24 小时测量，方法同 pH_1 值。

（3）肉色评分　在屠宰 45～60 分钟内测定，以倒数第 3～4 肋间处眼肌横切用五分制目测对比法评定。

（4）大理石纹评分　大理石纹是指一块肌肉范围内，肌肉脂肪即可见脂肪的分布情况，取倒数第 3～4 肋间处的眼肌为代表，放置在 0℃ 以下冰箱中 24 小时，用五分制目测对比法评定。

（5）贮存损失　在屠宰后 45～60 分钟内取样，切取倒数第 3～4 肋间处眼肌，将肉样切成 2 厘米厚的肉片，修成长 5 厘米、宽 3 厘米的长条，称重，用细铁丝钩住肉条的一端，使肌纤维垂直向下，悬挂于塑料袋中（肉样不得与塑料袋壁接触），扎紧袋口后吊挂于冰箱内，在 4℃ 条件下保持 24 小时，取出肉条称重，按下式计算结果：

$$贮存损失 = \frac{吊挂前肉条重 - 吊挂后肉条重}{吊挂前肉条重} \times 100\%$$

（6）失水率　肌肉保持其所含水分的能力，用压力法度量肌肉失去水分比例来表示，分析天平称量。取第一腰椎以后背最长肌 5 厘米一段，平置在洁净的不吸水的橡皮片上，切取其中 1 厘米厚一片，再用直径为 3.385 厘米的圆形取样器（面积为 8.99 平方厘米），在中心部取样一块，立即用感应量为 0.001 克的天平称重，然后放于上下各 18 层吸水性好的新华滤纸中（肉与纸接触的上下两侧都要有一层医用纱布），外面再夹以不吸水的有机玻璃板或塑料板，置于改装的允许土壤膨胀压缩仪，加压 35 千克，保持 5 分钟。撤除压力后，立即称量肉样重量，加压前后肉样重量的差异，即为肉样失水重，按下列公式计算失水率：

$$失水率 = 100\% - \frac{加压后肉样重量}{加压前肉样重量} \times 100\%$$

（7）肌肉脂肪含量　用乙醚反复浸提以抽取肌肉中的脂肪。称取搅碎肉样 3~5 克，按索氏抽提脂肪法，测得样品中粗脂肪的重量，计算公式如下：

$$肌肉脂肪含量 = \frac{W_2 - W_1}{W} \times 100\%$$

式中，W 为样品重量；W_2 为脂肪瓶 + 脂肪重量；W_1 为脂肪瓶重量。

（8）熟肉率　采取完整的腰大肌，放于瓷质或搪瓷容器，置于钢精锅中在沸水中用 2000 瓦电炉蒸煮 45 分钟。取出后吊挂于室内无风阴凉处，30 分钟后再称重，两次称重的差异为熟肉率，用感应量为 0.1 克的托盘天平称量，其计算公式为：

$$熟肉率 = \frac{煮熟后肉样重}{煮熟前肉样重} \times 100\%$$

第五章

猪的杂种优势及其利用

chapter five

第一节　杂种优势的获得

一、纯繁与杂交

纯繁和杂交是猪育种中采用的基本的繁育方式，但两者的目的不同。纯繁是指在本种群范围内，通过选种选配、品系繁育达到提高种群性能的一种方法。纯繁可以使本种群的水平不断稳步上升，本种群的优良品质得以长期保持，同类型优良个体的数量迅速增加。杂交则是指对不同种群的个体进行选配。杂交可以是以育种为目的，也可以用于生产比原品种、品系或类群更能适应特殊环境条件的高产杂合类型。

纯繁可以为杂交提供优良亲本个体，而杂交则可以使纯繁种群进一步提高生产力。由于要将许多优良性状固定于一个种群往往并不容易，现在一般采用培育专门化品系来进行杂交。

二、杂种优势

杂种优势是指不同种群、品种或者品系的猪杂交产生的后代，其

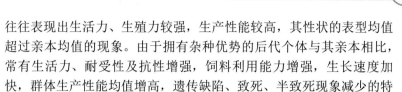

往往表现出生活力、生殖力较强，生产性能较高，其性状的表型均值超过亲本均值的现象。由于拥有杂种优势的后代个体与其亲本相比，常有生活力、耐受性及抗性增强，饲料利用能力增强，生长速度加快，群体生产性能均值增高，遗传缺陷、致死、半致死现象减少的特点，因此在生产上常利用其在较短时间内生产高性能的商品育肥猪。

杂种优势利用的是亲本基因之间的显性效应和上位效应，而非基因的加性效应，因此常呈现以下特点：

（1）亲本间的差异程度愈大，杂种优势率愈高。

（2）亲本越纯，杂种优势率越高；亲本品质越好，杂交效果越明显。

（3）遗传力低的性状易获得杂种优势，遗传力高的性状不易获得杂种优势。

（4）杂种优势效应一般不能稳定遗传，在后代容易出现性状分离而使整体生产性能下降。因此，拥有杂种优势的杂种后代一般不用作种用。

三、影响杂种优势的因素

（一）性状

猪的经济性状是由很多对不同遗传类型的基因决定的，因此，不是所有经济性状都能表现杂种优势，不同性状表现杂种优势的程度也不同。

一般来说，遗传力低的性状如繁殖性状，包括猪的生活力、适应性及产仔数等，杂交时易获得杂种优势。遗传力高的性状如胴体性状和外形结构，杂交时则不易获得杂种优势。而一些生长性状如猪的日增重、饲料利用率等其遗传力中等，所获得的杂种优势也中等。

（二）杂交亲本

杂交亲本遗传差异越大，血缘关系越远，其杂交后代的杂种优势越强。因此，根据亲本品种在杂交中的作用，对母本品种和父本品种的选择要求应有区别。比如，母本应选择在本地区数量多、适应性强、繁殖力高、母性好、泌乳力强的品种或品系，父本则应选择生长速度快、饲料利用率高、胴体品质好的品种或品系。

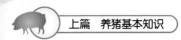

（三）杂交方式

杂交方式直接影响杂交效果。每种杂交方式都各具优缺点，杂交采用何种方式须根据当地市场需要和自然经济条件、猪群的情况、技术水平、饲养管理水平和杂交组合测定效果来决定。一般来说，农村养猪可采用二元杂交方式，以本地母猪为母本，以外种公猪为父本。养猪场（户）常采用三元杂交方式，以达到更高的杂种优势。

（四）饲养管理条件

性状的表现是遗传与环境共同作用的结果。因此，不同的饲养管理条件下，同一杂交组合的杂种优势的表现不一样。如：一些杂交组合在高营养水平表现较好，在中等营养水平表现较差；另一些组合在中等营养水平较好，在高营养水平表现也没有提高。另外，虽然一般情况下杂种猪的饲料利用能力有所提高，在同样条件下能比纯种表现更好，但是高的生产性能是需要一定物质基础的。在基本条件不能满足的情况下，杂种优势不可能表现，有时甚至不如纯种。

饲养方法对杂种优势也有影响。有实验表明：在限制饲养条件下，饲料利用率的杂种优势较明显；而在自由采食条件下，日增重的杂种优势较明显。此外，环境温度对杂种优势的表现也有一定影响。

第二节　猪的杂交模式

根据亲本品种的多少和利用方法的不同，杂交方式有如下几种：

一、二元杂交

二元杂交又称两品种简单杂交，是利用两个不同品种或品系的公、母猪进行杂交，专门利用杂种一代的杂种优势，后代无论公母都不作为种用继续繁殖，而是全部作为商品育肥猪（图5-1）。这种杂交方式可获得完全的杂种优势，是一种最简单的杂交方式。但是这种方式后代不留种用，不能充分利用母本种群繁殖性能方面的杂种优势，而且由于该种方式杂交亲本需用纯种，因此引种费用高。

采用二元杂交生产商品猪，一般选择当地饲养量较多、适应性较强的地方品种或培育品种作母本，选择外来品种如杜洛克、汉普夏、大白猪、长白猪等作父本，我国培育的瘦肉猪新品种（系）也可作为父本使用。

二、三元杂交

三元杂交又叫三品种杂交，是用两个品种简单杂交后，所生杂种母猪再与第三个品种公猪杂交，所生后代杂种全部用作商品育肥猪（图5-2）。常常把简单杂交的公猪叫做第一杂交父本，把第三品种的公猪叫做第二杂交父本或者终端父本。三元杂种可通过二元杂种母猪来充分利用母本在繁殖性能方面的杂种优势，由于集合了三个种群的差异，单个数量性状上的杂种优势更大，往往比两品种杂交肥育效果更好。同时，由于利用杂种一代母猪作母本，从而在相当程度上减少了纯繁母本，节省了开支，提高了效益。但是因为它需要有三个种群的纯种猪，在组织工作上要比二元杂交复杂。

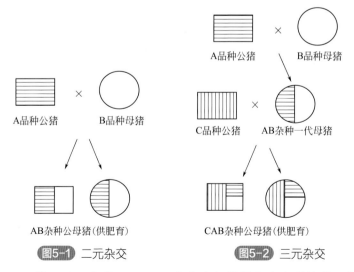

图5-1　二元杂交　　　图5-2　三元杂交

（1）外三元（或洋三元）　三个亲本都是外来瘦肉型品种。在国外，长白和大白繁殖性能好，通常用于第一轮杂交，并且可以互为父母本，而以杜洛克或汉普夏为第二父本，生产杜（汉）长大或杜（汉）大长三元杂交商品瘦肉猪。

（2）内三元　内三元一般多采取以外来猪种如长白猪或大约克夏猪为第一父本，与当地母猪交配后，再以外种猪如杜洛克为第二父本，与一代杂种母猪进行第二次交配。

三、四元杂交

四元杂交又称双杂交，即先用四个品种分别两两杂交，然后再在两种杂种间进行杂交以生产商品猪（图5-3）。比如先用杜洛克与汉普夏杂交、长白猪与大约克夏杂交，接着用杜汉杂交公猪与长大杂交母猪交配生产商品猪。用这种方式杂交，能得到最高的父母本杂种优势，但杂交方式较复杂，在同一场内要保持4个纯种及杂一代父母本，组织和实施较为困难。

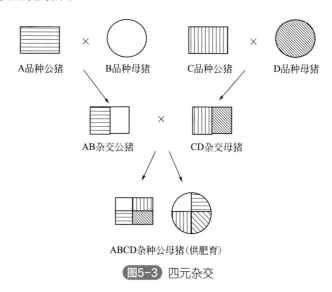

A品种公猪　×　B品种母猪　　C品种公猪　×　D品种母猪

AB杂交公猪　×　CD杂交母猪

ABCD杂种公母猪(供肥育)

图5-3　四元杂交

四、轮回杂交

1. 两品种轮回杂交

用两品种杂交后代中的母猪逐代分别与两亲本的纯种公猪轮流交

配，杂种公猪一律不留种，全部育肥（图 5-4）。用这种方式杂交，只要饲养两个品种少量的公猪就可以使杂种优势不断保持下去，而且还可利用母猪在繁殖性能上的杂种优势。但代代都要更换公猪，即使杂交效果好的公猪也不能继续使用，到一定代次（约第 8 代）后，杂种优势就停滞在 67% 左右。

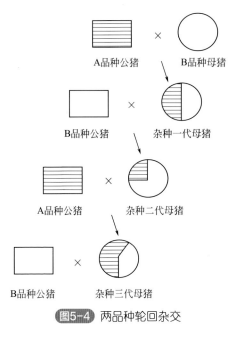

A品种公猪　×　B品种母猪

B品种公猪　×　杂种一代母猪

A品种公猪　×　杂种二代母猪

B品种公猪　×　杂种三代母猪

图5-4　两品种轮回杂交

2. 三品种轮回杂交

从三品种杂交所得到的杂种母猪中选留优良的个体，逐代分别与其亲本品种的公猪进行杂交（图 5-5）。这种方式同样不能获得 100% 的后代和母系杂种优势。当轮回到一定程度，即停留在 86% 的水平上。

五、专门化品系杂交

专门化品系是指生产性能"专门化"的品系，是按照育种目标进行分化选择育成的，每个品系具有某方面的突出优点，不同的品系配置在完整繁育体系内不同层次的指定位置，承担着专门任务。一个专

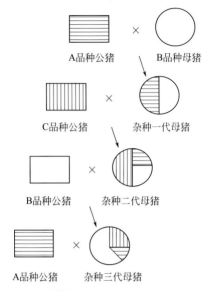

A品种公猪　×　B品种母猪

C品种公猪　×　杂种一代母猪

B品种公猪　×　杂种二代母猪

A品种公猪　×　杂种三代母猪

图5-5　三品种轮回杂交

门化品系一般集中力量培育具有1～2个突出的经济性状，其他性状则保持一般水平即可。专门化品系一般分为父系和母系，母系主选繁殖性状，辅以生长性状；父系主选生长、胴体、肉质性状。利用专门化品系进行杂交，可以获得具有高度杂种优势的杂种，从而大大提高猪的生产力。

第三节　猪的杂交繁育体系

一、杂交繁育体系的建立

杂交所产生的杂种优势可以显著提高猪群的生产性能和经济效益。为了长期地获得杂种优势，杂交工作应有计划地进行，因此，应建立一整套健全的杂交繁育体系。猪的杂交繁育体系是指将纯种猪的选育提高、良种猪的推广和商品肉猪的生产结合起来，在明确使用什么品种，采用什么样的杂交方式的前提下，建立不同性质的各具不同规模的猪场，各猪场之间密切配合，形成一个完整的遗传传递系统。杂交繁育体系可使在育种群中实现的遗传进展逐年不断地传递，并扩散到广泛的商品猪生产群中。完整的繁育体系一般呈上小下大的金字塔形结构，系统内部可以划分为几个层次或亚群。通常分三个层次，即以遗传改良为核心的育种场（群），以良种扩繁特别是母本扩繁为中心的繁殖场（群）和以商品猪生产为基础的生产场（群），见图5-6。

图5-6 杂交繁育体系

育种场也叫核心群，处于繁育体系的最高层，主要进行纯种（系）的选育提高和新品系的培育。其纯繁后代，除部分选留用以更新纯种（系）群体外，主要向繁殖场（群）提供优良种源，用于扩繁生产杂交母猪或纯种母猪，并可按繁育体系的需要直接向生产群提供商品代杂交所需的终端父本。没有品质优良的纯种，就不可能得到杂交优势明显的后代。因此，育种场在整个繁育体系内起核心和主导作用，是整个繁育体系的关键。

繁殖场处于繁育体系的第二层，主要任务是扩繁来自核心群的种猪，特别是纯种母猪的扩繁和杂种母猪的生产，为商品场提供纯种（系）或杂交后备母猪，保证一定规模商品育肥猪的生产需要。同时，繁殖场根据特定繁育体系（如四元杂交）的要求，生产杂种公猪为商品场提供杂交所需的杂种父本。

商品场也叫生产群，处于繁育体系的底层，主要任务是按照杂交计划要求，组织好终端父母本的杂交，生产优质商品仔猪，保证育肥猪群的数量和质量，最经济有效地进行商品育肥猪的生产。

在繁育体系中，为了保证商品猪的质量，育种场必须不断提高原种猪的质量和生产性能，这就要求育种场具有较强的技术力量，设备要齐全，手段要先进而科学。一般要求育种场附设种猪性能测定站和种公猪站。因此，育种场在整个繁育体系中规模最小，但成本最高。目前我国在育种上自主创新能力较弱，存在着选育—提高—鉴定—退化的循环，在引种上存在引种—退化—再引种—再退化现象，与我国繁育体系内各层次功能定位不明晰、种猪质量不齐、代次的传递混乱有关。因此，构建一个完整的繁育体系非常重要。

二、杂交繁育体系中猪群的结构

猪群结构是指繁育体系中各层次中种猪的数量配比，特别是种母猪的规模，以便计算出所需的种公猪数量和能生产出的商品猪的规模。

确定合理的猪群结构，可从以下两方面考虑：首先要确定生产商品育肥猪的最佳杂交方案和生产数量，具体采用哪种杂交方法（二元、三元或四元杂交）。应根据已有的品种资源、猪舍及设施设备条件、市场状况等进行综合判断；二是要考虑各类猪群的结构参数，包括与遗传、环境和管理等有关的生物学参数，以及猪群本身的状况和性能表现，包括种猪的使用年限、配种方式、公母猪比例、种猪的淘汰更新率、母猪年生产力以及每头母猪年提供的后备种猪数等。在已知核心群（原种猪群）的规模的情况下，借助猪群的结构参数和杂交模式，就可推算出繁殖猪群、商品猪群的种猪数量以及所能生产出的商品猪数量。相反，在生产育肥猪的数量确定后，也可利用猪群的结构参数和杂交方案，确定出繁育体系中各层次的仔猪数、后备种猪数和种猪数。

母猪的规模和比例是繁育体系结构的关键。研究表明，采用常规的杂交方案如二元和三元杂交时，各层次母猪占总母猪数的比例大致为：核心场占 2.5%，繁殖场占 11%，商品场占 86.5%，呈典型的金字塔结构。

第六章

猪的繁殖生理

第一节　公猪的繁殖生理

一、生殖器官及其功能

公猪的生殖器官主要由睾丸、附睾、输精管、副性腺、阴茎和包皮等组成，它们在公猪机体中主要行使激素的合成、分泌，精子的发生、输送等与公猪繁殖性能紧密相关的生理功能。

（一）睾丸

1.睾丸的形状和位置

睾丸的形状见图 6-1，公猪的睾丸成对位于肛门下方腹壁外阴囊的两个腔内，呈长卵圆形，沿公猪身体呈前高后低倾斜。成年公猪的睾丸重 900～1000 克，占成年体重 0.34%～0.38%。公猪的睾丸在胎儿后 1/4 时期就下降至阴囊腔内。有些公猪长到成年后仍有一侧或两侧睾丸位于腹腔中，称为隐睾。隐睾睾丸的内分泌机能虽未受损害，但精子发生过程会出现异常。这样的公猪通常表现出有性欲，但无生殖能力。

057

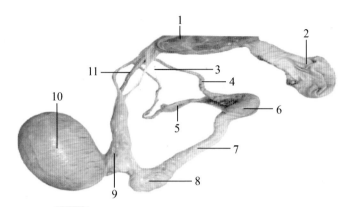

图6-1　公猪睾丸和附睾结构图（熊本海，2017）

1—提睾肌；2—鞘膜；3—精索神经；4—输精管；5—附睾韧带；6—附睾尾；7—附睾体；
8—附睾头；9—血管丛；10—睾丸；11—精索血管

2. 睾丸的功能

（1）产生精子　精子是由曲精细管的生殖上皮中的精原细胞所生成。精原细胞在曲精细管的生殖上皮中经过4次有丝分裂和2次减数分裂，最后形成精子细胞，随后经过形态学变化，长出尾巴，变形成为精子。猪每克睾丸组织每天大概能够产生2400万～3100万个精子。

（2）分泌激素　位于曲细精管之间的间质细胞分泌的雄激素（睾酮），能激发公猪的性欲和性行为，刺激产生第二性征，促进生殖器官和副性腺的发育，维持精子发生及附睾精子的存活。

（二）附睾

1. 附睾的形状构造

附睾附着于睾丸的背外缘，是由头、体、尾三部分组成的管状结构，又称为附睾管。猪的附睾管极度弯曲，其长度50～60米。附睾头是睾丸网末端分出的睾丸输出管盘曲形成的若干个附睾小叶联结而成的。附睾头端沿着附睾缘延伸的狭窄部分为附睾体，随后扩张成为附睾尾，进而过渡为输精管。

2. 附睾的组织结构

附睾管的管壁是由环形肌纤维和假复层柱状纤毛上皮构成。精子从睾丸输出管经附睾头移行至附睾尾等待射精的过程，主要由管壁的平滑肌和柱状纤毛完成。附睾头部的管腔很小，柱状纤毛长而直，几乎堵住管腔；附睾体部管腔变阔，纤毛稍短；附睾尾部管腔更宽阔，纤毛更短，管腔内充满精子。

3. 附睾管内的理化环境

猪的附睾管内为一个完全厌气环境，管内充斥的体液呈弱酸性（pH6.2～6.8）、渗透压较高（400mosm），环境温度低于体温。

4. 附睾的功能

（1）促进精子形态成熟　附睾是精子成熟最后的场所。睾丸曲细精管生产的精子，刚进入附睾头时形态上尚未发育完全，颈部常有原生质小滴，活动微弱，受精能力很低。精子通过附睾管的过程中，原生质小滴向尾部末端移行，精子逐渐成熟，并获得向前直线运动以及受精的能力。

（2）附睾上皮的分泌作用　附睾上皮能分泌磷脂质和蛋白质，它们包被于精子表面，形成脂蛋白膜，保护精子不受外界不良环境的侵蚀；能分泌前向运动蛋白，使精子原本的随机运动变为前向运动；能分泌一种依赖于雄激素的蛋白，并覆盖于精子表面，使精子获得结合卵子透明带的能力。

（3）使精子获得受精的能力　来源于睾丸的精子细胞表面通常带有一些阻碍精子与卵子结合的蛋白分子，它们在附睾中被去除或被剪切变性，使精卵结合中起重要作用的蛋白表位暴露出来，精子与卵子才能有效结合。

（4）贮存精子　附睾独特的理化环境是贮存精子的理想场所，约有70%的精子贮存在附睾尾。在附睾尾部贮存的精子可保持受精能力60天。若公猪长时间不交配或采精，则附睾中的精子活力降低，畸形及死精子增加，最后死亡，被吸收。

（5）吸收作用　附睾头和附睾体的上皮细胞具有吸收功能，可将来自睾丸较稀薄精液中的水分和电解质经上皮细胞所吸收，使在附睾尾的精子高度浓缩，利于贮存。

（6）运输作用　附睾主要通过管壁平滑肌的收缩以及上皮细胞纤毛的摆动，将来自睾丸输出管的精子悬液从附睾头运送至附睾尾。猪的精子从睾丸输出管出来后，经过附睾头和附睾体的时间是恒定的，它不受射精频率的影响。通常猪的精子在附睾中运行的持续时间是9～14天。精子在附睾尾部停留的时间则因射精频率的不同而异。

（三）输精管

输精管是一条壁很厚的管道，由附睾尾延续而来，开口于尿生殖道骨盆部背侧的精阜，主要功能是输送精子。管壁具有发达的平滑肌纤维，厚而口径小，射精时凭借其强有力的收缩作用将精子排出。

（四）副性腺

猪的副性腺包括精囊腺、前列腺和尿道球腺。射精时，它们的分泌物混合形成精清，与精子共同组成精液（图6-2）。

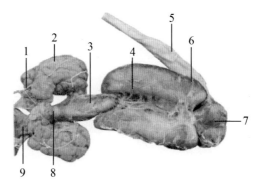

图6-2　公猪副性腺背面解剖图（熊本海，2017）

1—精囊腺排泄管；2—精囊腺；3—尿道肌；4—尿道球腺；5—阴茎根；6—尿道球腺肌；
7—球海绵体肌；8—前列腺；9—膀胱颈

1. 形态和组织构造

（1）精囊腺成对位于输精管末端的外侧，呈蝶形覆盖于尿生殖道骨盆部前端。猪的精囊腺是家畜中最大的，它是致密的分叶腺，腺体组织中央有一较小的腔。精囊腺和输精管共同开口于尿生殖道骨盆部的精阜。

（2）前列腺位于精囊腺的后方，由体部和扩散部两部分组成。体部为分叶明显的表面部分，扩散部位于尿道海绵体和尿道肌之间，外观看不到。前列腺为复管状腺，多个腺管开口于精阜的两侧。

（3）尿道球腺成对位于尿生殖道骨盆部后端，呈棒状，表面有尿道肌覆盖，两侧各有一个排出管，开口于尿生殖道背外缘顶壁中线两侧。

　　2.副性腺的机能

（1）冲洗尿生殖道　在射精前尿道球腺先排出分泌物，将尿生殖道中的尿液冲洗干净，为精液排出创造良好环境。

（2）稀释、营养、活化和保护精子　精囊腺分泌液中含有果糖，为精子提供能量来源。贮存于附睾中的精子呈弱酸性的休眠状态，而副性腺分泌液偏碱性，能增强精子的活动能力。副性腺分泌液中含柠檬酸盐和磷酸盐，具有缓冲作用，抵抗阴道酸性环境，延长精子存活时间，维持精子的受精能力。

（3）运送精子　副性腺分泌物是精液的组成成分。副性腺分泌液对精液的射出起推动作用。

（4）形成阴道栓，防止精液倒流　猪的尿道球腺分泌物具有凝固作用，有助于阴道栓的形成，可防止精液倒流。

（五）尿生殖道

尿生殖道为尿液和精液的共同通道，起源于膀胱，终止于龟头，由骨盆部和阴茎部组成。管腔在平时皱缩，射精和排尿时扩张。

（六）阴茎和包皮

阴茎是公畜的交配器官。分阴茎根、阴茎体和阴茎头三部分。猪的阴茎较细，在阴囊前形成"S"状弯曲，龟头呈螺旋状，并有一浅沟。阴茎勃起时，此弯曲即伸直。

包皮是由皮肤凹陷而发育成的皮肤褶。在不勃起时，阴茎头位于包皮腔内。猪的包皮腔很长，有一憩室，内有异味的液体和包皮垢，采精前一定要排出公猪包皮内的积尿，并对包皮部进行彻底的清洁。在选留公猪时应注意，包皮过大的公猪不宜留做种用。

二、公猪的初情期

公猪的初情期是指公猪第一次排出有受精能力的精子，并表现出完整性行为序列的时期。初情期的到来标志着公猪开始具有使母猪受孕的能力，公猪的生殖器官及身体发育进入最为迅速的阶段。此时的公猪不宜用于配种，因为射出精液中精子的活力和密度都很低，且精子畸形率高。公猪的初情期一般出现在 3～6 月龄，中国地方猪品种会更早一些。

三、公猪的性成熟

公猪性成熟是指青年公猪经过初情期后，身体和生殖器官进一步发育，已具备成熟和完善生殖机能的时期，标志着公猪已具有正常繁殖的能力。但公猪性机能的成熟一般要早于身体的成熟，达到性成熟的公猪并不一定可以正式用于配种，这主要取决于公猪精液的品质。配种过早不仅受胎率和产仔数较低，而且缩短公猪的使用年限。

第二节　母猪的繁殖生理

一、生殖器官及其功能

母猪的生殖器官主要由卵巢、输卵管、子宫、阴道等器官组成（图 6-3）。主要参与卵子的发生、运输、受精及妊娠和激素的合成与分泌等与母猪繁殖性能紧密相关的生理机能。

（一）卵巢

1. 卵巢的形状结构

根据猪的年龄和胎次不同，卵巢的位置、形态、结构、体积都有很大变化。初生小母猪的卵巢形状似肾形，色红，一般左侧稍大。接近初情期时，卵巢体积逐渐增大，其表面有许多突出的小卵泡，形似桑椹，也称桑椹期。初情期后，母猪开始表现为周期性发情，一个发情周期通常为 21 天。发情周期中的不同时间卵巢上出现卵泡、红体或黄体，突出于卵巢的表面，此时卵巢形状犹如一颗桑椹。

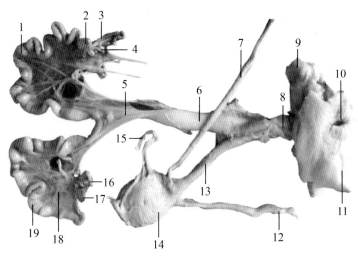

图6-3　母猪未产母猪生殖器官解剖图（熊本海，2017）

1—右侧子宫角；2,4—右侧输卵管；3—右侧输卵管伞；5—子宫体；6—子宫颈；
7—右侧输尿管；8—阴道；9—直肠；10—肛门；11—阴门；12—左侧输尿管；
13—尿道；14—膀胱；15—膀胱韧带；16,17—左侧输卵管；
18—子宫阔韧带；19—左侧子宫角

2.卵巢的组织结构

猪的卵巢由皮质部和髓质部组成，两者的基质都是结缔组织。皮质部包被于髓质部的外面，内含不同发育阶段的卵泡、红体、白体和黄体，其形状结构因发育阶段不同而有很大变化。皮质部的结缔组织含有许多成纤维细胞、胶原纤维、网状纤维、血管、神经和平滑肌纤维。血管分为小支进入皮质，并在卵泡膜上构成血管网。髓质部含有许多细小血管、神经，由卵巢门出入，所以卵巢门上没有皮质。

3.卵巢的功能

（1）卵泡发育和排卵　卵巢皮质部有许多原始卵泡，它们是在母猪胎儿时期就形成的。原始卵泡是由一个卵原细胞和周围的单层卵泡细胞构成。卵原细胞包裹在逐渐增多的卵泡细胞中发育。随着卵泡的发育，经过初级卵泡、次级卵泡、生长卵泡和成熟卵泡阶段，卵原细胞经过初级卵母细胞、次级卵母细胞最终发育为成熟的卵子。在发情前夕，卵泡不断增长，卵泡液增多，卵泡壁变薄，最终排出具有受精能力的卵母细胞。能发育到成熟阶段的卵泡只占原始卵泡的极少部分，不能发育成熟而退化的卵泡，萎缩成为闭锁卵泡，卵核中染色质崩解，卵母细胞和卵泡细胞萎缩，卵泡液被吸收，最终失去卵泡的结构。通常一个卵泡中只有一个卵母细胞。卵母细胞排出后，卵泡腔皱缩，腔内形成凝血块，称为血体或红体，以后随着脂色素的增加，逐渐变成黄体。

（2）分泌卵巢激素　在卵泡发育过程中，逐渐形成血管性的内膜和纤维性的外膜，卵泡的外膜和内膜细胞能合成雄激素，卵泡细胞或颗粒细胞则将雄激素转化为雌激素。排卵后形成的黄体，由颗粒黄体细胞和内膜黄体细胞组成，颗粒黄体细胞由排卵后的卵泡颗粒细胞变大而成；内膜黄体细胞主要由内膜的毛细血管向黄体细胞内生长而形成。两种黄体细胞都能分泌孕激素。雌激素主要是促进雌性生殖管道及乳腺腺管的发育，促进第二性征的形成，与孕激素协同影响母猪发情的行为表现；同时维持妊娠，并促进雌性生殖管道的发育和成熟。

此外，卵巢还可以分泌松弛素和卵巢抑素。松弛素的主要作用是松弛产道以及有关的肌肉和韧带。卵巢抑素主要是通过对下丘脑的负反馈作用，来调节性腺激素在体内的平衡作用。

（二）输卵管

1. 输卵管的位置和形态

输卵管是卵子进入子宫的通道，通过宫管连接部与子宫角相连接，附着在子宫阔韧带外侧缘形成的输卵管系膜上，长 15～30 厘米，有许多弯曲，它可分为漏斗部、壶腹部和峡部三个部分。输卵管的卵巢端扩大呈漏斗状，漏斗边缘有很多皱褶叫输卵管伞，伞的前半部贴于卵巢囊前部的内侧面，后半部向后下方敞开，游离缘恰位于卵巢前上方，在卵巢囊内自由地罩着卵巢的大部分，与卵子的收集密切相关。紧接漏斗的膨大部称输卵管壶腹，约占卵管全长的一半，是精子和卵子受精的部位。输卵管的壶腹后段变细，叫峡部。在壶腹部和峡部的连接叫做壶峡连接部。峡部末端直接与子宫角相通，称为宫管连接部，其周围具有长的指状突起，括约肌发达。

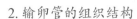

2. 输卵管的组织结构

输卵管的管壁组织结构从外向内由浆膜、肌层和黏膜组成。肌层从卵巢端到子宫端逐渐增厚，能使整个管壁协调地收缩。输卵管上皮细胞有柱状纤毛细胞和无纤毛细胞，柱状纤毛细胞在输卵管的卵巢端，在伞部特别多，越向子宫端越少。这种细胞伸入管腔，纤毛尖端朝向子宫，借助纤毛运动，卵子向子宫角方向移动。无纤毛细胞为分泌细胞，以漏斗和壶腹部最多，其顶端有微绒毛被覆，表面有特殊的分泌颗粒，其大小和数量随动物种类和所处发情的不同阶段而变化。

3. 输卵管的功能

（1）承受并运送卵子　卵子从卵巢排出后，先被输卵管伞接住，借助输卵管纤毛的摆动、管壁的分节蠕动和逆蠕动、黏膜和输卵管系膜的收缩、纤毛摆动引起的液体流动为动力将卵巢排出的卵子经过伞向壶腹运送；将精子反向由峡部向壶腹部运送。

（2）精子获能、受精，以及卵裂的场所　精子在输卵管内获得能量，并在壶峡部与卵子相结合成为受精卵，受精卵在纤毛的颤动和管壁收缩的作用下边卵裂边向峡部和子宫角运行。

（3）分泌输卵管液　输卵管液的主要成分为黏蛋白和黏多糖，它既是精子和卵子的运载液体，又是受精卵的营养液。在不同生理阶段，输卵管液的分泌量有很大变化，如在发情24小时内可分泌5～6毫升输卵管液，在不发情时仅分泌1～3毫升。

（三）子宫

1. 子宫的形态和位置

子宫大部分位于腹腔，少部分位于骨盆腔，背侧为直肠，腹侧为膀胱，前接输卵管，后接阴道，借助于子宫阔韧带悬于腰下腹腔。猪的子宫是双角型子宫，由子宫角（左右两个）、子宫体和子宫颈三部分组成。子宫角长而弯曲，形似小肠，但管壁较厚；子宫体短，黏膜有纵行皱襞；子宫颈是子宫体与阴道的连接部，是由括约肌样构造的厚壁组成的一条狭窄弯曲的管腔，长达10～18厘米，黏膜有左右两排彼此交错的半圆形突起，前后两端较小，中间较大，恰好与公猪的阴茎前端螺旋状扭曲相适应。猪没有子宫颈的阴道部，当母猪发情时子宫颈口开放，精液可以直接射入母猪的子宫内。因此猪被称为子宫射精型动物。

2. 子宫的组织结构

子宫的组织构造从外向里为浆膜、肌层和黏膜三层。浆膜与子宫阔韧带的浆膜相连。肌肉层的外层薄，为纵行的肌纤维；内层厚，为螺旋形的环状肌纤维。子宫颈肌是子宫肌的附着点，同时也是子宫的括约肌，其内层特别厚，且有致密的胶原纤维和弹性纤维，是子宫颈皱襞的主要构成部分。内外两层交界处有交错的肌束和血管网，固有层含有子宫腺。子宫腺以子宫角最发达，子宫体较少，子宫颈则在皱襞之间的深处有腺状结构，其余部分为柱状细胞能分泌黏液。

3. 子宫的功能

（1）精子进入及胎儿娩出的通道　经交配或人工授精后，子宫肌纤维有节律、有力地收缩，促进精子向子宫角和输卵管游动，同时阻止死精子和畸形精子进入子宫；分娩时，胎儿则因子宫启动强力阵缩才能排出。

（2）提供精子获能条件及胎儿生长发育的营养与环境　子宫内膜的分泌物、渗出物可使精子获能，也可为早期胚胎发育提供营养。胚泡附植时子宫内膜形成母体胎盘与胎儿胎盘结合，为胎儿的生长发育创造良好的环境。妊娠时子宫颈黏液高度黏稠形成栓塞，封闭子宫颈口，起屏障作用，防止子宫感染。分娩前子宫颈栓塞液化，子宫颈扩张，随着子宫的收缩使胎儿和胎膜排出。胚泡附植时子宫内膜形成母体胎盘与胎儿胎盘结合，为胎儿的生长发育创造良好的环境。

（3）调控母猪发情周期　子宫通过局部的子宫—卵巢静脉—卵巢动脉循环而调节黄体功能或发情周期。未妊娠子宫角在发情周期的一定时期分泌前列腺素 $PGF_{2\alpha}$，对同侧卵巢的发情周期黄体有溶解作用，引起卵泡的发育生长，从而出现发情等一系列行为。

（4）子宫颈是子宫的门户　在平时子宫颈处于关闭状态，防止异物侵入子宫腔，发情时稍张开，并分泌黏液作为润滑剂，为交配和精子的进入作准备。妊娠后，在孕酮的作用下，子宫颈管分泌胶质，黏堵了子宫颈口，使一切微生物都不能侵入，保护胎儿的正常发育。临分娩时，子宫颈管内的胶质溶解，子宫颈管松弛，为胎儿排出作好了准备。

（四）阴道和外生殖器官

1.阴道

位于骨盆腔，背侧为直肠，腹侧为膀胱和尿道。长 10～15 厘米，是母猪的交配器官和产道。

2.尿生殖道前庭

为前接阴道、后接阴门裂的短管，长度为 5～8 厘米。是生殖道和尿道共同的管道，其前端底部中线上有尿道外口。

3.阴唇

构成阴门的两个侧壁，中间的裂缝称为阴门裂，阴门外为皮肤，内为黏膜，之间含括约肌与结缔组织。阴唇的上下两个端部分别相连，构成阴门的上角和下角。

4.阴蒂

阴门下角含球形凸起物，主要由海绵组织构成，阴蒂头相当于阴茎的龟头，其见于阴门下角内。

二、初情期

初情期是指正常的青年母猪从出生到第一次出现发情表现并排卵的时期，是母猪具有繁殖能力的开始。在这时期以前，母猪的生殖道和卵巢增长缓慢，卵巢上虽有卵泡生长，但长到一定的时期均会退化消失，直到初情期，卵泡才能发育成熟直至排卵。

初情期的到来与下丘脑—垂体—卵巢轴的生长和分泌机能有关。接近初情期时，下丘脑的促性腺激素释放激素（GnRH）开始呈现脉冲式分泌，进而促进促性腺激素（GTH）的分泌，不断刺激卵巢进而增强对 GTH 的敏感性，并引起卵泡发育。随着卵泡的发育，卵泡分泌雌激素到血液，刺激生殖道的生长和发育。

母猪的初情期很难被观察到，因为第一次发情时，母猪通常只排卵而没有外部发情表现。母猪表现发情征象必须要有孕酮的参与，少量的孕酮才能使中枢神经系统适应雌激素的刺激而引起发情。第一次排卵的母猪卵巢上没有黄体存在，因而没有孕酮分泌，所以只出现排

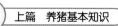

卵而不表现发情征象。

初情期年龄愈小，表明性发育愈早。影响母猪初情期到来的因素有很多，但最主要的有两个：一是遗传因素，主要表现在品种上，一般中国地方猪品种比引进品种到达初情期的年龄早；杂交品种较近交品种到达初情期的时间早。二是管理方式，若采用公猪诱情的方式会使初情期前的青年母猪提早达到初情期。

三、性成熟与适配年龄

初情期后，母猪的生殖器官迅速发育成熟，逐渐形成稳定的发情周期和排卵方式，并具有正常的生殖能力，即标志母猪达到性成熟。

适配年龄又叫配种适龄，也就是母猪适宜配种的年龄。母猪达到性成熟时，身体发育还未完全成熟，此时配种，势必会影响胎儿的发育和新生仔猪的成活，也会增加母猪体能负担，对母猪的终生繁殖成绩有不利的影响。因此，一般在母猪达性成熟后 1.5～2 个月再开始配种。

四、母猪的发情和排卵

（一）发情

发情是因母猪卵巢上的卵泡发育引起雌激素的分泌，并在少量孕酮的协同下，刺激神经系统的性中枢，引起性兴奋，产生交配欲的一种现象。母猪发情通常持续 2～3 天。发情表现是一种渐变现象，因而很难截然划分发情的开始和结束。胎次、品种和内分泌的异常都会影响母猪发情的持续时间。

（二）排卵

母猪的排卵一般是在发情开始后 24～36 小时，持续排卵时间一般为 10～15 小时，卵子在输卵管中仅在 8～12 小时内有受精能力。母猪在初情期后，其排卵数随着月龄或情期次数的增加而逐渐增加，至第 5 个情期左右逐渐稳定下来。

母猪的排卵数量受品种和胎次的影响较大。中国地方猪种初产猪排卵数为（17.21±2.35）枚，经产猪为（21.58±2.17）枚。而国外猪种初产猪平均排卵数为 13.5 枚，经产猪为 21.4 枚。

猪的排卵数与营养水平密切相关。用高能量饲料充分饲养能促使排卵率提高。喂给葡萄糖或脂类饲料，增加采食的能量，对青年母猪的催情有效果。排卵前母猪饲料中营养水平高低直接影响发育中的卵泡。在排卵前相当短的时间内提高采食的能量，也能得到较好的效果。另外，猪的排卵数受温度等气候条件的影响也较大。

（三）发情周期

母猪发情具有周期性。母猪的周期性发情是指正常母猪在性成熟后且非妊娠条件下，每隔一定的时间，出现一次发情的行为。一般把这次发情开始至下一次发情开始或这一次发情结束至下一次发情结束的时间间隔称为一个发情周期。

母猪的一个正常发情周期为 20～22 天，平均为 21.5 天，但有些特殊品种又有差异，如我国的某些小型猪种一个发情周期仅为 19 天。猪全年均可发情，无发情季节之分，配种没有季节性。

在整个发情周期中，母猪的卵巢、生殖道及行为等表现出不同的生理变化。按这些生理变化可将猪的发情周期分为四个阶段：即发情前期、发情期、发情后期和间情期。

1. 发情前期

发情前期为从母猪外阴部的阴唇和阴蒂充血肿胀开始到母猪接受公猪爬跨交配或压背站立不动时为止的这一阶段。此阶段，在前列腺素 $PGF_{2\alpha}$ 的作用下，卵巢中上一个发情周期所产生的黄体逐渐萎缩，在促卵泡素（FSH）的作用下，新的卵泡开始快速生长发育。雌激素也开始分泌，阴道黏膜上皮细胞增生，外阴部肿胀且阴道黏膜轻度充血、肿胀，由浅红变深红；子宫颈略为松弛，子宫腺体略有生长，腺体分泌活动逐渐增加，分泌少量稀薄黏液。但此时母猪尚无性欲表现，不接受公猪爬跨。

2. 发情期

此期为发情的最旺盛时期，故也称为发情盛期。从母猪接受爬跨交配或压背站立不动开始到拒绝交配为止的一段时间。在此阶段为母猪发情的高潮阶段，是发情征状最明显的时期。卵巢上的卵泡迅速发育成熟，FSH 和 LH（促黄体素）分泌增多，当 LH 分泌达到峰值时，卵泡破裂，排出卵子。雌激素分泌增多，强烈刺激生殖道，使阴道及阴门黏膜充血肿胀明显，子宫黏膜显著增生，子宫颈口松弛，子宫肌层收缩加强，腺体分泌增多，有大量透明稀薄黏液排出。外阴部充血肿胀明显，阴唇鲜红，性欲表现强烈。追找公猪，精神发呆，站立不动，愿意接受公猪爬跨和交配。多数母猪表现厌食、鸣叫。此时用手压背，表现四肢叉开，站立不动。

3. 发情后期

发情后期为母猪从拒绝公猪交配开始到发情征状完全消失为止的一段时间。此时期母猪精神由兴奋转为安静，性欲减退，有时仍走动不安，或爬跨其他母猪，但拒绝公猪爬跨和交配。此期雌激素分泌显著减少，排卵后的卵泡空腔开始充血并形成黄体，黄体开始分泌孕酮作用于生殖道，使充血肿胀逐渐消退；子宫内膜逐渐增厚，表层上皮较高，子宫颈管道开始收缩，腺体分泌减少，黏液量少而黏稠。

4. 间情期（休情期）

从发情征状消失开始到下次发情征状重新出现为止的一段时间称间情期或休情期。此期母猪卵巢在排卵后形成黄体并分泌孕酮，表现安静，食欲正常。

五、受精与妊娠

（一）受精

受精是成熟的精子和卵子相遇结合，精子主动向卵子内部转入并产生一个新的合子的过程。

1. 精子的受精过程

猪属于子宫射精型动物，交配时，公猪的阴茎可进入子宫颈，有时甚至可以伸到子宫角，因此，公猪的精液射出（或输配）后只需通过子宫和输卵管两道屏障即可达到受精部位。猪精子进入子宫后，在子宫腔内迅速扩散，一部分精子很快到达和集聚在子宫与输卵管的连接部，准备向输卵管移行；另一部分精子（包括弱精和死精）则在较短时间内被子宫内膜的白细胞吞噬而消失。猪在射精 2 小时后子宫内已经很少有精液残留。输卵管具有同时向相对方向运送精子和卵子的独特功能。精子通过宫管连接部，进入输卵管后，在输卵管平滑肌的蠕动和逆蠕动、黏膜皱襞和输卵管系膜的收缩作用下，向输卵管壶腹部运行。猪精子在母猪生殖道中保持受精能力的时间一般为10～24小时。

2. 卵子的受精过程

母猪卵子排出后，由输卵管伞接纳，并在输卵管伞部纤毛的颤动、卵巢韧带的收缩及卵巢分泌液的流动等共同作用下进入受精部位（输卵管壶腹部）。猪卵母细胞在排卵后45分钟内即可到达受精部位，排卵后8～10小时的卵母细胞均可正常受精。卵母细胞会在受精部位停留2天（发情开始后60～75小时）再向子宫方向移行（无论受精与否）。卵子受精后一边向子宫移行，一边卵裂发育为胚泡。同时，子宫为胚泡的附植作好准备。若排出的卵子在一定时间内未受精，也会向子宫方向移行。但卵子进入输卵管峡部后会迅速开始失去受精能力，进入子宫后就完全失去受精能力。精子至少要在排卵前2～3小时进入输卵管上段，才能使卵子在活力最佳时受精。

（二）妊娠

妊娠又叫"怀孕"，是指从受精开始，一直到胎儿娩出的过程，妊娠期包括受精卵卵裂、胚泡的生长和在子宫内附植、发育成胎儿和胎儿成熟至分娩前的过程。猪的妊娠期一般为110～120天。

1. 妊娠的识别和建立

在妊娠初期，孕体会产生信号（激素）传递给母体，母体会产生一定的反应，识别胎儿的存在。这种母体和孕体之间建立起密切联系的过程称为妊娠的识别。在孕体和母体之间产生了信息传递的反应后，双方的联系和相互作用便会通过激素或其他生理因素为媒介而固定下来，从而确定妊娠的正常开始，即妊娠的建立。猪的妊娠识别时间发生在胚泡进入子宫后。若胚胎在发情周期的第13天还未到达子宫（或卵子未受精），则 $PGF_{2\alpha}$ 由子宫以脉冲的方式释放进入子宫卵巢静脉并到达卵巢，使黄体开始退化继而溶解。延长周期黄体是建立妊娠的关键。猪的孕体在妊娠11～13天开始产生雌激素或其他物质，作为母体识别孕体的信号，它使周期黄体延长为妊娠黄体。妊娠黄体所分泌的孕酮可被孕体代谢利用为雌激素，雌激素能作用于子宫内膜，改变 $PGF_{2\alpha}$ 的分泌方向，使之直接进入子宫腔而不影响黄体的功能。

2. 妊娠的维持

猪的整个妊娠期都需要有黄体的支持。妊娠 14 天后，妊娠黄体必须继续增大，以维持孕酮的较高水平。孕酮是维持妊娠的重要激素。妊娠期内任何时候黄体功能丧失，都会使怀孕母猪在 24～36 小时内流产。母猪配种 12 天后，至少有 4 个胚胎才能防止黄体溶解和维持妊娠。在妊娠期间，孕酮的血液循环浓度始终维持在较高水平，子宫肌肉也始终保持在静止状态。胚泡形成并附植于子宫后，即与母体发生相互作用。从免疫学的角度看，对母体而言，胚胎为进入子宫的异物，应对其具有排斥反应。但胎儿胎盘的形成，使母体这种免疫识别降低。在妊娠过程中，胎盘会产生大量的组织孕酮，也是抑制母体免疫反应的重要物质。免疫抑制作用将一直维持到分娩，以保护胎儿不受母体子宫排斥。猪的胚胎在 10～12 天开始分泌雌激素，在妊娠的第 10.5 天开始分泌很多蛋白，其质量和数量随着妊娠的进展而发生变化。在母猪怀孕的第 12～30 天，胚胎产生的雌激素或注射的外源雌激素能够减少由母体胎盘产生的 $PGF_{2\alpha}$ 向血管中释放，而改道进入子宫腔，从而阻止 $PGF_{2\alpha}$ 通过子宫血流进入卵巢而使黄体溶解。

第七章

chapter seven

猪的营养

第一节　饲料的主要营养物质及其功能

猪所需的营养物质来源于饲料。饲料的营养成分（营养物质）按概略养分分析法可分为水分、粗蛋白、粗脂肪、粗纤维、无氮浸出物、维生素、矿物质（粗灰分）。

一、水

水是生物有机体必不可少的养分，长期绝食的动物，即使体内所有脂肪都损失，蛋白质损失 50%，体重减轻 40%，也能生存。如果没有水分供给，当机体失水 20%，就会危及生命。

（一）水的功能

水有溶解消化、参与代谢、载体运输、调节体温、润滑滋润、稀释和排毒等功能。

（二）猪体内水的来源和需要量

猪获得水有三种来源，即饮水、饲料中的水和有机物质在体内氧化产生的代谢水。猪对水的需要保持在一个稳定的范围，当饲料含水量高时，猪能从饲料中获得就多的水分，饮水量就少，反之亦然。

气温、饲粮类型、饲养水平、水的质量等都是影响猪需水量的主要因素。猪对水的需要量受许多因素的影响，难以确切地制订水的需要量。一般而论，以哺乳仔猪和哺乳母猪的需水量最多，这是因为组成幼猪体成分的 2/3 都是水，猪乳中的大部分也是水。随着猪的生长，乳猪的需水量为每千克体重 190 克 / 天，包括从母乳中获得的水。对生长育肥猪，喂干料时的水料比约为 2∶1 或（1.9～2.5）∶1，喂湿料时，水料比约为（1.5～3.0）∶1。未怀孕的后备母猪的饮水量约为 11.5 千克 / 天，发情期采食量和饮水量都降低；妊娠母猪约为 20 千克 / 天；经产空怀母猪的饮水量为 10～15 千克 / 天；哺乳母猪为 20～25 千克 / 天。NRC（1981）规定，对生长猪，体重 15 千克的需水量为 1.5～2 千克 / 天，体重 90 千克的需水量为 6 千克 / 天。当饲料与水混合湿喂时，其水料比为生长猪 2∶1、非妊娠母猪 2∶1、妊娠母猪 2∶1、哺乳母猪 3∶1。

二、无氮浸出物、粗纤维

碳水化合物是植物饲料中含量最多的一种营养成分，占植物总干物质重量的 3/4，主要由无氮浸出物（即可溶性碳水化合物）和粗纤维两种组成。碳水化合物的主要功能是提供能量，猪需要的总能量中 80% 由碳水化合物提供。它还是形成体组织器官所必需的成分，如核糖核酸、脱氧核糖核酸是细胞核的组成成分。碳水化合物与蛋白质结合成复杂蛋白质，与脂类结合成糖脂，构成细胞结构物质；当碳水化合物供能多余时，可转化成体脂肪沉积于体内储备起来；部分碳水化合物可转化为肝糖原、肌糖原储备起来；此外，它还是合成乳脂和乳糖的原料。

（一）无氮浸出物

无氮浸出物包括单糖、双糖、多糖等可溶性碳水化合物。无氮浸出物 =100%-（水分 %+ 粗蛋白质 %+ 粗脂肪 %+ 粗纤维 %+ 粗灰分 %）。一般植物饲料中无氮浸出物的主要成分是淀粉，块根块茎类、瓜类、发芽饲料和一些青饲料中含有较多的单糖和双糖。淀粉在猪体内，经消化道内有关酶类的作用分解为葡萄糖，主要在小肠吸收进入血液，作为能量物质参与代谢。

（二）粗纤维

粗纤维是植物细胞壁的主要成分，包括纤维素、半纤维素和木质素等成分。饲料中粗纤维质地坚硬、粗糙、适口性差、猪吃后不易消化。粗纤维广泛存在于植物茎秆和秕壳之中，谷类籽实约含 5%，糠麸类约含 10%～15%，干草约含 20%～30%，秸秆、秕壳类含 30%～40% 或以上。

1. 粗纤维的营养作用

日粮粗纤维水平对猪正常微生态系统的形成和维持有着重要的作用；可刺激消化道黏膜，促进胃肠蠕动和粪便的排泄，保证消化道正常的机能活动；粗纤维在猪大肠内微生物发酵的最终产物是挥发性脂肪酸，主要包括乙酸、丙酸、丁酸等，挥发性脂肪酸由后肠迅速吸收，可满足生长猪 30% 的维持能量需要，为成年猪提供更多的维持能量；粗纤维体积大，性质稳定，吸水性强，不易消化，可充填胃肠道，使猪食后有饱腹感。

2. 粗纤维的负面作用

粗纤维含量过高或过低的饲料，对猪生产性能都会造成相当大的影响。夏季高温天气，饲喂过量的粗纤维饲料，会对猪只生长造成很大的"热应激"。但饲料中粗纤维含量太低，又会使母猪产生便秘、厌食和可能的消化道溃疡等问题。

三、粗蛋白

蛋白质是生命的物质基础，是组成机体一切细胞、组织的重要成分。

（一）蛋白质的来源和组成

猪的体蛋白必须由饲料中的蛋白质转化而来，氨基酸是组成蛋白质的基本物质，组成蛋白质的氨基酸有 20 余种。

（二）蛋白质的功能

（1）构成组织细胞的重要成分　如肌肉、皮毛、血液、神经、各种内脏器官等都是以蛋白质为主要成分构成的。

（2）参与组织的更新和修补　机体组织的蛋白质在新陈代谢中始终处于分解与合成的动态平衡，不仅形成新组织需要蛋白质，修补损

坏的组织也需要充足的蛋白质。

（3）形成体内活性物质的原料　如各种酶类、激素、抗体等都是由蛋白质构成的。这些物质起着催化体内化学反应、调节机体代谢以及防御病菌侵袭等作用。

（4）氧化供能　在碳水化合物和脂肪不足的情况下，蛋白质可供给能量。

（三）氨基酸

氨基酸按其功能分为必需氨基酸和非必需氨基酸。

1. 必需氨基酸

某些种类的氨基酸在体内不能合成，或合成的速度不能满足机体的需要，必须从饲料中供给一定数量，这类氨基酸称为必需氨基酸。猪的必需氨基酸有 10 种，即赖氨酸、蛋氨酸、色氨酸、苏氨酸、精氨酸、组氨酸、亮氨酸、异亮氨酸、苯丙氨酸和缬氨酸。不同生理状态的动物对各种必需氨基酸的摄入量和摄入比例有其特定的要求。饲料中某一氨基酸的缺乏会影响其他氨基酸的利用，称此氨基酸为限制性氨基酸。限制性氨基酸的供给量与需要量之比越低则限制作用越强。饲料中最缺乏的一类氨基酸称为第一限制性氨基酸，其次为第二限制性氨基酸，再次为第三限制性氨基酸。

2. 非必需氨基酸

某些种类的氨基酸在动物机体内能合成，或者可由其他氨基酸转变而成，这类氨基酸称为非必需氨基酸，例如甘氨酸、丙氨酸等。

（四）理想蛋白质和氨基酸平衡

1. 理想蛋白质

是指蛋白质的氨基酸在组成和比例上与动物所需蛋白质的氨基酸的组成和比例一致，包括必需氨基酸之间以及必需氨基酸和非必需氨基酸之间的组成和比例。

2. 氨基酸平衡

蛋白质生物学价值的高低取决于其必需氨基酸是否平衡，当日粮中各种必需氨基酸在数量和比例上与动物特定需要量相符，使其能被有效利用，称为氨基酸平衡。如果把动物机体对必需氨基酸的需要比作一只木桶，那么各种必需氨基酸就是组成木桶的桶板，理想的氨基酸平衡就是一个完整的桶。而实际上任何一种饲料蛋白质的氨基酸都达不到这种平衡，总是某些氨基酸或多或少，参差不齐。饲料蛋白质中无论缺乏哪一种必需氨基酸，均会降低蛋白质的生物学价值。这好像木桶盛水一样，若其中一块板缺损，水即从短板处溢出，则木桶始终装不满水。

（五）蛋白质的消化和吸收

猪对蛋白质的消化起始于胃。首先胃酸使之变性，蛋白质的立体三维结构被分解，肽键暴露。接着在胃蛋白酶、十二指肠胰蛋白酶和糜蛋白酶等内切酶的作用下，蛋白质分子降解为含氨基酸数目不等的各种多肽。随后在小肠中，多肽经胰腺分泌的羧基肽酶和氨基肽酶等外切酶的作用，进一步降解为游离氨基酸（占食入蛋白质的60%以上）和寡肽。2～3个肽键的寡肽能被肠黏膜直接吸收或经二肽酶等水解为氨基酸后被吸收。这类酶的作用需要 Mg^{2+}、Zn^{2+}、Mn^{2+} 等金属离子参与。吸收主要在小肠上 2/3 的部位进行。实验证明，各种氨基酸的吸收速度是不同的。部分氨基酸吸收速度的顺序：半胱氨酸＞蛋氨酸＞色氨酸＞亮氨酸＞苯丙氨酸＞赖氨酸≈丙氨酸＞丝氨酸＞天冬氨酸＞谷氨酸。被吸收的氨基酸主要经门静脉运送到肝脏，只有少量的氨基酸经淋巴系统转运。但新生的哺乳动物，在出生后24～36小时内，能直接吸收免疫球蛋白。因此，给新生仔猪及时吃上初乳，可保证获得足够的抗体，对仔猪的健康非常重要。

（六）提高蛋白质利用率的措施

1. 利用蛋白质的互补作用，合理搭配各种饲料

饲料蛋白主要分为植物蛋白和动物蛋白，两种来源的蛋白质氨基酸组成差异较大，两种蛋白质的合理搭配可以发挥蛋白质的互补作用，以弥补各自在氨基酸组成和含量上的缺陷，提高蛋白质品质，同时也就提高了混合饲料中蛋白质的利用率和营养价值。

2. 日粮能量水平要满足需要

日粮能量水平过低，蛋白质将被分解提供能量，造成很大的浪

费，使蛋白质的生物学价值下降。

3. 配合日粮中要额外添加合成氨基酸

当饲粮中某些限制性氨基酸缺乏时，通过直接添加人工合成的氨基酸，如赖氨酸、蛋氨酸等，利用氨基酸的互补作用，提高日粮蛋白质的利用率。

4. 对饲粮进行科学调制

例如对豆科籽实进行加热处理，可提高蛋白质的生物学价值。在一些豆类籽实中含有胰蛋白酶抑制因子，影响蛋白质的消化吸收，由于它耐热性差，故通过加热处理可使其破坏而丧失活性。例如，大豆蛋白质经加热处理后其生物学价值可由 57% 提高到 64%。

5. 要多喂优质青饲料

青饲料中粗蛋白质含量一般占干物质的 10%～20%，豆科植物含量更高。以苜蓿为例，每千克青苜蓿的粗蛋白质含量约等于 0.5 千克玉米或高粱籽实的粗蛋白质含量，而每千克苜蓿干草的粗蛋白质含量则相当于玉米或高粱籽实的 2 倍。并且青饲料所含的蛋白质品质好，含有多种必需氨基酸，其中赖氨酸含量比玉米高 3～5 倍，比麸皮、米糠、大麦高 2 倍左右，可以弥补玉米等谷类饲料赖氨酸、色氨酸和蛋氨酸不足的缺陷。

四、脂肪

（一）脂肪的来源和组成

脂肪的动物性来源是动物体内存在的脂肪，植物性来源主要从植物的果实。脂肪是由甘油和脂肪酸组成的三酰甘油酯，其中甘油的分子比较简单，而脂肪酸的种类和长短却不相同。因此，脂肪的性质和特点主要取决于脂肪酸，不同食物中的脂肪所含有的脂肪酸种类和含量不一样。

（二）脂肪的营养功能

（1）脂类是动物体组织的重要成分　神经、肌肉、骨骼、血液均含有脂肪，主要有卵磷脂、脑磷脂和胆固醇。细胞膜由蛋白质和脂肪按一定比例组成。与体内其他贮存脂肪不同，细胞脂肪不受摄入饲料脂肪的影响。脂肪是形成新组织及修补旧组织所不可缺少的物质。

（2）脂类是动物体供能、贮能最好形式 脂肪含能量为碳水化合物的 2.25 倍，贮于皮下、肠系膜及肾周围等处。

（3）作为脂溶性营养素的溶剂 维生素 A、维生素 D、维生素 E、维生素 K 均溶于脂肪，并靠它输送到体内各部位。同时脂肪也是动物体制造维生素和激素的原料，如胆固醇可为维生素 D_2 与维生素 D_3 的原料，同时又是多种激素的原料。

（4）脂肪为动物提供必需脂肪酸（EFA） 在代谢活动中，机体所需的特殊的多聚不饱和脂肪酸必须由日粮提供，它们是合成前列腺素和磷脂所必需。虽然机体本身有一定的对脂肪酸进行转化的能力，但这种能力是有限的，不能满足机体需求，所以必须由饲料提供。这些脂肪酸被称作必需脂肪酸。十八碳二烯酸、十八碳三烯酸及二十碳四烯酸是幼畜的必需脂肪酸，须由饲料供给。各种牧草和许多植物油如豆油、亚麻籽油等均含有这些脂肪酸。

（5）脂肪是动物产品的成分 瘦肉、猪乳等均含有一定数量的脂肪，这些脂肪可由饲粮中的脂肪转化而来。碳水化合物和蛋白质均可转化合成动物体脂肪，但由于植物脂肪和动物脂肪都是甘油三酯，植物饲料的脂肪在畜体内转化为动物体脂肪的过程中损失少、效率高。

（三）猪日粮中脂肪的作用

脂肪含有的能量，是碳水化合物的 2.25 倍。将脂肪添加到饲料中不仅可以降低粉尘，改善适口性，而且也能延长食糜通过消化道的时间，提高饲料利用率，改善饲料的营养价值。在仔猪日粮中添加脂肪，可提高日增重 10%～14%，提高饲料报酬 8%～10%；在母猪日粮中添加脂肪，可使仔猪初生重提高 10%～12%，仔猪哺育期成活增加 1.5～2 头。在饲料中添加脂肪时，要注意如钙、磷等矿物质及脂溶性维生素的添加量和比例，脂肪及高油脂饲料的稳定性和适口性非常重要，防止因脂肪氧化、饲料变质而影响猪的生产性能。

五、矿物质（粗灰分）

矿物质存在于动物体的各种组织中，广泛参与体内各种代谢过程。除碳、氢、氧和氮四种元素主要以有机化合物形式存在外，其余

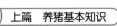

各种元素无论含量多少，统称为矿物质或矿物质元素。

　　动物的必需矿物质元素有钙、磷、钾、钠、硫、镁、氯、铁、铜、锰、锌、钴、碘、硒、氟、钼、铬、硅 18 种。这些矿物质元素根据它们在动物体内的含量可分为常量元素和微量元素两类。含量占动物体重的 0.01% 以上者为常量元素，包括钙、磷、钾、钠、硫、镁、氯 7 种元素。含量占动物体重的 0.01% 以下者为微量元素，包括铁、铜、锰、锌、钴、碘、硒、铬等 11 种。

　　猪最易缺乏的常量元素是钙、磷、钠、氯，是需要补充的矿物质。微量元素通常可从饲料（特别是青饲料）中或接触土壤获得。但是由于在集约化饲养条件下猪几乎不接触土壤，也很少饲喂青饲料，因此，容易缺乏，也需要补充。

　　在实际饲养中容易缺乏的几种矿物质元素有钙、磷、氯、钠、铁、铜、锌等。现将它们的主要营养生理功能、缺乏症与过量危害及来源与补充分别简介如下。

（一）钙和磷

1.营养生理功能

　　机体中的钙约 99% 构成骨骼和牙齿；钙在维持神经和肌肉正常功能中起着抑制神经和肌肉兴奋性的作用，当血钙含量低于正常水平时，神经和肌肉兴奋性增强，引起动物抽搐；钙可促进凝血酶的致活，参与正常血凝过程；钙是多种酶的活化剂或抑制剂。机体中的磷约 80% 构成骨骼和牙齿；磷以磷酸根的形式参与糖、脂肪和蛋白质等多种物质代谢；在能量代谢中磷以 ADP 和 ATP 的形式，在能量贮存与传递过程中起着重要作用；磷还是 RNA、DNA 及辅酶Ⅰ、辅酶Ⅱ的成分，与蛋白质的生物合成及动物的遗传有关；另外，磷也是细胞膜和血液中缓冲物质的成分。

2.缺乏症与过量危害

　　（1）缺乏症　一是食欲不振与生产力下降：患猪消瘦、生长停滞；母猪不发情或屡配不孕，可导致永久性不育，或产畸胎、死胎，产后泌乳量减少；公猪性机能降低，精子发育不良，活力差。缺磷时更为明显。二是异食癖：猪喜欢啃食泥土、石头等异物，互相舔食被毛或咬耳朵；母猪吃仔猪等。缺磷时异食癖表现更为明显。三是仔猪患佝偻症：患佝偻症的仔猪表现为骨端粗大，关节肿大，四肢弯曲，呈"X"形或"O"形；肋骨有"捻珠状"突起；骨质疏松，易骨折；仔猪多呈犬坐姿势，严重时后肢瘫痪。四是成年猪患软骨症：此症常发生于妊娠后期与产后母猪。饲粮中缺少钙磷或比例不当，为供给胎儿生长或产奶的需要，猪过多地动用骨骼中的贮备，造成骨质疏松、多孔呈海绵状，骨壁变薄，容易在骨盆骨、股骨和腰荐部椎骨处发生骨折。母猪常于分娩前后瘫痪。

（2）过量危害　动物对钙、磷有一定程度的耐受力。过量直接造成中毒的少见，但超过一定限度，会降低动物的生产性能。猪食入过量钙时，脂肪消化率下降，磷、镁、铁、锰和碘等代谢紊乱。生长猪供钙量超过需要量的 50% 时，就会产生不良后果。磷过多，使血钙降低。

3. 来源与补充

一是富含钙磷的天然饲料：含有骨骼的动物性饲料，如鱼粉、肉骨粉等钙磷含量均高。豆科植物，如大豆、苜蓿、花生秧等含钙丰富。禾谷类籽实和糠麸类中缺钙多磷，但 60% 以上的磷是以植酸磷的形式存在。猪消化道水解植酸磷的能力很低，现采用在猪饲粮中添加植酸酶的措施，以促使植酸磷分解释放出活性无机磷，从而减少无机磷的用量，降低饲料成本；同时也可减少猪排泄磷对环境的污染；并可消除植酸的抗营养作用，提高日粮中其他养分的消化率和利用率。但一般要求饲料中植酸磷含量在 0.2% 以上，才有必要使用植酸酶，推荐添加量为每千克饲粮 300～500 单位。二是矿物质饲料：植物性饲料常满足不了猪对钙磷的需要，必须在饲粮中添加矿物质饲料。如含钙的蛋壳粉、贝壳粉、石灰石粉、石膏粉等。含钙磷的肉骨粉、磷酸氢钙等，但同时要调整钙磷比例为（1～2）：1，其吸收率高。三是加强猪的舍外运动：多晒太阳，使猪被毛、皮肤、血液等中的 7-脱氢胆固醇大量转变为维生素 D_3，或在饲粮中添加维生素 D。四是对饲料地、牧草地多施含钙磷的肥料，以增加饲料中钙磷的含量。五是优良贵重的种用猪可采用注射维生素 D 和钙制剂或口服鱼肝油的办法，起预防和治疗作用。

（二）钠和氯

1. 营养生理功能

钠和氯的主要作用是维持细胞与体液的渗透压和调节酸碱平衡。钠也可促进神经和肌肉兴奋性，并参与神经冲动的传递；氯为胃液盐酸的成分，能激活胃蛋白酶，活化唾液淀粉酶，有助于消化；盐酸可保持胃液呈酸性，具有杀菌作用。

2. 缺乏症与过量危害

猪缺少食盐表现为食欲不振，被毛脱落，生长停滞，生产力下降。并有掘土毁圈、喝尿、舔脏物、猪相互咬尾巴等异食癖。因此，必须经常供给动物食盐。食盐过多、饮水量少，会引起猪中毒。猪对食盐过量较为敏感，容易发生食盐中毒。因此，要严格控制食盐给量，一般猪为混合精料的 0.25%～0.5%（应将含食盐量高的饲料中的含盐量计算在内）。由于动物性饲料及赖氨酸盐酸盐用量的增加，猪饲粮中食盐用量降低，而用小苏打可补充钠离子之不足。

3. 来源与补充

除鱼粉、酱油渣等含盐饲料外，多数饲料中均缺乏钠和氯。食盐是供给猪钠和氯的最好来源。

（三）铁

1. 营养生理功能

铁是合成血红蛋白和肌红蛋白的原料，血红蛋白作为氧和二氧化碳的载体，能保证其正常运输，肌红蛋白是肌肉在缺氧条件下做功的供氧源；铁作为细胞色素氧化酶、过氧化物酶、过氧化氢酶、黄嘌呤氧化酶等的成分及碳水化合物代谢酶类的激活剂，参与机体内的物质代谢及生物氧化过程，催化各种生化反应；转铁蛋白除运载铁以外，还有预防机体感染疾病的作用。

2. 缺乏症与过量危害

因饲料中的含铁量超过动物需要量，且机体内红细胞破坏分解释放的铁 90% 可被机体再利用，故成年动物不易缺铁。哺乳幼畜，尤其是仔猪容易发生缺铁症。初生仔猪体内贮铁量为 30～50 毫克，正常生长每天需铁 7～8 毫克，而每天从母乳中仅得到约 1 毫克的铁。如不及时补铁，3～5 日龄即出现缺铁性贫血症状：食欲降低，体弱，轻度腹泻，皮肤和可视黏膜苍白，血红蛋白量下降，呼吸困难，严重者3～4 周龄死亡。日粮干物质中含铁量达 1000 毫克 / 千克时，导致慢性中毒，消化机能紊乱，引起腹泻，增重缓慢，重者导致死亡。

3. 来源与补充

除奶和块根外，大部分饲料中铁的含量都超过家畜的需要量。幼嫩青绿饲料含铁丰富，特别是叶部。铁的补饲可利用易溶于酸的铁盐，如硫酸亚铁、氯化亚铁及有机铁等，在母猪乳头滴硫酸亚铁或可溶性铁溶液或在圈内放少量红土让仔猪自由拱食，也可起到补铁作用。

（四）铜

1. 营养生理功能

铜对造血起催化作用，促进合成血红素；铜是红细胞的成分，可加速卟啉的合成，促进红细胞的成熟；铜作为金属酶的成分，直接参与体内代谢；铜是骨骼的重要成分，参与骨形成并促进钙磷在软骨基质上的沉积；铜在维持中枢神经系统功能上起着重要作用，并可促进垂体释放生长激素、促甲状腺激素、促黄体激素和促肾上腺皮质激素等；铜能促进被毛中双硫基的形成及双硫基的多叉结合，从而影响被毛的生长；铜作为酪氨酸酶的成分参与被毛中黑色素的形成过程；铜对维持猪的妊娠过程及繁殖率均有影响；铜参与血清免疫球蛋白的构成并通过由它组成的酶类构成机体防御体系，增强机体的免疫功能。

2. 缺乏症与过量危害

缺铜时，影响猪正常的造血功能，当血铜低于 0.2 微克 / 毫升时可引起贫血，缩短红细胞的寿命，降低铁的吸收率与利用率；缺铜时血管弹性硬蛋白合成受阻、弹性降低从而导致动物血管破裂死亡；缺铜时长骨外层很薄，骨畸形或骨折；缺铜时参与色素形成的含铜酶合成受阻，活性降低，使有色毛褪色、黑色毛变为灰白色；缺铜猪机体免疫系统损伤，免疫力下降；猪繁殖力降低。铜过量可危害动物健康，甚至中毒。每千克猪饲料干物质含铜量超过 250 毫克会引起中毒。过量铜在肝脏中蓄积到一定水平时，就会释放进入血液，使红细胞溶解，猪出现血尿和黄疸症状，组织坏死，甚至死亡。

3. 来源与补充

饲料中铜分布广泛，尤其是豆科牧草、大豆饼、禾本科籽实及副产品中含铜较为丰富，动物一般不易缺铜。但缺铜地区或饲粮中锌、钼、硫过多时，影响铜的吸收，可导致缺铜症。缺铜地区的牧地可施用硫酸铜化肥或直接给动物补饲硫酸铜。

（五）锌

1. 营养生理功能

锌是猪体内多种酶的成分或激活剂，催化各种生化反应；锌是胰岛素的成分，参与碳水化合物代谢；锌在蛋白质和核酸的生物合成中起重要作用；锌参与胱氨酸和黏多糖代谢，可维持上皮组织健康与被毛正常生长；锌是碳酸肝酶的成分，与动物呼吸有关；锌能促进性激素的活性，并与精子生成有关；锌参与肝脏和视网膜内维生素A还原酶的组成，与视力有关；锌参与骨骼和角质的生长并能增强机体免疫力和抗感染力，促进创伤的愈合。

2. 缺乏症与过量危害

幼龄动物缺锌时食欲降低，生长发育受阻。8～12周龄的猪易患"不全角化症"，皮肤发炎、增厚，增厚的皮肤上覆以容易剥离的鳞屑，脱毛、微痒、呕吐、下痢。缺锌种公猪睾丸、附睾及前列腺发育受阻、影响精子生成，母猪性周期紊乱，不易受孕或流产。缺锌引起免疫器官（淋巴结、脾脏和胸腺）明显减轻，免疫反应显著降低，影响机体免疫力。过量锌对铁铜吸收不利，导致贫血。补充锌可抑制多种病毒。以ZnO形式给断奶前期（14～28日龄）幼猪日粮中补充Zn1500～4000毫克/千克，可缓解下痢，加快生长，减少死亡率。但此药理剂量的高锌最多只能补充14天，并仅以ZnO形式补充，高锌与高铜间无协同作用。

3. 来源与补充

锌的来源广泛，幼嫩植物、酵母、鱼粉、麸皮、油饼类及动物性饲料中含锌均丰富。猪易缺乏，常用硫酸锌、碳酸锌和氧化锌补饲，若采用蛋氨酸螯合物效果更好。

六、维生素

维生素是维持猪体正常生理机能所必需的营养物质。虽不是供应机体能量或构成机体组织的原料，在猪体内含量很少，但维生素参与营养物质的代谢过程。当维生素供应不足时，引起新陈代谢紊乱，严重时则发生缺乏症状。

维生素有 30 多种，分为两大类：一类是溶于脂肪才能被畜禽机体吸收的称脂溶性维生素，包括维生素 A、维生素 D、维生素 E、维生素 K 等；另一类是溶于水中才能被畜禽机体吸收的称水溶性维生素，包括 B 族维生素和维生素 C。

对猪正常生长和繁殖有影响的维生素有 14 种：维生素 A、维生素 D、维生素 E、维生素 K、维生素 B_1（硫胺素）、维生素 B_2（核黄素）、维生素 B_3（泛酸）、维生素 B_4（胆碱）、维生素 B_5（烟酸）、维生素 B_6（吡哆醇）、维生素 B_{11}（叶酸）、维生素 B_{12}（钴胺素）、维生素 C（抗坏血酸）和生物素（VH）。

维生素可理解为维持生命的要素，它是一种具有高度生物活性的有机化合物。猪对各种维生素的需要量极少，但在猪体内的作用却极大。猪体内一切新陈代谢都离不开各种酶，而许多维生素就是酶的组成成分，有的直接参与酶的活动。所以，当某种维生素不能满足猪需要时，就会影响猪的正常代谢，并出现相应的维生素缺乏症。

大多数维生素都不能在猪体内合成，即使某些维生素可以在猪体内合成，往往也因合成速度太慢或太少而不能满足猪的需要，所以必须经常由饲料中得到补充。

青绿饲料富含多种维生素，所以，喂给青绿饲料是一种经济有效的补充维生素的方式。

（一）维生素 A

维生素 A 主要对视觉、生殖、骨骼、皮肤和免疫功能有重要作用。维生素 A 还可调控分泌生长激素基因的活性，促进组织分化和动物生长。缺乏时引起猪只生长缓慢、夜盲症、干眼病、皮肤角化病、繁殖障碍等症状。

NRC（1998）推荐猪维生素 A 的需要量为每千克日粮 1300～4000 单位。由于猪将饲料原料中类胡萝卜素前体物转化为维生素 A 的效率比家禽和大鼠低，而日粮中的脂肪、水分和亚硝酸盐均能增加维生素A的需要量，且考虑到维生素A在促生长、免疫调控和提高繁殖性能等方面有重要作用，在实际生产中维生素A的添加量为标准的2～10倍。

（二）维生素D

维生素D的主要功能是提高血浆中钙、磷水平以保证骨骼的正常钙化。此外，维生素D_3对免疫细胞有调节作用，还可改善猪肉品质。猪缺乏维生素D会出现佝偻病、软骨病、食欲下降、皮毛粗糙、生长停滞、骨质疏松等症状。

NRC（1998）推荐的猪维生素D需要量为每千克日粮150～220单位。实际生产中，由于各种因素的影响，特别是高水平的维生素A可诱发维生素D的缺乏，故维生素D的添加量为标准的10～20倍。

（三）维生素E

维生素E又叫生育酚，具有抗氧化作用和维持动物正常生殖功能的作用。高水平的维生素E可提高免疫反应及有抗应激作用。维生素E还可保持细胞膜的完整性，有效抑制猪肉中高铁血红蛋白的形成，增强氧合血红蛋白的稳定性，从而延长鲜肉理想肉色的保存时间。日粮中添加维生素E可提高猪肉的系水力，从而防止PSE肉的发生。维生素E与硒有协同作用，其缺乏症与硒的缺乏症相似，使猪出现生长缓慢、白肌病、繁殖机能障碍、肝坏死等症状。

由于维生素E通过胎盘传递给胎儿的量很少，仔猪必须通过初乳和常乳获得足够需要的量，而乳汁中维生素E的含量取决于母猪日粮中维生素E的水平，故为获取最大窝产仔数和免疫活性，妊娠和哺乳母猪日粮中维生素E的含量应达到40～60单位/千克。因此，NRC（1998）将妊娠和哺乳母猪的需要量提高为44单位/千克日粮，仔猪和生长肥育猪的需要量为11～16单位/千克。而考虑到日粮、应激、免疫和生长性能（特别是肉质）等因素的影响，日粮中维生素E的添加量应为60～100单位/千克，而肥育期则增加至200单位/千克。

（四）核黄素

核黄素作为黄酶辅基成分，参与能量代谢，在生物氧化的呼吸链中传递氢原子。核黄素缺乏的典型症状包括生长速度下降，呕吐，皮疹，腿的弯曲、僵硬，母猪会出现卵泡萎陷和卵子退化，被毛粗糙，掉毛等。核黄素缺乏导致青年母猪不发情和生殖力衰竭，在母猪日粮中添加 5～6 毫克／千克核黄素，母猪产奶量、窝仔数、断奶窝重和成活率明显提高。

核黄素的需要受动物的生长速度及环境温度影响，猪在低温下核黄素的需要增加。NRC（1998）推荐猪核黄素的需要量为生长肥育猪 20～50 千克阶段 2.5 毫克／千克，50～120 千克阶段 2 毫克／千克。

（五）烟酸

烟酸主要通过 NAD（烟酰胺腺嘌呤二核苷酸）和 NADP（烟酰胺腺嘌呤二核苷酸磷酸）参与碳水化合物、脂类和蛋白质的代谢，尤其在体内供能代谢的反应中起重要作用。NAD 和 NADP 也参与视紫质的合成。烟酸缺乏，猪表现为失重、腹泻、呕吐、皮炎、被毛粗糙、胃肠溃疡、肠炎和正常红细胞性贫血。

烟酸的需要量受饲料中烟酸的生物利用率的影响。谷物籽实如黄玉米、小麦、燕麦等及其副产品中的烟酸是以结合态存在的，大部分不能被利用，而豆粕中的烟酸则可被猪利用。故 NRC（1998）首次提出以有效烟酸为衡量指标，并规定其需要量为 7～20 毫克／千克日粮。在日粮中添加烟酸未见生长猪生长性能改善。

（六）叶酸

叶酸以四氢叶酸形式参与一碳基团的中间代谢。叶酸通过一碳基团的转移而参与嘌呤、嘧啶、胆碱的合成和某些氨基酸的代谢，与维生素 B_{12} 代谢有关。叶酸对于维持免疫系统功能的正常也是必需的。叶酸缺乏可使嘌呤和嘧啶的合成受阻，核酸形成不足，使红细胞的生长停留在巨红细胞阶段，最后导致巨红细胞性贫血。同时也影响血液中白细胞的形成，导致血小板和白细胞减少。

一般情况下，生长猪可从正常日粮和肠道微生物获取足够的叶酸，额外添加叶酸没有益处，但对于繁殖母猪补加叶酸可显著提高窝产仔数，减少 25%～30% 的死胎率。NRC（1998）把种猪叶酸的需要量增加到 1.3 毫克／千克，而仔猪与生长猪则依然是 0.3 毫克／千克。

（七）生物素

生物素是中间代谢过程中催化羧化反应的许多酶的辅酶，对各种

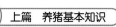

有机物质的代谢均有影响。猪缺乏生物素表现为生长缓慢、厌食、后腿痉挛、足横裂出血、皮肤干燥结痂和开裂及以粗糙和棕色渗出物为特征的皮炎。

　　NRC（1998）推荐的生物素需要为：仔猪及生长猪 0.05～0.08 毫克 / 千克，种猪为 0.2 毫克 / 千克。由于磺胺药物减少了肠道生物素的合成，现代饲养中猪无法食粪以补充生物素，建议种猪生物素的需要量提高到 0.3 毫克 / 千克为宜。

第二节　不同生理阶段猪的营养需要特点

一、种公猪的营养需要特点

　　种公猪按生长阶段分为后备公猪和成年公猪，后备公猪是从仔猪培养来的，而成年公猪是用来提供精液的。公猪的性成熟与年龄和体重有关。在性成熟前给予适当营养，达到性成熟后，公猪的体躯和四肢结实，体态雄健。但如果以过高的营养水平饲养公猪至性成熟，由于过肥可降低其配种能力。

　　为了保持公猪具有健康、结实的体质和旺盛的性欲，并生产量多质好的精液，必须进行正确饲养，供应各种必需的营养物质。首先应供给足够的能量，根据不同体重，每头肉脂型成年公猪每天需消化能 17.9～28.8 兆焦，瘦肉型公猪为 23.8～28.8 兆焦。另外，蛋白质的供给与公猪也很重要，当蛋白质不足时，公猪射精量减少、精子密度降低、精子活力差、受胎率下降，甚至丧失配种能力。实行常年配种的公猪，日粮粗蛋白质可适量减少为 14% 左右，但要做到常年均衡供应。除此之外，还要特别注意维生素和矿物质的补充。维生素和矿物质与公猪的健康及精液品质关系密切，缺乏时，不仅影响公猪的健康，引起生殖机能衰退、性欲下降，还可能导致精子生成发生障碍，精子畸形率上升。

二、后备母猪的营养需要特点

　　凡是留作种用，从断奶开始到进入配种繁殖阶段之前的母猪称为

后备母猪。培育好后备母猪是猪群高产稳产的重要条件之一。后备母猪虽然也处于生长期，但与生长肥育猪的饲养目的不同。肥育猪生长到 90 千克左右，就已完成了整个饲养过程，而后备母猪生长到 90 千克，则刚刚才是生产繁殖的开始。

仔猪断奶后应立即选留后备母猪，喂以营养全面的优质日粮，才能使后备母猪发育良好，尽早受孕。有些初产母猪产仔少，哺乳期仔猪死亡率高，其原因不一定是妊娠期和哺乳期的日粮有什么问题，而往往是因为生长期间日粮有缺陷所致。如后备母猪生长期营养不良，即使育成后再喂优质饲料也难于哺育既多又壮的仔猪。因此，饲养后备母猪与肥育猪的不同点是，既要防止生长过快过肥，又要防止生长过慢发育不良。防止后备母猪过快和过慢的方法，主要是控制其营养水平。50 千克前的后备母猪可以同肥育猪喂量相同，50 千克后应少于肥育猪的喂量，使其降低生长速度，直至配种前 3 周开始增加喂料量，以增加母猪的排卵数。

后备母猪与肥育猪日粮相比，应含较高的钙和磷，使其骨骼中矿物质沉积量达到最大，从而延长母猪的繁殖寿命。后备母猪营养需要与肉猪的另一不同之处是，对维生素和微量矿物质元素的需要量显著提高。这不仅是正常的生长发育阶段所不可少的，而且是为进入繁殖期正常发情、受孕所必需的。为满足对维生素、矿物质的需要，应多喂青绿饲料。

三、妊娠母猪的营养需要特点

根据妊娠母猪的不同特点采取相应的营养计划。对于断奶后体瘦的经产母猪，采取抓两头顾中间的营养计划。由于经过了分娩和哺乳期后的母猪，体力消耗较大，体质较差，为了能更好地担负起下一阶段的繁殖任务，须在妊娠初期（包括配种的前 10 天，共计约 1 个月）加强营养，迅速恢复繁殖体况。体况恢复后，逐渐降低营养水平，按饲养标准饲养，以青粗饲料为主，至妊娠 80 天，加强营养。形成高 - 中 - 高的营养计划，尤其是后期的营养水平应高于前期。

对于初产母猪和哺乳期配种的母猪，采取步步高的营养计划。特别对于初产母猪，身体还处在生长发育阶段，营养需要量较大，更需采用此计划。哺乳母猪因繁殖任务重，营养需要量也很大，因此营养水平应根据胎儿的体重增长而提高，至分娩前一个月达最高峰。一般妊娠初期的营养水平可以低一些，以青粗饲料为主；而后逐渐增加精料比例，尤其是蛋白质和矿物质的供给，提高营养水平；至产前 3~5天，日粮减少 10%~20%，以便正常分娩。

对于配种前体况良好的经产母猪，采取前低后高的营养计划。妊娠初期，胎儿小，母猪膘情好，按照配种前的营养供给就基本可以满足胎儿生长发育所需营养。妊娠后期，胎儿生长发育快，营养物质需要多，因而要提高日粮的营养水平。

四、哺乳母猪的营养需要特点

哺乳母猪的营养重点是最大限度地提高母猪的泌乳量，因此，哺乳母猪需要高的营养水平以供给不断生长的仔猪，而且也使在断奶后体重不至于减少太多，以利于尽快发情配种。哺乳母猪配合饲料原料应多样化，尽量选择营养丰富、保存良好、无毒的饲料。还要注意配合饲料的体积不能太大，适口性好，这样可增加采食量，有条件的猪场可加喂一些优质青绿饲料。

日粮能量水平应确保消化能在 14 兆焦 / 千克以上，代谢能在 13兆焦 / 千克以上。要选择优质玉米，水分必须控制在 14% 以内，其他指标要达到国标二级以上。应避免选择粗纤维含量高的原料进入日粮。此外，可添加适量脂肪（3%~5%）或优质大豆磷脂（4%~6%）以提高能量水平。脂肪在哺乳母猪日粮中的应用是考虑到哺乳母猪的能量需要量高，而添加高能量浓度的脂肪可以提高日粮的能量浓度和母猪的能量采食量。在高温应激时，脂肪的使用还可以减少体内体增热的影响，降低高温应激对母猪生产的副作用。使用脂肪还可以减少母猪失重，提高乳汁脂肪含量，提高轻体重仔猪的成活率。但是脂肪添加量高于 5% 会降低母猪以后的繁殖性能，并且饲料含脂肪太多成本高，不易储存。脂肪添加以 2%~3% 为宜。

夏季哺乳母猪日粮的粗蛋白质含量可配到 18%，必须选择优质蛋白质原料，建议不使用杂粮，而选用优质豆粕（粗蛋白含量≥44%）、膨化大豆、进口鱼粉等蛋白质原料。赖氨酸是限制哺乳母猪泌乳的第一限制性氨基酸，为了保证窝仔猪生长速度达 2.5 千克 / 天的泌乳，赖氨酸需要量为 50~55 克 / 天。对于高产母猪，随着赖氨酸摄入量的增加，母猪的产奶量增加，仔猪增重提高，而母猪自身体重损失减少。

目前哺乳母猪的赖氨酸需要量比以前大大提高，是由于已培育出高产的品系、母猪的产奶量明显提高。我国瘦肉型母猪推荐饲粮赖氨酸的水平为 0.88%～0.94%，基本满足了每天 50 克左右的赖氨酸需要量。

五、哺乳仔猪的营养需要特点

乳猪消化系统发育尚不完善，消化酶分泌能力弱，只能消化母乳中乳脂、乳蛋白和碳水化合物，直接供给以玉米、豆粕为主的全价配合饲料，容易引起仔猪腹泻。因此，乳猪的营养重点是使饲粮既要与消化系统的能力相适应，也要为断奶后平稳过渡作准备。饲料中应含有与母乳类似的原料如奶粉、乳清粉等，添加糖和油脂，同时含有一定比例的植物蛋白，有助于断奶后的平稳过渡。所选的原料应品质上乘、消化率高。

营养指标主要考虑的是能量和蛋白质水平，消化能浓度范围一般在 13.81～15.06 兆焦 / 千克，蛋白质含量在 20%～25% 之间，粗纤维含量不超过 4%，同时还要考虑饲粮中的限制性氨基酸如赖氨酸等和钙、磷等矿物质的含量。另外，还需注意在饲料中添加柠檬酸、乳酸、甲酸、延胡索酸等有机酸来提高消化道的酸度和饲料的消化率，注意饲料中添加抗生素，补充铁、铜、硒等矿物质。

六、保育猪的营养需要特点

仔猪断奶后面临环境应激、营养应激和免疫不成熟性等多重应激，常导致仔猪食欲降低、腹泻、增重减缓甚至减重、生长受阻等。因此，断奶仔猪的营养重点是如何减缓断奶应激并提高机体免疫力。饲料原料的选用应坚持适口性好、易消化、营养丰富的原则，以适应仔猪的消化生理特点，充分满足仔猪对能量、蛋白质、矿物质和维生素的需要，以促进仔猪骨骼和肌肉的迅速生长。

在原料的选择上，可利用的能量饲料有乳糖、蔗糖、脂肪、谷物等。特别是早期断奶料中，乳糖添加必不可少，它不仅能促进食欲，而且是仔猪最好的能量来源。乳清粉中含乳糖 60% 以上，是乳糖的良好来源。母乳干物质中含 30%～40% 的脂肪，故断奶仔猪料中使用脂肪还是必要的，其中豆油和椰子油是仔猪较好的脂肪来源。谷物类最好经熟化处理，特别是对 21 日龄之前断奶的仔猪尤为重要，谷物熟化后，消化率提高，可减少腹泻。随着仔猪日龄增加，对淀粉的消化力提高，采用普通谷物即可。蛋白源的选择，可选用易消化的动植物蛋白如奶粉、乳清粉、血浆蛋白粉、鱼粉、大豆浓缩蛋白等。大豆蛋白中的某些抗原物质如大豆球蛋白、β-伴大豆球蛋白会引起早期断奶仔猪短暂的过敏反应。尽管高水平豆粕有害，但断奶第一阶段料中必须含有一定量的豆粕，使仔猪产生适应性，否则以后仍会发生过敏反应。

饲料的主要营养参数如能量、蛋白质、赖氨酸以及各种必需氨基酸的理想配比等一定要满足断奶仔猪的营养需要。消化能在 13.8 兆焦/千克左右，粗蛋白质含量控制在 18%～20% 之内以降低仔猪腹泻程度，粗纤维含量在 5% 左右以促进消化道发育，加入脂肪以改进日增重和饲料利用率。此外，日粮可加入 1% 有机酸或酵母，矿物质用量降到 1% 以下，添加一定量的抗生素、酶制剂等及一些新型的抗断奶应激的饲料添加剂等。

七、生长育肥猪的营养需要特点

生长育肥猪的营养重点是根据生长发育规律合理供给营养物质，最大限度地发挥猪的生长潜力，减少饲料消耗，提高瘦肉率和胴体品质。

生长育肥猪的能量供给水平与增重和胴体品质有密切关系，50 千克之前，蛋白质沉积速率随能量采食量增加而线性增加，充分表现其生长潜力的日粮能量浓度为 14～15 兆焦/千克。一般来说，在日粮中蛋白质、必需氨基酸水平相同的情况下，肉猪摄取能量越多，日增重越快，饲料利用率越高，背膘越厚，胴体脂肪含量也越多。但日增重达到一定程度，再增加能量的摄入量也不能使蛋白质和瘦肉的沉积量继续增长，饲料转化率反而开始降低。对于不同品种、不同类型和不同性别的肉猪，其能量的最佳摄入水平也不同。

生长期日粮中蛋白质和赖氨酸主要用于瘦肉组织的生长，因此日粮中充足的蛋白质和赖氨酸供应对猪遗传潜力的发挥起主导作用。不同遗传类型的猪生长速度和胴体性能差异很大，采食量也存在较大差异，因此对日粮中的氨基酸水平要求不同。沉积瘦肉较快的猪显然需要较高的蛋白质和氨基酸水平。

在日粮消化能和氨基酸都满足的情况下，日粮蛋白质水平在 9%～18% 的范围内，随着蛋白质水平的提高，猪的日增重和饲料转化率均增高，但超过 18% 时，日增重不再提高，反而有的会出现下降的趋势，但瘦肉率提高了。一般来说，体重20～60千克时，瘦肉型猪的粗蛋白质水平为16%～17%；体重60～100千克时，为14%（为了提高日增重）或16%（为了提高瘦肉率）。在提供合理的蛋白质营养时，要注意各种氨基酸的给量和配比，尤其要注意日粮中赖氨酸占粗蛋白质的比例，通过确定赖氨酸的需要量，选择合适的理想蛋白质模式，根据理想蛋白质模式规定的其他氨基酸与赖氨酸的比例，可计算出猪对每一种氨基酸的需要量。

在日粮消化能和粗蛋白质水平正常的情况下，体重20～35千克阶段，粗纤维含量为5%～6%；35～100千克阶段，为7%～8%，绝对不能超过9%。日粮中应含有足够数量的矿物质元素和维生素，特别是矿物质中某些微量元素的不足或过量，会导致肉猪代谢紊乱、增重速度缓慢、饲料消耗增多，重者能引发疾病或死亡。

第三节 猪的饲养标准

一、饲养标准的含义和作用

（一）饲养标准的含义

饲养标准是用以表明家畜在一定生理生产阶段下，从事某种方式的生产，为达到某一生产水平和效率，每头每日供给的各种营养物质的种类和数量，或每千克饲料中各种营养物质的含量或百分比。完整的饲养标准包括标准研究条件、研究方法说明，各类动物不同阶段、不同生产目的的营养需要量以及常用饲料原料营养价值表。

（二）饲养标准的作用

合理的饲养标准是实际饲养工作的技术标准，它由国家的主管部门颁布，对生产具有指导作用，是指导猪群饲养的重要依据，它能促进实际饲养工作的标准化和科学化。饲养标准的用处主要是日粮配制、饲料原料及产品质量检验的依据。它对于合理、有效地利用各种饲料资源，提高配方日粮质量，提高养猪生产水平和饲料利

用效率，促进整个饲料行业和养殖业的快速发展具有重要的作用。

我国养猪生产中，大多数是选用美国 NRC 猪饲养标准和中国猪饲养标准作为配方依据。此外，还有英国的 ARC、法国的 AEC，以及日本、澳大利亚等国的猪饲养标准。饲养标准中各项营养指标随着动物营养科学的发展、品种的改良、生产水平的提高等会发生变化。在使用饲养标准时，对饲养标准要正确理解、灵活运用。一定要考虑到猪的生产性能、饲养环境及饲养方式的差异，对标准中的营养需要按实际水平、饲料饲养条件进行适当调整。

二、美国NRC猪饲养标准

美国国家研究委员会（NRC）下设猪营养分会，专门负责猪营养需要的制定与修订。到目前为止，已发表了第十一版 NRC（2012）《猪的营养需求》。

相对于 1998 年的旧版本，新版的特点是进一步开发了生长猪和种猪的计算机模型，并介绍了模型中体现的基本概念。实际上，该模型已被用来评估所有阶段猪的能量和氨基酸需求，以及它们对钙和磷的需求。这个模型可以从美国 NRC 的官网上下载。此外，已发表的科学文献还增加了对一系列猪用常规饲料原料的营养组成的综述，并对这些原料提供了完整的分析。

三、中国猪饲养标准

1983 年我国首个《肉脂型生长肥育猪饲养标准》编制完成，1987年我国《瘦肉型生长肥育猪饲养标准》（GB 8471—87）正式成为农业部标准。2004 年由中国农大、广东农科院畜牧所、四川农大等单位科研人员对我国猪饲养标准进行全面修订，成为新版国家行业标准——《猪的饲养标准》（NY/T 65—2004）。从 20 世纪 80 年代猪饲养标准的颁布，到"十五"期间又做了修订，在 20 多年的时间里，标准的内容发生了一定的变化，最明显的是新增添了部分指标，并且将计算机技术应用到营养需要量的研究中，尤其是借鉴 NRC 建立相应的回归模型，使猪营养研究从常量到微量、从静态到动态、从整体向微观扩展，使得猪饲养标准更适合我国生产实际需要。

现代实用养猪技术大全

中　篇

猪场生产经营管理

第八章
养猪市场定位与投资决策

chapter

第一节　市场定位

一、猪场类型的确定

（一）育肥猪场

是指养猪专业户到专业仔猪市场或专业生产仔猪的猪场购买断奶后的仔猪进行育肥，直到 120 千克左右出栏销售的猪场。

1. 该类型的主要优点

（1）经营方式简单，易于起步，而且可根据市场行情的波动，随时调整饲养规模。

（2）猪舍结构、配套设施要求较简单。

（3）饲养周期短，资金周转快，风险较低。

（4）固定资金投入少，栏舍周转快。

（5）饲养技术相对简单，容易掌握。

2. 该类型的主要缺点

（1）仔猪供应不稳定，很难买到品种、质量、规格较一致的仔猪。

（2）对仔猪疫病和免疫情况不能调控，易将疫病引入。

（3）流动资金投入较多。

（4）易受市场波动的冲击，收益随仔猪和育肥出栏猪的市场价格变化而变化。

（二）商品仔猪场

是指专门饲养母猪、生产仔猪，且待仔猪断奶后饲养到一定体重后再销售给育肥猪饲养户的猪场。

1. 该类型的主要优点

（1）流动资金投入较少。

（2）开始周转慢，一旦种猪投入正常生产之后，资金周转就较快。

（3）猪的采食和排泄量都相对少，每天投入的劳动力也相对较少。

（4）种猪群一旦固定，就很少到场外购猪，从外界引入疫病的概率减少，因而能保证猪场良好的健康状态。

2. 该类型的主要缺点

（1）固定资金投入较高。不但要建造怀孕母猪舍、哺乳母猪舍和仔猪保育舍，还要花较多的资金购买种猪。

（2）猪舍结构要求高。特别是产房和保育舍，不但需要较科学的猪舍结构，还要有防暑降温、防寒保暖及通风等配套设备。

（3）收益因仔猪市场价格不同而变化。

（4）每头仔猪的利润较小。

（5）种猪饲养和仔猪培育都有较高的技术要求。

（三）种猪场

这是一种全过程饲养的猪场类型，其目的是生产种猪并出售给其他养猪者。饲养的种猪既可以是纯种，也可以是杂交的。这是一种非常专业化的饲养类型，特别要求饲养者在育种技术、繁殖技术和品系发展等方面需要有较高的专业知识。

1. 该类型的主要优点

（1）利润较高。

（2）具有全程饲养的所有优点。

（3）引入疫病风险较小

2. 该类型的主要缺点

（1）要投入更多的人力物力来进行选种、育种。

（2）要增加选种、育种方面的资金。

（3）种猪销售成本高。

（4）饲养管理技术要求较高，需要专业技术人员　养猪者可以根据周边环境、市场意识、抗风险能力、专业技能、从事此项工作的能力和管理水平、可用资金数量、猪舍和劳动力等诸多因素选择养猪类型。如果猪舍使用期较短，或养猪是临时行为，或能较好把握市场行情的，可选择第 1 种养猪类型，如能保证获得优良的仔猪，那么，育肥猪饲养很可能是养猪业中最有利可图的一种类型；如果饲养者的专业知识和技术优势倾向于饲养母猪和仔猪，但流动资金不足时，可选择第 2 种养猪类型。但饲养仔猪的经济收益较微薄，还易受市场行情变化的冲击，因此，生产和销售仔猪不是一种很好的养猪类型，除非母猪是母性好、产仔数多、耐粗饲的地方品种，且青粗饲料资源丰富；如果具有育种技术，有较强的市场意识，有较大的销售网络，第 3 种类型是获利最丰厚的一种。

二、饲养规模的确定

（一）饲养规模的分类

根据养猪场年出栏商品肉猪的生产规模，规模化猪场可分为三种基本类型，年出栏 10000 头以上商品肉猪的为大型规模化猪场，年出栏 3000～5000 头商品肉猪的为中型规模化猪场，年出栏 3000 头以下的为小型规模化猪场，现阶段农村适度规模养猪多属此类猪场。

（二）影响饲养规模确定的因素

（1）国家政策　国家政策包括一定时期国家的产业政策、投资政策、技术政策以及对不同行业项目最小生产规模的规定等。国家政策对项目的生产规模具有鼓励或限制作用。

（2）生产力水平　这是决定养猪规模的重要因素。当在养猪生产水平较低、社会分工不发达、服务体系不健全、流通渠道不畅通等情况下，生产经营规模不宜过大。

（3）管理人员水平和技术人员素质　规模化猪场成败的关键是管理水平，管理人员的素质、技术人员和饲养人员对养猪技术掌握的熟练程度，直接关系到猪群生产性能的充分发挥。

（4）资金、原材料、能源及自然资源条件　规模养猪生产，在征地、设施、饲料、粪污处理等方面需要大量资金投入，经营规模应量力而行，要留有余地。自然资源的丰富与否，也是影响饲养规模的制约因素；生态环境的保护和改善，对饲养规模也有很大影响。

（三）饲养规模的确定原则和依据

1.原则

（1）平衡原则　运用循环经济学的原理，以资源的高效利用为核心，坚持"均衡总量控制、高效农牧结合、科学种养平衡"的原则。

（2）充分利用原则　因地制宜、就地取材，充分利用当地人力、饲料原料、水电等资源。

（3）以销定产原则　生猪市场一是销售市场，二是加工市场。销售市场既着眼本地市场，又要考虑到周边城市市场；加工市场是养猪生产可靠又稳定的市场，要与加工企业建立产销合同，以销定产。综合分析两个市场的销量情况，从而确定生产规模和出栏量。

（4）资金保证原则　猪场占用资金的数目是庞大的，尤其是规模猪场，资金得不到保证，就无法在饲料、兽药等原料的供应上得到保证，无法实现从厂家直接进货，因此，必须保证猪场生产经营资金的需要、加速资金的周转、确保资金留有余地。饲养规模的大小，决定利润的多少，通常而言，规模越大利润越多。但在实际生产中，往往适得其反，由于盲目采购猪只，贪图规模而忽视市场的运作和消费者的承载力，造成规模大、亏损大的现象。因此，在决定饲养规模时，一是要了解销售地的肉类消费水平和个人收入情况，从而对预售价格做出可靠的预测；二是要关注与畜牧业有关的农业产品价格，如玉米、大豆等，这些产品的价格高低直接影响饲料价格的波动，也是肉类价格的晴雨表。

2. 依据

（1）市场 市场对猪肉品质的要求，是确定饲养品种的主要依据；市场需求量和销售渠道是影响猪场效益和规模的主要因素。

（2）预期生产目标 预期生产目标关系到猪场盈亏，可判断管理者的能力和水平。预期生产目标与猪群和后备种猪群的健康状况、种猪的遗传特性、设施和建筑物、营养方案、母猪的适应性、生产量、饲喂技术和生物安全有直接关系。

（四）确定饲养规模的方法

1. 线性规划法

线性规划法是将投资目的和约束条件模拟成线性函数模型，求得在一定约束条件下目标函数值最大或最小化（即最优解）的一种方法。本方法适用范围很广，所有可以模拟成线性模型的投资都可以采用，不仅可以用于投资项目的选择，也可以用于投资项目完成情况的评价。模型比较复杂，具备条件的企业可以开发专门的规划求解软件，也可以直接采用 excel 表中的规划求解功能。运用线性规划法确定最佳规模和经营方向时，必须掌握以下资料：一是几种有限资源的供应量；二是利用有限资源能够从事的生产项目；三是某一生产方向的单位产品所要消耗的各种资源数量；四是单位产品的价格、成本及收益。

2. 盈亏平衡分析法

盈亏平衡分析法，是指根据项目运营过程中的产销量、成本和利润三者之间的关系，测算出项目生产规模的盈亏平衡点，并据此进行项目生产规模决策的一种定量分析方法。项目生产的保本规模、盈利规模、最佳规模均可以采用这种方法确定。

（五）饲养规模的确定

我们提倡规模养猪，但规模养猪的发展受经济、技术、管理、市场等多种因素的制约，因而规模既不宜过小，更不是越大越好，而是要建立一种适度规模猪场，以求用合理的投入，产生较好的经济效益。养猪场（户）要根据自身实力（如财力、技术水平、管理水平）、饲料来源、市场行情、产品销路以及卫生防疫等条件，结合猪的头均效和总体效益来综合考虑养猪规模的大小。所谓养猪生产的适度规模，是指在一定的社会条件下，养猪生产者结合自身的经济实力、生产条件和技术水平，充分利用自身的各种优势，把各种潜能充分发挥出来，以取得最好经济效益的养猪规模。任何一个养猪场（户），在确定养猪规模的时候，都要把经济效益放在首要位置进行考虑。养猪规模过大，资金投入相对较大，饲料供应、粪污处理的难度增大，而且市场风险也增大。一般农村养猪专业户发展规模养猪，条件较好的以年出栏育肥猪 500～1000 头的规模为宜，条件一般的以年出栏育肥猪 200～500 头的规模为宜。这样的养猪规模，在劳动力方面，饲养户可利用自家劳动力，不会因为增加劳动力而提高养猪成本；在饲料方面，可以自己批量购买饲料原料、自己配制饲料，从而节约饲料成本；在饲养管理方面，饲养户可以通过参加短期培训班或自学各种养猪知识，灵活地采用简单实用的饲养管理模式，在一定程度上提高养猪水平，缩短饲养周期，从而提高养猪的总体效益。如果想大投入办大型规模化养猪场，应以年出栏育肥猪 1 万头的规模为宜。在目前社会化服务体系不十分完善的情况下，这样的养猪规模可使养猪生产中可能出现的资金缺乏、饲料供应、饲养管理、疫病防治、产品销售、粪尿处理等问题相对比较容易解决。总之，无论是农户还是企业要发展规模养猪，一定要从实际出发，确定适合自己的养猪规模。发展初期最好因地制宜、因陋就简，采取"滚雪球"的方法，由小到大逐步发展。

第二节　饲养工艺流程的确定

一、工艺流程概述

　　根据猪的不同生理阶段，采用工业流水生产线的方式，全进全出，分别进入不同猪舍，采取不同的饲料和不同的饲养管理方法，利用现代的科学技术和设备，使猪群的生产效率、猪舍与饲料利用率和猪场的劳动生产率大大提高（图 8-1）。

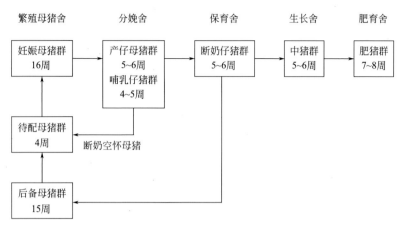

图8-1 工厂化养猪生产工艺流程示意图

仔猪断奶后到育肥出栏期间，可以划分为多个阶段，采用不同的饲养管理方式。一般根据肥育期间阶段的划分（转群的次数）方法，可分为三种工艺流程：

（一）两段饲养、一次转群

哺乳母猪在仔猪断奶后转移到空怀猪舍，仔猪留在原圈饲养一段时间，转至育肥猪舍，饲养至出栏（图 8-2）。这种饲养流程，只有一次转群，有利于仔猪的生长和增重，但分娩舍利用率不高。

图8-2 两段肥育法工艺流程图

（二）三段饲养、二次转群

仔猪断奶后，转至培育仔猪舍，饲养一段时间后，再转至育肥猪舍，饲养至出栏（图 8-3）。这种流程，可减少母、仔猪在分娩猪舍的时间，提高了母猪舍的利用率。

图8-3 三段肥育法工艺流程图

（三）四段饲养、三次转群

仔猪断奶后，转至培育仔猪舍，再转入育成猪舍，最后转至育肥猪舍，饲养至出栏（图8-4）。这种流程，可减少母、仔猪在分娩舍的时间，提高母猪舍的利用率。

图8-4 四段肥育法工艺流程图

上述饲养工艺流程在实际选用中应该以场地和圈舍情况为依据，并充分考虑劳动力成本和饲养员工作经验等因素，综合权衡并作出选择。

二、猪场工艺流程的确定

猪场工艺流程的设计，必须使各生产阶段有计划、有节奏地以流水线方式进行。同时要考虑猪场的销售渠道和销售能力。在出售商品猪时，要保持群体整齐度，个体间体重最好不要相差10千克以上，依此来设计，一般以一周、三周或四周为一个生产周期。实行常年均衡生产，每位工作人员都很清楚某一天该干什么，原材料的来源渠道也应基本恒定，出售猪的日期也基本保持不变，利于建立自己的固定客户，保证销售渠道畅通。

小规模猪场一般采用两阶段肥育法的工艺流程，所需要建的猪舍主要有母猪舍、分娩舍和肥育舍。它的优点是不需要过多的转群，生产管理简单，在随时发情随时配种的情况下，节约建筑面积，商品猪转群次数少，特别是减少了分群和合群，使应激和争斗的机会减少，有利于猪的快速生长；缺点是母猪分娩日期比较分散，不易批量生产和外调，同时给接产和档案记录整理带来麻烦，往往会使管理人员忽视换料而造成饲料浪费，转群的次数少，也使猪的寄生虫的感染机会增加。

中大型猪场多采用三阶段肥育法的工艺流程，所需要建的猪舍有种公猪舍、母猪舍、分娩舍、保育舍和肥育舍。它的优点是各阶段猪栏都得到有效的利用，也节约了不少建筑面积，配合猪的转群，容易做到在固定的时间进行防疫、驱虫和更换饲料，不会使疫苗漏打或者早打，也避免了在同一猪舍使用两种或者更多种类饲料的麻烦或者投错饲料而影响猪的生长或浪费优质小猪饲料。

　　大型猪场也可采用四阶段肥育法的工艺流程，所需要建的猪舍有种公猪舍、母猪舍、分娩舍、保育舍、育成舍和肥育舍。它的优点除了具有三阶段肥育法的优点以外，更能节约建筑面积，随着第二次和第三次转群，做好驱虫工作，并清理消毒猪圈，使寄生虫造成的损失大为降低，在每阶段当中只用一种饲料，避免了分发饲料上的人为失误；缺点是商品猪转群次数更多，增加了分群和合群次数，不仅使劳动量增加，而且使应激和争斗的机会大大增加，不利于猪的生长发育。

第三节　猪场建设投资概算

　　猪场投资概算是猪场投资者根据建设规划设计方案，对预计的饲养规模先做投资估算。建筑安装工程费由直接费、间接费、利润和税金组成。

一、直接费

（一）直接费的组成

由直接工程费和措施费组成。

1. 直接工程费

是指施工过程中耗费的构成工程实体的各项费用，包括人工费、材料费、施工机械使用费。

　　（1）人工费　是指直接从事建筑安装工程施工的生产工人开支的各项费用，内容包括：

　　① 基本工资。是指发放给生产工人的基本工资。

　　② 工资性补贴。是指按规定标准发放的物价补贴，煤、燃气补贴，交通补贴，住房补贴，流动施工津贴等。

　　③ 生产工人辅助工资。是指生产工人年有效施工天数以外非作业

天数的工资，包括职工学习、培训期间的工资，调动工作、探亲、休假期间的工资，因气候影响的停工工资，女工哺乳时间的工资，病假在六个月以内的工资及产、婚、丧假期的工资。

④ 职工福利费。是指按规定标准计提的职工福利费。

⑤ 生产工人劳动保护费。是指按规定标准发放的劳动保护用品的购置费及修理费、徒工服装补贴、防暑降温费、在有碍身体健康环境中施工的保健费用等。

（2）材料费 是指施工过程中耗费的构成工程实体的原材料、辅助材料、构配件、零件、半成品的费用。内容包括：

① 材料原价（或供应价格）。

② 材料运杂费。是指材料自来源地运至工地仓库或指定堆放地点所发生的全部费用。

③ 运输损耗费。是指材料在运输装卸过程中不可避免的损耗。

④ 采购及保管费。是指为组织采购、供应和保管材料过程中所需要的各项费用。包括：采购费、仓储费、工地保管费、仓储损耗。

⑤ 检验试验费。是指对建筑材料、构件和建筑安装物进行一般鉴定、检查所发生的费用，包括自设试验室进行试验所耗用的材料和化学药品等费用。不包括新结构、新材料的试验费和建设单位对具有出厂合格证明的材料进行检验，对构件做破坏性试验及其他特殊要求检验试验的费用。

（3）施工机械使用费 是指施工机械作业所发生的机械使用费以及机械安拆费和场外运费。施工机械台班单价应由下列七项费用组成：

① 折旧费。指施工机械在规定的使用年限内，陆续收回其原值及购置资金的时间价值。

② 大修理费。指施工机械按规定的大修理间隔台班进行必要的大修理，以恢复其正常功能所需的费用。

③ 经常修理费。指施工机械除大修理以外的各级保养和临时故障排除所需的费用。包括为保障机械正常运转所需替换设备与随机配备工具附具的摊销和维护费用、机械运转中日常保养所需润滑与擦拭的材料费用及机械停滞期间的维护和保养费用等。

④ 安拆费及场外运费。安拆费指施工机械在现场进行安装与拆卸

所需的人工、材料、机械和试运转费用以及机械辅助设施的折旧、搭设、拆除等费用；场外运费指施工机械整体或分体自停放地点运至施工现场或由一施工地点运至另一施工地点的运输、装卸、辅助材料及架线等费用。

⑤ 人工费。指机上司机（司炉）和其他操作人员的工作日人工费及上述人员在施工机械规定的年工作台班以外的人工费。

⑥ 燃料动力费。指施工机械在运转作业中所消耗的固体燃料（煤、木柴）、液体燃料（汽油、柴油）及水、电等费用。

⑦ 养路费及车船使用税。指施工机械按照国家规定和有关部门规定应缴纳的养路费、车船使用税、保险费及年检费等。

2. 措施费

是指为完成工程项目施工，发生于该工程施工前和施工过程中非工程实体项目的费用。包括内容：

（1）环境保护费　是指施工现场为达到环保部门要求所需要的各项费用。

（2）文明施工费　是指施工现场文明施工所需要的各项费用。

（3）安全施工费　是指施工现场安全施工所需要的各项费用。

（4）临时设施费　是指施工企业为进行建筑工程施工所必须搭设的生活和生产用的临时建筑物、构筑物和其他临时设施费用等。临时设施包括：临时宿舍、文化福利及公用事业房屋与构筑物，仓库、办公室、加工厂以及规定范围内道路、水、电、管线等临时设施和小型临时设施。临时设施费用包括：临时设施的搭设、维修、拆除费或摊销费。

（5）夜间施工费　是指因夜间施工所发生的夜班补助费、夜间施工降效、夜间施工照明设备摊销及照明用电等费用。

（6）二次搬运费　是指因施工场地狭小等特殊情况而发生的二次搬运费用。

（7）大型机械设备进出场及安拆费　是指机械整体或分体自停放场地运至施工现场或由一个施工地点运至另一个施工地点，所发生的机械进出场运输及转移费用及机械在施工现场进行安装、拆卸所需的人工费、材料费、机械费、试运转费和安装所需的辅助设施的费用。

（8）混凝土、钢筋混凝土模板及支架费 是指混凝土施工过程中需要的各种钢模板、木模板、支架等的支、拆、运输费用及模板、支架的摊销（或租赁）费用。

（9）脚手架费 是指施工需要的各种脚手架搭、拆、运输费用及脚手架的摊销（或租赁）费用。

（10）已完工程及设备保护费 是指竣工验收前，对已完工程及设备进行保护所需费用。

（11）施工排水、降水费 是指为确保工程在正常条件下施工，采取各种排水、降水措施所发生的各种费用。

（二）直接费参考计算公式

1. 直接工程费

（1）人工费 $=\sum$（工日消耗量 × 日工资单价）

日工资单价 = 基本工资 + 工资性补贴 + 生产工人辅助工资 + 职工福利费 + 生产工人劳动保护费

基本工资 = 生产工人平均月工资 ÷ 年平均每月法定工作日

工资性补贴 $=\sum$ 年发放标准 ÷（全年日历日 - 法定假日）$+\sum$ 月发放标准 ÷ 年平均每月法定工作日 + 没工作日发放标准

生产工人辅助工资 = 全年无效工作日 ×（基本工资 + 工资性补贴）÷（全年日历日 - 法定假日）

职工福利费 =（基本工资 + 工资性补贴 + 生产工人辅助工资）× 福利费计提比例（%）

生产工人劳动保护费 = 生产工人年平均支出劳动保护费 ÷（全年日历日 - 法定假日）

（2）材料费 $=\sum$（材料消耗量 × 材料基价）+ 检验试验费

材料基价 = [（供应价格 + 运杂费）×（1 + 运输损耗率（%））]×（1 + 采购保管费率）

检验试验费 $=\sum$（单位材料量检验试验费 × 材料消耗量）

（3）施工机械使用费 $=\sum$（施工机械台班消耗量 × 机械台班单价）

机械台班单价 = 台班折旧费 + 台班大修费 + 台班经常修理费 + 台班安拆费及场外运费 + 台班人工费 + 台班燃料动力费 + 台班养路费及车船使用税

2. 措施费

各专业工程的专用措施费项目的计算方法由各地区或国务院有关专业主管部门的工程造价管理机构自行制定。

（1）环境保护

环境保护费 = 直接工程费 × 环境保护费费率（%）

环境保护费率（%）= 本项费用年度平均支出 ÷ 全年建安产值 × 直接工程费占总造价比例（%）

（2）文明施工

文明施工费 = 直接工程费 × 文明施工费费率（%）

文明施工费费率（%）= 本项费用年度平均支出 ÷ 全年建安产值 × 直接工程费占总造价比例（%）

（3）安全施工

安全施工费 = 直接工程费 × 安全施工费费率（%）

安全施工费费率（%）= 本项费用年度平均支出 ÷ 全年建安产值 × 直接工程费占总造价比例（%）

（4）临时设施费　临时设施费有以下三部分组成：

① 周转使用临建（如活动房屋）

② 一次性使用临建（如简易建筑）

③ 其他临时设施（如临时管线）

临时设施费 =（周转使用临建费 + 一次性使用临建费）×（1+ 其他临时设施所占百分比）

其中：周转使用临建费 =∑［（临建面积 × 每平方米造价）÷（使用年限 ×365× 利用率）× 工期］+ 一次性拆除费

一次性使用临建费 =∑ 临建面积 × 每平方米造价 ×（1- 残值率）+ 一次性拆除费

其他临时设施在临时设施费中所占比例，可由各地区造价管理部门依据典型施工企业的成本资料经分析后综合测定。

（5）夜间施工增加费 =（1- 合同工期 ÷ 定额工期）× 直接工程费中的人工费合计 ÷ 平均日工资单价 × 每工日夜间施工费开支

（6）二次搬运费 = 直接工程费 × 二次搬运费费率

二次搬运费费率（%）= 年平均二次搬运费开支额 ÷ 全年建安产值 × 直接工程费占总造价的比例（%）

（7）大型机械进出场及安拆费 = 一次性进出场及安拆费 × 年平均安拆次数 ÷ 年工作台班

（8）混凝土、钢筋混凝土模板及支架

模板及支架费 = 模板摊销量 × 模板价格 + 支、拆、运输费

摊销量 = 一次使用量 × （1+ 施工损耗）× ［1+（周转次数 -1）× 补损率 ÷ 周转次数 - （1- 补损率）×50%÷ 周转次数］

租赁费 = 模板使用量 × 使用日期 × 租赁价格 + 支、拆、运输费

（9）脚手架搭拆

脚手架搭拆费 = 脚手架摊销量 × 脚手架价格 + 搭、拆、运输费

脚手架摊销量 = 单位一次使用量 × （1- 残值率）÷ 耐用期 ÷ 一次使用期

租赁费 = 脚手架每日租金 × 搭设周期 + 搭、拆、运输费

（10）已完工程及设备保护费 = 成品保护所需机械费 + 材料费 + 人工费

（11）排水降水费 =∑ 排水降水机械台班费 × 排水降水周期 + 排水降水使用材料费、人工费

二、间接费

由规费、企业管理费组成。

（一）规费

是指政府和有关权力部门规定必须缴纳的费用（简称规费）。包括：

（1）工程排污费　是指施工现场按规定缴纳的工程排污费。

（2）工程定额测定费　是指按规定支付工程造价（定额）管理部门的定额测定费。

（3）社会保障费

① 养老保险费　是指企业按规定标准为职工缴纳的基本养老保险费。

② 失业保险费　是指企业按照国家规定标准为职工缴纳的失业保险费。

③ 医疗保险费　是指企业按照规定标准为职工缴纳的基本医疗保

险费。

（4）住房公积金　是指企业按规定标准为职工缴纳的住房公积金。

（5）危险作业意外伤害保险　是指按照建筑法规定，企业为从事危险作业的建筑安装施工人员支付的意外伤害保险费。

（二）企业管理费

是指建筑安装企业组织施工生产和经营管理所需费用。内容包括：

（1）管理人员工资　是指管理人员的基本工资、工资性补贴、职工福利费、劳动保护费等。

（2）办公费　是指企业管理办公用的文具、纸张、账表、印刷、邮电、书报、会议、水电、烧水和集体取暖（包括现场临时宿舍取暖）用煤等费用。

（3）差旅交通费　是指职工因公出差、调动工作的差旅费、住勤补助费，市内交通费和误餐补助费，职工探亲路费，劳动力招募费，职工离退休、退职一次性路费，工伤人员就医路费，工地转移费以及管理部门使用的交通工具的油料、燃料、养路费及牌照费。

（4）固定资产使用费　是指管理和试验部门及附属生产单位使用的属于固定资产的房屋、设备、工具用具使用费。

（5）劳动保险费　是指由企业支付离退休职工的异地安家补助费、职工退职金、六个月以上的病假人员工资、职工死亡丧葬补助费、抚恤费、按规定支付给离休干部的各项经费。

（6）工会经费　是指企业按职工工资总额计提的工会经费。

（7）职工教育经费　是指企业为职工学习先进技术和提高文化水平，按职工工资总额计提的费用。

（8）财产保险费　是指施工管理用财产、车辆保险。

（9）财务费　是指企业为筹集资金而发生的各种费用。

（10）税金　是指企业按规定缴纳的房产税、车船使用税、土地使用税、印花税等。

（11）其他　包括技术转让费、技术开发费、业务招待费、绿化费、广告费、公证费、法律顾问费、审计费、咨询费等。

三、利润

是指施工企业完成所承包工程获得的盈利。

四、税金

是指国家税法规定的应计入建筑安装工程造价内的营业税、城市维护建设税及教育费附加等。

第四节　猪场建设投资回报分析

猪场的投资方案很多，如新办一个猪场，改建一个猪场，增加某些设备，使用哪些疫苗、饲料等，这些都需要投资，如何决策投资方案，成为猪场建设成败的关键。猪场除提高管理水平和养殖技术外，必须按照财务规定，进行投资回报分析。

一、产品率分析

产品率分析是对猪场生产产品的水平进行衡量的一种措施，包括情期受胎率、窝产仔数、活产仔数、仔猪成活率、育成率、平均日增重、料重比等。对猪场产品率进行分析，能够找出生产、管理中存在的问题，对加强管理，提高生产效益具有重要的指导作用。

二、产品成本核算

种猪场的产品成本核算，是把在生产过程中所发生的各项费用，按不同的产品对象和规定的方法进行归集和分配，借以确定各生产阶段的总成本和单位成本。产品成本是反映猪场生产经营活动的一个综合性经济指标。猪场经营管理中各方面工作业绩，都可以直接或间接地在成本上反映出来。如种猪场种猪选育的好坏、产仔的多少、成活率的高低、劳动生产率的高低、饲料消耗节约与浪费、固定资产的利用情况、资金运用是否合理，以及供产销各环节的工作衔接是否协调等，都可以通过成本直接或间接地反映出来。因此成本水平的高低，从很大程度上反映了一个猪场经营管理的工作质量。加强成本核算，有助于我们去考核猪场生产经营活动的经济效益，促进其经济管理工作的不断改善。

三、盈亏分析

成本核算与盈亏分析在规模化猪场的经营管理中占有十分重要的地位。定期的财务分析可使经营者明确目标，有针对性地加强管理，从而获得最佳经济效益。规模化猪场一般进行全年一贯制均衡生产，几乎每天都有仔猪出生，每周都有育肥猪或仔猪出售，也常有猪只死亡，所以猪群的数量每天都在变化。猪的饲养周期又较长，这就给成本核算及财务分析带来一定难度。在年终分析猪场的盈亏时还要考虑到猪群数量的变化，如果猪群数量增加，则表示存在着潜在的盈利因素，如果猪群数量减少，则表示存在着潜在的亏损因素。如果猪的存栏变化较大，在分析盈亏时就必须考虑到这一因素。

第五节　投资决策

投资决策是指通过对预备投资项目的预测和评价，做出是否投资的决定，其目标就是要以最小的成本获取最大的经济效益。目前比较通用的投资项目评价方法主要有净现值法、现值指数法、内含报酬率法、回收期法、会计收益率法等。决策的程序包括以下几个步骤：

一、确定决策目标

要达到什么目标，必须首先进行定位。

二、基础条件与投资目的

投资决策必须遵循的原则是充分发挥自己的优势，包括自然、经济和技术的潜力。

三、市场调查分析

在进行决策之前要认真进行市场调查，包括对市场需求和消费特点与习惯的调查，对产品和产品价格的调查等，分析过去一段时间该地区、所在省市甚至国内外的市场波动情况，并预测未来一段时间内的市场走势。影响养猪经济效益的影响因素分为外部和内部因素。外部因素有市场需求、供销渠道、价格政策等；内部因素有猪种及其繁育技术、饲料和饲养管理技术、疾病防治及基础设施和环境条件等。

1. 养母猪的效益与影响因素

（1）品种　母猪饲养不同品种和杂交组合，母猪的窝产仔数及仔猪育成率不一样。

（2）市场波动　不仅影响母猪本身的饲养成本，而且影响仔猪的销售价格和渠道，从而影响母猪的经济效益。

（3）生产组织与管理　生产组织与管理水平高低直接影响母猪生产的每一个环节，是影响母猪生产水平的一个重要因素。

（4）饲料来源与供应情况　饲料来源广泛，供应充足，能确保以较为理想的价格购入优质的饲料，不仅可以降低饲料成本，而且可以提高母猪生产水平。

（5）猪舍的利用率　如果一个猪场结构布局合理，猪群生产组织得法，则整个生产的每一个环节均能确保高效。

（6）劳动生产率　劳动生产率是以劳动定额（每个劳动力所饲养猪的头数）和每个劳动力所创造的产品数量及产值来衡量。

2. 养商品猪的效益与影响因素

从收支情况看，影响养商品猪的经济效益有内部技术和经营管理以及外部市场诸因素。内部因素表现在商品猪生长的快慢、耗料高低、死亡多少等，这些受到猪种及其杂交组合、饲料营养、饲养管理技术、疾病防治技术所制约。外部市场因素表现在饲料价格和生猪价格的变化。若对市场价格周期的估测正确，就有希望取得养商品猪的更大的经济效益。

四、投资期限及工程进展决策

决策中要根据实际情况，对拟投入的资金进行投资期限分析，要根据资金、规模、发展方向等情况，考虑资金的分步投资与工程的分步实施。

五、预期效益

在前面各项工作的基础上，进行预期效益核算，有静态分析法和动态分析法两种。一般常用静态分析法，就是用静态指标进行计算分析。主要指标公式如下：

投资利润率 =（年利润 / 投资总额）×100%

劳动生产率 =（年利润 / 投入劳动力）×100%

投资回收期 = 投资总额 / 平均年增加收入

主产品（猪）年收入 = 单位产品价格 × 产品数量

投资收益率 =［（收入 - 经营费 - 税金）/ 总投资］×100%

六、建设内容和投资经费概算及经费来源

根据原基础条件和生产实际需要决定建设项目的内容、投资经费概算，包括总投资、流动资金、固定资产折旧、产品成本和资金的时间价值计算等。经费来源一般有自筹资金、申请项目资金和贷款等形式。

七、评估

为了尽量避免投资失误，在进行上述各步骤以后，可以得出相对完善的决策方案，但还应邀请有关专家对项目进行可行性分析与评估。根据市场调查和预测的情况，对项目的必要性和投资方向进行评估；从资源情况、场址选择、技术和设备选用、环境保护等方面，对项目技术上的合理性进行评估；通过经济效益的分析等，对项目的可行性进行评估，最后可做出项目的评估报告。

八、备选方案的拟定与选择

在评估的基础上拟定出多种可能的建设和投资方案，并对备选方案进行最后筛选，得到一种最佳执行方案。

第九章

猪场建设与设备

chapter nine

猪场建设涉及地质学、建筑学、环境控制、环保工程等多学科和领域，学科间相互交叉和衔接，是一门综合性、科学性、实践性很强的工作。对于现代设施养猪业而言，需要根据当地各种条件要求结合传统猪舍设计的优秀成果，同时结合国内外最新的研究成果，用创造性的思维去指导和不断创新猪场设计。特别是 2018 年 8 月非洲猪瘟在我国发生以来，给现代养猪业带来了严峻的挑战，也为猪场建设与设计提出了新的考验。

猪场建设的原则：一是有利于提高生产效率，尽可能地实现机械化；二是有利于节省占地面积，严格控制猪只密度；三是有利于各类猪只生长发育，尽量地实现舍内小气候环境可调；四是控制适宜的建筑成本，确保经济上可行、设计上合理、操作上方便合理；五是严格控制生物安全。

第一节　猪场建设基本参数

猪场建设的主要参数包括猪场占地与建筑面积、每头猪占栏时间及面积、耗水量、耗电量、饲料消耗量、粪尿及污水排放量、猪舍建筑设计参数等。

一、猪场占地与建筑面积

猪场因性质、规模、生产力水平、自动化程度的不同而差异性较大，占地面积不尽相同，见表9-1。

表9-1　自动化程度低（自繁自养）的猪场占地面积参数表

生产规模/（万头/年）	建筑面积/平方米	占地面积/平方米
0.3	4000	10000～15000
0.5	5000	18000～23000
1.0	10000	41000～48000
1.5	15000	62000
2.0	20000	85000
2.5	25000	101900
3.0	30000	121000

二、每头猪占栏时间及面积

各类猪只在不同饲养期内，其占栏时间及面积各不相同。设计过程中要根据猪只类别来确定其占栏时间及占栏面积，可参考表9-2。

表9-2　各类猪只占栏时间及面积参数表

猪只类别	占栏时间/天	占栏面积/平方米
种公猪	365	7～12
空怀母猪	41	2～3.5
妊娠前期	63	1.56～3.5
妊娠后期	34	1.56
哺乳仔猪	28	0.3～0.4
保育猪	42	0.25～0.4
育成猪	42	0.6～0.7
育肥猪	117	0.9～1.4

三、耗水量

水是动物第一大营养素，水摄入不足会严重影响其生产性能的发挥。猪的最低需水量是指猪为平衡水损失、产奶、形成新组织所需的饮水量。水温也会影响饮水量，饮用低于体温的水时，猪需要额外的能量来温暖水；一般来说，饮水量与采食量、体重呈正相关；但由于饥饿，生长猪会表现饮水过量的行为。环境温度为20℃时的耗水量参考数据见表9-3和表9-4。

表9-3 不同猪群每头猪平均日耗水量参数表

猪只类别	总耗水量/ [升/（头·天）]	其中饮用水量 /升	饮水器水流量 /（千克/分）
空怀及妊娠母猪	25.0	13.0～17.0	1.5
哺乳母猪	40.0	18.0～23.0	2.0
培育仔猪	6.0	1.7～3.5	0.3
育成猪	8.0	2.5～3.8	0.5
肥育猪	10.0	3.8～7.5	1.0
后备猪	15.0	8.0	1.0
种公猪	40.0	22.0	1.5

注：总耗水量包括猪饮用水量、猪舍清洗用水和饲养调制用水量，炎热地区和干燥地区耗水量参数可增加25%～30%。

表9-4 规模猪场供水量参数表   单位：吨/天

供水量	100头基础母猪规模	300头基础母猪规模	600头基础母猪规模
猪场供水总量	20	60	120
猪群饮水总量	5	15	30

注：炎热和干燥地区的供水量可增加25%。采用干清粪生产工艺的规模猪场，供水总量不低于表中数值。

四、耗电量

猪场日常运营过程中，电量主要耗费在生活区日常用电、猪舍内部照明、降温用电及乳仔猪保温、饲料加工等方面。一般情况下，600头基础母猪自繁自养场需要配备150千瓦变压器（非自动投料用电），自动化水平高的猪场需要配备500千瓦变压器和相应功率的发电机组。

五、饲料消耗量

见表9-5和表9-6。

表9-5 500头母猪规模猪场年饲料用量参数表

项目	每头耗料量/千克	头数	饲料量/千克	所占比例/%
哺乳母猪	250	500	125000	4.3
空怀母猪	80	500	40000	1.4
妊娠母猪	620	500	310000	10.6
哺乳仔猪	2	10700	21400	0.7
保育仔猪	12	10300	123600	4.2
小猪	33	10100	333300	11.4
中猪	80	10100	808000	27.5
大猪	115	10000	1150000	39.2
公猪	900	20	18000	0.6
后备猪	240	160	4800	0.2
合计			2934000	100

表9-6 肉猪耗料参数表

项目	日龄/天	饲养天数/天	体重/千克	料型	每天耗料/千克	阶段耗料/千克	所占比例/%
哺乳期	1～28	28	7	乳猪料	0.1	2	1
保育期	29～49	21	14	仔猪料	0.6	12	5
小猪期	50～79	30	30	小猪料	1.1	33	14
中猪期	80～119	40	60	中猪料	2.0	80	33
大猪期	120～160	41	90	大猪料	2.8	115	47
合计		160				242	100

六、粪、尿、污水排放量

见表9-7、表9-8。

表9-7 不同猪群粪尿排泄参数表

项目	饲养期/天	每头日排泄量/千克			污染物指标		
		粪量	尿量	合计	指标	粪中	尿中
种公猪	365	2.0～3.0	4.0～7.0	6.0～10.0	COD_{cr} (毫克/升)	209152.0	17824.0
哺乳母猪	365	2.5～4.2	4.0～7.0	6.9～11.0	BOD_5 (毫克/升)	94118.4	8020.8

续表

项目	饲养期/天	每头日排泄量/千克			污染物指标		
		粪量	尿量	合计	指标	粪中	尿中
后备母猪	180	2.1～2.8	3.0～6.0	5.1～8.8	SS/（毫克/升）	134640.0	2100.0
出栏猪（大）	88	(2.17)	(3.5)	(5.76)	总氮（TN）/（克/升）	30.7	6.4
出栏猪（中）	90	(1.3)	(2.0)	(3.3)	磷（P$_2$O$_5$）/（克/升）	115.8	
断奶仔猪	35	0.8～1.2	1.0～1.3	1.8～2.5			

注：括号内数字为平均值（据江立方，《上海畜牧兽医通讯》，1992；华南农业大学等，规模化猪场用水与废水处理技术，中国农业出版社，1999）。

表9-8 不同清粪工艺的猪场污水水质和水量参数表

项目		水冲清粪	水泡清粪	干清粪		
水量	平均每头/（升/天）	35～40	20～25	10～15		
	万头猪场/（立方米/天）	210～240	120～150	60～90		
水质指标/（毫克/升）	BOD$_5$	5000～60000	8000～10000	302	1000	—
	COD$_{cr}$	11000～13000	8000～24000	989	1476	1255
	SS	17000～20000	28000～35000	340	—	132

注：1.水冲和水泡清粪的污水水质按每日每头排放COD$_{cr}$量为448克、BOD$_5$量为200克、悬浮固体为700克计算得出。
2.干清粪的3组数据为3个猪场的实测结果。

七、猪舍建筑设计参数

1. 猪舍跨度

猪舍跨度是由猪栏的长度、饲喂通道宽度和清粪通道宽度决定的。猪栏长度既可以是固定不变的，又可以是随机应变的。传统猪舍跨度：单列式5.0～5.5米，双列式7.5～8.5米（图9-1），四列式13.5～14米（图9-2），一般不超过15米，通常是跨度8～12米，开敞式自然通风猪舍的跨度不应大于15米。随着现代生猪产业的发展和机械化程度的不断提高，钢结构的应用使得猪舍的跨度越来越大，如3000头母猪生产线，14行妊娠空怀栏的猪舍宽度可达48.65米。

图9-1 双列12米跨度传统猪舍

图9-2 多列式大跨度现代化猪舍

2. 猪舍长度

猪舍长度根据工艺流程、饲养规模、饲养定额、机械设备利用率、场地地形等来综合决定，一般大约为 70 米以内。采用砖混合钢筋混凝土结构的猪舍要满足建筑伸缩缝和沉降缝的设置要求。值班室等附属空间一般设在猪舍一端，这样有利于场区建筑规划布局时满足净污分离。图 9-3 为在建 120 余米的现代化猪舍。

图9-3 在建120余米现代化猪舍

3. 猪舍朝向

由于国情的原因，早期的猪场建设要求充分地利用自然条件，给猪的生产创造一个良好的舍内小气候条件，同时能够兼顾节约建造和运行成本，所以猪舍朝向一般都要求以最有利于采光、通风、防暑或保温等环境需要作为决定猪舍朝向的依据。由于我国地处北半球，各地气候虽千差万别，但在没有高大的山体、树木和其他障碍物影响的情况下，冬季主要吹干冷的东北风或西北风，夏季主要是吹温暖潮湿的东南风或南风。同时，因为同样的原因，一年之中阳光照射到建筑物东南端、南墙的时间最长，且冬季因太阳高度角小，阳光可直接辐射到建筑物深处，而夏季因太阳高度角大，阳光不能直接辐射到挑檐伸出长度较为适宜的建筑物内。

因此，从采光、通风、防寒或保温等方面的环境卫生要求考虑，猪舍选择南向为最佳朝向，如选择南偏西或南偏东朝向，角度应控制在15°～30°。当然，在现场往往会出现因当地主风向、太阳辐射等遇高大障碍物（如山体、树木）而引起变化的情况，这时应具体分析，在避开冬季主风向的前提下，主要由夏季主风方向和采光需要确定猪舍朝向。

随着现代技术装备的快速发展，满足生产需求的建筑设计和防暑隔热材料的普遍应用，确保了猪舍小气候受外界影响越来越小。所以，猪舍的朝向和选址也应相应地发生变化，以前的背风向阳主要考虑的是冬季的采暖、保温，夏季又可以达到自然通风的目的，但是，现在机械化和自动化水平高的企业建设猪场时，应当考虑主导风向与机械通风之间的匹配，风机端面需要避开常年主导风向，避免来风造成风机效率下降。

4. 猪舍的间距

建设猪场时主要考虑日照间距、通风间距、防疫间距和防火间距。自然通风的舍间距一般取5倍屋檐高度以上，机械通风猪舍间距应取3倍以上屋檐高度，即可满足日照、通风、防疫和防火的要求。防疫间距极为重要，实际所取的间距往往要比理论值大。我国一般猪舍间距为10～14米，上限用于多列式猪舍或炎热地区双列式猪舍，其他情况一般6～12米。随着国家对环保的要求越来越高，猪场建筑物的距离在满足上述要求的同时，还应预留出足够的间距来建设气体除臭的设施，一层的平房猪舍建议预留距离不低于10米，楼房式养猪则需要考虑专有的气体收集建筑设计，从而应对今后环保要求的限制。

八、猪场设备

（一）料槽

在生猪生产过程中，为保证猪的优良生产性能得以很好发挥，须保证其采食宽度，同时需保证其饮食高度。采食宽度及料槽高度可参考表9-9、表9-10。

表9-9　猪食槽基本参数　　　　　　单位：毫米

项目	适用猪群	H（高）	b（采食间隙）	Y（前缘高度）
水泥定量饲喂食槽	公猪、妊娠母猪	350	300	250
铸铁半圆弧食槽	分娩母猪	500	310	250
长方体金属食槽	哺乳仔猪	100	100	70
长方形金属自动落料食槽	保育猪	700	140～150	100～120
	生长育肥猪	900	220～250	160～190

表9-10　自动食槽的主要尺寸参数　　　　　　单位：毫米

项目	H（高）	R（宽）	b（采食间隙）	Y（前缘高度）
仔猪	400	400	140	100
幼猪	600	600	180	120
生长猪	700	600	230	150
肥育前期至60千克	850	800	270	180
肥育后期至100千克	850	800	330	180

（二）猪栏

见表9-11、表9-12。

表9-11　猪栏基本参数　　　　　　单位：毫米

项目	栏高	栏长	栏宽	栅格间隙
公猪栏	1200	3000～4000	2700～3200	100
配种栏	1200	3000～4000	2700～3200	100
空怀妊娠母猪栏	1000	3000～3300	2900～3100	90
限位栏	1000	2200～2400	600～700	—
分娩栏	1000	2200～2400	600～650	310～340
保育猪栏	700	1900～2200	1700～1900	55
生长育肥猪栏	900	3000～3300	2900～3100	85

注：分娩母猪栏的栅格间隙指上下间距，其他猪栏为左右间距。采用大群饲养工艺时，保育猪栏、生长育肥猪栏长宽尺寸更大。

表9-12 不同规模猪场猪群栏位数量

猪群类别	不同规模生产母猪所需栏位数/个					
	100	200	300	400	500	600
种公猪	4	8	11	15	19	22
待配后备母猪	10	19	28	37	46	55
空怀母猪	16	31	46	62	77	92
妊娠母猪	66	131	196	261	326	391
哺乳母猪	31	62	92	123	154	184
哺乳仔猪	31	62	92	123	154	184
断奶仔猪	27	54	80	107	134	160
生长肥育猪	51	102	152	203	254	304

注：采用批次化生产管理工艺的猪场栏位数量有一定的增加。

（三）漏缝地板

现代化猪场为了保持栏内的清洁卫生，改善环境条件，减少人工清扫，普遍采用粪尿沟上设漏缝地板。漏缝地板有钢筋混凝土板条、钢筋编织网、钢筋焊接网、塑料板块、陶瓷板块、复合材料地板等。对漏缝地板的要求是耐腐蚀、不变形、表面平而不滑、导热性小、坚固耐用、漏粪效果好、易冲洗消毒，适应各种日龄猪的行走站立，不卡猪蹄、轻便易于翻动。

钢筋混凝土板块、板条，其规格可根据猪栏及粪沟设计要求而定，漏缝断面呈梯形，上宽下窄，便于漏粪。其主要结构参数如表9-13所示。

表9-13 不同材料漏缝地板的结构与尺寸 单位：毫米

项目	铸 铁		钢筋混凝土	
	板条宽	缝隙宽	板条宽	缝隙宽
幼猪	35～40	14～18	120	18～20
育肥猪、妊娠猪	35～40	20～25	120	22～25

金属编织地板网由直径为5毫米的冷拔圆钢编织成10毫米×40毫米、10毫米×50毫米的缝隙片与角钢、扁钢焊合，再经防腐处理而成。这种漏缝地板网具有漏粪效果好、易冲洗、栏内清洁、干燥、

猪只行走不打滑、使用效果好等特点，适宜分娩母猪和保育猪使用。

塑料漏缝地板由工程塑料模压而成，可将小块连接组合成大面积，具有易冲洗消毒、保温好、防腐蚀、防滑、坚固耐用、漏粪效果好等特点，适用于分娩母猪栏和保育猪栏。

（四）饮水器

见表 9-14。

表 9-14　自动饮水器的安装高度　　　　　　　　单位：毫米

项目	鸭嘴式	杯式	乳头式
公猪	750～800	250～300	800～850
母猪	650～750	150～250	700～800
后备母猪	600～650	150～250	700～800
仔猪	150～250	100～150	250～300
培育猪	300～400	150～200	300～450
生长猪	450～550	150～250	500～600
肥育猪	550～600	150～250	700～800
备注	安装时阀体斜面向上，最好与地面呈45°夹角	杯口平面与地面平行	与地面呈45°～75°夹角

第二节　猪场选址与规划设计

场址的选择关系到场区小气候、生物安全、猪场后期经营管理等，因此，如何选择场地在猪场整个建设过程中显得尤为重要。选址大致从地形地势、水源、土壤、区域性气候、军事光缆、天然气管道、高压电线、坟墓、住宅、周边养殖场等自然条件及交通、电力、信息传输等社会条件方面考虑。

一、场址选择原则

猪场选址过程中需遵守一定原则，在同一地区选址，大的气候条件已经被确定，但是可以从地形地势、土壤、水源和社会条件等选取方面考虑。在非洲猪瘟已经在全国各地发生的今天，选址时必须从生物安全的角度考虑周全。

（一）地形地势

地形是指场地形状、大小和地物（植被、河流、堡坎等）情况。在条件允许的情况下，作为猪场的建设地，要求地形尽可能平整、开阔，有满足生产工艺要求的充足面积，并且有充足的发展用地。地形平整开阔，利于猪舍等构（建）筑物及各类设施的布置，同时，场地上地物较少，可大大减少费用。选址过程中，要避免选择狭长或极不规则的场地，因为这种地块不但会造成布局零乱，生产线及各类管线拉长，增加投入，而且会降低土地利用率，增加猪场安保设备投入成本等。场地面积应根据猪场的性质（NY/T 682—2003）、规模、饲养管理方式、集约化程度及原料供应情况等因素来确定，尽量不占或少占农田。我国猪场构（建）筑物一般采取密集型布置方式，建筑系数一般为 20%～35%。

地势指场地的高低起伏状况。猪场场地要求高燥、有缓坡（坡度 ≤ 25%）。地势高低起伏过大，浅洼处容易气流不畅；地势高燥，有利于保持舍内地面干燥，降低舍内湿度，舍内不会阴冷，减少采暖保温和防暑降温的费用。同时，选择高燥的地势可以有效地防止雨季洪水的冲击。地势有缓坡，利于自然排水，依靠重力排水就可以有效地解决排水、排污的问题。自然通风猪舍建设场址如果地势有缓坡，则要求场地选在向阳坡，我国冬季盛行北风或西北风，夏季则多为南风或东南风。场地选在向阳坡，冬季可以避免冷风的侵袭，夏季则可以有效地通风、降温防暑，有利于改善场内小气候。如果坡度过大（> 25%），猪场整体布局的时候就需要考虑设计成"梯田"的模式，最大程度上减少土方量及对基础的加固处理。但是，即便是处理成"梯田"，一定程度上还是会增加投资，而且不利于场内交通组织设计。在养殖用地日趋紧张的今天，可以考虑采用楼房养殖的模式（图 9-4），一方面可以减少占地面积，另一方面可以充分地发挥地势高差大的特点，可以随地势修建道路通至各层，从而降低转猪和饲料传输难度。

图9-4 楼房猪场

(二)土壤

土壤直接影响场区空气质量,水质,植被的化学、物理及生物学特性,因而,猪场土壤的特性对猪只健康和生产力有着重要影响,选址时要选取土质较好的地块。

猪场适宜建在透气性强、毛细管作用弱、吸湿性和导热性小、质地均匀、抗压性强的土壤上。一般情况下,沙壤土和壤土更适宜于建设猪舍,但是也不可过分强调土质方面的要求,应着重于土壤的化学性和生物学特性。

(三)水源

水是生物生活的重要外界环境因素之一,是动物机体重要的组成部分,更是进行各种生理活动和维持生命不可或缺的物质。猪场生产用水不仅要求水源水量充足,而且要求水质良好、无污染。对于规模化猪场来说,水量不足,肯定不能满足生活、生产用水;水质有问题,必定会增加水处理的费用。选址时必须对当地水质、水量进行调查分析。

猪场设计过程中,工作人员用水可按24~40升/(人·天),生猪饮用水可按表9-3估算,消防用水根据我国消防法规规定,场区设地下式消火栓,每处保护半径≤50米,消防水量10升/秒。灌溉用水则根据场区绿化设计及饲料饲草种植情况确定。

猪场人饮用水必须满足《生活饮用水卫生标准》(GB 5749—2006)。水质不达标时,需进行净化消毒处理后才可饮用,若是当地水源含有某些有毒矿物质，选址时尽可能地避开，如果迫不得已，则需要进行特殊的处理工艺，达标后才可作为生活、生产用水。随着养殖规模的扩大，疫病带来的威胁更为可怕，所以选址时，必须严格对水质进行检测，在投入运营之后，也需要按制度定期对猪场水源进行水质指标的检测，尤其需要注意生物安全的相关指标检测。

（四）社会条件

规模化猪场不同于"家庭散养"，为了减少投资等方面的需求，必须要保证猪场有良好的交通，电、气等能源供应及良好的社会关系，避开地方病和疫情区。

猪场选址尽量远离居民区，并且要遵守 NY/T 682—2003 中新建场址要满足卫生防疫方面的要求。选择场址时尽量争取饲料可以就近供应，因为饲料费用一般可占成本的 70%～80%。如果猪场要考虑自行生产饲料，就应在选址时考虑充足的发展用地，并且周边无生物安全威胁。

规模化猪场选址时既要求场地所处位置社会联系较好，又可以满足防疫要求，不会污染周边环境。场地应处于居民区的下风向，避开敏感水源区等环境保护地段，同时不可以位于屠宰场等敏感、易造成污染企业的下风向。河长制、禁养区等相关政策实施以来，国内有些地区规定养殖范围在集中饮用水源地、主要河流的干流和一级支流陆域 500 米范围内，其他河流陆域 200 米范围内禁止建设规模化养殖场。

二、猪场规划设计

猪场场址选定之后，接下来的工作就是在选定场地上进行规划设计，首先要做的是总平面图设计。

（一）区域划分

我国规模化猪场可视功能区划分为洗消中心、管理区（生活区）、生产区、猪中转区、废弃物预处理区（处理区）。有条件的场进行多点式设计，把种猪繁育区、仔猪保育区、生长育肥区分开设计，但是这种模式适合大规模的猪场。非洲猪瘟进入中国后，生物安全的重要性被真正地重新审视，所以对于自繁自养的小型猪场，可以考虑减少场间运输，不进行散点式设计，而采用适度规模的自繁自养一体化场的设计理念。

进行总图规划时，需要考虑企业的发展、生物安全、交通等因素，并且要根据场地的地形地势和当地全年主风向，按照管理区在上风向地势高处、粪污区在下风向地势低洼处的原则进行布局。如果地势与风向恰好不一致，则需要考虑"安全角"设计法。

（二）场内道路与给排水

1. 场内道路

猪场道路分为内部道路和外部道路。机械化程度低的猪场，内部道路肩负饲料、药品等物资运输的功能，而且能够将猪场各功能区有机地联系在一起，但是又要注意生物安全等级。机械化程度高的猪场，场外道路主要起到饲料运输、运猪和粪污输送等功能。猪场道路的要求是：①道路短直，足够宽，以利于场内各生产环节最方便的联系；②有足够的强度保证车辆的正常行驶；③路面不积水，不透水；④路面向一侧或两侧有 1%～3% 的坡度，以利排水；道路走向坡度尽量控制在 5% 以内，确保场内转猪的便利性和猪的福利；⑤道路一侧或两侧要有排水沟；⑥道路的设置不应妨碍场内排水。

生活管理区、隔离区、环保区、中转区，常与外界有联系，并有载重汽车通过，因此要求道路强度较高，路面应宽些以便于会车，路面宽 5～7 米。在生产管理区和隔离区应分别修建与外界联系的道路。

在生产区不宜修建与外界联系的道路。生产区的道路可窄些，一般为 3.5～4.0 米，满足消防功能等基本功能。生产区一般不通载重汽车，但应考虑在发生火灾时消防车进入对路宽等的要求。场内外净污道尽量分开，确保生物安全等级。猪场道路可修建成柏油路、混凝土路等。猪场可根据当地的条件，因地制宜地选择修路材料。

2. 给水

场内给水管路要求按照环形设计的原则设计，采用集中式供水方式，规划时需考虑管路与道路的关系。管道埋深应该考虑到管道材质及当地气候，非冰冻区金属管一般 ≥ 0.7 米，非金属管 ≥ 1.0 米；冰冻区则需要考虑冻土深度，要求管线埋置深度在冻土层以下。

3. 排水

场区排水的主要目的是保证场区内部场地干燥、卫生，优化区域环境。一般情况下，猪场雨水排放设施在道路两侧设明沟或者暗沟，确保坡度不低于 3‰。坡度大的猪场可根据实际情况采取地面自由排水和沟排相结合的方式，绝对不允许雨水排放系统与舍内排污系统共用。

（三）绿化设计

绿化是猪场环境改善的最有效手段之一，它不但对猪场环境的美化和生态平衡有益，而且对工作、生产也会有很大的促进。绿化对于建立人工生态型畜牧场，无疑将起着十分重要的补充和促进作用。

1. 绿化的作用

美化场区环境，可吸收场区空气中有害、有毒物质，过滤、净化空气从而减轻异味，吸收太阳辐射调节场区气温，改善场区小气候，可减少场区灰尘及细菌含量，植物根系可净化水源，植物的枝叶可减弱噪声，同时也能起到隔离作用。猪场外围的防护林带和各区域之间种植的隔离林带，可以规范人畜往来，降低疫病的传播概率。

2. 绿化设计应遵循的原则

在规划设计前要对猪场的自然条件、生产性质、规模、污染状况等进行充分的调查，最好在猪场建设总规划的同时进行绿化规划。要本着统一安排、统一布局的原则进行，规划时既要有长远考虑，又要有近期安排，要与全场的分期建设协调一致。

3. 绿化规划设计布局要合理，以保证安全生产

绿化时不能影响地下、地上管线和车间生产的采光。

4. 在进行绿化苗木选择时要考虑各功能区特点、地形、土质特点、环境污染等情况

为了达到良好的绿化美化效果，树种的选择，除考虑其满足绿化设计功能、易生长、抗病害等因素外，还要考虑其具有较强的抗污染和净化空气的功能。在满足各项功能要求的前提下，还可适当结合猪

场生产，种植一些经济植物，以充分合理地利用土地，提高整场的经济效益。

5. 场区绿化植物的选择

（1）场区林带的规划　在场界周边种植乔木、灌木混合林带或规划种植水果类植物带，乔木类的大叶杨、旱柳、钻天杨、白杨、柳树、洋槐、国槐、泡桐、榆树及常绿针叶树等；灌木类的河柳、紫穗槐、侧柏；水果类的苹果、葡萄、梨树、桃树、荔枝、龙眼、柑橘等。

（2）场区隔离带的设计　场内各区，如生产区、生活区及行政管理区的四周，都应设置隔离林带，一般可采用绿篱植物如小叶杨树、松树、榆树、丁香、榆叶等，或以栽种刺笆为主。刺笆可选陈刺、黄刺梅、红玫瑰、野蔷薇、花椒、山楂等，起到防疫隔离安全等作用。

（3）场区道路绿化　宜采用乔木为主，乔灌木搭配种植。如选种塔柏、冬青、侧柏、杜松等四季常青树种，并配置小叶女贞或黄杨成绿化带。也可种植银杏、杜仲以及牡丹、金银花等，既可起到绿化观赏作用，还能收药材。

（4）遮阳林　一般可选择枝叶开阔，生长势强，冬季落叶后枝条稀少的树种，如杨树、槐树、法国梧桐等。

（5）车间及仓库周围的绿化　该处是场区绿化的重点部位，在进行设计时应充分考虑利用园林植物的净化空气、杀菌、减噪等作用。要根据实际情况，有针对性地选择对有害气体抗性较强及吸附粉尘、隔音效果较好的树种。对于生产区内的猪舍，不宜在其四周密植成片的树林，而应多种植低矮的花卉或草坪，以利于通风，便于有害气体扩散。

（6）行政管理区和生活区的绿化　该区是与外界社会接触和员工生活休息的主要区域。该区的环境绿化可以适当进行园林式的规划，提升企业的形象和向员工提供一个优美的生活环境。为了丰富色彩，宜种植容易繁殖、栽培和管理的花卉灌木为主，如榕树、构树、大叶黄杨、唐菖蒲、臭椿、波斯菊、紫茉莉、牵牛、银边翠、美人蕉、葱兰、石蒜等。搞好猪场绿化是一项效益非常显著的环保生态工程。它对于环境的优化、促进生猪健康、保证猪场生产的正常进行、提升企业的文明形象都具有十分重大的意义。但是，自动化程度高的现代化猪场内部建议不要种植高大树木，一是防止招来过多的鸟类，能够减少防鸟系统的压力，二是防止对猪舍的机械通风产生影响。

（四）环保设计

环境保护是"利在千秋"的事情。为了保证自己猪场不受外界污染，同时不污染外界环境，作为猪场的投资方有必要按照环保要求做好自己份内的事情。环保设计需由专业环保设计部门出具有资质的设计，保证处理后的污水可以达标，固体粪污可以安全使用，避免污染周围环境。

第三节　猪舍建筑设计

猪舍设计包括工艺设计和建筑设计。建筑设计依据工艺设计的要求，在选好的场地上进行合理的区划，将各类建（构）筑物、道路等合理地布局，绘制猪场总平面布置图，同时考虑当地的气候、建筑材料等条件。

根据现在我国农业农村部的项目设置方面的相关要求，猪舍建筑设计应根据兽医、畜牧等猪场工作者设计的生产工艺来设计各类生产设施的式样、尺寸及内部布局等，按照建筑行业设计要求绘制各种生产设施的平面图、立面图、剖面图，必要的情况下要求绘制施工蓝图。

建筑设计是否合理、建材是否符合要求等因素，直接关系到建筑的安全和建（构）筑物的使用年限，同时影响建筑物内部的小气候。

一、猪舍类型

猪舍的形式多种多样，按照屋顶形式的不同可划分为单坡式、双坡式等，按围护结构和有无窗户分为开放式、半开放式和封闭式，按猪栏排列形式分为单列式、双列式和多列式。现代化猪舍多采用全封闭多列式设计，确保猪舍内部小环境受外界影响尽可能低。

二、猪舍主要结构

根据猪舍结构的形式和材料，猪舍可以分为砖结构、木结构、混合结构、钢结构等。

（一）基础

建筑行业上，房屋的墙体和柱子埋在地下的部分被称为基础。基础建在地基上面（天然持力土层或者人工土层），包括基础墙和大放脚，是猪舍的承载构建之一。猪舍屋顶、墙体等全部荷载通过基础传到地基。设计过程中，基础需根据地基持力层的荷载承受能力及屋顶等传导下来的各类荷载、地下水位及当地气候条件等计算，需有专门的结构工程师设计。

基础是整个猪舍的重要部分。基础设计、施工等必须保证坚固、防潮、防冻等，同时也要满足现行的防震要求。目前，大多数猪场的生产设施采用钢筋混凝土作基础，防震要求满足 7 级。

（二）墙体和柱子

1. 墙体

墙体是猪舍外围护结构重要部分之一，具有承载、空间分割等作用。屋顶荷载、风荷载、雨荷载等需由墙体传导到基础上。通常建筑上定义基础之上露出地面部分为墙。墙体分为承重墙和非承重墙两种。墙体的特性对于猪舍内部温度、湿度及其他环境因子影响较大，在建筑设计过程中需要根据相关参数严谨计算，从而保证有足够大的蓄热系数、较小的导热系数，保证舍内不至于过冷、过热，影响猪只生产性能正常发挥和提高。

根据材料的不同，可将墙体分为砖墙、砌块墙、混凝土墙、夹心板墙等。墙体的材料及厚度要看是否承重来设计。根据猪舍外墙情况，猪舍分为多种形式，如凉亭式（适用于南方炎热地区）、敞篷式、开放式、有窗式、半开放式、全封闭式等。各地区需根据当地气候条件等充分考虑，采用实用的形式，不允许只是为了节省资金而采用一些不切实际的方式，要坚持"设计上合理、经济上可行"的原则，自动化程度高的环控猪舍则要求全封闭式设计，而且墙体的隔热条件达到要求。设计者一方面需要考虑猪场建设者的资金投入力度，另一方面要考虑与猪生产相配套的各类设施的要求。

2. 柱子

柱子是承重构件，根据实际需要决定是否设计承重柱。根据材料的不同，柱子可以分为木柱、砖柱、钢筋混凝土柱等，如果用于加强墙体承载能力和稳固性，则需要按照建筑要求，与墙

图9-5 大跨度猪舍钢柱

体做成一体的壁柱。柱子的尺寸、材料等需由结构工程师确定。大跨度猪舍需要采用钢柱，从而达到稳固性、耐久性的需求，如图9-5所示。

（三）屋顶

屋顶是猪舍顶部的覆盖构件，与猪舍外墙共同构成猪舍的外围护结构，能够起到遮风避雨、保温隔热的作用，是调节猪舍内部小气候的主要构件，全封闭温控猪舍一般要求按标准设计。屋顶同时可以传导来自自然界的风荷载和雨雪荷载等，有效地将来自外界的荷载向地基传递。相对于墙体，屋顶接受太阳辐射要多得多，也是最容易向外散失热量的构件。因此，设计过程中，要求采用导热系数小、保温隔热性好的材料。屋顶尽量结构轻便、简单、造价低，同时要保证坚固性好、承重性能优良、防水防风性能高。

三、猪舍保温防寒及隔热防暑

猪对温度非常敏感，因而猪舍的保温隔热及防暑设计显得就尤为重要。由于涉及建筑行业方面的知识较多，猪舍的保温防寒及隔热防暑设计最好由畜牧技术人员和建筑工程师共同完成。

（一）保温防寒设计

猪一般较耐寒，但是不同猪群耐寒程度不同，因而不同的生产设施，其保温防寒要求不同。外围护结构保温防寒性能设计应根据建材热物理特性设计，其中外围护结构的保温隔热性能的好坏的参

数主要是建材的导热系数和蓄热系数。建筑学上把导热系数 $\lambda \leqslant 0.23$ 瓦／（米·开）的材料叫作保温隔热材料。蓄热系数用"S"表示，单位是瓦／（米²·开）。

因而，外围护结构的保温防寒设计最好由有专业知识的建筑设计单位设计，尽量不要自行按照当地的习俗和经验来设计。一般情况下可采用双层夹芯彩钢瓦（5～15 厘米厚保温层、密度不小于 10 千克／立方米）。由于其专业性较强，在这里不作过多详解。

（二）隔热防暑设计

高温对猪的生产影响极大，导致猪舍内部过热的原因有两个方面，一方面夏季太阳辐射强度高，导致大气温度高，猪舍外部大量热量通过围护材料进入舍内，另一方面猪自身产生大量的热也会在舍内大量蓄积。

通过建筑设计合理加大屋顶、墙壁等维护结构的隔热设计，可以有效地减弱太阳辐射热和高温综合效应引起的猪舍内部温度的升高。

四、猪舍采光

光照对于猪的生理机能、生产性能有着重要的影响，光照根据光源的不同分为自然光照和人工光照。

（一）自然光照

自然光照主要是利用太阳光，可以通过建筑设计合理的确定窗户的位置、大小、数量和采光面积，保证光照强度和时间以达到养猪要求。但是自然光照需根据太阳高度角、当地纬度、赤纬等精确计算，保证入射角和透光角。通俗的要求就是冬季太阳光尽可能多地照进舍内，夏季太阳光尽可能照射不到舍内。只有这样才能使得冬季有充足的太阳辐射进入舍内，温暖的舍内温度更适合猪只生长，而夏季没有太阳辐射可以进入舍内，舍内就有个凉爽的环境，从而保证猪只有良好的生活、生产环境，使其生产性能得到良好的发挥。为保证自然采光的需要，建议南方猪舍屋檐高度不小于 3 米，但是不高于 3.6 米。

（二）人工光照

人工光照是人类利用人工光源发出的光来调节动物生产的方法。

人工光照在无窗密闭舍内是必须采用的，对于其他类型生产设施可作为自然光照的补光手段，如图9-6所示为空怀妊娠猪舍的补光措施。

图9-6 妊娠猪舍人工补光

人工光照也需要考虑光源、光照强度、光色等因素，安装时也需要考虑高度、数量等，并且人工光照要做好管理制度，否则有可能影响生猪生产。为了满足各猪群的生产需求，可以参考表 9-15 的光照强度和光照时间处理。

表9-15 建议猪舍采光指标

项目	光照强度/勒克斯	光照时间/小时
后备舍	100～300	10～16
空怀舍	150～200	10～12
妊娠舍	50～100	8～16
分娩舍	50～160	8～10
保育舍	50～100	8
育肥舍	50	8

五、猪舍通风换气

通风换气是环境控制的一个重要手段。通风换气可以排出猪舍内多余的热量、水气、尘埃等，有效地改善舍内环境状况，保证空气清新，但是，通风换气会将热量随之带走，所以不同地区需要根据实际条件权衡是否加设加热器。

根据气流形成动力不同可将通风分为自然通风和机械通风两种：自然通风靠风压和热压为动力；顾名思义，机械通风则靠机械为动力。但是，无论何种通风方式，其主要目的都是保证猪舍通风量，合理组织气流，保证生产需要。

（一）自然通风

自然通风分为风压通风和热压通风。自然界中的风属于自然现

象，在自然通风设计中要充分考虑到没有风的情况，一般建筑设计上要求按照热压通风来设计，从而保证可以满足生猪生产通风需求。

自然通风设计的步骤为：确定所需通风量→检验采光窗夏季通风量是否满足要求→地窗、天窗、通风屋脊及屋顶风管的设计→机械辅助通风→冬季通风设计（详细参考李振钟《家畜环境卫生学附牧场设计》第六章第四节）。在炎热地区小跨度猪舍可通过自然通风达到目的，但是对于现代化、规模化场大跨度的猪舍则需要考虑机械通风。

（二）机械通风

机械通风通常被称作强制通风，其优点是不受气温和气压的影响，但是机械通风受猪场电力供应的影响，如果是电力不可以充分保证的地区最好配套发电机。

机械通风根据猪舍气压变化分为正压通风、负压通风和联合通风等三种方式。根据气流在猪舍内部流动的方向可将机械通风分为垂直通风、横向通风和纵向通风。通风的方式应该根据需要来确定，不可以按照固定的模式照搬。

根据我国现有规模化猪场现代化程度，新建猪场尽量采用机械通风，特别是生物安全系数要求越来越高的今天。机械通风设计需由专业设计人员根据通风量计算风量、选择风机型号，从而保证生猪通风换气要求。

六、猪舍给排水

（一）给水

猪场给水有集中式和分散式，建议采用集中式，虽然其一次性投资较大，但是使用方便、卫生，节省劳动力，可以较高地提高劳动生产率。

猪舍内给水设计在保证水量的前提下，要求便于管理和使用方便。猪饮水系统包括管网、饮水器和附属设备构成。不同猪群饮水器不同，同时需要根据实际来确定调节水压的设备，保证不同猪群有不同的饮用水压，不可以整个猪场采用一套饮水系统。

地表水、地下水和自来水是猪场的主要水源，如果不采用成本较

高的市政自来水作为水源，则需要对地表水、地下水进行消毒和净化。猪场往往没有足够的土地，所以一旦没有做好环境保护，地下水往往会受到不同程度的污染，特别是浅层地下水，而且饮水相比饲料更容易传播非洲猪瘟。所以猪场需要定期对水质进行检测，并且对净化后的水也需要进行检测，建议猪场尽量开采深层地下水，尽量不选用浅层地下水或者地表水。若检测水源阳性，必须对猪场整个饮水系统进行彻底净化。

（二）排水

规模化猪场粪尿和污水量都比较大，假如舍内没有很好的排水系统，舍内就会湿度高，空气污浊，进而影响猪只健康状况。生物发酵床养殖法一般可以不考虑排水，如图 9-7 所示，但是也需要做好节水，但要考虑猪饮水时洒漏的水的排放，否则靠近水源的地方容易集结过多的水分导致垫料发霉而失去作用。

图9-7 生物发酵床养殖法

猪舍排水一般与清粪系统配套。猪舍排水沟深度一般保持在 5～30 厘米，如图 9-8 所示为下沉地面的处理方式，下沉地面过深不宜于清污，过浅污水则会浸到猪床，影响猪体健康。只有保持排水系统各环节正常，才可以给生猪生产构建一个良好的环境。

图9-8 下沉地面处理方式

七、猪舍内部

猪舍内部设计关系到生产节律、劳动生产率和生猪生产效率。猪舍内部设计包括猪栏、通道、排污沟、饲槽、饮水器等设施设备的布置，各个项目都以提高生产效率为目标，猪舍内部设计需有猪场技术人员共同参与，设计上必须符合建筑要求。

（一）平面设计

平面设计需依据工艺设计，确定每栋猪舍能够容纳的头数、管理方式，从而合理地安排猪栏、通道、排污沟（粪沟）等，进而可以确定整栋猪舍的跨度、长度。

1. 猪栏及设备布置

猪栏一般按照建筑长轴方向布局，可分为单列式、双列式、多列式，同时要考虑通风等需求，自然通风猪舍则同时需要自然采光。建筑物尺寸需根据设备尺寸、养殖方式、建筑模数等确定，不可一味地照搬模式，以免造成经济损失。

2. 猪舍内部通道布局

通道需根据栏位布置方向确定，饲喂、清粪通道确定好方向后，根据用途、使用的设备确定通道宽度。采用人工饲喂和清粪的猪舍通道尺寸详见表9-16，机械化程度高的现代化猪场，过道仅起到赶猪、日常管理、转运病死猪等功能，所以宽度可设置为不大于90厘米。

表9-16　通道宽度

项目	通道用途	使用工具及操作	宽度/厘米
猪舍	饲喂	手推车	100～120
	清粪	清粪、接产	100～150

3. 排污沟

采用人工清粪的排污沟宽度一般设计为20～30厘米，深度为10～15厘米，双列式圈栏饲养空怀妊娠猪时，靠近墙体部分约1米范围内可比舍内地面低10厘米左右，作为猪的排泄区兼粪沟。

采用自动化机械干清粪和浅池尿泡粪的猪舍，粪沟净空高度可设置在 800 毫米左右，一方面确保在设备出现故障的情况下工人能够进入漏缝地板下面并完成故障排除工作，另一方面能够确保设备的正常运行。

（二）剖面设计

猪舍剖面设计根据设备选型来确定安装高度、吊顶高度、保温层铺设等。

檐高由自然光照及通风设计要求控制，一般寒冷地区为 2.2～2.7 米，高温高湿地区一般不小于 3 米。采用实心地板的舍内地平高度一般高于舍外 15～30 厘米，门前为斜坡 $i \leqslant 15\%$。舍内猪床坡度保证在 $1\%～3\%$，坡度过大则不利于防滑，坡度过小则会导致猪床积水潮湿。分娩猪栏及保育猪群建议采用漏缝地板饲养，可有效地减少疫病发生的概率，保证猪只健康。

全自动温控猪舍，采用美式通风设计则需要加设屋顶通风口，屋檐与墙体之间有效距离不低于 550 毫米，并布有防鸟网，并且湿帘、风机的布置也会对檐高产生限制，一般情况下檐高可控制在 3.3 米左右。现阶段，我国自动化程度高的猪场主要采用机械干清粪工艺，所以建设有 V 形粪沟或者平底粪沟，一般情况下要求净空高度不低于 800 毫米，特别是 V 形粪沟一般要求粪污直接双向分流，确保舍内温室气体减排，施工工艺要求更为复杂。

八、不同种猪舍设计

猪的类别不同则环境参数要求不一致，因而实际设计过程中需要根据各类猪群的特定要求进行有针对性的考虑。

（一）种公猪舍

环境的优劣决定了种公猪精液的质量。公猪身上脂肪层较厚，因而怕热不怕冷，特别是要确保公猪睾丸对环境气温的要求，从而保证母猪的生产力水平得以完美的发挥。单列式猪舍建议跨度为 8.64 米，双列式猪舍建议跨度为 12.24 米，屋顶多采用彩色琉璃瓦或者双层夹芯彩钢材料，采用金属栏，猪栏后端 1.0 米下降 10 厘米作为排粪 - 饮水区。地面通过处理既不过于粗糙,以防止磨伤猪蹄,又不过滑,防止公猪滑倒。地面的处理要求是不可积水,坡度控制在3%～5%。公猪舍设计时,栏高以1300毫米以上为宜,不让公猪爬上爬下,避免公猪受到伤害。本交猪场公猪栏要配合待配母猪栏设计,母猪每天能看到公猪或闻到其气味,或头能互相碰触均有助于刺激母猪发情,可以把公猪栏设在母猪栏对面、待发情母猪栏旁边或在母猪栏中间设置几栏公猪栏。

随着生产力水平及淘汰率的提高和标准化生产,很多大的公司都设置了专有的种公猪站,饲养在站内的公猪一般采用限位栏,栏宽可控制在650～700毫米,栏长2.4米,或采用大栏饲养,采用全漏缝地板,并且采用全自动的清粪系统。新建标准化公猪舍一定要考虑到防暑降温设施,例如,屋顶装设隔热材料、洒水设施或室内安装喷淋洗浴设施、通风设备设施,在必要的情况下则装设空调设备等,如图9-9所示。于公猪舍内设置采精间,旁边建立化验室以检测精液品质。

图9-9 空调控温种公猪舍

(二)空怀母猪舍

目前,空怀母猪舍(图9-10)的设计主要有以下几种:

(1)空怀母猪舍的设计与公猪舍的设计相同,只是猪栏高度不同。采取小群饲养,每圈养4～6头空怀母猪,更利于其产后发情。降温可采用喷淋结合纵向通风的方式。

（2）空怀母猪也有采取大群舍饲散养，自动饲喂、自动发情鉴定，其圈舍设计一般由设备供应商提供猪舍设计图纸。

（3）空怀母猪限位饲养的方式，采用自动料线供料和机械干清粪工艺，圈栏根据猪的品种、年龄等设计宽度（一般550～700毫米）。

（三）妊娠舍

妊娠舍可以采用开放式或半开放式，如图9-11所示，猪栏多采用双列式或多列式，妊娠猪栏的高度要适当，避免母猪翻出栏外或翻到隔壁而导致打斗流产，一般地圈高度80～100厘米，妊娠猪栏的大小和饲养猪只的多少，根据饲养工艺确定，围栏可部分或全部采用金属围栏；一般金属限位栏长度为2400毫米、宽550～700毫米，栏高1000毫米。

图9-10 空怀母猪舍　　图9-11 开放式妊娠猪限位养殖

实心地面可采用混凝土，要求排水良好，保留3%～5%的坡度，粪便易于清除。自然通风和机械通风相结合的猪舍，在高温环境下采取降温措施，例如，通风设备或间歇性淋浴外加通风等。其中间歇性淋浴外加通风，每40～50分钟淋浴3～5分钟，并于每次淋浴后自动开启通风设施，淋浴设施不可太高，否则水滴易被风吹走且会淋湿饲槽内的饲料。对于全自动温控猪舍则要求猪舍做好密闭，确保湿帘风机系统能够带走足够的热量，确保小气候环境被控制在适宜的范围内。三列式妊娠舍剖面详见图9-12。

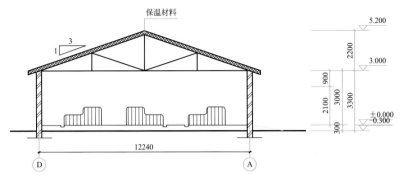

图9-12 三列式妊娠舍剖面图（单位：毫米）

目前，猪舍设计一般会将空怀母猪和妊娠母猪设置在同一栋母猪舍内，进行流水线式生产，但是经产母猪的栏位宽度较初产母猪应该设置得宽一点。如图9-13所示，为14行式的自动化环控妊娠空怀猪舍，供料、清粪、环境监测及控制都实现了与物联网相连接。

（四）产仔舍

规模化猪场一般采用全进全出的模式。产仔舍设计最好采用小单元设计，为了提高圈舍利用率，小规模猪场一般可在一个单元内安排8或12个产床。大规模猪场，现阶段一般采用4列式布置小单元，采用52、56、60床的设计模式，图9-14所示是每单元60个产栏的布局格式，生产力水平高的猪场则会采用先进的"三周批"或"四周批"，一方面可以保证达到全进全出的工艺要求，另一方面可以更好地调节时间差，充分利用圈舍。

产仔猪舍屋内温度尽量控制在16~26℃，仔猪实行局部保温，相对湿度为40%~80%，调温风速为0.2~1.5米/秒，透光角$\alpha \geqslant 25°$，$\beta \geqslant 5°$。过去，产仔舍多采用有窗[窗地比为1:（10~12）]封闭式设计，冬季可以将窗户关闭，满足舍内保温的需求，夏季产仔母猪可以采用颈部滴水降温的方式，保证母猪可感温度相对较低，而又不影响仔猪保温需求。现代化的产仔舍多采用负压通风和湿帘蒸发降温相结合的环境控制工艺，高湿、高寒地区等冬季则可考虑加装燃气加热器，确保将舍内温度控制在适宜的范围内。

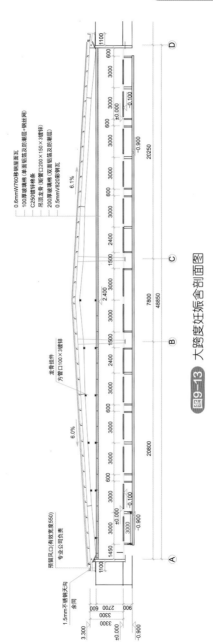

图9-13 大跨度妊娠舍剖面图

图9—14 产房小单元内部布局格式

分娩栏一般长 2.4 米、宽 1.6～1.8 米、高 1.0 米，圈栏用 PVC 板等板式物相隔，产仔分娩栏内设有钢管拼装成的分娩护仔栏，栏宽0.6 米，呈长方形，母猪躺卧区多为铸铁等金属漏缝地板，如图 9-15所示，栏的两侧为仔猪活动场地。一侧设有仔猪保温区，箱上设有红外线灯泡，从而为仔猪提供局部的高温区域。分娩床两旁小猪活动区为全漏缝地板。新建猪场的产仔舍往往采用浅池液泡粪的生产工艺，每个养殖周期末将粪污排放至粪污处理区，并且在养殖期末需要对产床进行高压冲洗消毒。

图9-15 分娩母猪床

（五）保育猪舍

保育猪的饲养，一直是生产中的一个重要环节。保育仔猪经历了母子分离，要承受着日粮抗原过敏、生长环境改变等非传染性因素引起的应激，同时由于母源抗体消退，自身的抗体又没有形成，仔猪的抗病能力很差，容易出现非传染性因素引起的腹泻。预防非传染性因素引起的腹泻除了在营养上采取措施外，猪舍的设计也是一个重要的方面。保育舍的建筑面积要根据猪场的生产规模和工艺流程来确定，每头保育猪按 0.3～0.4 平方米的占栏面积计算。同时应考虑保育猪的保育时间和保育栏的消毒时间，根据保育舍的栏面积利用系数为 70% 即可算出保育舍的建筑面积。

在南方地区，应根据当地夏季主风向安排猪舍朝向以加强通风效果，避免太阳辐射。猪舍一般多采用有窗［窗地比 1∶（10～12）］封闭式设计，以南向或南偏东、南偏西 45° 以内为宜。按猪栏的排列方式，保育猪舍可分为单列式、双列式和多列式。猪舍的墙壁要求坚固耐用，墙内表面要便于清洗和消毒，地面以上 1.0～1.5 米高的墙面要设墙裙，在纵墙上设有窗户，其高度一般与猪舍内围栏的高度同高或稍高。在高床漏缝设计的猪舍中，窗户高度在 1.1～1.3 米为合适。南方地区采用密闭猪舍，在冬季把窗户关上后可以将猪舍密闭起来起到很好的保温效果，在夏季高温时可以将窗户打开来通风换气。屋顶要求坚固，不漏水、不透风，保温隔热。屋顶的材料可以选择双层隔热彩钢瓦。屋顶的梁架材料考虑成本和材料的易得性，可选择木头或钢材。屋檐的高度要求在 2.8～3.3 米之间。

传统保育栏的地面全是水泥地板。猪栏的围栏多是用砖砌成然后再在外表刷上水泥，也有金属栏做围栏的。这样的栏一般每头保育猪所占的面积要在 0.4～0.5 平方米。栏的长为 2.5～3.0 米、宽为 3.8～4.2 米，猪栏的高度为 0.6～0.7 米，门的宽度为 0.7～0.8 米，每栏保育猪 20～30 头。门可以用铁板或铁栏栅门，如果选择铁栏栅，那么栏栅间隔的宽度为 6 厘米以内。

半漏缝保育栏是指靠纵墙的一部分地板使用漏缝地板，漏缝地板下面有的设计设有陡坡，有的则设有浅沟粪池，如图 9-16 所示。漏缝地板面积可占猪栏面积的 30%～40%。这些处理方式可以在一定程度上把猪粪尿与猪分开，减少了仔猪与粪便接触的机会，为保育猪提供了良好的舍内小气候条件。

全漏缝保育栏的全部地板都是漏缝地板，四周的围栏可以采用金属栅栏或者 PVC 等材质的隔板。仔猪养殖密度在 0.3～0.4 平方米 / 头，

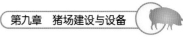

养殖密度需要根据环境控制程度、地板模式、管理水平等来确定。围栏高度为 0.6 米，如果采用金属栅栏，简易栏栅间隔设置为 6 厘米宽。漏缝地板有多种材料的，常见的有水泥漏缝地板、复合材料地板、钢筋编制漏缝地板、铸铁漏缝地板和塑料漏缝地板等，如图 9-17 所示为保育猪舍塑料漏缝地板。

为了减少仔猪的应激，保育舍可以采用垂直弥散式通风的温控模式（图 9-18），这种通风设计已在我国部分猪场也开始应用。弥散式通风进风面积大，风速很低且气流平稳，不会形成贼风，所以空间温差相对其他通风方式较小，能够减小猪的应激。

图9-16 保育猪舍

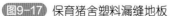

图9-17 保育猪舍塑料漏缝地板

图9-18 弥散式通风吊顶

（六）育肥猪舍

育肥猪舍的设计原则：造价低，使用方便；舍内地面不积水、不打滑，墙壁光滑易于清洗消毒；猪舍屋顶应有保温层，冬暖夏凉，易于环境控制。过去育肥猪舍多采用双列建筑模式，每圈 8～12 平方米，大体形状呈正方形，每圈养育肥猪 8～12 头。这种圈舍存在的缺点一是单位建筑成本高；二是不易做到自由采食，容易浪费饲料；三是不利于采食、休息、排粪分区，圈舍卫生差。由于现在饲养育肥猪多采用自动料箱投料，每个自动料箱可供大约 30 头猪自由采食。因此，小跨度育肥舍可采用单列建筑模式，大跨度育肥舍可采用双列或多列建筑模式，每个猪栏宽度 4 米左右，长度 8 米左右，排粪区约 1.5 米宽，低于休息区 15 厘米左右，整个猪栏大体形状呈长方形，大群饲养，自由采食，一般每个猪栏大约 30 头育肥猪。此饲养方式利于猪采食、休息、排粪分区，减少饲料浪费，可有效地降低工人劳动强度，缩短出栏时间。

第四节　猪场设备

猪场设备用来为各类猪群生长创造适宜小气候条件、提供必要的节省人力的途径。先进设备是提高生产水平和经济效益的重要保证。猪场常用设备有供热、通风降温、环境控制等功能的小气候控制设备，也有空间分割的猪栏、漏缝地板等设备，提高生产效率的自动化的饲料供给及饲喂设备、供水及饮水设备、粪污收集设备等，也有清洁消毒设备及运输设备等。

一、养殖设备

（一）猪栏

猪栏的使用可以减少猪舍占地面积，便于饲养管理和改善环境。不同的猪舍应配备不同的猪栏。猪栏按结构分有实体猪栏、栅栏式猪栏等；按用途有公猪栏、配种栏、妊娠栏、分娩栏、保育栏、生长育肥栏等。

1. 实体猪栏（图9-19）

即猪舍内圈与圈之间以0.6~1.4米高的实体墙相隔。其优点在于可就地取材、造价低，利于防疫；缺点是通风不畅和饲养管理不便，浪费土地。该种猪栏适用于小规模猪场。

2. 栅栏式猪栏（图9-20）

即猪舍内圈与圈之间以0.6~1.4米高的栅栏相隔，占地小，通风性好，便于管理。缺点是耗费钢材，成本较高，且不利于防疫。该种猪栏适用于规模化、现代化猪场。

图9-19 实体猪栏　　　图9-20 栅栏式猪栏

3. 综合式猪栏（图9-21）

即猪舍内圈与圈之间下部以实体墙或PVC板等材料相隔，上部采用金属栏，沿通道正面用实体墙或栅栏。这种猪栏集中了二者的优点，适于各类猪群。

图9-21 综合式猪栏

图9-22 单体限位栏

4. 单体限位栏（图9-22）

单体限位栏为钢管焊接而成，前面安装食槽和饮水器，尺寸一般为（2.0～2.4）米×0.6米×1.0米（宽度采用0.55米或0.65米，部分体尺大的可放宽到0.70米），用于空怀母猪、妊娠母猪、种公猪的饲养。其优点是：与群养母猪相比，便于观察发情，便于饲养管理；其缺点是限制了母猪活动，易发生肢蹄病。该种猪栏适于工厂化、集约化养猪。

5. 母猪产仔栏（图9-23）

用于母猪产仔和哺育仔猪，由底网、围栏、母猪限位架、仔猪

图9-23 母猪产仔栏

保温箱、食槽构成。底网采用由冷拔圆钢编成的网或塑料漏缝地板、铸铁漏缝地板、圆钢焊接漏缝地板、倒三角漏缝地板。围栏为钢筋和钢管焊接而成，2.4米×1.8米×0.6米（长×宽×高），钢筋间缝隙4.5厘米；母猪限位架为2.4米×0.65米×（0.9~1.0）米（长×宽×高），架前安装母猪食槽和饮水器，仔猪饮水器安装在前部或后部；仔猪保温箱1.2米×0.6米×0.6米（长×宽×高）。其优点是占地小、干燥、便于管理，防止仔猪被压死和减少疾病，但投资较高。

6. 保育栏（图9-24）

用于4~10周龄的断奶仔猪，结构同高床产仔栏的底网和围栏，栏的高度0.6米，高床式离地35~60厘米，占地小，便于管理，但投资高，规模化养殖多用。现阶段我国新建保育舍多采用尿泡粪的设计，自动供料系统的采用也极大程度地降低了人工劳动，自动化温控系统为仔猪提供了一个良好的小气候条件，仔猪生产力水平得以良好地发挥。

图9-24　保育栏

（二）漏缝地板

采用漏缝地板易于清除猪粪尿，减轻人工清扫的劳动强度，利于保持栏内清洁及猪的生长。材料上要求耐腐蚀、不变形、表面平整、坚固耐用，不卡猪蹄、漏尿效果好，便于冲洗、保持干燥。目前其样式主要有：

图9-25 水泥漏缝地板

1. 水泥漏缝地板（图9-25）

表面应紧密光滑，否则会积污而影响栏内清洁卫生。水泥漏缝地板内应有钢筋网，以防受破坏。

2. 金属漏缝地板（图9-26）

由金属条排列焊接（用金属编织或倒三角焊接）而成，适用于分娩栏和小猪保育栏。其缺点是成本较高，优点是不打滑、栏内清洁、干净。

图9-26 金属漏缝地板

图9-27 金属编网漏缝地板　　**图9-28** 铸铁漏缝地板

3. 金属编网漏缝地板（图9-27）

适用于保育栏。

4. 铸铁漏缝地板（图9-28）

经处理后表面光滑、均匀无边，平稳、不会伤猪。

5. 塑料漏缝地板（图9-29）

由工程塑料模压制而成，利于保暖。

图9-29 塑料漏缝地板

6. 复合材料漏缝地板

由复合材料压制而成，轻便防滑，成本较低。

（三）供热保温设备

现代化猪舍的供暖，分集中供暖和局部供暖两种方法。集中供暖主要利用热水、蒸汽、热空气及电能等形式。在我国养猪生产实践中，多采用热水供暖系统，该系统包括热水锅炉、供水管路、散热器、回水管及水泵等设备；局部供暖最常用的有电热地板、红外线加热灯等设备。

目前多数猪场采用高床网上分娩育仔，要求满足母仔不同的温度需要，如初生仔猪要求34～32℃，母猪则要求15～22℃。常用的局部供暖设备是采用红外线灯或红外线辐射板加热器，如图9-30中（a）和（b）所示，前者发光发热，其温度通过调整红外线灯的悬挂高度和开灯时间来调节，一般悬挂高度为400～500毫米；后者应将其悬挂或固定在仔猪保温箱的顶盖上，辐射板接通电流后开始向外辐射红外线，在其反射板的反射作用下，使红外线集中辐射于仔猪卧息区。由于红外线辐射板加热器只能发射不可见的红外线，还需另外安装一个白炽灯泡供夜间仔猪出入保温箱。高湿地区冬季往往舍内湿度较大，可以配置固定式燃气加热器或移动式电加热器来为整个屋子进行温湿度的调节，从而为猪提供更为福利化的生产条件，如图9-30中（c）和（d）所示。

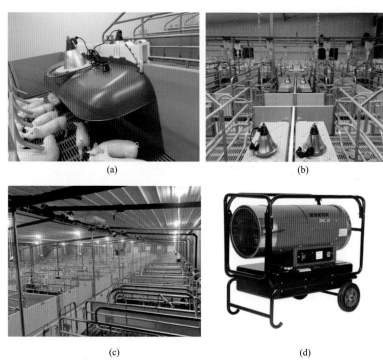

(a)   (b)

(c)   (d)

图9-30 采暖设备

（四）通风降温设备

指为了排出舍内的有害气体，降低舍内的温度和控制舍内的湿度等使用的设备。①通风机配置包括侧进（机械）上排（自然）、上进（自然）下排（机械）、机械进风（舍内进）与地下排风和自然排风、一端进风（自然）与另一端排风（机械）等四种形式。②湿帘-风机降温系统是指利用水蒸发降温原理为猪舍进行降温的系统，由湿帘、风机、循环水路和控制装置组成。湿帘是用白杨木刨花、棕丝布或波纹状的纤维制成的能使空气通过的蜂窝状板。在使用时湿帘安装在猪舍的进气口，与负压机械通风系统联合为猪舍降温。③喷雾降温系统是指一种利用高压水雾化后漂浮在猪舍中吸收空气的热量使舍温降低的喷雾系统，主要由水箱、压力泵、过滤器、喷头、管路及自动控制装置组成。④喷淋降温或滴水降温系统是指一种将水喷淋在猪身上为其降温的系统，主要由时间继电器、恒温器、电磁水阀、降温喷头和水管等组成。降温喷头是一种将压力水雾化成小水滴的装置。而滴水降温系统是一种通过在猪身上滴水而为其降温的系统，其组成与喷淋降温系统基本相同，只是用滴水器代替了喷淋降温系统的降温喷头。

图9-31　湿帘风机降温系统

1.常用降温设施

（1）水帘　水帘降温是在猪舍一端安装水帘，另一端安装风机（图9-31）。风机向外排风时，从水帘一方进风，空气在通过有水的水帘时，将空气温度降低，这些冷空气进入舍内使舍内空气温度降低。

（2）喷雾　把水变成很细小的颗粒，也就是雾，在下落的过程中不断蒸发，吸收空气中的热量，使空气温度降低。最简易的办法是使用扇叶向上的风扇，水滴滴在扇叶上被风扇打成雾状。这种设施辐散面积大，在种猪舍和育肥猪舍使用较多。图9-32所示是一种雾化喷头。

图9-32　喷雾降温系统

（3）遮阴　利用树或其他物体将直射太阳光遮住，使地面或屋顶温度降低，相应降低了舍内的温度。

（4）风扇 风速可加速猪体周围的热空气散发，较冷的空气不断与猪体接触，进而起到降温作用。

（5）空调 特殊猪群使用，温度适宜，只是成本过高，不宜大面积推广，现多用于公猪舍。

（6）水池 有些猪场结合猪栏两端高度差较大的情况，将低的一头的出水口堵死，可以一头积存大量的水，猪热时可以躺到水池中乘凉，可以达到一定的降温效果。水源充足的地区，不停地更换凉水，效果更好。一些猪场使用的水厕所，也能起到同样的作用。

（7）滴水 水滴到猪体，然后蒸发，吸收猪体热量，从而起到降温作用。

2. 常用降温设施使用效果（表9-17）

表9-17　各种降温措施效果和使用便利程度分析表

降温设施	办理难易	效果	成本	方便否
水帘	难	好	高	方便
喷雾	易	好	低	不便
遮阴	难	一般	低	不便
风扇	易	一般	低	方便
电空调	易	好	高	方便
水池	易	好	高	不便
滴水	易	好	低	不便

3. 常用降温设施的影响因素

降温效果会受到各种因素的影响，下面是几种容易出现的影响因素：

（1）进风口封闭程度 水帘降温是进风通过水帘时吸收热量，但如果风不从水帘处进，那就没有降温效果了。因为水帘降温的猪舍一般较长，中间有许多窗户，如果窗户未关严，那么进风会走短路，导致从窗户吸进的风不是已降温的空气，而是外面更热的空气。这样，不但不能使空气温度降低，还会使局部温度升高，所以要求水帘降温

时必须将其他所有的进风口关严，以防短路。

（2）水降温时的供水与排水　使用水降温时，用水量是非常大的。如果猪场水源不充足，或者高温季节电力供应不足，都会使水供应不足，进而影响降温效果。这个现象在许多猪场出现过，尽管有先进的设施，却起不到作用。

（3）风扇的覆盖面（吊扇）　风吹到的地方才降温，风扇降温是风吹到猪身上才有降温效果，而风吹不到的或风很弱的区域则没有效果或效果不理想，风扇降温时容易出现这种情况，特别是使用圆形风扇时，如果一个风扇负责几个猪栏，就会出现对部分猪起不到降温效果。使用风扇时必须注意风是否能吹到猪身上。

（4）遮阴时的空气流通　猪场种树或使用其他遮阴物，可以阻挡阳光直射。但因遮阴物占用空间较大，往往影响空气流通，如果再遇上猪舍窗户面积小，猪舍的空气就变成无法流动，大密度猪群自身产生的热量却无法排出，仍处于高温状态。所以使用遮阴降温时，必须配合加大窗户面积，或是使用风扇降温，否则出现闷热天气时，猪群会受到更大的伤害。

（5）窗户的有效面积　窗户的作用一是采光，二是通风。现在许多猪场只考虑采光而不考虑通风，这在使用铝合金推拉窗户时最明显。相对于通风来说，通风量只相当于窗户面积的一半，无法进行有效的通风。另外，窗户的位置对通风效果也有影响。一般情况下，位于低层的进风口通风效果更好。在夏天，地窗的作用就远大于普通窗户了。所以建议，猪场在使用推拉式铝合金窗户时，高温季节应将窗扇取下，以加大通风面积。如果给每栋猪舍预留部分地窗，夏天时拆除，冬季时堵住，既在不增加成本的情况下，起到了夏季降温的作用，也不会影响冬季保暖。

（6）哺乳猪舍的降温　哺乳猪舍降温是夏季降温的最大难题。因为猪舍里既有怕热的母猪，还有怕冷的仔猪，而且仔猪还最怕降温常用的水。这使得许多降温设施无法使用，这样就很难做到温度适宜不影响母猪采食的效果。过去提倡的滴水降温，因水滴不易控制效果也不好。针对哺乳母猪的降温，下面的措施可以考虑：一是抬高产床，加大舍内空气流通。产床过低时，容易使母猪身体周围形成空气不流通，母猪身体的热量不易散发，使母猪体周围形成一个相对高温的区域。抬高产床，则使空气流通顺畅，通过空气流动起到降温作用。二是保持干燥，水可以降温，但在哺乳舍应尽可能少用。同时如果猪舍湿度大，则水降温效果会变差。而如果舍内空气干燥，一旦出现严重高温，使用水降温则会起到明显的效果。此外，短时间的高湿对仔猪的危害也不会太大。所以建议不论任何季节，哺乳猪舍在有猪的情况下，尽可能减少用水。而且一旦用水，也要尽快使其干燥。三是加大窗户通风面积。四是局部使用风扇，使风直吹母猪头部，可起到降温作用。一般情况下使用可移动的风扇，特别是在母猪产仔前后，可起到明显的降温作用。有条件的猪场可在每头母猪头部吊一个小吊扇，也有一定的效果。

（五）清洁消毒设备

集约化养猪场由于采用高密度饲养，必须有完善严格的卫生防疫制度，对进场的人、车辆和猪舍环境都要进行严格的清洁消毒，才能保证安全生产。要求凡是进场人员都必须彻底沐浴、更换场内工作服，工作服应在场内固定地点实施清洗、消毒，更衣间设有热水器、淋浴间、洗衣机、臭氧机等。集约化猪场原则上保证场内车辆不出场，场外车辆不进场，装猪台、饲料或原料仓、集粪池等设施应尽量设置在围墙边。考虑到猪场的综合情况，应设置进场车辆清洗消毒池、车身冲洗喷淋机、喷雾器等设备。

非洲猪瘟对猪场的生物安全的等级要求进一步提高。新建规模化猪场要求尽量在场外猪场路处建设统一的洗消中心，并且能够完成高温烘干，确保不会携带病毒入场，而且要在车辆靠场前进行有效的二次消毒。

二、饲喂设备

1. 加料车

主要用于定量饲养的配种栏、怀孕栏和分娩栏，即将饲料从贮料塔的出口送至食槽。有两种形式，分别是机动式和手推人力式。

2. 自动料线

机械化程度高的现代化猪场会采用自动料线系统，如图9-33所示是猪舍内常用的塞盘式自动料线系统，系统主要包括以下结构：

（1）料塔　根据养殖量配备能够保持 3 天左右的料量；

（2）驱动箱体　采用防锈性能好的不锈钢，并做好防积料；

（3）主从动轮　铸钢材质，行程开关和电气过载双重保护；

（4）转角　不锈钢或热镀锌板材质；

（5）链条　采用 20 毫米 ^{2} 材质链条；

（6）塞盘　使用强度好且耐磨 PA-6。

图9-33　塞盘式自动料线系统

三、环保设备

　　猪场的建设和使用过程都离不开环保问题，为了得到更好的经济效益和适应国家的环保要求，业主需要在建猪场设施的同时进行环保设施的设计及建设。一个 1000 头基础母猪场的沼气工程所需设备详见表 9-18。

表9-18　1000头基础母猪场沼气工程主要设备表

项　目	型号	数量
污水提升泵	50WQ25-8-2.5	2台
切割泵	WQ30-21-5.5	2台
沼液泵	65WQ30-15-2	2台
计量表	G65	1套
阻火器	LZH-5-Dn80	2套
增压风机		2台
电控柜		1套
减速机及支架		1套
沼气锅炉	CWNS0.21-85	1套
发电机	50GF	1套
余热锅炉	knpt04	1套
固液分离机及配套	LJF	1套
反应罐体		1套
搅拌装置（CSTR）	7.5千瓦	1套
二次发酵贮气一体化		1套
搅拌装置（一体化）	7.5千瓦	1套
柔性气柜		1套
人工格栅		1套
汽水分离器		1套
脱硫器（含脱硫剂）		2套
浆式搅拌机		1套

四、其他常用设备

猪场筹划时除上述合理配置外，还应考虑下列设备：

（一）加工设备

养猪生产中，饲料设备关系到饲料利用率、劳动强度等方面。国外猪场为了节省人力开支，一般采用自动化饲喂设备。一般中大型猪场，乳仔猪饲喂市场成品料，后备猪、妊娠猪、生长育肥猪、哺乳母猪和公猪都自购能量饲料、蛋白饲料、添加剂和浓缩料自行加工。场内自行加工首先需知道加工饲料的基本要求，即配料是中心、粉碎是关键、混合是质量。应根据猪场的规模配套相应的设备。

加工设备包括饲料粉碎机、混合机。粉碎机一般选用齿爪式或锤片式，混合机一般猪场用 250～500 千克/批，各猪场需根据实际进行设备选型。

（1）贮料塔 贮料塔多用 2.5～3.0 毫米镀锌波纹钢板压型而成，饲料在自身重力作用下落入贮料塔下锥体底部的出料口，再通过饲料输送机送到猪舍。

（2）计量设备 电子秤、台秤等。

（3）混合设备 混合机的关键是混合均匀度。当前市场上主要有立式和卧式两种机型。卧式混合机又分为单轴和双轴机。此机型国内种类繁多，猪场需根据规模进行设备选型，一般可选 200～500 千克/批次的混合机。

（4）输送设备 如果采用的是单机组合，在饲料生产过程中，要利用输送工具。根据实际生产情况，可选择斗式提升机和螺旋输送。饲料日生产量超过 20 吨，可考虑输送带输送原料和成品车间内转送。

（5）打包机 猪场部分饲料自行生产，打包机多选用手提式，大型生产可选用自动缝合机。

（二）运输工具

如仔猪运输车、运猪车和粪便运输车等。

（三）兽医设备及日常用具

如检疫、检验和治疗设备，母猪妊娠诊断器，活体超声波测膘仪和耳号牌、抓猪器等。

（四）饮水设备

指为猪舍猪群提供饮水的成套设备。猪舍饮水系统由管路、活接头、阀门和自动饮水器等组成，也可采用饮水盘、饮水器组成，如图9-34 所示。

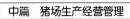

图9-34　常见饮水系统部件

第十章

种猪引进

chapter ten

第一节　引种前的准备

一、制定引种计划

根据养猪生产需要，按猪群及血缘更新、新建猪场、新品种（品系）培育及猪种改良等不同情况，制定引种及种猪更新计划。

（一）猪群及血缘更新

生产性猪场为使猪群性能处于良好状态，通常保持一个合理的年更新率，一般定为20%～40%。若基础母猪100头，更新种猪均从外引进，按30%计算则需引进母猪30头；从疾病防疫和安全保障出发，引进种猪数占需要更新种猪数的比例，公猪按15%～20%、母猪按5%～10%的比例来引种比较合适，其余种猪由自群繁育补充。中大型种猪场尽量采用自繁、自养、自育方式组织生产，特别是母猪批次化生产的猪场，后备猪更应该采取本场繁育的方式补充猪群。

（二）新建猪场

应根据设计生产能力、市场需求、资金及技术条件，猪场类型

（原种场、扩繁场、商品场）、种猪、肉猪计划生产头数、现有可利用猪种的生产性能及质量条件，认真分析、比较，确定需要引进的品种类型、体重、公母头数及质量要求。

（三）新品种（品系）培育及猪种改良

需根据所处生态环境、生产条件、经济发展水平，确定新品种培育目标及需要利用的品种资源，具体引种计划依据新品种培育方案执行。

二、了解引种地区及猪场疫病情况

了解引种地疫病发生情况，一是疫病种类及其危害性、疫病发生时是否采取过隔离、扑杀、封群净化措施。未扑杀而经过封群繁育后没有再感染的猪场，说明综合防治措施得当，若猪群生产性能恢复正常，反而表明其净化措施有效，对该病的免疫力、耐受力较强。二是对哪些疫病进行了疫苗免疫，免疫程序如何。三是建场历史，一般老场病原复杂、疫病较多。认真分析以上情况，确保引种地、猪场猪群健康。

三、调查引种猪场的种猪选育及质量情况

（一）猪群性能及质量水平

了解种猪的生产性能，如总产仔数、活产仔数、初生窝重、21日龄窝重；育肥猪日增重、料重比、瘦肉率等；饲料来源、营养水平与饲养方法；查看种猪出场质量标准等。

（二）种猪出售方法与价格

不同品种出售体重、出售方法及价格以及承运期间应激死亡、病检损失费用的承担办法。

（三）信誉

选择从种猪行业相关法规及技术规范执行情况良好、上级监管严格且信誉好的大型养猪场引种。

（四）技术力量

了解猪场畜牧、兽医技术人员及管理人员构成情况，其专业知识、敬业精神、实际经验与工作时间长短，这些因素对猪群生产性能

及开展场内选育改良工作具有较大影响。

四、客户查访

从猪场已有客户处了解种猪生产性能及遗传稳定性、对环境的适应性，也可知道其售后服务与技术水平，可减少后顾之忧。

五、引种申请备案

按《种畜禽管理条例》和其他法律法规，向上级主管部门提出引进种猪申请，说明引进种猪的理由，引进种猪的品种、数量、生产性能、生产场名、引进种猪的疫病检测结果等，报请上级主管部门批准或备案后再引进种猪。

六、签订合同

引种前，要按照国家有关法律法规规定，与供种场签订引种合同，把引进的品种、数量、体重、单价、时间、售后服务及有关责、权、利等事项以合同的形式确定。

七、隔离舍准备

对隔离舍、用具、设备进行检查维护，确保完好后彻底消毒两次，空置 7 天后才能进猪。

第二节　引种时的注意事项

当签订好引种合同后，应根据合同时间在当地畜牧兽医管理部门备案，备案需提供引种场的资质，免疫检测报告等相关资料，取得备案单后才能引种。

一、种猪个体选择

（1）外表观察　要求毛色、耳型、头型、体型符合品种特征，无遗传缺陷（如瞎奶头等）；活泼好动、运步自如、无病态表现；公猪肢蹄结实、睾丸左右对称、大且外露、包皮积液较少、嘴含大量白沫、性欲旺盛，母猪肢蹄坚实、奶头数符合品种要求且发育良好、外阴部发育正常。

（2）查看已测定猪只个体性能记录，如初生重、断奶重、饲养期日增重、个体育种值等。

（3）查看种猪耳号、耳牌等识别标记，根据耳缺痕迹、耳牌印迹的新旧，可初步判断标记是出生时打下还是临时补上，由此可看出其管理水平及系谱可靠性。

（4）查看种猪血缘及个体系谱，要求提供种猪三代系谱，至少能查到父母代、祖代情况。

（5）查看疫苗注射记录是否有注射日及兽医签字，至少已免猪瘟、猪丹毒、猪肺疫三种苗，一般应加免猪细小病毒、乙脑、伪狂犬、口蹄疫四种苗，要求提供检疫合格证。

二、做好运猪前准备工作

（1）车辆、用具彻底消毒两次，烘干，最好空置 1 天后装猪。

（2）带上饲料、工作服、工作鞋、急用药等物品，准备好运输证、年检证、汽车消毒证明、猪只检疫证明等证件。

三、装车时注意事项

（1）车厢应铺稻草、细沙、麻袋等柔软物以免擦伤猪蹄。

（2）车顶覆盖遮阳挡风帆布，防猪跳出并留有通风口。

（3）按品种、性别、体重大小归类装猪；两层车厢时公猪在上层、母猪在下层，大猪在下层、小猪在上层。

四、运输中注意要点

（1）尽量走高速路等快捷路线，避开一天中炎热和寒冷时段，尽可能减少急刹车和不必要停车，减轻运输应激。

（2）路途远时注射抗生素和镇静类药物，减少体能消耗，提高抗应激能力。

（3）必须停靠时远离其他装载动物车辆和运猪车，不要停靠高速公路服务区指定的动物运输车停靠点，避免感染。

（4）每隔 4～6 小时停车检查猪只是否出现异常、帆布是否松动，使猪感觉舒服。

五、接车准备及卸车

到场前 2 小时通知场里做好接车、卸猪准备。到场后对卸猪台、车辆、猪体（不要用消毒水冲猪头眼部）及周围地面进行消毒。卸猪人员应消毒好后才能接近所引猪只，卸车后要及时转至隔离舍中，由专人隔离饲养。

第三节　引种后管理要点

一、及时消毒和隔离饲养

每天应消毒，并由专人饲养，待猪只稳定后，再通过复检、混群等措施，及早适应本场环境。

二、分群饲养

按品种、体重、性别进行分群饲养，受伤猪只单栏关养并及时治疗。

三、饲料、喂量等饲养方法的逐步过渡

先提供饮水并加入口服补液盐和多种维生素，使种猪尽快脱离应激状态，休息 6 小时可喂青绿饲料＋少量精料，每日加大喂量，逐步恢复正常。

四、隔离舍饲养期间的观察与检疫

（1）隔离期 30～45 天。

（2）隔离舍要采取全进全出方式，设施要彻底冲洗、消毒，并保持干燥。

（3）隔离舍距原有猪群至少要 100 米以上，距离远可减少经空气

传播潜在病原的感染机会。特殊情况下，如果无法完全隔离，应将引进的种猪放在经高压冲洗、消毒、空置过并尽可能远离原有猪群的猪栏内。

（4）种猪引进的第一周，要给予特殊的管理，饲料和饮水要保持新鲜，必要时，可补充电解质。

（5）隔离7天后，可在隔离舍放入本场健康怀孕70～80天的母猪1头，28～60日龄仔猪4头，观察发病情况。

（6）种猪到达2周内，应激反应强烈，应给予特别照顾，饲料中可添加预防剂量的抗生素，如金霉素，330克/吨。

（7）最大限度地避免不同生产区饲养员的接触。种猪引进后的最初2周，禁止与其他猪接触。

（8）饲养员进舍前，要更衣换鞋子，隔离舍内的器械要专用。

（9）及时填写治疗记录，包括猪号、所用药物、效果等。若治疗效果不佳或无效，请与种猪场联系。

（10）重点非洲猪瘟进行检测，具体方法是：将棉签用生理盐水浸湿，让猪咬棉签取得猪的唾液用PCR荧光定量检测法检测；对疑似布氏杆菌病、伪狂犬病、萎缩性鼻炎、喘气病要采血进行血清学检验。具体方法为：对布氏杆菌病采用试管凝集试验，对伪狂犬病采用Dot-ELASA法，对萎缩性鼻炎采用鼻拭子检测和血清学检验方法，对喘气病采用间接红细胞凝集试验方法。阳性猪的处理：对检测出的非免疫阳性猪，应果断淘汰，以消除疫源。对有种用价值，确实无法淘汰的伪狂犬病、喘气病血清学检测阳性猪，进行相应的药物治疗和处理以及免疫接种后方可使用。布氏杆菌病血清学检测阳性猪必须坚决淘汰。

（11）对猪瘟、口蹄疫进行抗体监测。

（12）必要时，可按本场免疫程序补注猪瘟、细小病毒、乙型脑炎等疫苗，之后用长效驱虫药（如伊维菌素等）进行驱虫。隔离到期检疫合格时，对猪进行体表消毒后转入大群生产。

五、适应

（1）理想的适应地点应在远离原有猪群的隔离舍。

（2）如果直接将高度健康的后备母猪和公猪（例如：猪群无非洲

猪瘟、喘气病、放线杆菌胸膜肺炎、蓝耳病、伪狂犬、萎缩性鼻炎等）放在一个病原活跃的猪群中，就会发生严重的疾病问题，后备母猪就会不发情或不受孕，公猪无性欲或不能产生有活力的精子，从而造成永久性的繁殖障碍。

（3）尽管机体对某些病原产生主动免疫的时间不同，但适应期至少要 4 周。影响机体免疫的因素很多，包括以前接触病原的强度（免疫或感染）、引进的种猪是否对原有病原产生耐受、传染病的特性（病原毒力强弱）、接触病原前环境的应激程度和种猪体质。

（4）适应过程可通过注射疫苗、使用药物、接触活猪或粪便等方式来完成。

① 药物

a. 引进的种猪入场后，注射长效和广谱抗生素，如长效青霉素、长效土霉素。

b. 在适应期的最初几周，饲料中添加 1/2～3/4 治疗剂量的抗生素（如 330 毫克 / 千克的金霉素）。药物添加的具体方法应征求兽医的意见。

c. 左旋咪唑注射 6 毫克 / 千克体重或口服 10 毫克 / 千克体重。

② 接触病原

a. 粪便　在隔离期，可用生长猪、成年公猪和母猪的粪便与引进的种猪接触。如果原有猪群有猪痢疾、球虫病、C 型魏氏梭菌感染或猪丹毒，不能进行病原接触，但可与木乃伊、胎盘、死胎接触来达到此目的。

b. 猪只　与淘汰的种猪或育成猪接触。第一次接触在隔离适应期的第 4 周，采取鼻对鼻的方式。其接触比例为 3∶1 到 10∶1。

第十一章

chapter eleven

猪饲料配制技术

第一节　饲料原料

一、饲料的分类

饲料的种类很多，营养价值各异。为了解各种饲料的特点，以便合理地利用，对饲料进行恰当的分类很有必要。对饲料分类即是给每种饲料确定一个标准名称，该名称能够反映该饲料的特性和营养价值。属于同一标准名称的饲料，其特性、成分与营养价值基本相同。

饲料分类的原则应简便、实用、具有科学性。常用的分类方法有以下几种。

（一）根据饲料营养价值分类

（1）粗饲料　一般把容积大、粗纤维多、可消化养分少、营养价值低的饲料叫做粗饲料，如秸秆、荚壳、干草等。

（2）青绿多汁饲料　指天然含水量高的绿色作物、蔬菜等。

（3）精饲料　是相对于粗饲料而言，指容积小、粗纤维含量少、可消化养分多的饲料，如谷类籽实、豆类籽实、饼粕、糠麸类等。

（4）饲料添加剂　凡不属于前三类的饲料都叫作饲料添加剂，如维生素、矿物质、氨基酸等。

（二）根据饲料来源分类

（1）植物性饲料　包括谷类籽实、青绿饲料、饼粕、豆类等，是来源最丰富、用量最多的饲料。

（2）动物性饲料　是利用动物性产品加工而成的饲料。如奶粉、鱼粉、蚕蛹、肉骨粉、羽毛粉等。该类饲料的营养价值一般高于植物性饲料。

（3）微生物饲料　是利用微生物包括酵母、霉菌、细菌及藻类等生产的饲料。

（4）矿物质饲料　包括天然和工业生产的含矿物质丰富的饲料，如碳酸钙、食盐、硫酸铜等，能补充畜禽对矿物质的需要。

（5）人工合成饲料　利用微生物发酵、化学合成等方法生产的饲料，如合成氨基酸、尿素、维生素、抗生素等。

二、主要饲料原料的选择及质量鉴定

原料是配合饲料的物质基础，所以其质量的好坏对配合饲料的产品质量有着决定性的影响。许多原料供应商为增加收益，在一些饲料原料的质量上做文章，特别是豆粕、鱼粉等价格较高的原料容易出现问题。以下介绍关于饲料原料质量鉴定的一些相关知识，希望能对养殖户朋友们有所帮助。

（一）饲料原料质量鉴定方法

1. 感官鉴定

主要是凭借五官来鉴定饲料质量的方法。只有在充分了解、掌握各种原料基本特征的基础上，才能做到快速、准确地判别原料质量优劣。

（1）眼看　观察饲料原料的形状，色泽，有无霉变、虫蛀，有无异物、硬块、夹杂物等。

（2）舌舔　通过舌舔或牙咬来检查饲料有无刺激的恶味、苦味或其他异味。如发霉的豆饼、棉籽饼、胡麻饼、芝麻饼等，若把表面的绿霉擦去，用眼不易看出，通过舌舔或牙咬就会尝到刺激性的恶味。

（3）鼻嗅　用鼻子来嗅闻饲料原料是否具有原来物质的固有气味，

并确定有无霉味、发酵酸味、焦糊味、腐败味或其他异味。特别是对鱼粉、肉骨粉、羽毛粉、蚕蛹粉、骨粉及油脂类的鉴别。要注意利用嗅觉来鉴定是否腐败变质。

（4）**手摸**　将原料放在手中，用指头捻，通过感触来觉察粒度的大小、硬度、黏稠性、有无夹杂物及水分的多少等。

2.物理鉴定

（1）**筛分法**　利用各种大小的筛子将原料过筛，观察原料的粒度，掺杂物的种类及比例等，用这种方法能辨别出肉眼看不出来的异物。

（2）**容重法**　容重是指每升物质的重量，以克/升为单位。各种原料都有其固定的容重，通过检测容重与标准容重相比较，可鉴别饲料原料是否有杂质或掺杂物。以豆粕和鱼粉为例，具体操作方法是：将所取样品非常轻而仔细地放入1000毫升的杯子中，使之正好到1000毫升刻度处（注意量取鱼粉时让其呈自然状态，不要挤压），调整好容积后，将样品倒出称重，记录其重量，重复3次，取平均值，所得数据就是它们的容重。与标准容重相比，如超出过多，则说明有假。

（3）**化学鉴定法**　一是对原料样品进行化学成分分析，分析结果与该物质的营养价值比较，若差别大则表示质量有问题。二是利用常见的化学试剂与掺假物发生化学反应来鉴定原料质量。如取豆粕样品3克放入烧杯中，加入10%的盐酸20毫升，如有大量气泡产生，则豆粕中掺有石粉、贝壳粉一类的东西；取鱼粉适量放入烧杯中加水煮沸，过滤后的溶液中加几滴稀碘液，如溶液呈蓝色，则说明掺有淀粉类物质。

其他的判别方法还有镜检法和微生物学鉴定法等。细心的养殖户通过认真地学习和体会，加以具体的实践，就基本能够对一般饲料原料的质量进行判定，另外以上介绍所用的器具或者化学试剂都很容易买到。所以，只要我们加强和提高对掺假原料的防范意识，提升对掺假原料的判别能力，就一定能够最大限度地避免因原料造成的潜在风险，保证猪只采食安全、营养的饲料，创造最佳的养殖经济效益。

（二）常用能量饲料的选择与质量鉴定

1.玉米（图11-1）

粗蛋白质含量8%～9%，缺乏赖氨酸与色氨酸。消化能较高，为

14.27 兆焦 / 千克，这是由于其脂肪较高，粗纤维较低，淀粉含量丰富且消化率高。玉米是畜禽最重要的高能量精料，在配合饲料中使用量一般都在 50% 以上。

质量要求：籽粒整齐、均匀，脐色鲜亮，外观呈黄色或白色，无发霉、变质、结块及异味。不得掺入玉米外的物质，杂质总量不得超过 1%。特别要注意：①水分含量，南方不超过 13%，北方不超过 14%。②霉变情况，玉米极易感染黄曲霉，胚芽发黑说明已霉变。③破碎粒，玉米破碎后便失去天然保护作用，极易吸水、结块和霉变。④贮藏时间，随着贮藏时间延长，玉米的品质相应变差，特别是脂溶性维生素 A、维生素 E 和色素含量下降，有效能值降低。如果同时滋生霉菌等，则品质进一步恶化。⑤容重，国家一级标准 ≥ 710 克 / 升，国家二级标准 ≥ 680 克 / 升，国家三级标准 ≥ 660 克 / 升，一级标准质量较好。

2. 小麦（图 11-2）

一般粗蛋白质含量 13.9%，消化能 14.18 兆焦 / 千克。与玉米比较，小麦蛋白质及维生素含量较高，但是生物素的含量及利用率较低，作为主要原料代替玉米时应注意补充生物素。小麦也缺乏赖氨酸，应适当补充。小麦与玉米一样，钙少磷多，且磷主要是植酸磷，猪不能消化吸收，经粪便排出体外，污染环境。此外，小麦易感染赤霉菌，可引起猪急性呕吐。小麦用于乳猪一般以粉状较好，用于中大猪一般以破碎态较好，否则适口性较差。

图11-1 玉米

图11-2 小麦

质量要求：①感官性状：籽粒整齐，色泽新鲜一致，无发酵、霉变、结块及异味异臭。②水分：冬小麦水分不得超过 12.5%；春小麦水分不得超过 13.5%。③夹杂物：不得掺入饲料用小麦以外的物质，若加入抗氧化剂、防霉剂等添加剂时，应做相应的说明。④质量指标及分级标准：GB 1351—2008。

3. 米糠（图 11-3）

是糙米加工成精米时分离出的种皮、糊粉层与胚芽三种成分混合物以及混有少量的碎米、粗糠等，其营养价值视精米加工程度不同而异。其干物质含粗蛋白 13.8%、粗脂肪 14.4%。米糠中粗脂肪不饱和脂肪酸高，所以不易贮藏，容易因氧化而酸败。由于含油脂较多，给动物饲喂过多，易致下泻，一般用量应控制在 15% 以下，可选用经过处理的脱脂米糠或使用新鲜米糠较为安全。

质量要求如下。①颜色：淡黄色或黄褐色。②味道：具有米糠特有之风味，不能有酸败、霉味及异臭出现。③形状：粉状，略呈油感，含有微量碎米、粗糠，其量应在合理范围内，不可有虫蛀及结块等现象。④容积重：0.22～0.32 千克 / 升。⑤品质判断与注意事项：全脂米糠因含油脂成分高（12%～15%），甚易氧化酸败；米糠中含粗糠比例之多寡亦影响其成分之差异及品质等级；利用比重分离法可知其粗糠及碳酸钙之含量多寡，而判断等级；粗糠含 SiO_2 约 17%（11%～19%），故测硅（SiO_2）含量，乘以 5.9（100/17）即为所掺粗糠估计量。

4. 小麦麸（图 11-4）

是小麦加工成面粉时的副产物，由小麦种皮、糊粉层、少量胚芽和胚乳组成，出麸质量和数量随加工过程而定。其粗纤维含量为 8.5%～12%，蛋白质含量为 12.5%～17%，蛋白质质量也高于麦粒，含有赖氨酸 0.67%，但蛋氨酸含量很低，只有 0.11%，钙磷不平衡，配合日粮时特别注意钙的补充。小麦麸具有疏松的物理特性，可调节饲料的容重。小麦麸还具有轻泻性，可以调节消化道的机能。但要注意小麦麸吸水性强，如干饲大量的小麦麸易造成便秘。配合饲料中用量一般为 10%～15%，最多不超过 20%。

图11-3 细米糠

图11-4 小麦麸

质量要求：感官要求小麦麸为细碎屑或片状，色泽新鲜一致，无发霉、变质、结块以及异味异臭。水分不超过 13%，不含小麦麸以外的物质。小麦麸分为大片麸、中麸、细麸，以大片麸和中麸为宜。大片麸容重 0.18～0.26 克／升，小麸容重 0.32～0.39 克／升。掺假麸皮多以钙粉或低廉的粗米糠见多，抽样双手背揉搓检验，刺手感觉，掺有粗米糠；手指捻揉有糙感，掺有钙粉；或取样溶解，观察底部沉淀物，就可知有无钙粉掺假。

（三）常用蛋白质饲料的选择与质量鉴定

1. 大豆粕（图 11-5）

是最常用的蛋白质饲料，由于其用量一般较大，其质量的轻微变异都可能导致严重的后果。大豆粕是大豆籽粒经压榨或溶剂浸提油脂后，再经适当热处理与干燥后的产品。粗蛋白质含 43%～47%，大豆粕呈浅黄褐色或淡黄色不规则碎片状，有豆香味，但不应有腐败、霉坏或焦化等味道，也不应该有生豆腥味。大豆粕由外观颜色及壳粉比例，可概略判断其品质。若壳太多，则品质差，颜色太浅表示加热不足，太深表示热处理过度，品质较差。饲料中的

图11-5 豆粕

配合比例为饲料总量的 10%～25%。

质量要求：大豆粕呈浅黄褐色或淡黄色不规则碎片状。色泽新鲜一致，无发霉、变质、结块及异味，水分小于 13%，不得含有大豆粕以外的物质。有豆香味，但不应有腐败、霉坏或焦化等味道，也不应该有生豆腥味。颜色太浅表示加热不足，太深表示热处理过度。

鉴定方法如下。①水浸法：取需检验的大豆粕 25 克，放入盛有 250 毫升水的玻璃杯中浸泡 2～3 小时，然后用木棒轻轻搅动可看出大豆粕与泥沙分层，上层为大豆粕，下层为泥沙。②碘酒鉴别法：取少许大豆粕放在干净的瓷盘中，铺薄铺平，在其上面滴几滴碘酒，过 1 分钟，其中若有物质变为蓝黑色，说明掺有玉米、麸皮、稻壳等。③生熟大豆粕检查法：常用熟大豆粕做原料，因生大豆粕含有抗胰蛋白酶、大豆凝集素等抗营养因子，影响畜禽适口性及消化率。方法是取尿素 0.1 克置于 250 毫升三角瓶中，加入被测大豆粕粉 0.1 克，加蒸馏水至 100 毫升，加塞于 45℃水中温热 1 小时，取红色石蕊试纸一条浸入此溶液中，如石蕊试纸变蓝色，表示大豆粕是生的，如试纸不变色，则大豆粕是熟的。

2. 菜籽饼（粕）（图 11-6）

是油菜籽提取大部分油后的残留部分，蛋白质的含量相对较高，为 36%～38%。加工工艺有溶剂浸提法与压榨法。一般溶剂浸提法中没有高温高压，饼粕中除油脂被提走大部分外，其他物质的性质与原料相比，差异不显著。而压榨法中，由于高温高压过程常常导致蛋白质变性，特别是对于植物蛋白质中最敏感缺乏的赖氨酸、精氨酸之类的碱性氨基酸损害最大，而硫代葡萄糖苷类化合物（硫葡萄糖苷在芥子酶作用下可生成硫氰酸酯、异硫氰酸酯、噁唑烷硫酮等促甲状腺肿毒素）部分变成无毒。配合饲料中菜籽饼（粕）比例要低于 10%，一般为 3%～5%。仔猪及种猪饲料不宜加菜籽饼（粕）。

图11-6　菜籽饼

质量要求：感官要求菜籽

饼为片状或饼状，菜籽粕为不规则的块状或粉状，黄色、浅褐色或褐色，具有菜籽油特有的芳香味，色泽新鲜一致，无发霉、变质、结块及异味异臭，不得含有菜籽饼（粕）以外的物质，水分不超过10%。由于其价格较低，一般掺假较少，需要注意的是自身质量和毒性。因此菜籽饼（粕）作饲料时要先脱毒，脱毒方法有碱处理法、水浸法、发酵法、热喷法等。

图11-7 鱼粉

3. 鱼粉（图11-7）

是优质的动物性蛋白质饲料，它是各种鱼整个或部分鱼体经过蒸煮、压榨、干燥、粉碎加工制成的产品。鱼粉含水量约10%，蛋白质40%～70%不等，进口鱼粉的蛋白质含量一般在60%以上，国产鱼粉约50%，含粗脂肪5%～12%，一般在8%左右，高于12%时会给使用带来很多问题。海产鱼粉的脂肪含大量高度不饱和脂肪酸，具有特殊的营养生理作用。猪用量为饲料总量的4%～8%，育肥猪饲料中鱼粉可配10%，若配入蚕蛹，鱼粉就只能配5%～6%。

质量要求：鱼粉外观呈浅黄色、棕褐色、红棕色、褐色或青褐色粗粉状，稍有鱼腥味，纯鱼粉口感有鱼肉松的香味。不得含沙及鱼粉外的物质，无酸败、氨臭、虫蛀、结块及霉变，水分含量不超过12%，挥发性氨氮（氨态氮）不超过0.3%。鱼粉是掺假最多的一种原料，常见的鱼粉掺假主要有：以增加鱼粉重量为目的而掺入大豆粕、菜籽粕、棉籽粕、花生粕等；以增加蛋白为目的而掺入羽毛粉、毛发粉、血粉、皮革粉、肉粉等；以低质或变质鱼粉掺入好的鱼粉，特别是进口鱼粉中，这种现象较严重。

检测鱼粉品质主要有以下几种方法：①感官检查法，即用眼看、鼻嗅、手触、嘴尝。根据鱼粉成分的形状、结构、颜色、质地、光泽度、透明度、颗粒度等特征来检查。优质鱼粉一般为颗粒大小均匀一致、稍显油腻的粉状物，可见到大量疏松呈粉末的鱼肌纤维及少量的骨刺、鱼鳞、鱼眼等物；颜色均匀，呈浅黄、黄棕或黄褐色；手握有疏松感，不结块，不发黏，不成团；有浓郁的烤鱼味，嗅之有腥味；嘴尝有鱼香味或干鱼片味，无沙。掺假或劣质鱼粉色泽暗淡且可见大小、形状、颜色不一致的杂质，易结成小团块，手捏即成团，发黏，常散发出异味，嘴尝特别咸苦，沙分高的鱼粉打牙。加热过度或脂肪含量高者，颜色加深。如果鱼粉色深偏黑红，外观失去光泽，闻之有焦糊味，为储藏不当引起自燃的烧焦鱼粉。如果鱼粉表面深褐色，有油臭味，是脂肪氧化的结果。如果颜色灰白或灰黄，腥味较浓，光泽不强，纤维状物较多，粗看似灰渣，易结块，粉状颗粒较细且多呈小团，触摸易粉碎，不见或少见鱼肌纤维，则为掺假鱼粉，需要进一步检验。②水浸法。取少量鱼粉放入洁净的玻璃杯中，加入 10 倍体积的水，充分摇匀后静置。观察水面漂浮物和水底沉淀物，杯底有沙粒或其他杂质，或有棉籽饼、羽毛粉、麸皮等浮到水面即为掺假鱼粉。③气味测试法。根据样品燃烧时产生的气味判别是否掺入植物性物质。真品燃烧时是毛发燃烧的气味，如果出现谷物干炒的芳香味，说明掺入植物性物质。另外还可以根据气味辨别是否掺入尿素。只需取样品 20 克放入小烧杯中，加 10 克生大豆粉和适量水，加塞后加热 15～20 分钟，去掉塞子后如果能闻到氨气味，说明掺入尿素。④气泡鉴别法。取少量样品放入烧杯中，加入适量的稀盐酸或白醋，如果出现大量气泡并发出吱吱响声，说明掺有石粉、贝壳粉、蟹壳粉等物。此外，在购买鱼粉时，还应对样品的粗蛋白质含量、真蛋白质含量、氨基酸组成及含量，以及粗纤维、食盐、沙的含量等进行分析。

图11-8　蚕蛹

4. 蚕蛹（图 11-8）

蚕茧制丝后的残留物，蚕蛹经干燥粉碎后得蚕蛹粉。蚕蛹饼是蚕蛹脱脂后的剩余物。蚕蛹含蛋白质高（56% 左右），含赖氨酸约 3%，蛋氨酸约 1.5%，色氨酸高达 1.2%，比进口鱼粉高出一倍，含水量低于 10%，含丰富的磷，含磷量为钙的 3.5 倍，B 族维生素也较丰富。因此，蚕蛹是优质蛋白质氨基酸来源。但由于蚕蛹的脂肪含量高，脂肪中不饱和脂肪酸高，储藏不当易变质、氧化、发霉和恶臭。

选择蚕蛹以蛹干为好，容易辨认掺假与否，一般蛹干掺劣质油枯，增加重量，表皮浸润好看，这种掺假蚕蛹更易变质。选择蚕蛹还应注意杂质、死茧数量。猪配合饲料中用量一般3%～5%。质量要求：呈褐色蛹粒状及少量碎片，色泽新鲜一致。无发酵霉变、结块及异味异臭。水分含量不得超过12.0%。不得掺入蚕蛹以外的物质。若加入抗氧化剂、防霉剂等添加剂时应做相应的说明。以粗蛋白质、粗纤维、粗灰分为质量控制指标，按含量分为三级：一级粗蛋白质（%）≥50.0，粗纤维（%）＜4.0，粗灰分（%）＜4.0；二级粗蛋白质（%）≥45.0，粗纤维（%）＜5.0，粗灰分（%）＜5.0；三级粗蛋白质（%）≥40.0，粗纤维（%）＜6.0，粗灰分（%）＜6.0。二级蚕蛹为中等质量标准，低于三级者为等外品。

三、猪常用饲料原料建议使用范围

猪常用饲料原料建议使用范围见表11-1。

表11-1　猪常用饲料原料建议使用范围

原料	饲粮中含量/%				特性
	妊娠母猪	哺乳母猪	仔猪	生长肥育猪	
玉米	0～80	0～80	0～60	0～85	消化能高，适口性好，赖氨酸少
大麦	0～80	0～80	0～25	0～85	部分替代玉米，但消化能稍低
小麦	0～80	0～80	0～60	0～85	部分替代玉米，但消化能稍低
高粱	0～10	0～10	0～10	—	部分替代玉米，具收敛性，赖氨酸少
酵母	0～30	0～3	0～3	0～10	B族维生素来源
小麦麸	0～30	0～25	0～15	0～25	轻质、疏松性，高纤维，轻泻性
脱脂奶粉	0	0	0～10	0	氨基酸平衡优异，适口性好
乳清粉	0	0	0～20	0	提供乳猪所需乳糖和乳清因子，适口性好
鱼粉（秘鲁）	0～5	0～5	0～5	0～5	氨基酸平衡优异
大豆粕	0～20	0～25	0～25	0～25	经适当加工后去掉影响消化的因子，缺乏蛋氨酸

续表

原料	饲粮中含量/%				特性
	妊娠母猪	哺乳母猪	仔猪	生长肥育猪	
棉籽粕	0	0	0~5	0~10	含有游离棉酚，应限制用量，缺乏赖氨酸和蛋氨酸
菜籽粕	0	0	0~5	0~10	含有硫葡萄糖苷类化合物等有毒物质，缺乏赖氨酸，应限制用量
肉骨粉	0~10	0~5	0~5	0~5	钙和磷的良好来源，但蛋白质品质变异大

四、饲料原料的保管

（一）原料的接收和验收

原料的进厂接收是饲料生产的第一道工序，也是保证生产连续性和产品质量的重要工序。原料必须经质量检验、数量称重、初清（或不初清）才能入库存放或直接投入使用。

（二）分类摆放、环境控制、科学管理

原料贮藏必须科学，要分类摆放，并进行环境控制，以减少损失。

1. 去旧存新，必须清底

如果饲料库中存放着某种饲料垛，新料来时又接着往上码，还未用完又来新料，天长日久，放在底部的料一直未动用，等到清底时，最底层的料已板结得像"饼"一样，失去使用价值。

2. 科学码垛、垫底通风

不同种类的原料应分别码垛，垛与垛之间留一定距离，便于存取和通风。垛的底部须用枕木等垫高，以利防潮通风，高温季节应采用风机强行通风降温，以防发霉、变质、虫蛀，破坏原料中的营养成分，降低利用价值，造成无形浪费。

3. 温湿度控制，防止霉变

环境相对湿度在 65% 以下，原料水分含量在 13% 以下，即可抑

制微生物的生长繁殖。据研究，在高湿高温条件下，由于霉菌和其他微生物的滋生及酶活性的增强等，极易使淀粉和脂肪等物质水解，并产生带有酸、臭、霉及其他异味的物质。通常，原料蛋白质含量的变化是很小的，但是贮藏过程中其可消化性是极易降低的，据称，在24℃以下，贮藏两年，蛋白质消化率可降低8%。

（三）库房安全保护

防止虫蛀鼠咬，定期灭鼠、熏虫，定期清扫，减少浪费。

第二节　饲料配制技术

一、配合饲料配制技术

（一）配合饲料的概述

配合饲料又称全价配合饲料或全价料，是指所含营养成分能完全满足动物对各种营养物质的需要并能达到一定生产水平的成品饲料。

若购买饲料厂商生产的配合饲料，可不需添加其他任何成分直接饲用，使用方便。但对养猪场业主来说，成本较高，具体表现在：农产品的大量往返增加了饲料成本价格；加工费用增加了饲料成本价格；大量的原料成品贮藏费用增加了饲料成本价格；原料购买资金利息增加了饲料成本价格；大量的市场推销费、管理费增加了饲料成本价格。因此，养猪场最好还是自己生产配合饲料较为经济。

（二）配合饲料配方设计的原则

1.必须以饲养标准为依据

饲养标准中规定了对不同种类、性别、年龄、体重、生产用途以及不同生产性能的畜禽，在正常生理状态下，应供给的各种营养物质的需要量，即营养指标。设计饲料配方时，先要根据饲养动物有针对性地选择饲养标准，然后依据饲养标准提供的各项主要营养指标为参数，选择相应的饲料原料。如设计仔猪的饲料配方则参考仔猪的饲养标准，选择适口性好，消化利用率高，蛋白、能量值均较高的原料，从而使饲料配方设计有了明确的目标。凡是设计合理的饲料配方，无论使用的饲料原料有多少种，都是以饲养标准所提供的营养指标为依据的，所以能表现出良好的饲喂效果。

2. 要注意营养的全面和平衡

配合饲料不是各种原料的简单组合，而是一种有比例的复杂的营养组合。这种营养配合愈接近饲养对象的营养需要，就愈能发挥其综合效应。为此，设计饲料配方时不仅要考虑各营养物质的含量，还要考虑各营养素的全价性和平衡性。若饲粮中能量偏低而蛋白质偏高，动物就会将部分蛋白质降解为能量使用，从而造成蛋白质饲料的浪费；若赖氨酸偏低会限制其他氨基酸的利用，从而影响体蛋白的合成；若钙含量过高会阻碍磷和锌的吸收。因此，在制作饲料配方时要充分考虑各营养物质的全价性和平衡性，不足部分必须用添加剂补足。

3. 就地取材开发饲料资源

制作饲料配方应尽量选择资源充足、价格低廉而且营养丰富的原料，尽量减少粮食比重，增加农副产品以及优质青、粗饲料的比重。

4. 多种原料的合理搭配与安全性

饲料的合理搭配包括三方面的内容：一是各种饲料之间的配比量；二是各种饲料的营养物质之间的配比量；三是各种饲料的营养物质之间的互补作用和制约作用。饲粮中各种原料的配比量适当与否，可关系到饲粮的适口性、消化性和经济性。饲料的安全性指畜禽食后无中毒和疾病的发生，也不至于对人类产生潜在危害。

5. 要考虑畜禽的消化生理特点

草食动物如牛、羊、兔等可大量利用青、粗饲料，而杂食动物如猪、鸡等要控制粗纤维含量高的饲料的用量，尤其是生长快、生产性能高的畜禽更要严格限制饲粮中的粗纤维含量，否则就会延长饲养周期，增加饲养成本。

6. 配方原料及营养指标要适时调整

饲料原料和饲养标准虽然是制定畜禽饲料配方的重要依据，但总有其适用的条件，任一条件的改变都可能引起动物对营养需要量的改变。根据变化了的条件随时调整营养指标中的有关养分的含量，或调整某些原料的配比是十分必要的。如高温季节动物采食量减少，应适量提高饲粮的各项营养水平，以补充因饲料摄入减少而造成的能量、粗蛋白质及氨基酸等主要营养物质的不足所导致的生产性能降低。而寒冷季节动物采食量增加，则应提高饲粮能量水平，以补充因寒冷所造成的能量消耗的增加，从而降低饲料消耗。

当饲料的质量、价格发生变化时，当对畜禽的饲养管理方式改变时，或当发生某些传染病以及营养代谢性疾病时，都要适当调整饲料配方中有关原料的配合比例或某一营养指标的含量。

对饲料配方适时调整的目的，就是为了使所设计的饲料配方能调制出在营养方面可满足需要、在价格方面比较低廉，且适口性和消化利用率均佳的配合饲料。

7. 借鉴典型配方不可生搬硬套

典型饲料配方的推广应用对改变我国传统的畜禽饲喂方式，提高广大养殖专业户的经济效益和推动我国畜牧业的迅速发展起了积极作用。典型饲料配方是在特定的饲养方式和饲养管理条件下产生的，因此，配方中所提示的营养值和饲喂效果对不同情况的饲养户来说肯定具有一定的差异，借鉴时不宜生搬硬套，应根据各自的实际情况和所用原料的实际营养成分含量对典型配方提示的营养值进行复核、调整后方可使用。

（三）配合饲料配方设计步骤及方法

1. 配合饲料配方设计的一般步骤

（1）饲养阶段的划分　一般将猪的生长按以下阶段划分：哺乳仔猪、断奶仔猪、生长猪、肥育猪、种猪（后备母猪、妊娠母猪、哺乳母猪、空怀母猪、公猪）。

（2）营养需要的确定　根据不同品种、不同阶段饲养标准，综合考虑饲养环境、饲养方式确定营养需要，通常在确定营养需要量时必须加上一定的安全系数。

（3）原料选择和采购　原料的选择是生产优质配合饲料的前提，

选择原料应注意以下事项：第一便于采购；第二原料价格合理；第三原料质量有保障；第四适口性好；第五根据日粮中的使用量确定采购量。

（4）确定饲料原料使用的上限和下限。

（5）预留矿物质微量元素、维生素、动物必需氨基酸等饲料添加剂的配方空间。

（6）初拟饲料配方。

（7）精确调整饲料配方。

（8）得出适于动物种类和生长期别的饲料配方。

（9）配方质量评定　饲料配制出来以后，想弄清配制的饲粮质量情况必须取样进行化学分析，并将分析结果和预期值进行对比。如果所得结果在允许误差的范围内，说明达到饲料配制的目的。反之，如果结果在这个范围以外，说明存在问题，问题可能是出在加工过程、取样或配方，也可能是出在实验室。为此，送往实验室的样品应保存好，供以后参考用。

配方产品的实际饲养效果是评价配制质量的最好尺度，条件较好的企业均以实际饲养效果和生产的畜产品品质作为配方质量的最终评价手段。随着社会的进步，配方产品安全性、最终的环境和生态效应也将作为衡量配方质量的尺度。

2. 配合饲料配方设计的基本方法

（1）手算法　手算法有试差法、联立方程式法和十字交叉法等。其中十字交叉法又叫方块法或对角线法，适用于原料种类少、营养指标要求不多的情况。联立方程式法又叫公式法或代数法，它具有条理清晰、方法简单的优点，缺点是当计算种类多时，计算就比较麻烦。试差法是目前较普遍采用的方法，又称为凑数法。这种方法的具体做法是：首先根据饲养标准的规定或经验初步拟出各种饲料原料的大致比例，然后用各自的比例去乘该原料所含的各种营养成分的百分含量，再将各种原料的同种营养成分之积相加，即得到该配方的每种营养成分的总量。将所得结果与饲养标准进行对照，若有任一营养成分超过或不足时，可通过增加或减少相应的原料比例进行调整和重新计算，直至所有的营养指标都基本满足要求为止。这种方法可以同时计算多个营养指标，且不受饲料原料种数限制。但要配平衡一个营养指标满足已确定的营养需要，一般要反复试算多次才可能达到目的。在对配方设计要求不太严格的条件下，此法是一种简便可行的计算方法。下面以试差法为例说明用手算法进行配合饲料配方设计。

① 计算步骤　首先根据猪的生长阶段和生产目标，查营养需要量表，确定饲粮中营养物质含量。确定饲料种类，查饲料营养成分表，列出所用饲料的营养成分含量。然后初步拟定各种原料的大致比例，计算配方中主要营养成分含量，并与确定的营养需要量比较。根据主要营养的余缺情况，调整配方，再计算，直到主要养分含量基本符合要求为止。

② 计算实例　配制妊娠母猪全价日粮。现有饲料：玉米、麸皮、豆粕、菜籽饼、石粉、磷酸氢钙、食盐和预混料。配合步骤如下。

第一步，查我国《瘦肉型猪饲养标准》并参考 NRC（1998）标准，确定该阶段猪的营养需要（表 11-2）。

表 11-2　猪的营养需要

消化能 / （兆焦/千克）	蛋白质/%	钙/%	总磷/%	赖氨酸/%
12.97	13.0	0.75	0.60	0.58

第二步，确定饲料种类，在饲料营养成分表中查出所用饲料的营养物质含量（表 11-3）。

表 11-3　饲料营养物质含量

饲料	消化能 / （兆焦/千克）	蛋白质/%	钙/%	总磷/%	赖氨酸/%
玉米	14.27	8.7	0.02	0.21	0.24
麸皮	12.12	15.5	0.11	0.92	0.58
豆粕	13.74	43.0	0.31	0.61	2.45
菜籽饼	12.05	36.3	0.21	0.83	1.40
石粉	—	—	35.00	—	—
磷酸氢钙	—	—	23.80	18.00	—

第三步，根据经验，初步拟定配方，计算消化能和粗蛋白含量（表 11-4）。

表 11-4　消化能和粗蛋白含量的计算

饲料	配比 /%	消化能 /（兆焦/千克）	蛋白质 /%
玉米	63	14.27×0.63=8.99	8.7×0.63=5.48
麸皮	24	12.12×0.24=2.91	15.5×0.24=3.72
豆粕	6	13.74×0.06=0.82	43.0×0.06=2.58
菜籽饼	3	12.05×0.03=0.36	36.3×0.03=1.09
石粉	1.2	—	—
磷酸氢钙	1.5	—	—
食盐	0.3	—	—
预混料	1.0	—	—
合计	100	13.08	12.87
标准	—	12.97	13.00
与标准比较	—	+0.11	-0.13

　　第四步，调整配方。由表 11-4 可知，配方中消化能略高于标准，而粗蛋白质略低于标准。因此，需要调整配方，增加蛋白质饲料的比例，相应减少能量饲料的比例。调整后的配方见表 11-5。由表中可以看出调整后的配方能量和蛋白质基本满足需要，但原配方中计算出的钙和总磷偏高，再调低石粉和磷酸氢钙用量。当调整后的配方基本满足钙、磷的需要后，计算赖氨酸的含量，发现低于标准，最后按缺少的情况以合成赖氨酸添加到配方中。

表 11-5　调整后的营养成分计算结果

饲料	配比 /%	消化能 /（兆焦/千克）	蛋白质 /%	钙 /%	总磷 /%	赖氨酸 /%
玉米	63.2	9.019	5.50	0.0126	0.133	0.152
麸皮	23.5	2.787	3.64	0.0259	0.216	0.136
豆粕	6.5	0.962	2.80	0.020	0.040	0.165
菜籽饼	3	0.362	1.09	0.006	0.025	0.042
石粉	1.0	—	—	0.350	—	—
磷酸氢钙	1.4	—	—	0.333	0.252	—
食盐	0.3	—	—	—	—	—

续表

饲料	配比/%	消化能/（兆焦/千克）	蛋白质/%	钙/%	总磷/%	赖氨酸/%
预混料	1.0	—	—	—	—	—
赖氨酸	0.1	—	—	—	—	0.100
合计	100	13.13	13.13	0.75	0.67	0.59
标准	—	12.97	13.0	0.75	0.60	0.58
与标准比较	—	+0.09	+0.03	0	+0.07	+0.01

（2）计算机方法　计算机在饲料工业中的应用越来越普及，手算法已经很少使用，借助于计算机，营养学家能够考虑使用更多的营养参数，例如氨基酸、矿物质、维生素等，同时要考虑各种营养成分之间的比例（如氨基酸与能量）。国内外目前有许多饲料配方软件系统，如 Brill 饲料配方系统、Format 饲料配方系统以及很多饲料公司自己开发的饲料配方软件等，应根据自己的需求选择经济适用的配方软件。此外，一些办公软件如 EXCEL 也可很轻松地进行饲料配方的计算。

二、浓缩饲料配制技术

浓缩饲料即全价料去掉谷类饲料及其副产品（玉米、高粱、麸皮、小麦、大麦）等能量饲料。浓缩饲料与一定设计比例的其他成分（主要是能量饲料如玉米、高粱等）相混合，可以得到或近似得到全价饲料。浓缩饲料占全价饲料的比例因动物、配方及目的的不同而有很大变化，一般在5%～50%之间，通常情况下占20%～40%，占比例较低的浓缩饲料在配成全价饲料时可能还需补加蛋白质饲料，而高比例的浓缩饲料也可能含有少量能量饲料。

浓缩饲料比较适合于小型农场与农户养猪。主要是因为全价饲料是由60%～80%的能量饲料加20%～40%的浓缩饲料组成，其中能量饲料部分可采用自有的或当地产量丰富的能量饲料，能大大降低运输成本和各级经销成本。而且，用浓缩饲料再配制全价饲料，技术简单，设备要求不高，质量容易控制。通过补加浓缩饲料，还有利于当地各种饲料资源如青绿饲料的合理开发及有效利用。

浓缩饲料配方设计有两种方法，一是由全价饲料配方计算，二是由设定的能量饲料与浓缩饲料搭配比例直接计算。

三、添加剂预混料配制技术

添加剂预混料简称预混料，是一种在配合饲料中所占比例很小，但作用很大的饲料产品。它是由一种或多种具有生物活性的微量成分如维生素、氨基酸、微量矿物质元素和非营养性饲料添加剂如药物等组成，并吸附在一种载体或某种稀释剂上、搅拌均匀的混合物。添加剂预混料在配合饲料中虽然比例很小，一般占 0.25%～3% 不等，却是构成配合饲料的精华部分，是配合饲料的"心脏"。

但我们不提倡养猪场主自行配制添加剂，因为自行配制存在以下弊端：①添加剂质量得不到保证，只要一种原料出现问题，整个配料完全失败；②添加剂加量少，很难做到拌料均匀，安全性得不到保证；③自行配制添加剂，费时、费工，无论原料购买，还是添加使用都很不方便；④种类繁多的添加剂各种营养素间的平衡和含量很难得到保证，违背了饲料全价、平衡的原则等。

我们建议养猪场业主选购品牌、质量、信誉、服务等都信得过的厂家生产的成品添加剂饲料。选购时要注意全面检查饲料的外包装、饲料标签等是否合格，防止使用不合格的劣质产品，才能保障养殖业的成功。

第三节　配合饲料的加工及储存

一、配合饲料的加工

（一）原料清理

饲料原料中的杂质，不仅影响到饲料产品质量而且直接关系到饲料加工设备及人身安全，严重时可致整台设备遭到破坏，影响饲料生产的顺利进行，故应及时清理。

饲料厂的清理设备以筛选和磁选设备为主，筛选设备除去原料中

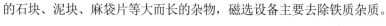

的石块、泥块、麻袋片等大而长的杂物,磁选设备主要去除铁质杂质。

(二)粉碎

原料粉碎后其表面积增大,有利于各种原料的均匀混合及营养物质的消化吸收。粉碎的关键是将各种饲料原料粉碎至最适合动物利用的粒度,使配合饲料产品能获得最大饲养效益。要达到此目的,必须深入研究掌握不同动物对不同饲料原料的最佳利用粒度。据报道,断奶仔猪饲粮粒度由 0.90 毫米减至 0.50 毫米时,饲粮加工成本的增加小于饲料转化率提高所产生的补偿。生长猪饲粮中玉米粉碎粒度在 0.51～1.03 毫米变化时,对猪的日增重无显著影响,但随粒径的减小,饲料转化率提高,使生产性能达最佳的粒径范围为 0.51～0.65 毫米。肥育猪饲粮中玉米粉碎粒度在 0.40～1.20 毫米时,粒度每减小 0.10 毫米,则饲料转化率提高 1.3%。玉米粉碎粒度从 1.20 毫米减至 0.40 毫米时,泌乳母猪采食量,消化能进食量,饲粮干物质、能量与氮的消化率及仔猪的窝增重均随之提高,粪中干物质与氮的含量分别减少 21% 与 31%。组成简易的饲粮中玉米粒度从 1.00 毫米降至 0.50 毫米时,仔猪日增重显著提高,而组成复杂饲粮的猪日增重,受玉米粉碎粒度的影响较小。仔猪断奶后 0～14 天与 14～35 天饲料粉碎的适宜粒度为 0.30 毫米与 0.50 毫米;生长肥育猪与母猪分别为 0.50～0.60 毫米与 0.40～0.60 毫米。

在粉碎过程中,要注意检查粉碎机筛板是否破损,筛托固定螺栓有无松动漏料等情况。定期检查锤片磨损程度,及时更换,注意保证锤片的均衡,使转动轴均衡受力,延长设备的使用时间。

(三)配料

配料精度是决定饲料营养成分含量是否达到配方设计要求的主要因素,直接影响饲料的质量、成本和安全性,如果称量不准确,配方设计得再好也无济于事。

(1)人员配备　选派素质好、责任心强的专职人员把关。配料现场至少 2 人,每次配料要有记录,严格操作规程。

(2)配料设备的准确性　目前普遍采用的配料方式主要有自动配料系统、人工称重配料和人工与自动配料相结合等几种。正确选择高精度配料秤和采取适宜的配料方式是确保配料准确的关键，大中型饲料厂都采用计算机自动配料控制技术，尽可能将人工添加的部分减少到最小程度。由于原料配比差异较大，允许配料误差也不相同，应采用大、中、小秤相结合，分别进行配料，"大秤配大料""小秤配小料"。

（3）对配料设备的维修和保养　每次配料时，对配料设备进行认真清洗，防止交叉污染，同时要定期检查、检修、校验各种配料秤，并经常检查喂料装置及控制系统的工作情况，确保配料的准确性。

（4）加强对微量添加剂、药物、预混料等的监控和管理　对微量添加剂、药物、预混料等原料要明确标记，单独存放。

（四）混合

混合是饲料生产中保证加工质量的关键。

（1）选择适当的混合机　一般卧式螺带混合机使用较多，单轴三螺带混合机只需要三分钟就能达到良好的混合均匀度，这种机型生产效率较高，卸料速度较快。星形混合机虽然价格高，但设备性能好，物料残留少，混合均匀度较高，并且可以添加油脂等液体原料，是一种较为实用的混合设备。

（2）混合机的操作要准确　规定合理的物料添加顺序，一般是配比量大的、粒度大的、比重小的物料先加入，量越少的原料越应在后面添加，如矿物质、维生素和药物的预混料。有时在饲料中需加入油、水或其他液体饲料，则应在所有的干饲料混合均匀后再将液体原料喷洒在上面，再次进行搅拌混合。若需加入潮湿原料，则应在最后加入。

（3）混合均匀度和最佳时间要定期检查　混合周期要恰当，时间过长或过短，都会影响物料混合的均匀度。要定期保养、维修混合机，清理残留物料，及时调整混合时间。

（4）更换配方时，清理混合机，防止交叉污染　更换配方时，必须对混合机进行彻底清洗，防止交叉污染，回收的加药物料深埋或烧毁，此外，吸尘器回收料不得直接送入混合机混合，待集中化验后再处理。

二、配合饲料的储存

为提高饲料的质量及安全性，除了要优化饲料配方、改进生产工艺之外，还必须注意饲料的储存方法。科学的储存方法不仅可以减少数量损失，更重要的是可以避免饲料霉烂变质和营养成分损失，从而有效提高饲料的利用价值和饲料企业的经济效益。

配合饲料中 70% 以上是玉米或大麦、小麦等谷物类能量物质，这些原料经过粉碎后，霉菌容易在其中大量繁殖，使饲料变质甚至引起禽畜中毒。常用的米糠、鱼粉、饼粕、肉骨粉、蚕蛹粉等原料脂肪含量很高，储存不当，容易引起酸败变质。添加进的维生素等，也极易氧化变质，降低饲用价值。因此，对加工出来的配合饲料，必须妥善储存。配合饲料在储存过程中主要应注意以下两点：①控制水分，低温储存。在储存过程中遭受高温、高湿是导致饲料发生霉变的主要原因。因为高温、高湿不仅可以激发脂肪酶、淀粉酶、蛋白酶等水解酶的活性，加快饲料中营养成分的分解速度，而且还能促进微生物、储粮害虫等有害生物的繁殖和生长，产生大量的湿热，导致饲料发热霉变。因此，在常温仓库内储存饲料时要求空气的相对湿度在 65% 以下，饲料的水分含量不应超过 12.5%。如果能把环境温度控制在 15℃以下，相对湿度控制在 65% 以下，饲料可储存的时间会更长。②防霉除菌，避免变质。饲料在储存、运输、销售和使用过程中极易发生霉变，大量的霉菌不仅消耗、分解饲料中的营养物质，使饲料质量下降、报酬降低，而且还会引起采食这种饲料的畜禽发生腹泻、肠炎等，严重的导致死亡。因此，我们应十分重视饲料的防霉除菌问题。实践证明，除了改善储存环境之外，延长饲料保质期的最有效的方法就是采取物理或化学的手段防霉除菌，如在饲料中添加脱霉剂等。

总之，应该将配合饲料存放在低温、干燥、避光和清洁的地方，并根据饲料产品说明书上所规定的有效期决定推陈储新的时间。一般颗粒状配合饲料的储存期为 1～3 个月；粉状配合饲料的储存期不宜超过 10 天，若在配合饲料中加入了适量的抗氧化剂或防霉剂，则储存期可延长至 3～4 周；粉状浓缩饲料和添加剂预混料因加入了适量的抗氧化剂，其储存期分别为 3～4 周和 3～6 个月。

第十二章 猪的繁殖技术

chapter twelve

第一节　繁殖力与养猪生产

一、繁殖力

繁殖力是指动物维持正常繁殖机能生育后代的能力。对母猪而言繁殖力就是生产力，它直接影响母猪的生产水平。母猪的繁殖力是一个综合性的概念，包括配种、怀孕、分娩、泌乳四个重要方面，它们之间既密切联系又相互制约。

二、评定母猪繁殖力的主要指标

母猪繁殖力的高低直接体现在母猪的产仔数和哺育能力两个方面。在具体的生产实践中，可采用以下几个指标对猪场母猪的繁殖力进行评价。

（一）情期受胎率

指在一个发情期内受胎的母猪占所配母猪的比例，正常情况下为85%～90%。情期受胎率低会延长母猪空怀期，不但降低母猪的年产仔窝数，还造成饲料和人工的浪费，增加养猪成本，这是目前影响母猪年产仔窝数的主要因素。

（二）产仔数

母猪一窝产仔猪数的多少，是一项重要的繁殖性能指标，它与品种、胎次、配种技术、饲养管理、个体品质等有一定关系。产仔数包括总产仔数与产活仔数。总产仔数是同窝所产仔猪总数，包括活产、死胎、木乃伊在内；产活仔数是指出生时全部成活的仔猪数，包括衰弱即将死亡的仔猪和畸形仔猪。因此对弱小和畸形猪都应在产仔记录上加以注明。

（三）年产仔窝数

指一群母猪在一年内平均产仔窝数。此项指标既可以衡量母猪的繁殖力，同时也可以衡量一个猪场的综合饲养管理水平。

年产仔窝数（窝）=年内分娩总窝数/年内繁殖母猪数

（四）断奶仔猪成活率

指断奶时成活的仔猪数占该母猪哺育的仔猪数的百分比。母猪哺育的仔猪数包括寄入的仔猪数，而被寄出的仔猪数应减去。此项指标可反映出母猪哺育仔猪的能力及猪场对母猪的综合管理水平。由于各场采用的断奶日龄不同，在计算断奶仔猪成活率时，应注明断奶日龄。

断奶成活率（%）=断奶成活仔猪数/（产活仔数+
寄入仔猪数-寄出仔猪数）×100

（五）仔猪断奶窝重

指断奶时全窝仔猪（包括寄入仔猪）的总体重，寄出仔猪不计算在内，是衡量母猪繁殖性能的一项重要指标。仔猪断奶窝重与其以后的增重存在密切关系，可从仔猪断奶窝重及年产仔窝数预测一头母猪的年总产肉量。

第二节　猪的配种技术

配种是提高繁殖力的首要环节，是搞好养猪生产的第一道关口。

一、母猪发情鉴定方法

（一）公猪试情法

母猪发情到一定程度，不仅接受公猪爬跨，同时愿意接受其他母猪爬跨，甚至主动爬跨别的母猪。群体饲养的母猪通过公猪试情，可较充分地刺激母猪表现发情，当母猪发生静立反射，接受公猪爬跨时，则认为母猪开始发情。

（二）压背法

对于限位栏饲喂的母猪，公猪在场和不在场均可用手压母猪腰背后部，如母猪四肢前后活动、不安静、又哼叫，这表明尚在发情初期，或者已到了发情后期，不宜配种；如果按压后母猪呆立不动，则表明母猪处于发情状态。

视频12-1 后备
母猪发情管理

（三）综合观察法

对于部分地方品种母猪发情时，出现兴奋不安、食欲下降、嚎叫等行为学变化；此外外阴部明显充血肿胀（图12-1），部分母猪阴道黏液由稀转稠，由此可判定母猪处于发情状态。

后备母猪的发情管理见视频12-1。

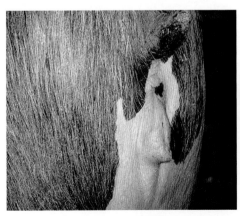

图12-1 母猪外阴肿胀情况

二、查情及配种时间的确定

母猪排卵一般发生在发情开始后 24～48 小时，排卵高峰在发情后 36 小时左右，母猪排卵持续 10～15 小时或以上。卵子在生殖道内保持受精能力的时间是 8～12 小时，而精子在母猪生殖道内一般能保持 10～20 小时有受精能力。因此，要达到良好的受精效果必须使得母猪排卵时生殖道中存在数量足够的具有受精能力的精子。

生产实践中通常在每天早晨 6：00～7：00 和下午 17：00～18：00 对母猪进行 2 次发情鉴定，当母猪接受公猪爬跨并出现静立反射，即认为其处于发情状态。一般在检查到母猪发情后 8～12 小时开始进行第一次配种，间隔 8～12 小时进行第二次以及第三次配种。

三、配种方式和技术

（一）配种方式及次数

根据母猪发情期内的受精方式不同，可分为人工授精和本交两种方式。根据母猪发情期内的配种公猪的不同，又分为复配和双重配。

1. 复配

在母猪发情期内先后与同一头公猪交配或使用同一头公猪精液输精两次以上，一般在发情开始后 24～36 小时交配第一次，间隔 8～12 小时后再配第二次。育种猪场多采用这个方式，它可使母猪生殖道内的精子保持较高的活力，增加卵子受精的机会，从而提高母猪的产仔数，也不会混乱仔猪的血缘。

2. 双重配

即在母猪发情期内用两头不同的公猪（品种或血缘不同）先后各配种或输精一次，间隔 5～10 分钟。双重配种采用两头不同的公猪同时配种，可有效避免某一头公猪精液质量差而降低受胎率的影响，扩大了卵子受精的可选择性，因此可以提高母猪的受胎率和产仔数。但这种方式产出的仔猪亲缘关系不清，不能用于生产种猪，只能用于杂种商品猪生产。

（二）配种技术及注意要点

（1）交配时间　应选在早晨或傍晚饲喂前后一小时进行，交配地点以母猪舍附近为好。

（2）清洗消毒　配种前用毛巾蘸 0.1% 的高锰酸钾溶液擦拭母猪臀部、肛门和外阴部以及公猪的包皮周围，减少母猪阴道和子宫的感染机会。

（3）配种时应给予必要的辅助　要让公猪性欲最旺盛时交配。当公猪爬上母猪后要及时拉开母猪尾巴，避免公猪阴茎长时间在外边摩擦受伤或造成体外射精。交配时要保持环境安静，严禁大声喊叫和鞭打公猪。

（4）控制公猪的射精次数　公猪本交过程中射精与否可根据肛门括约肌是否收缩颤动来判断。射精时，公猪停止抽动，睾丸收缩，肛门不断颤动。在射精间歇时，公猪会重新抽动阴茎，睾丸松弛，肛门停止颤动。当公猪射精量满足配种要求后，可及时将公猪驱赶离开。

（5）体格悬殊的处理　若公母猪体格悬殊、配种困难时，可选择有斜坡的地方。配种时，体格较大的站在斜坡下面，体格小的站在上面。也可以制作支架或人为给予辅助，以减轻公猪前躯对母猪的压力。

（6）配种记录　准确及时记录配种日期，时间，次数和公、母猪耳号，配种人员等配种信息。

第三节　猪人工授精技术

猪的人工授精技术就是将公猪的精液人工采出，经过检查、处理和保存，再用器械将精液输入到发情母猪的生殖道，使母猪正常受孕方法。猪的人工授精从采精、检验、稀释、分装、保存、运输及输精等一系列的过程都需要较高的技术水平，因而在技术装备水平较低的猪场，采用人工授精技术授精的母猪受胎率会比人工辅助公猪本交低。但多年来的实践证明该技术是实现养猪生产现代化的重要手段，它具有提高优良种猪利用率、加速猪群的改良、减少公猪饲养数量、减少疾病传播等优点。因此，本节将详细介绍生产实践中实用的人工授精技术。

一、公猪采精

（一）公猪的调教（图 12-2）

要用公猪进行人工采精，首先要对公猪进行训练。训练前要先让公猪习惯与人接近。采精的地点要固定，并要保持环境的安静。对于不同品种、品系公猪根据其性成熟月龄而定，一般瘦肉型公猪在 6～7 月龄左右开始调教比较合适。训练方法有：

（1）先将发情母猪的尿液或阴道分泌物涂在假母猪后驱，然后将公猪赶来和假母猪接触。只要公猪愿意接触假母猪，嗅其气味，有性欲要求，愿意爬跨，一般经过 2～3 天的训练即可成功采精。

图12-2　公猪调教

（2）若公猪对假母猪无性欲反应，则赶一头发情旺盛的母猪到假母猪旁边，引起公猪的性欲。当公猪性欲极度旺盛时，立即将发情母猪赶走，让公猪重新爬跨假母猪，并让它射精。

（3）将一头调教好的公猪在假母猪上示范采精，让新调教的公猪在旁观摩以刺激其性欲，一旦公猪有性反应，立即换下采精的公猪，让其爬试。

（4）对调教困难的公猪，先将发情母猪的尿液涂抹在假母猪的后驱，再将发情旺盛的母猪赶到假母猪旁，让公猪爬跨并交配，待公猪性欲达到高潮时，赶走发情母猪，公猪就会爬跨假母猪；还可以将发情旺盛的母猪赶到公猪旁，让公猪爬跨，开始采精后将公猪抬到假母猪上，继续采精，如此反复，一般经过多次训练即可成功。

在调教公猪时，应注意防止其他公猪的干扰，以免发生咬架事件。一旦训练成功后，应连续几天每天采精一次，以巩固其已建立的条件反射。

（二）采精前的准备

（1）采精所需器具的准备　采精杯、采精袋、一次性采精手套、滤纸、假母猪台、防滑垫等。

（2）采精场地及人员的准备　采精室最好安排在光线良好、安静整洁的房间内。地面最好有一定坡度和粗糙度，可利于冲洗和防止公猪在行走或爬跨时打滑。为了便于工作人员在公猪发怒时躲避，采精栏内应设置安全区。

（三）采精方法

（1）徒手采精法（图12-3）　当公猪爬上母猪台并伸出阴茎来回抽动时，采精人员用手抓住公猪阴茎的螺旋头处，给予适当的压力，顺势拉出阴茎，使得公猪射精。由于公猪阴茎射精时对压力的感受最为敏感，只要采精员掌握好适当的压力，公猪经过训练都能够顺利地采出精液。该方法操作简单、使用方便，无需借助任何特制的设备，在养猪生产中得到了广泛的应用。

图12-3　公猪徒手采精

采精注意事项：

① 在采精前最好挤干公猪包皮内的积尿，清洁包皮和阴茎。

②手握采精时，工作人员最好戴塑料手套，一方面可防止手指甲抓伤公猪阴茎，另一方面可减少人畜共患病的传播。

③公猪射精时，前面较稀的精清应弃去，而收集中间乳白色的浓份精液。

④采精杯上套过滤用纱布或滤纸，使用前纱布要烘干，湿纱布会影响精液的浓度。

⑤整个采精过程中应尽量做到无菌，保证精液不受污染。

（2）自动采精系统（图12-4）　在一些大型公猪站中每天采精数量较多，为了减少采精人员的工作强度，采用自动采精系统进行采精。目前主要有电子气动压力采精系统和人工子宫颈滑轨系统。

图12-4　公猪自动采精

该系统的优点是能够一定程度地提高工作效率，并且通过该方法采集精液的过程中受外界影响小，精液中菌落数较少。但此套系统的耗材均为一次性，每头猪的采精费用较高。

二、精液品质检查

（一）主要仪器设备

显微镜、电子秤、电加热板、载玻片、盖玻片、温度计、血细胞计数板、微量移液器等。

（二）精液的外观检查

（1）精液量　公猪射精量常因品种、年龄、个体、饲养情况和采精间隔时间的不同而异。通常情况下公猪的射精量为100~400毫升，可用有刻度的集精杯采精后直接观察。

（2）精液颜色 正常的精液为乳白色或灰白色，精液浓厚，精子数多。精液稀薄，精子数少。精液中混入尿液，则稍带黄色；混入鲜血，略带红色；如有脓汁，则为黄绿色（图12-5）。

图12-5 公猪精液颜色

（3）气味 洁净的精液稍有腥味，被包皮积液及尿液污染的精液则有明显的腥臭味。

（三）活率检查

活率是指呈直线运动的精子在精子总数中所占的百分率。在37℃电加热板上预热3分钟的载玻片上滴一滴精液，在放大150～300倍显微镜下观察不同层次精子运动情况，估计呈直线运动精子的比例。一般采用0.1～1.0的十级评分法进行评定，即在显微镜下观察一个视野内的精子运动，若全部直线运动，则为1.0级；有90%的精子呈直线运动则活力为0.9；有80%的呈直线运动，则活力为0.8，依此类推。

鲜精液的精子活率以高于 0.7 为正常，使用稀释后的精液，当活力低于 0.6 时，则应弃去不用。

（四）密度检查

（1）估测法 根据精子之间的距离，大致将精液中精子密度分为稀薄、中等、稠密三个等级。两直线运动精子间的距离大于 1 个精子头的长度，判定为稀薄；其距离相当于 1 个精子头长度，判定为中等；精子间的距离小于 1 个精子头的长度，判定为稠密。这种方法主观性强，误差较大，只能进行粗略估计。

（2）光电比色法 由于精子对光的通透性较差，利用这个性质可以借助分光光度计，根据事先准备好的标准曲线确定精子的密度。现在已有根据该原理开发的精子密度仪，检查所需时间短、重复性好，是人工授精中测定精子密度比较适用的方法。

（3）血细胞计数法（图 12-6） 该方法最准确，但速度太慢，生产实践中主要用于校正精子密度仪的读数。该方法具体操作步骤如下：①（以稀释 50 倍为例）微量移液器取 3%NaCl 0.98 毫升，再取具有代表性原精 0.02 毫升加入其中混匀；②在细胞计数板上放一盖玻片，取 1 滴稀释后的精液置于计数板的凹槽中，靠虹吸作用将精液吸纳入计数室内；③在高倍镜下计数四角和中间的 5 个中方格内的精子总数，将该数乘以 5 万，再乘以稀释倍数 100，即得每毫升原精液中的精子数（即精液密度）。

（五）计算机辅助猪精液分析系统（Computer-aided sperm analysis，CASA）

CASA 系统（图 12-7）采用计算机技术和图像处理技术，利用相差显微镜识别和捕捉精子动态图像，一般是识别精子头，记录精子形态和运动轨迹，模拟计算精子的形态学参数和动态学参数，根据猪精液的参数自动完成精液数据的整理和分析的方法。

通过对精子在精子在一段时间内的运动轨迹的分析后将精子分成：a：前进运动精子（绿色）；b：环形运动精子（蓝色）；c：原地不动精子（红色）。并以此为依据能够得出比较真实可靠的活力值。与此同时也可以对视野内精子数量进行分析，从而得出精液的密度值。

用吸管在精液中层抽去
少量精液注入计数室

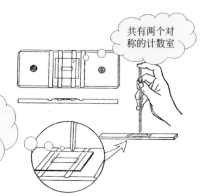

共有两个对
称的计数室

注意：让精液
通过毛细作用
自行吸入！

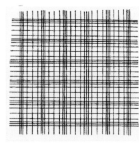

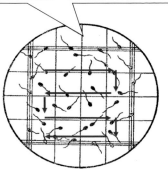

以图示次序计数，精子的头部为准，依数
上不数下、数左右不数右的原则进行计数
格线上的精子。白色精子不计数

图12-6 精子密度血细胞计数法

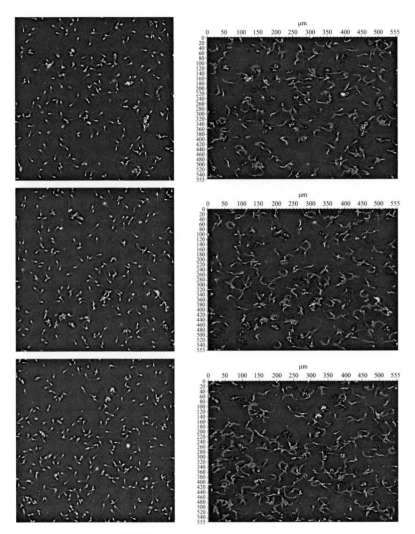

图12-7 计算机辅助猪精液分析系统

该方法可以避免人眼在活力检测中的主观性判断，对精液活力和密度做出比较客观的检测。但这种方法的准确性也受到样本制备、每帧频率、精子浓度以及计数池深度的影响，需要对检测人员进行培训或检测人员拥有相关检测的经验。

（六）畸形率检查

1. 精子畸形的分类（图12-8）

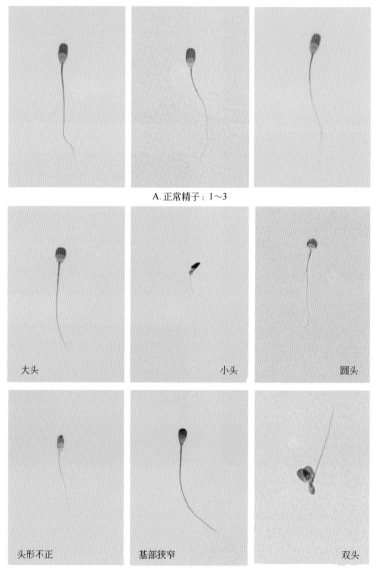

A. 正常精子：1~3

大头　　　　　　小头　　　　　　圆头

头形不正　　　　基部狭窄　　　　双头

B. 头部畸形：4.大头　5.小头　6.圆头　7.头形不正　8.基部狭窄　9.双头

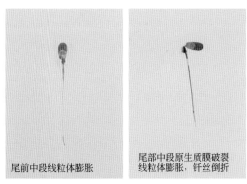

尾前中段线粒体膨胀

尾部中段原生质膜破裂
线粒体膨胀，钎丝倒折

C.中段畸形：10.尾前中段线粒体膨胀 11.尾部中段原生质膜破裂

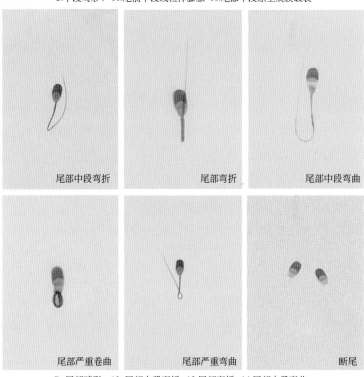

尾部中段弯折　　　　　尾部弯折　　　　　尾部中段弯曲

尾部严重卷曲　　　　　尾部严重弯曲　　　　　断尾

D. 尾部畸形：12. 尾部中段弯折　13.尾部弯折　14.尾部中段弯曲
15.尾部严重卷曲　16.尾部严重弯曲　17.断尾

图12-8

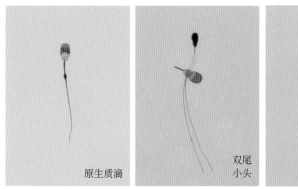

原生质滴　　　　　双尾小头　　　　　发育不全

E.其他类畸形：18.原生质滴　19.双尾小头　20.发育不全

图12-8 畸形精子形态分类

2. 畸形率的测定方法

（1）制片　取一滴精液于载玻片一端，用另一张载玻片与其呈 35° 角，将精液均匀地涂抹于载玻片上，放置约 15 分钟，自然风干（图 12-9）。

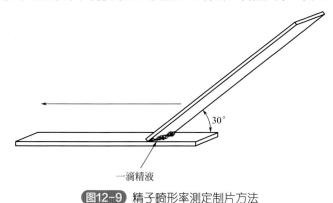

30°

一滴精液

图12-9 精子畸形率测定制片方法

（2）固定　待涂片干燥后，放入福尔马林溶液中固定 15 分钟，取出后轻轻冲洗晾干。

（3）染色　将涂片置于姬姆萨染液中染色 1.5 小时后，用蒸馏水轻轻冲洗，晾干镜检。

（4）观察与计数　在低倍镜下选择背景清晰、精子分布均匀、重叠较少的区域，调至高倍镜下观察结构完整的 300 个精子，计数其中畸形的精子。

三、精液的稀释

精液稀释的目的是增大精液量，扩大配种头数，提高优秀公猪利用效率。

（一）精液稀释液的配制

（1）按稀释液的配方，用称量纸、电子天平准确称量药品；

（2）按 1000 毫升剂量称量稀释粉，置于密封袋中；

（3）使用前将称量好的稀释粉溶于定量的双蒸水中，可用磁力搅拌器帮助其溶解；

（4）用稀盐酸或氢氧化钠调整稀释液的 pH 值为 7.2 左右，渗透压在 330mOsm/ 升左右；

（5）稀释液配制好后，静置 20～30 分钟，观察是否合格，发现问题应及时纠正或废弃。

（二）常用的稀释液配方（以 1 升为例，单位克）（表 12-1）

表 12-1　常用的稀释液配方表

成分	配方一	配方二	配方三	配方四
保存时间 / 天	3	3	5	5
D- 葡萄糖	37.15	60.00	11.50	11.50
柠檬酸三钠	6.00	3.75	11.65	11.65
EDTA 钠盐	1.25	3.70	2.35	2.35
碳酸氢钠	1.25	1.20	1.75	1.75
氯化钠	0.75	—	—	—
青霉素钠	0.60	500 万单位	0.60	—
硫酸链霉素	1.00	0.50	1.00	0.50
聚乙烯醇（PVA）	—	—	1.00	1.00
三羟甲基氨基甲烷（Tris）	—	—	5.50	5.50
柠檬酸	—	—	4.10	4.10
半胱氨酸	—	—	0.07	0.07
海藻糖	—	—	—	1.00
林肯霉素	—	—	—	1.00

（三）精液的稀释方法

（1）将稀释液的温度调至精液的温度，两者温差不超过 1℃。

（2）将稀释液沿盛精液的杯壁缓慢加入精液中，然后轻轻摇动或用消毒玻璃棒搅拌，使之混匀。

（3）如做高倍稀释时，应先进行低倍稀释 [1∶（1～2）]，稍待片刻后再将余下的稀释液沿壁缓慢加入，以防止造成"稀释打击"。

（4）稀释后要求静置 20～30 分钟后做精子活力检查，如果精子活力与稀释前相同，即可进行分装与保存。

（四）精液的稀释倍数

稀释倍数一般按每个输精剂量含 20 亿～45 亿个有效精子，输精量一般为 20～40 毫升来确定稀释倍数。例如：某头公猪一次采精量为 200 毫升，活率为 0.7，密度为 3 亿个/毫升，则精子的总数为 200 毫升 ×3 亿个/毫升 =600 亿个，其有效精子数为 600 亿个 ×0.7=420 亿个，精子稀释头份为 420 亿 ÷30 亿 =14 份，加入稀释液的量为（14×30 毫升）-200 毫升 =220 毫升。

（五）精液稀释的注意事项

（1）精液采精后应尽快进行活率检查并稀释，一般原精在外界保存时间不超过 30 分钟；

（2）未经检查或经检验不合格的精液不能稀释；

（3）不可随意更改各稀释液配方的成分及其比例，也不能将不同的稀释液混合后进行稀释。

四、精液的保存

精液的保存是为了延长精子的存活时间，扩大精液的使用范围，便于长途运输。

（一）常温保存

公猪精液稀释后在 15～20℃下保存的效果最好，通常情况下是放入 17℃的恒温箱内，一般可保存 3～5 天。

（二）冷冻保存

冷冻精液是利用液氮（-196℃）、干冰（-79℃）或其他制冷设备作为冷源，将精液经特殊处理后，保存在超低温环境下，以达到长期保存的目的。

五、精液的运输

常温精液运输过程中的关键是保温、避光、防震。现在多使用车载恒温箱进行精液运输过程中的存放。如果没有恒温箱，需对精液进行短途运输，可将贮精瓶用干净的干毛巾细心地裹好，放入保温箱内运输。

六、输精技术

输精是人工授精的最后一个步骤，输精的过程主要是模仿猪自然交配时公猪的螺旋状阴茎旋转地插入母猪生殖道内，直至进入子宫颈，把大量精液直接注入子宫内的过程。因此，在输精过程中，让母猪的感受越接近自然交配，受胎率就越高。

（一）输精用精液的准备

1.精液检查

将低温或17℃保存的精液取出，取出一滴精液于载玻片上，在恒温载物台上加热至37℃，并在显微镜下检查精子活率。凡精子活力达60%以上者，可用于输精。

2.精液量

在人工授精时，输精量的多少对受胎率和产仔数有较大的影响，但也非输精量越大，产仔数越多。输精量的多少在很大程度上取决于有效精子数的含量。一般每次输精地方品种母猪精液量为40~60毫升，外种母猪精液量为80~100毫升，但所有母猪有效精子数应该≥30亿个。

（二）输精的次数和间隔时间

每头母猪在每个发情期内要求输精两次以上，每次输精时间间隔为 8～12 小时。

（三）输精的方法

1. 输精前的准备

输精前，先用 0.1% 的高锰酸钾溶液擦洗干净母猪的外阴部，再用对精子无害的润滑剂涂抹输精管的插入端 1/2 的部分，使之充分润滑，有利于输精管顺利插入。

2. 输精的部位

根据输精部位的不同有子宫颈和子宫深部输精法。

（1）子宫颈输精法（图 12-10）　将输精管沿 45°角向上插入母猪生殖道，逆时针旋转的同时缓慢向前移动，当感觉有阻力时，轻轻来回拉动，直到确定输精管前端被子宫颈锁定。在确定输精管前端被子宫颈锁定后，将检查合格的精液缓慢注入子宫颈内。在输入精液的同时，可按摩母猪阴蒂、刺激阴道和子宫收缩，使精液慢慢吸入子宫内。输精完成后可让输精管在阴道内放置 3～5 分钟，以防止精液倒流。

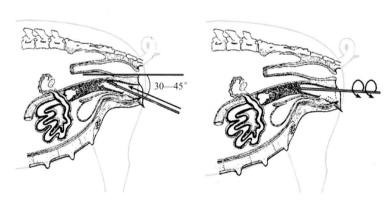

图12-10　子宫颈输精法

（2）子宫深部输精法（图 12-11、图 12-12）　子宫颈后人工输精（post-cenrical insemination，PCI），是在常规输精管的基础上，内部加有一支细的或半软长度 15～20 厘米的导管，能够延伸以通

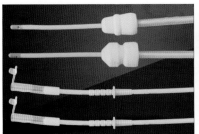

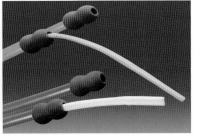

图12-11 子宫深部输精管

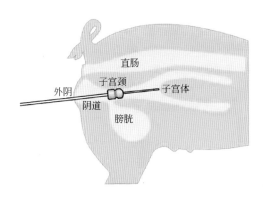

直肠

子宫颈

外阴 子宫体

阴道

膀胱

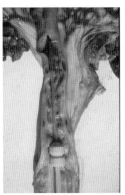

图12-12 子宫深部输精管示意图

过子宫颈进入子宫体，输入的精液不用经过子宫颈而直接到达子宫体的输精方法。

子宫深部输精法见视频 12-2。

两种方法均需要先将输精管的头部准确地锁定在子宫颈的位置，然后再将细管慢慢推至子宫体位置，在锁定细管位置后进行输精。另外一种方法是输精管的顶部连接一个可延展的橡胶软管（置于输精管内部），

视频12-2　母猪子宫深部输精法

在输精时通过用力挤压输精瓶，致使橡胶软管向子宫内翻出，穿过子宫颈而将精液导入子宫体内。

第四节 妊娠诊断技术

一、母猪的早期妊娠诊断

母猪早期妊娠诊断是提高母猪繁殖效率和养猪生产效益的重要措施。尽早进行妊娠诊断，可提早发现母猪空怀，增加猪场经济收益。

（一）公猪试情法

此法为生产中最常使用的方法。配种后18～24天，用性欲旺盛的成年公猪试情，若母猪拒绝公猪接近且在公猪两次试情后3～4天不表现发情，可初步确定母猪妊娠。但这种方法往往会将假妊娠和乏情母猪误诊为妊娠，也可能引起怀孕的母猪流产，从而影响母猪早期妊娠诊断的准确率。

（二）超声波诊断法

随着科技进步超声诊断在养猪生产上发挥越来越重要的作用，目前在规模化猪场都配置兽用B超仪进行母猪妊娠诊断。

1.检查时间

母猪配种后最早探测到孕囊的时间为18天，但检出比例较低。母猪妊娠25～32天的母猪，B超成像的蜂窝状黑斑明显，非常好判断，是妊娠检查的最佳时期。此时对进行公猪试情后未发情的母猪进行妊娠检查，可进一步排除假孕的母猪。

2.B超检查的使用方法

擦去母猪腹部的污染物，B型超声波探头涂抹专用耦合剂，放在母猪腹侧后端的倒数第2对乳头上方，距离乳头5～10厘米，探头与皮肤垂直，朝着骨盆入口，以45°角斜上贴紧，进行侧面滑动或转动探查扫描。经产母猪略微靠前，随妊娠天数增加，探查部位逐渐前移，最后可达到肋骨后端（图12-13）。

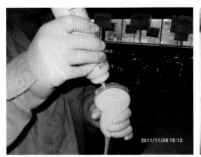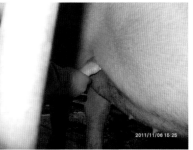

图12-13 B超妊娠检查示意图

3. B超图像的识别

根据 B 超成像原理，无回声暗区灰阶标记为黑色，强回声亮区灰阶标记为白色（表 12-2）。

表12-2　B超成像颜色区别

黑色	白色	灰色
主要是液体，包括血液、羊水、组织间隙液体、炎症病灶等	主要指密度较高的物体，包括骨骼、结石和气体等	主要指实质性组织，包括肌肉、脏器等

妊娠 21～35 天，因孕囊内充满羊水，孕囊明显而且形状一般呈圆形，里面含有低回声的胎体反射。看到黑色孕囊即判定阳性（怀孕）；子宫区域呈均匀一致的中等灰度的团状回声，为阴性（未孕）；可疑，未见子宫区域的回声像图，未见明显孕囊。疑似或者不确认的母猪，标记后应连续复检（图 12-14）。

二、预产期的推算

母猪妊娠期平均 114 天，范围是 110～120 天，在母猪产仔多和营养好的情况下，分娩时间常会提前数日；而营养较差或产仔数较少时，则会推迟数日。生产上最简便且准确的推算母猪预产期的方法为逐月推算法：如一头母猪的配种日期为 12 月 18 日，则逐月推算之：12 月 18 日 +30 日，为 1 月 17 日，再加 30 日为 2 月 16 日，再加

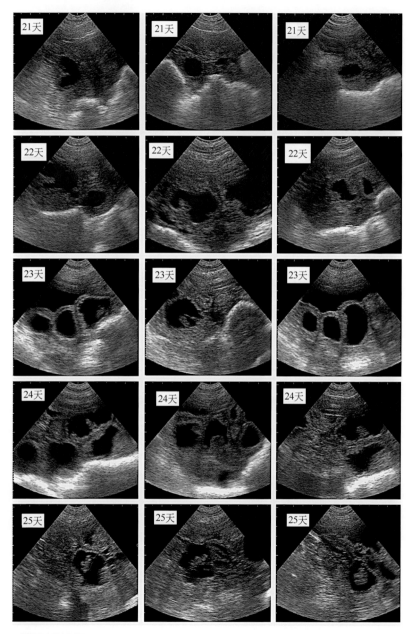

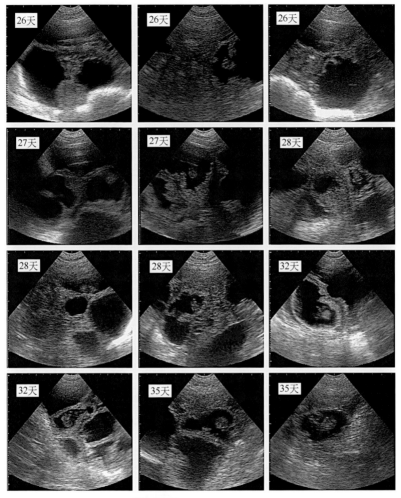

图12-14　不同妊娠期B超图

日为3月18日，再加30日为4月17日，即配种后120天为4月17日，按妊娠期114天计，4月17日减去6天，则该母猪此次配种的预产期为4月11日。

根据上述逐月推算法，各配种日推算预产期见下表（表12-3）。

表 12-3　母猪预产期推算表

配种日＼配种月	1	2	3	4	5	6	7	8	9	10	11	12
1	4.25	5.26	6.23	7.24	8.23	9.23	10.23	11.23	12.24	1.23	2.23	3.25
2	4.26	5.27	6.24	7.25	8.24	9.24	10.24	11.24	12.25	1.24	2.24	3.26
3	4.27	5.28	6.25	7.26	8.25	9.25	10.25	11.25	12.26	1.25	2.25	3.27
4	4.28	5.29	6.26	7.27	8.26	9.26	10.26	11.26	12.27	1.26	2.26	3.28
5	4.29	5.30	6.27	7.28	8.27	9.27	10.27	11.27	12.28	1.27	2.27	3.29
6	4.30	5.31	6.28	7.29	8.28	9.28	10.28	11.28	12.29	1.28	2.28	3.30
7	5.1	6.1	6.29	7.30	8.29	9.29	10.29	11.29	12.30	1.29	3.1	3.31
8	5.2	6.2	6.30	7.31	8.30	9.30	10.30	11.30	12.31	1.30	3.2	4.1
9	5.3	6.3	7.1	8.1	8.31	10.1	10.31	12.1	1.1	1.31	3.3	4.2
10	5.4	6.4	7.2	8.2	9.1	10.2	11.1	12.2	1.2	2.1	3.4	4.3
11	5.5	6.5	7.3	8.3	9.2	10.3	11.2	12.3	1.3	2.2	3.5	4.4
12	5.6	6.6	7.4	8.4	9.3	10.4	11.3	12.4	1.4	2.3	3.6	4.5
13	5.7	6.7	7.5	8.5	9.4	10.5	11.4	12.5	1.5	2.4	3.7	4.6
14	5.8	6.8	7.6	8.6	9.5	10.6	11.5	12.6	1.6	2.5	3.8	4.7
15	5.9	6.9	7.7	8.7	9.6	10.7	11.6	12.7	1.7	2.6	3.9	4.8
16	5.10	6.10	7.8	8.8	9.7	10.8	11.7	12.8	1.8	2.7	3.10	4.9
17	5.11	6.11	7.9	8.9	9.8	10.9	11.8	12.9	1.9	2.8	3.11	4.10
18	5.12	6.12	7.10	8.10	9.9	10.10	11.9	12.10	1.10	2.9	3.12	4.11
19	5.13	6.13	7.11	8.11	9.10	10.11	11.10	12.11	1.11	2.10	3.13	4.12
20	5.14	6.14	7.12	8.12	9.11	10.12	11.11	12.12	1.12	2.11	3.14	4.13
21	5.15	6.15	7.13	8.13	9.12	10.13	11.12	12.13	1.13	2.12	3.15	4.14
22	5.16	6.16	7.14	8.14	9.13	10.14	11.13	12.14	1.14	2.13	3.16	4.15
23	5.17	6.17	7.15	8.15	9.14	10.15	11.14	12.15	1.15	2.14	3.17	4.16
24	5.18	6.18	7.16	8.16	9.15	10.16	11.15	12.16	1.16	2.15	3.18	4.17
25	5.19	6.19	7.17	8.17	9.16	10.17	11.16	12.17	1.17	2.16	3.19	4.18
26	5.20	6.20	7.18	8.18	9.17	10.18	11.17	12.18	1.18	2.17	3.20	4.19
27	5.21	6.21	7.19	8.19	9.18	10.19	11.18	12.19	1.19	2.18	3.21	4.20
28	5.22	6.22	7.20	8.20	9.19	10.20	11.19	12.20	1.20	2.19	3.22	4.21
29	5.23		7.21	8.21	9.20	10.21	11.20	12.21	1.21	2.20	3.23	4.22
30	5.24		7.22	8.22	9.21	10.22	11.21	12.22	1.22	2.21	3.24	4.23
31	5.25		7.23		9.22		11.22	12.23		2.22		4.24

第五节 提高母猪繁殖力的技术措施

母猪的繁殖力决定猪场的生产效率，是猪场降低成本、提高经济效益的关键所在。一头成年母猪每次发情可排卵 20 个左右，而实际产仔只有 10 个左右。将每次发情排卵数称为繁殖潜力，每胎产仔数称为实际繁殖力。母猪的繁殖过程包括母猪的发情排卵、配种受精、胚胎着床、妊娠、分娩、哺乳及断奶至再次发情等一系列的环节，任何一个环节出现问题均可影响母猪的繁殖力。在繁殖效率较低的猪场分析影响母猪繁殖力的因素、寻求有效的技术措施是挖掘母猪的繁殖潜力、提高母猪生产力的有效途径。

一、影响母猪繁殖力的主要因素

影响母猪繁殖力的因素有很多，主要表现在遗传、营养、管理、环境及疾病等几个方面。

（一）遗传因素

1. 品种

受遗传因素的影响，不同品种的繁殖力存在较大的差异，主要表现在窝产仔数上。通常情况下，我国地方品种的窝产仔数较高，如太湖经产母猪平均窝产仔数可达 15.83 头，而国外引进猪种窝产仔数相对较低，常为 8～10 头。此外同一品种群体中近亲交配，若交配双方近交系数大于 10% 时，胚胎死亡率较高，出现遗传畸形的概率也会增加。

2. 先天性繁殖障碍

主要表现为母猪生殖器官畸形，妨碍精子和卵子的正常运行，阻碍精子和卵子的结合。常见的生殖器官畸形有卵巢发育不全、输卵管堵塞、缺乏子宫角、子宫颈闭锁、双子宫体、双子宫、双阴道及雌雄间性等。

（二）营养因素

1. 营养不良

后备母猪的营养不良会造成生殖器官发育受阻、性机能异常，从而延迟初情期的到来，甚至始终不发情。成年母猪营养不良会造成发情抑制、发情周期紊乱、排卵数下降、产仔数减少、弱仔率增加、泌乳力降低等。

2. 过度饲喂

母猪过度饲喂的结果是母猪过肥，从而导致卵巢、子宫周围脂肪沉积过多，局部温度升高，卵泡发育、排卵及受精受到影响。

3. 矿物质和维生素

矿物质中某些常量元素和微量元素的缺乏，可造成母猪繁殖机能紊乱、生殖器官发育障碍，胚胎死亡增加，进而使繁殖力下降；维生素不足，可造成母猪发情不规律、胚胎发育受阻、胚胎早期死亡等。

（三）管理因素

建立适宜的饲养管理制度，合理饲喂、饮水、运动、调教、休息、配种，搞好舍内外卫生，保持环境安静，对提高猪的繁殖效率有良好作用。妊娠母猪的饲养密度过大、转群并圈频繁等会使猪只发生打斗，均会引起胚胎死亡或机械性流产。

（四）环境因素

影响母猪繁殖力的环境因素复杂多样，主要有温度、湿度、通风、光照、有害气体等，它们以不同方式和不同途径，单独或综合地对机体造成影响。

（1）30℃以上的高温即能够使繁殖母猪卵巢机能减弱。母猪舍在夏季没有采取适当的防暑降温措施、环境温度过高造成的热应激，易引发母猪内分泌失调，导致母猪发情不规律或不发情，并可引起妊娠母猪死胎或流产。

（2）母猪舍通风不良、空气污浊等也会影响母猪的繁殖性能，当氨气、甲烷、硫化氢等有毒气体增多时，可引起母猪发情不规律、受胎率下降、配种怀孕后产仔数减少、死胎增多。

（3）栏舍的环境因素也是影响种猪生产的重要因素，阴暗、潮湿、环境卫生差、光照不足、缺乏运动场，周围环境如有噪声干扰、空气污染等因素，都会造成母猪不发情。

（4）产房及妊娠舍卫生条件差，容易引起母猪子宫炎进而导致母猪的繁殖性能下降。

（五）疾病因素

1.普通病

影响母猪繁殖力的疾病主要是母猪生殖器官的疾病，如卵巢机能减退、持久黄体、卵巢囊肿、子宫内膜炎等。这些产科疾病会使得母猪不表现发情，非生产天数增加。

2.传染性疾病

危害母猪繁殖力的传染病很多，其中猪瘟、猪乙型脑炎、猪细小病毒、猪伪狂犬病、猪繁殖呼吸障碍综合征等，往往引起母猪早期流产、死胎、木乃伊胎增多、产仔数低于该品种母猪平均水平。

二、提高猪场母猪繁殖力的综合措施

（一）加强选种选配

1.遗传素质

应选择体质结实、精力充沛、性欲旺盛、精液品质好的优良公猪和产仔头数多、断奶窝重大的3～8胎母猪的后代留作种用。

2.体型外貌

留作种用的后备母猪，体型上应背部平直或微倾，四肢高而开阔，腹部比较大而松弛，腹部过度收缩的母猪繁殖力较差。乳头排列整齐均匀、饱满不能有瞎乳头、副乳头等，有效乳头数7对以上。

3.合理选配

选种为选配提供基础，合理的选配产生优良的后代，又为选种提供条件。选配时应防止近亲繁殖，避免造成胚胎的早期死亡或产生劣质后代，影响猪场经济收益。通常习惯采用性成熟早、排卵数多、适应性强的本地猪种作为母本，选择杜洛克、大约克、长白等猪种作为父本，生产二元或三元杂交仔猪，以提高产品市场竞争力。

（二）保持合理的猪群结构，及时淘汰繁殖力差的母猪

母猪年龄、胎次对繁殖率影响较大。通常母猪第 1 胎产仔较少，第 2 胎开始增多，3～8 胎繁殖率最高，9 胎以后繁殖率开始下降（不同品种略有差异）。一般猪场基础母猪群中，1.5～2 岁的母猪应占 35%，2～4 岁母猪占 50% 左右以上，4 岁以上的母猪在 15% 以下，平均胎次控制在 4～5 胎。母猪个体的利用年限不宜过长，每年应按 20%～25% 的比例更新母猪群，及时淘汰有繁殖疾病、胎次较高母猪，适时补充后备母猪，确保繁殖群母猪合理的年龄、胎次结构，才能有效提高繁殖率。

（三）提供优质的精液

提高公猪的精液品质和配种能力，应当保持营养、运动和配种利用之间的平衡。

1. 合理的营养水平

这是影响公猪配种能力的主要因素。为使公猪保持种用体况，体质结实、性欲旺盛、精液品质好，所用饲粮一定要符合公猪的营养需要。种公猪不能过肥，过于肥胖的体况会导致种公猪性欲下降，产生肢体病概率增加。对配种期的种公猪，应在其日粮中使用优质蛋白质原料，以保证其生产出品质优良的精液。

2. 细心的管理和合理利用

建立正常的管理制度，重视公猪的运动，经常刷拭，定期称重和检查精液品质。配种利用强度应适宜，利用过度会影响精液品质，使受胎率下降，公猪长期不配种（或采精），同样造成性欲、精液品质、受胎率下降。

（四）促进母猪正常发情和排卵

1. 合理的营养水平

后备母猪正处于生长发育阶段，经产母猪常年处于紧张的生产状态，因此在母猪正常发情配种前即配种准备期应供给母猪全面的营养物质，使之保持适度的种用体况。

（1）严格控制膘情　有利于母猪发情、排卵、受孕的配种体况为7～8成膘。如果母猪过肥，往往会导致发情异常、排卵数减少、受胎率低、产仔数少。如果过瘦，膘情6成以下，母猪脊椎和肋骨显露，也难正常发情和受孕，且过瘦的母猪往往带有某种疾病，甚至不得不过早淘汰。

（2）短期优饲　配种前较瘦的经产母猪、后备母猪，采用配种前短期优饲，可尽快达到配种体况和正常发情、排卵，提高繁殖性能。短期优饲的时间，经产母猪在配种前15天开始，后备母猪在配种前10天开始。短期优饲的方法：一是定时足量饲喂；二是根据膘情，日喂精料2.5～3.0千克。

2. 做好经产母猪的产房管理

母猪断奶后不发情与其在分娩后子宫感染、哺乳过程中失重过多等有着密切关系，应加强母猪产后护理以及哺乳过程中母猪营养水平的调控。

（五）提高发情鉴定的准确率，做到适时配种并重复配种，提高卵子受精率

1. 准确鉴定，适时配种

母猪发情鉴定是否准确，配种时间是否适当，对受胎率和产仔数影响很大。要做到适时配种，就要根据母猪发情排卵规律及精子和卵子在母猪生殖道内存活时间加以考虑。配种的最佳时机是在母猪出现静立反射后8～12小时，但由于品种、年龄、营养状况、季节及个体排卵时间的差异，在确定配种时间时应灵活调整。

2. 适当的配种方式和配种次数

在母猪的一个发情期内最好能配种2～3次，可明显提高受胎率和窝产仔数。养殖场（户）在实际生产中可根据条件和需要选择适宜方式。

（六）做好繁殖组织和管理工作

提高繁殖力是技术工作和组织管理工作相互配合的综合技术，不单纯是技术问题，所以必须有严密的组织措施相配合。

（1）建立一支有成熟高效的技术队伍　随着集约化和规模化养猪的发展，饲养人员的劳动强度也相应加大。因此，建立健全管理人员、饲养人员、技术人员的岗位责任制，增强责任心，建立良好的人猪关系已成为现代化企业的要求。人对猪是友善还是粗暴，直接影响到猪的繁殖力。

（2）定期培训、及时交流经验　猪场应定期对管理人员、饲养人员和技术人员进行培训，同时加强责任人之间的交流，以发现猪场管理中出现的问题，并协商解决。

（3）做好各种繁殖记录　完善的繁殖记录是猪场生产的重要依据，由此可掌握猪场的猪群生产状况，也是计算猪场经济效益的主要依据。

第六节　母猪繁殖常见问题的原因与对策

一、后备母猪初情期延迟

（一）原因

（1）卵巢发育不全　多发于长期患慢性消化系统疾病、慢性呼吸系统疾病、寄生虫病的小母猪。由于卵巢发育不全，使得卵巢内没有大的卵泡发育以致不能分泌足够的激素引起发情。对患猪剖检观察时可发现卵巢小而没有弹性，表面光滑没有凹凸形状。即使有卵泡发育也形如米粒，发育不到大豆粒大小。

（2）异性刺激不够　猪的初情期早晚除遗传因素决定外，同时与后备母猪开始接触公猪的时间有关系。

（3）营养不良　后备母猪在培育期间由于营养水平过低或过高，造成母猪体况过瘦或过肥都会影响其性成熟的正常到来。有些体况虽为正常，但在前期饲养中，饲料中长期缺乏维生素 E、生物素等养分，性腺发育受到抑制，性成熟会延期到来。每圈饲养 4~6 头为宜，单圈饲养 1 头对母猪的发情有不利影响。

（4）安静发情　个别青年母猪已经达到性成熟年龄，体内卵泡发育正常并排卵，却迟迟不表现发情征状或在公猪存在时不表现站立反射。这种现象叫安静发情或微弱发情，这种情况品种间存在明显的差异。

（二）对策

（1）营养调控　一般瘦肉型猪的后备母猪在 90 千克以前自由采食，保证其身体各器官的正常发育，尤其是生殖器官的发育。母猪6～7 月龄时应适当限饲（每日量为 2.5 千克左右），防止过于肥胖。对于体况瘦弱的母猪应加强营养，短期优饲，补喂优质青绿饲料或补充维生素 A 和维生素 E；对过肥母猪则应实行限饲，多运动少给料，直到恢复种用体况。

（2）管理措施

① 母猪在初情期到来后，要有计划地跟公猪接触来诱导发情，每天可使其与公猪接触 5～10 分钟。

② 将没发过情的后备母猪每周调一次栏，使母猪经常处于一种应激的状态，以促进其发情，必要时可让公猪进栏追逐 10～20 分钟。

③ 母猪在初情期到来后，要坚持对母猪每天查情并做好发情记录，为以后母猪的配种提供依据并及时淘汰不能作为种用的母猪。

二、母猪断奶后不发情

一般情况下，母猪断奶后卵巢黄体迅速退化，卵泡开始发育，到第 3～5 日开始出现发情征状，7 日内可完成配种。通常将母猪在仔猪断奶后 21 天内不能正常自然发情，甚至超过 30 天还未出现发情征状的称为母猪断奶后不发情。母猪断奶至再发情的时间间隔受哺乳时间、哺乳头数、断奶时母猪的膘情、子宫恢复状态等因素影响。

（一）原因

（1）初配过早　刚进入初情期的青年母猪，虽然其生殖器官已具有正常生殖机能，但其身体尚处于生长发育阶段，过早配种受孕，不仅会导致初产仔少，仔猪初生重小、断奶重和成活率低，而且还会影响母猪本身的增重，当其达成年后，其体重明显小于相同品种的同龄母猪。这样的母猪产仔断奶后发情明显推迟，有的甚至不再发情。

（2）泌乳期失重过多　在正常情况下，母猪经历一个泌乳期，体重都有不同程度下降，一般失重的比例约为25%左右，这并不影响母猪断奶后正常的发情配种。但如果哺乳期间日粮中营养缺乏，带仔过多，泌乳量大，母猪断奶时就会异常消瘦，体重下降幅度偏大（失重超过50千克），母猪断奶后发情配种要推迟。

（3）泌乳期母猪过肥　母猪产仔少、带仔少、泌乳期体重不减，又加上泌乳期营养较好，体内沉积大量脂肪，造成卵巢内脂肪浸润、卵泡上皮脂肪变性、卵泡萎缩，都会导致断奶后不发情或推迟发情。

（二）对策

（1）正确掌握母猪的初配年龄　通常情况下瘦肉型的良种后备母猪在160～180日龄开始发情，但初配适期最好不早于7～8月龄，体重不低于100千克。有经验的养猪场通常是让"三情"，即在母猪第一次发情后再经过3个情期（1个发情周期为18～21天），故在初情期后约2个月、第4次发情时才对青年后备母猪进行配种。所以在配种前的1个月对后备母猪进行优饲或限饲，对体况进行严格控制，对于提高受胎率和使用年限都是有益的。

（2）对母猪进行科学的饲养管理　对妊娠母猪来说比较合理的饲养方式应是"低妊娠、高泌乳"，即母猪在泌乳期间应让其进行最大的体况储备，使母猪断奶时失重不会过多。同时调整日粮配方，适量增加能量和蛋白质饲料，使日粮中粗蛋白含量达到17%～18%，以保证泌乳期间母猪有充足的能量和蛋白质来满足母猪维持、生长、产乳三方面的营养需要。另外对于个别体况好、产仔少的母猪可适当限量饲喂，对其体况进行严格控制，有利于母猪断奶后发情。

（3）防暑降温　夏季应做好母猪的防暑降温工作，结合通风采取喷雾等降温措施，加强猪舍的通风对流，以促进蒸发和散热，传统式饲养的猪场猪舍门窗应全部打开，让空气对流。有条件的猪场配种怀孕舍应安装水帘式降温系统，一般舍温可降低3～5℃。在生长和育成猪舍的露天运动场上搭建凉棚，铺设遮阳网，在气温高时，用冷水冲洗猪体或加装喷雾装置，每天喷洒4～6次；分娩舍的哺乳母猪最好采用滴水降温的方式，滴于颈部较低靠近肩膀处。

三、母猪屡配不孕

母猪发情配种超过 3 个情期，仍然不怀孕，即称屡配不孕。

（一）原因

母猪配种后 21 天前后再发情，属于正常性周期范围内的再发情，表明母猪卵巢功能正常，可能是受精过程遇到障碍而致屡配不孕。

（1）精液质量不合格　采用体外保存时间较长的精液进行输精或配种公猪的精液质量不合格而致母猪无法受孕；

（2）精子游行受阻　精子进入子宫后游过子宫体，经过子宫角和输卵管才能到达受精部位，因此在精子到达受精部位前，受到阻碍即不能受精。如母猪发生子宫内膜炎、输卵管炎症等疾病时，生殖道内炎性产物增加会导致此情况发生。

（3）习惯性流产　在配种后 32 天后胚胎已完成附植，此时生殖器官发生感染，胚胎发生死亡并被吸收，子宫内胚胎全部消失，母猪可再发情。

（二）对策

（1）在排除其他疾病或管理因素后仍屡配不孕的母猪，可判定为先天生殖器官异常，应予及时淘汰，以降低损失。

（2）经常检查公猪精液质量，确保配种用公猪精液质量优良；对外购精液，输精前先检查精液质量再行输配。

（3）对子宫内膜炎或子宫内分泌物导致受精障碍者，应使用深部输精管清洗子宫后注入长效抗生素，在下个情期配种。

第十三章
猪群饲养管理技术

chapter thirteen

第一节　猪群结构及猪流调整

一、猪群类别划分

根据不同的饲养目的、生理状态和大小，可以把猪群分成种猪群和生长育肥猪群，种猪群又分为种公猪群和种母猪群。种公猪可分为后备公猪和成年公猪；种母猪群可分为后备母猪群、妊娠母猪群、哺乳母猪群和空怀母猪群。生长育肥猪群又分为哺乳仔猪群、保育仔猪群、生长育肥猪群。

（1）后备母猪　后备母猪指仔猪育成阶段结束到初次配种前的青年母猪，后备母猪是猪场后续生产的生力军，它的好坏直接影响到基础母猪群的补充，因而直接影响到养猪场的生产。

（2）后备公猪　后备公猪指仔猪育成阶段结束到初次配种前的青年公猪。

（3）种公猪　种公猪是指正在用于配种的成年公猪。

（4）空怀母猪　空怀母猪一般指仔猪断奶后直至发情再次配种成功前的母猪（其包括断奶母猪、流产母猪、返情母猪、久配不孕、长期不发情的母猪）。

（5）妊娠母猪　妊娠母猪指配种成功后至产仔前阶段的母猪。

（6）哺乳母猪　哺乳母猪指产仔后对仔猪进行哺育的母猪。

（7）哺乳仔猪　哺乳仔猪指从出生至断奶前的仔猪。

（8）保育仔猪　保育仔猪指断奶后至七十日龄左右保育结束的仔猪。

（9）生长育肥猪　生长育肥猪指保育结束后以育肥为目的的猪只。

二、猪群结构

猪群的结构是指在猪群中各年龄猪所占的比例。良好的猪群结构，能使各猪群的比例科学合理，又能承前启后，始终保持较高的生产水平和发展后劲（表 13-1）。

（1）公母比例（公猪数：母猪数）　本交一般为 1：（20～30）；人工授精一般为 1：（80～100）。

（2）后备猪与成年猪比例（后备猪数：成年猪数）　一般为 1：（3～4）。

（3）母猪胎龄结构与比例　一般为：1～2 胎 30%～35%；3～6 胎 60%；7 胎或以上 5%～10%。

表 13-1　不同规模猪场猪群结构参数

猪群类别	生产母猪/头					
	100	200	300	400	500	600
空怀配种	25	50	75	100	125	150
妊娠母猪	51	102	156	204	252	312
分娩母猪	24	48	72	96	126	144
后备母猪	10	20	26	39	45	52
种公猪	5	10	15	20	25	30
哺乳仔猪	200	400	600	800	1000	1200
生长猪	216	438	654	876	1092	1308
育肥猪	495	990	1500	2012	2505	3015
合计存栏	1026	2058	3098	4145	5354	6211
全年上市	1612	3432	5148	6916	8632	10348

注：在均衡生产的情况下，每一阶段的数量偏差应小于 ±10%。

三、猪群流转图

因不同猪群的生产特点和生产目的的不同，当某类猪群生长到一定阶段时，必须把具有相同生产特点或生产目的的一类猪转移到某特定的猪舍的过程，称为转群（图 13-1）。

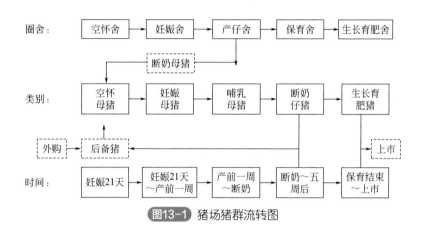

图13-1 猪场猪群流转图

因猪群转移过程中猪只消耗了大量的能量，导致猪机体新陈代谢能力下降、机体严重的不协调状态；加上肾上腺皮质激素大量产生，抑制免疫系统发挥免疫功能；乳酸的产生，使猪只肢体出现酸痛，导致猪只基本的的采食、饮水量不能得到保证，由此导致猪只健康进一步受到威胁。这时猪的抵抗力成负数水平，稍有病菌的入侵，就会发病。即使是被抑制的内源性疾病（隐形疾病）也有可能复发，特别是在以蓝耳或圆环为主的混合感染下，死亡率非常高。所用药物，几乎没有效果。因此，在保育仔猪转群过程中要千方百计地减少运动，也就是减少能耗，比如使用转猪车运送；在转群的前后 3～7 天，最好在饲料或饮水中，添加鱼腥草＋黄芪多糖＋抗生素；在转群的前三天，不接种疫苗；不转病弱猪。

四、全场饲养管理日程表

饲养管理日程表见表 13-2。

表13-2 饲养管理日程表

星期	配种妊娠舍	分娩舍管理	保育舍	生长育肥舍
一	临产母猪转至产房，产房断奶母猪转入	临产母猪调入，断奶母猪转出	日常工作	调整猪群，填补空栏
二	全场上午大清洁，下午消毒	全场上午大清洁，下午消毒	全场上午大清洁，下午消毒	全场上午大清洁，下午消毒
三	按免疫程序注射疫苗	阉割小猪	按免疫程序注射疫苗	按免疫程序注射疫苗
四	日常工作	小猪转出，产床空栏冲洗消毒	断奶小猪转入，仔猪转出，冲洗空栏及消毒	保育仔猪转入
五	调整猪群，填补空栏，按照程序驱虫	填写下批断奶的母猪记录卡、并减料	按照程序驱虫	按照程序驱虫
六	将已妊娠的母猪赶到妊娠栏，制定下周配种计划	日常工作	日常工作	选留后备猪、发运和出售肥猪
日	为即将转群的母猪填分娩记录卡片，填写周报表	日常工作，清点仔猪数，填写周报表	调整各组猪群，清点猪数，填报周报表	清点猪数，填写周报表

第二节 温度对各类猪群的影响

一、猪对温度的需求

在猪能够生存的温度范围内（表13-3），真正处于舒适的区域很窄。如果猪处于舒适区以外，就会出现不适应，轻者影响正常生理机能，重者则会出现死亡。

表13-3　不同阶段猪的最适温度范围

猪别	日龄	适宜温度/℃
哺乳仔猪	出生几小时	32～35
	1～3	30～32
	4～7	28～30
	14	25～28
	14～25	23～25
保育猪	21～63	20～22
生长猪	64～112	17～20
育肥猪	113～161	15～18
公猪		15～20
产仔母猪		18～22
妊娠空怀母猪		15～20

不同日龄的猪对温度有不同的要求，适宜猪生长发育的临界温度称为最适宜温度。可用下式计算：$T=-0.06W+26$（其中，W表示猪只体重）。如20千克体重仔猪的适宜温度为$T=-0.06×20+26=24.8℃$，而100千克的仔猪的适宜温度$T=-0.06×100+26=20℃$。

二、温度对猪生长的影响

温度对猪生长的影响，主要体现在两方面，一是生长速度；二是饲料利用率（表13-4）。

表13-4　温度对育肥猪生长速度和饲料利用率的影响

温度/℃	日喂量/千克	平均日增重/千克	饲料利用率/%
0	5.06	0.54	9.45
5	3.75	0.53	7.1
10	3.49	0.8	4.37
15	3.14	0.79	3.99
20	3.22	0.85	3.79
25	2.62	0.72	3.65
30	2.21	0.44	4.91
35	1.51	0.31	4.87

育肥猪生长最佳温度是在 20℃左右，而饲料利用率最佳温度是在 25℃；环境温度离猪最佳温度越远，则对生产性能的影响就越大；在 0℃时，饲料利用率高达 9.45。

（一）低温的影响

猪在低温下会增加体温热量消耗，进而增加采食量。当猪处于下限临界温度时，每下降 1℃，日增重减少 11～22 克，饲料多消耗 20～30 克。如一头 40～50 千克的育肥猪，在 10～25℃时，日均采食量 2～2.5 千克，日增重 0.6～0.65 千克；若气温下降到 5℃，日增重减少到 0.4 千克；0℃时日增重只有 0.2 千克；当降到 -10℃时，日增重为 -0.2 千克。

（二）高温的影响

当猪处于上限临界温度时，气温每增加 1℃，日增重减少 30 克，饲料消耗增加 60～70 克。如 40～50 千克的育肥猪，当温度上升到 30℃时，日增重 0.4 千克；升到 35℃，日增重为 0.2 千克；上升到 38℃时，日增重为 -0.2～-0.6 千克。

（三）温度对仔猪的影响

温度对仔猪的影响不单纯是日增重和饲料利用率的问题，而是会引起仔猪患病甚至死亡。初生仔猪如果温度过低，常出现冻死现象；有些猪尽管看起来没有冻死，但由于低温引起低血糖，使猪抵抗力大大下降，成为易发病的猪群。

哺乳仔猪如遇到低温，则容易出现消化不良和腹泻；对于仔猪腹泻来说，最主要的外界致病因素是寒冷、潮湿和不卫生。低温引起腹泻，主要有两个原因，一是仔猪体温较高，需求也高，但体脂较少，二是仔猪相对散热面积大，仔猪为应对低温刺激会出现功能失调，胃肠蠕动减缓，出现消化不良，长时间的消化不良会导致胃肠道损伤，从而在病原体入侵时，引起严重腹泻。

温度对断奶仔猪的影响更大。断奶后减重和腹泻是最常见的问题。一方面，仔猪断奶时应激因素太多，抵抗力下降；另一方面是仔猪断奶时，往往吃进的食物量很少，只能消耗体组织，这样对温度的要求会更高。所以我们提出在仔猪断奶时突然把温度提高 2～3℃，以缓解断奶应激。这一办法在生产上已经收到良好的效果。

（四）温度对公猪的影响

温度对公猪的不利影响主要是夏季高温。过高的环境温度会导致公猪睾丸散热困难。因睾丸温度过高而引起精子代谢加强，死亡速度加快。我们经常发现在高温季节公猪常出现死精、弱精等情况就是这个道理。所以在高温季节必须给公猪采取降温措施，具体措施我们将在后面的内容中讲述。

温度对公猪的影响不单存于高温季节，任何一个使公猪体温升高的因素都会影响公猪精子的活力；如疾病、剧烈活动、刺激性疫苗的注射等，都会使公猪体温升高，同样会影响公猪精子质量。

（五）温度对母猪的影响

温度对母猪的影响也主要是高温。高温时会引起母猪发情不正常，经常出现的现象是母猪发情数量减少，发情征状不明显。

高温会使妊娠后期母猪死胎数量明显增加。这是因为母猪妊娠后期代谢旺盛，遇到高温时散热困难，体热蓄积在体内，影响胎儿的正常生长发育。严重时妊娠母猪甚至会因热量无法排出而死亡。

高温影响哺乳母猪的采食量，从而使母猪奶水分泌减少，所以每年夏天的仔猪断奶重要较其他季节低很多；其他季节 28 天仔猪断奶可达 7.5 千克，而七八月份只能达到 6.5 千克，断奶重减少 1 千克左右。

三、猪舍温度的影响因素

（一）湿度

湿度对温度的影响主要是两方面，一是潮湿的空气会增加猪体热传递，低温高湿时更容易使猪体热量散失，使猪更冷；二是在空气湿度大且气温高时，猪体表水分蒸发减慢，不能带走热量，在采用滴水降温和水帘降温时效果均不明显，因此在使用滴水降温和水帘降温时应特别注意。

（二）风速

通风能加快猪体表面水分的蒸发，从而带走热量。天热时吹风可以降低猪对高温的感受，天冷时吹风则会感到更加寒冷；同时通风对猪的影响还要考虑风的速度，因为风速不同影响幅度也不同，风速越大，影响越大（表 13-5）。

表 13-5 风速对温度的影响

气流速度 /（米 / 秒）	气流速度 /（千米 / 小时）	环境温度变化 /℃
0.2	0.72	-4
0.5	1.8	-7
1.5	5.4	-10

（三）昼夜

猪在白天与晚上对温度的需要是不同的。一般情况下，晚上需要温度更高些。这可从我们人类白天与晚上的区别得到启发。同样在房间里，温度是固定的。白天人们感到温度适宜，但到晚上时则必须盖上被子。白天猪多处于活动状态，代谢强度大，不会感到冷，但到晚上多处于睡眠状态，则会感到冷。机体需求与自然规律正好相反，特别是在冬季，晚上温度远低于白天，所以晚上时更要加强升温和保温工作；另外还要考虑人为的因素，特别一些锅炉工，在晚上发现监督的人少了，温度低了也没人管，就会自行把晚上的添煤量减少，这样对猪的危害更大，而且不易被人发现，直到问题出现了还难以查到原因。如果猪场领导没有查夜的习惯，可以考虑一下机器控制。如使用温度报警器，在舍温低到一定程度时会自动报警，这样也就起到了监督作用。

（四）密度

一般人们都会在冬季天冷时增加猪群密度，因为密度加大可以增加猪群的有效温度。一是猪本身会散热，猪数量多了，散热量也就大了，舍温会得到提高；二是猪群密度大了，猪与猪之间的接触面加大，猪体热之间相互传递，防止了热量的散失；所以在冬加大密度对猪群是有利的。但在夏季则要考虑减小密度，特别是密度相对较大的定位栏母猪和大体重育肥猪群，减小密度可以大大减轻热应激。

（五）有无铺板及铺板材料

对猪来说，不同的垫料对猪的有效温度差别很大。木板、秸秆等

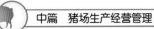

导热系数小，可以起到保温作用，而水泥地面、砖地面、铁板等，导热系数大，则起到降温作用。不同的垫料对仔猪来说影响是相当大的（表 13-6）。

表 13-6　几种地面类型对临界温度的影响

体重 / 千克	秸秆垫料 /℃	保温地面 /℃	部分漏缝地面 /℃	全漏缝地面 /℃
20	15	17	20	22
60	11	13	16	18
100	8	10	13	15

20 千克的仔猪，在秸秆垫料地面，只需要环境温度 15℃，而在全漏缝地面则需要环境温度 22℃。同样的环境温度，猪的感受有相当大的区别，这一点应引起养猪生产者的注意。所以我们建议，猪群在周转时，不但要考虑到空气的温度，还要考虑所使用的垫料，只有这样才能保证猪群不出现大的温差，保证猪群在温度方面的平稳过渡。

（六）哺乳仔猪有无保温箱，箱口大小，有无顶盖

现在集约化猪场多使用产床，上面设有保温箱，这是为了给仔猪提供一个适宜的小环境，在猪舍温度无法控制的情况下，保证仔猪区域不受低温的影响。但在生产上常发现即使有保温箱和加热设施，问题仍然不断。有时仔猪因箱内过热不进保温箱，有时在保温箱中仍感到冷。这是因为保温箱也会受到一些因素的影响，比如保温箱口打开，外面的冷空气会从箱口进入，使靠近箱口附近的温度降低；比如保温箱不盖，箱内的热量会从顶部跑掉，也会使温度降低；但如果箱内使用大瓦数的加温设施，同时又将箱口堵住、将箱盖盖严，则过多的热量无法排出，又使箱内温度过高，也不利于仔猪生长。所以，当我们检查保温箱仔猪时，如果发现仔猪挤在一起，则表示仔猪感觉冷；如果仔猪不愿进箱，或是在箱内躲避热源，或是在保温箱口封闭时仔猪头部向着有冷空气进入的箱口或边缘，则是过热。所以哺乳仔猪的温度是否适宜，既要看箱内温度，更要注意检查仔猪状态，发现不适，及早调整。

（七）门口、窗口、中间的区别

不仅不同高度温度有差别，猪舍内不同区域也有很大差别。一般

靠近门口、窗口的温度与中间的体感温度有很大差别；尽管温度计上显示的差别不大，但由于门口、窗口通风量大，猪的有效温度差别就大了。在对育肥猪进行饲养试验时发现，在夏季的几次试验中，每次都是靠近门口和窗口的猪栏生长速度快、饲料利用率高，而且与其他区域差别很大。经过分析发现，在高温时靠近门口的猪群更容易散热；在冬季进行类似的试验发现，门口与中间则没有明显的差别。

（八）水

水对温度的影响相当大。滴水降温可用于减轻哺乳母猪的热应激。喷淋降温则是母猪群和育肥猪群常用的降温方式。在条件不具备时，在猪舍内设置一个水池，猪在热时躺到水中，也会起到降温作用。而如果气温低时，水则会使温度降低。所以在管理上要注重水的使用，在产房和冬季则要防止漏水，以免产生负面影响。

第三节　后备猪的饲养管理技术

一、后备母猪饲养管理

（一）工作日程

上午：

① 巡视猪群。

② 检查温湿度状况、饮水器状况以及其他设施设备并调节至适宜。

③ 清理料槽，投喂饲料。

④ 观察猪群采食，治疗病猪。

⑤ 环境卫生。

⑥ 诱情等其他工作。

⑦ 巡视猪群，检查温湿度并调节，下班。

下午：

① 巡视猪群，检查温湿度并调节。

② 清理料槽，投喂饲料。

③ 观察猪群采食，治疗病猪。

④ 环境卫生，驱赶猪只运动等其他工作。

⑤ 工作小结，填写报表。

⑥ 巡视猪群，检查温湿度并调节，下班。

（二）日常管理

1. 巡视

饲养员上班首先应当对全群进行巡视，看是否存在重大隐患或其他异常情况。应当随时注意对后备猪群的观察，保证对猪群情况的实时掌握，及早发现问题并加以解决，维持猪群的稳定。

2. 饲喂

后备猪的饲喂可以分为两个阶段及两种不同的饲喂方式：

视频13-1　母猪
测膘给料

（1）自由采食　配种两个月之前的后备猪一般采用自由采食的方式。

（2）限制饲喂　临配种前两个月至配种这一阶段，应根据不同猪只的体况进行饲喂，体况过肥的宜减少饲喂量，体况较差的增加饲喂量。

母猪测膘给料见视频 13-1。

3. 环境卫生

每日的环境卫生清扫一般安排在喂料之后，有利于观察猪群的采食情况，保持栏舍的清洁干燥，温度适宜，空气新鲜。切忌潮湿和拥挤，防止各种体内外寄生虫病和皮肤病的发生。

4. 观察记录

做好日常的巡视和检查工作。观察猪只的采食情况、精神状况、粪便、休息情况、健康状况以及发情状况等，并做好相应的记录。对不发情和长期体弱的猪只及时进行处理。

（三）注意事项

1. 合理分群

后备猪的分群应按体重大小、强弱、健康状况等来确定，饲养密度适当。避免弱小猪只受到强势猪只的欺压以及疾病的传播从而影响正常发育。

2. 控制体况

体况控制是后备猪生产的一个重要环节，体况控制在 3～4 分最合适（按照五分制），不能过肥也不宜太瘦，避免给配种繁育带来困难（图 13-2）。

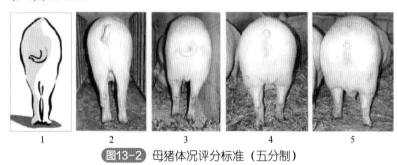

1   2   3   4   5

图13-2 母猪体况评分标准（五分制）

3. 卫生防疫

定期消毒，正常的情况下猪群消毒频率可为一周一次，发生较严重的疾病的情况下可为一天一次。主要交通干道和交叉道应每天消毒。此外对各种饲喂工具应至少半个月消毒一次。定期驱虫，每年春秋两季进行驱虫工作并在配种前 1 个月左右再次进行驱虫。接种疫苗，按照制定的免疫程序接种各种疫苗，并对免疫情况进行测定评估。

4. 运动

为强健体质，促使母猪发育和发情，应安排适当运动。运动可在运动场内自由运动，也可放牧运动。

5. 诱导发情

为促进后备母猪发情，可定期将试情公猪赶往后备猪群，有意识地让公猪追逐、爬跨母猪，或者把母猪赶往公猪圈舍附近运动，都有利于后备母猪发情。母猪发情鉴定见视频 13-2。

视频13-2 母猪发情鉴定

6. 适时初配

达到配种年龄，完成免疫注射后，后备母猪要及时配种。

后备母猪及种母猪饲养管理日程表见表 13-7。

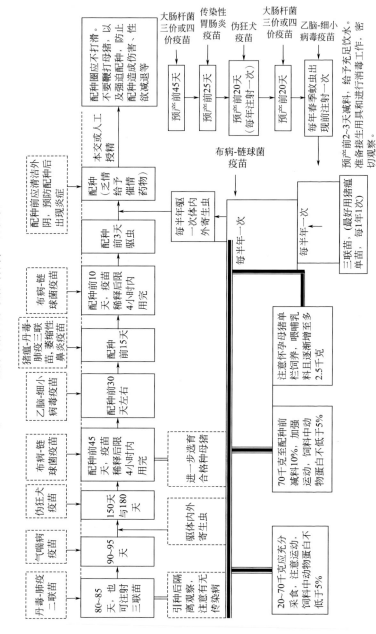

表13-7 后备母猪及种母猪饲养管理日程表

二、后备公猪饲养管理

（一）工作日程

上午：

① 巡视猪群。

② 检查温湿度状况、饮水器状况以及其他设施设备并调节至适宜。

③ 清理料槽，投喂饲料。

④ 观察猪群采食，治疗病猪。

⑤ 环境卫生。

⑥ 运动，刷拭及其他工作。

⑦ 巡视猪群，检查温湿度并调节，下班。

下午：

① 巡视猪群，检查温湿度并调节。

② 清理料槽，投喂饲料。

③ 观察猪群采食，治疗病猪。

④ 清洁卫生，调教及其他工作。

⑤ 工作小结，填写报表。

⑥ 巡视猪群，检查温湿度并调节，下班。

（二）日常管理

1. 巡视

巡视全群状况，及时处理异常情况。

2. 饲喂

在生长前期可采用群养自由采食的方式饲喂，当体重超过 50 千克后或有明显爬跨行为时应单圈饲养，并限制饲喂。体况控制应以不肥不瘦为度。

3. 观察记录

在每次饲喂完毕后做好日常的检查工作，观察猪只的采食情况、精神状况、粪便、休息情况、健康状况、体况等，并做好相应的记录。同时对公猪的体况和发育情况进行评定，对有严重缺陷的猪只应尽早淘汰。

4. 环境卫生

后备公猪生活环境应保持清洁、干燥、空气新鲜、宽敞、舒适。

5. 运动

加强后备公猪运动，这样可促进食欲、增强体质、避免体况过肥，保证四肢健壮以利于以后配种需要。公猪应坚持每天运动，除在运动场运动外，还可以进行驱赶运动。夏天在早上或傍晚天气凉爽时进行，冬天在中午进行。

6. 调教与刷拭

为培养种公猪与饲养员间的亲和力，要与公猪接触并常给予刷拭。同时刷拭也增强种公猪皮肤血液循环、减少寄生虫、增进健康。为让后备公猪熟悉配种过程，一般在6～7月龄开始对其进行调教，每周可采精1～2次。

（三）注意事项

1. 控制体况

种公猪的体况，总的要求是"不肥不瘦"。饲养种公猪，必须注意其营养状况，使之常年保持健康结实、性欲旺盛。公猪过肥，性欲会减弱甚至无性欲，造成配种能力下降。这种情况多数是由于饲料单一、能量饲料过多，而蛋白质、矿物质和维生素饲料不足引起的。应及时减少能量饲料，增加蛋白质饲料和青绿多汁的饲料并加强运动。营养不良或配种过度会导致公猪过瘦、精液量减少、精液品质差，应及时调整饲料、加强营养、减少交配次数，使之恢复种用体质。

2. 卫生与防疫

定期对后备公猪进行体内和体外驱虫工作，每年至少两次（春、秋季）。至配种前所制定的免疫程序应执行完毕。

3. 精液品质检查

后备公猪在调教的同时，应当对其精液进行品质检测。在检测2～3次后，精液质量依然很差的后备公猪应及时治疗或淘汰，也可作为试情公猪使用。

后备公猪饲养日程表见表13-8。

表 13-8 后备公猪饲养管理日程表

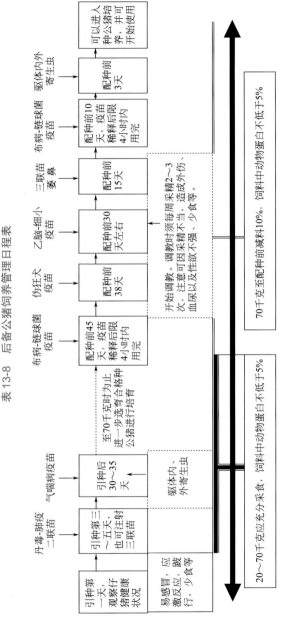

第四节　种公猪的饲养管理技术

一、种公猪的饲养管理

（一）工作程序

上午：

① 巡视猪群。

② 检查温湿度状况、饮水器状况以及其他设施设备并调节至适宜。

③ 清理料槽，投喂饲料。

④ 观察猪群采食，治疗病猪。

⑤ 环境卫生。

⑥ 配种，采精。

⑦ 运动，刷拭及其他工作。

⑧ 巡视猪群，检查温湿度并调节，下班。

下午：

① 巡视猪群，检查温湿度，并调节。

② 清理料槽，投喂饲料。

③ 观察猪群采食，治疗病猪。

④ 环境卫生。

⑤ 配种，采精，调教，刷拭及其他工作。

⑥ 工作小结，填写报表。

⑦ 巡视猪群，检查温湿度并调节，下班。

（二）日常管理

1. 巡视

巡视全群状况，及时处理异常情况。

2. 饲喂

种公猪应单圈饲喂，定时定量，一般每天饲喂 2 次。同时应根据个体体况以及使用强度等情况适当调整喂量，保证其种用体况。当种公猪配种负荷大时，可每天加喂 1～2 枚鸡蛋，满足其营养需要。

3. 观察记录

在公猪采食过程中应当详细观察猪只采食情况，了解其健康状况，出现采食减少与不食时应及时诊断与治疗并做好记录，同时调整配种计划。待猪只健康恢复后，还应加强该猪的精液品质检测。

4. 环境卫生

应当保证圈舍干净，空气清新，光线充足，及时清除粪便，做好饲槽、饮水器的清洁卫生工作。制定舍内的消毒计划，定时消毒。

5. 利用

成年种公猪每周可利用 4～5 次，定期进行精液品质检查。一旦精液品质下降，应及时查找原因并作相应处理。

6. 运动

公猪应坚持每天运动，以提高种公猪的新陈代谢，促进食欲，增强体质，提高精液品质。

7. 保健

要主动与种公猪亲近，建立人猪亲和关系，对猪体经常刷拭，防止体表寄生虫病的发生，定期驱虫，经常修剪公猪包皮周围毛丛，同时也应注意给公猪修蹄。

（三）注意事项

（1）合理利用　公猪的利用，不能过于频繁。配种或采精过多，都会导致体质虚弱、配种能力降低和缩短使用年限。1～2 岁青年种公猪每周配种 2～3 次，2 岁以上的成年公猪每周配种 4～5 次。对长时间不使用的公猪也应定期进行采精，以保持其性欲和精液品质。否则会造成精液品质下降，性欲减退。

（2）体况调整　在配种使用期间，应视利用强度调整饲喂量。对过肥公猪可减少饲喂量 15% 左右，同时加喂青粗饲料，并增加运动量。

（3）卫生防疫　定期对猪栏内外环境进行消毒，保持圈舍清洁卫生，搞好驱虫和免疫工作。

（4）环境控制 做好防暑降温工作。种公猪适宜的温度为18～20℃。夏季高温对种公猪的影响特别大，会导致食欲下降、性欲降低，精液品质严重下降。所以要注意防暑降温。一般采用的方式是滴水降温、湿帘降温、喷雾结合排风降温等。冬季猪舍要防寒保温，以减少饲料的消耗和疾病发生。

（5）定期进行精液品质检查。

（6）防止种公猪打斗 在配种或户外运动过程中，应避免两头公猪相遇，防止双方打斗，避免出现不必要的损伤。如场内公猪较多，单独驱赶运动耗费时间和人力，为了提高整个猪群的运动频率，可在公猪舍外修建环形跑道，这样可让多头公猪同时运动。

二、种公猪的淘汰

（一）种公猪淘汰原则

① 精液品质差。
② 性欲低，配种能力差。
③ 与配母猪分娩率及产仔数低。
④ 患肢蹄病、繁殖障碍等疾病。
⑤ 有恶癖行为。

（二）种公猪的使用年限与淘汰比例

种公猪一般使用4～5年，年淘汰率约30%左右。

三、饲养公猪常见问题及对策

（一）存在问题

1. 营养不合理

（1）公猪过肥 由于公猪的日粮能量水平过高，喂量过多，缺乏运动，导致公猪体况过肥，影响正常配种。公猪采食了大量的动物蛋白、高蛋白浓缩料和玉米，且有时还要采食4～5个鸡蛋，5月龄左右就已达100千克，同时由于缺乏运动，公猪爬跨无力，或不能持久爬跨，无法配种。

（2）公猪过瘦　由于公猪的日粮能量水平过低，喂量不足或过稀，导致公猪体况过瘦，影响正常配种。

2. 初配体重和年龄偏小

部分养殖户为了能让种公猪早日配种获利，在种公猪尚未完全达到体成熟和性成熟时，一旦发现公猪有性行为，如有需要就立即开始配种。这样不仅缩短了种公猪的使用寿命，还会使种公猪性功能衰退，过早地淘汰。

3. 配种强度过大

规模猪场引进种母猪时体重和年龄相差不大，发情时间集中，在发情母猪较多的情况下，公猪的配种次数就相对大，有的最多时一天要配种5～7头。这样的配种强度，无论公猪的营养多充足，都无法满足其配种需要。过不了多久，公猪性功能就会发生障碍。

4. 公猪后期体重过大

养殖户淘汰种公猪一般有两方面的原因：一是种公猪配种强度过大后期性功能低下；二是后期体重过大，母猪承受不住公猪的重量。

5. 性欲低或无性欲

养殖户饲养的种公猪发生性欲低或无性欲的现象还比较多，其原因也非常多，大致有如下几方面：

（1）疾病性不育　一般感染病毒性或细菌性传染病、体内外寄生虫病等都可造成公猪无性欲或缺乏性欲。此外，生殖器官炎症、关节炎、肌肉疼痛等均可引起交配困难或交配失败。

（2）营养性不育　长期营养不良，尤其高蛋白饲料、氨基酸、维生素、矿物质等缺乏或不足，公猪过肥、过瘦都可引起不育。

（3）精液品质差　精液品质差包括无精、精子密度低、精子活力差或有畸形精子等。营养因素、疾病因素、高温均可导致生精能力下降，精子活力降低。

6. 机能性不育

引起机能性不育的原因有先天性生殖器官发育不全或畸形，交配或采精时阴茎受到严重损伤或受惊吓刺激，四肢有疾患，后躯或脊椎关节炎等。公猪在配种时，性欲不旺盛，阴茎不能勃起，如过度使用或长期无配种任务，公母混养，缺乏运动，体况过肥、过瘦，年老体衰，未达到体成熟或性成熟，天气过冷、过热等均可导致不射精或阴茎不能勃起。

（二）解决措施

1. 保持良好膘情

种公猪保持中上等膘（7～8成膘），也就是俗话说的"肥不露膘，瘦不巴骨"，健康结实，精力充沛，这样才能性欲旺盛，能产出质优量多的精液。应进行科学饲养，种公猪生长前期（20千克以后）日粮能量浓度应为13.54兆焦/千克，粗蛋白18%，每天采食2千克左右日粮；生长后期日粮能量浓度应为13.63兆焦/千克，粗蛋白16%，每天采食3千克日粮。日增重在450～800克，平均日增重在500克/天左右。同时日粮中补充含维生素丰富的青绿多汁饲料和矿物质。

2. 合适的初配体重和年龄

种公猪性成熟较晚，一般在生后5～6月龄达到性成熟，应在8～10月龄，体重达到100千克时进行初配。种公猪的使用次数与年龄有关，青年公猪（1岁左右）一般每天配种1～2次为宜，每周休息2～3天；成年公猪（1岁以上）每天可使用2～3次，每周休息2～3天。同时还要不定期用显微镜检查精液品质。公猪后期体重应加以控制，在配种期间应补充足够的营养，日粮采食小容积饲料，一般占体重2.5%～3.0%，精料用量应比配种前多，青粗料的比例要小些，以免形成草腹。采食量应在八成饱为宜，并定时、定量、定质、定期称重，否则体重过大，影响配种。

3. 对无性欲公猪应尽早采取措施，及时处理

科学饲养管理，每天合理运动2小时以上。做好疾病防治工作，定期进行消毒和免疫。经常检查精液品质，并及时分析、治疗。对先天性生殖机能障碍的，应视具体情况选留或淘汰。对无性欲公猪主要采取的措施：一是肌内注射丙酸睾酮，隔1天1次，连续2～3次；二是注射促性腺激素或维生素E。

后备公猪及种公猪饲养管理日程表见表13-9。

表 13-9　后备公猪及种公猪饲养管理日程表

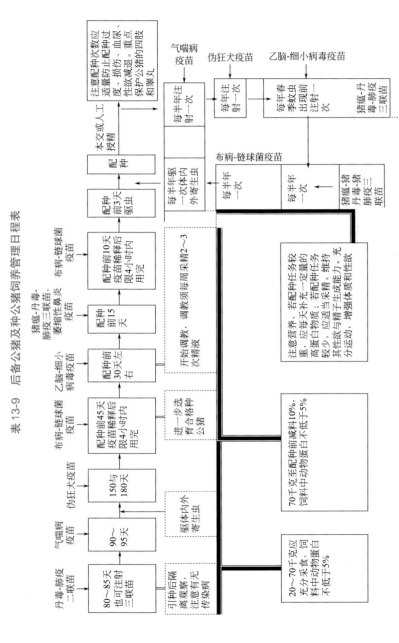

第五节　种母猪的饲养管理技术

一、空怀母猪的饲养管理

（一）工作程序

上午：

① 巡视猪群。

② 检查温湿度状况、饮水器状况以及其他设施设备并调节至适宜。

③ 清理料槽、投喂饲料。

④ 观察猪群采食，治疗病猪。

⑤ 环境卫生。

⑥ 查情、配种。

⑦ 诱情、其他工作。

⑧ 巡视猪群，检查温湿度并调节，下班。

下午：

① 巡视猪群，检查温湿度，并调节。

② 清理料槽、投喂饲料。

③ 观察猪群采食，治疗病猪。

④ 清理卫生。

⑤ 查情、配种。

⑥ 诱情、运动及其他工作。

⑦ 工作小结、填写报表。

⑧ 巡视猪群，检查温湿度并调节，下班。

（二）空怀母猪的饲养

断奶前三天母猪就应该逐步减料，直至断奶当天停料一天（但不断水）。主要是通过减少投料来减少乳汁分泌量，避免乳腺炎的发生。断奶后第一天开始少量喂料，至第三天逐步恢复，后视体况而定。

（三）空怀母猪的管理

（1）巡视 巡视全群状况，及时处理异常情况。

（2）饲喂 视体况饲喂，体况较差的母猪要增加饲喂量，以达到"补饲催情"的效果。

（3）诱情、查情、配种与记录 空怀母猪应经常保持与公猪的接触，促使母猪发情。断奶母猪一般会在 7 天左右再次发情，配种后的母猪在 21 天左右有可能返情，饲养员和配种人员要重点观察猪只在这两阶段的发情情况，确保及时配种，同时要做好相应的配种记录，计算预产期。

（4）环境卫生 搞好环境卫生工作，同时在配种的时候需把母猪阴户周围擦洗干净。

（四）注意事项

（1）治疗 治疗母猪从产房带过来的疾病，如乳腺炎症、子宫炎。在治疗期间的母猪，如有发情，最好在该情期不予配种。

（2）淘汰无价值的母猪 对屡配不孕、不发情、久病不愈、产仔缺陷、体况极差没有恢复迹象的母猪应予以淘汰。母猪的年淘汰率为30% 左右。

二、妊娠母猪的饲养管理

（一）工作程序

上午：

① 巡视猪群。

② 检查温湿度状况、饮水器状况以及其他设施设备并调节至适宜。

③ 清理料槽、投喂饲料。

④ 观察猪群采食，治疗病猪。

⑤ 环境卫生。

⑥ 查返情、妊娠检查、其他工作。

⑦ 巡视猪群，检查温湿度并调节，下班。

下午：

① 巡视猪群，检查温湿度，并调节。

② 清理料槽、投喂饲料。

③ 观察猪群采食，治疗病猪。

④ 清理卫生。

⑤ 查返情、妊娠检查及其他工作。

⑥ 工作小结、填写报表。

⑦ 巡视猪群，检查温湿度并调节，下班。

（二）妊娠母猪的饲养

（1）妊娠前 80 天的饲养

① 前 21 天（妊娠前期）适当降低饲喂量，促进胚胎着床。

② 21～80 天（妊娠中期）妊娠中期的日饲喂量在限制饲喂的基础上逐渐恢复到正常饲喂量。但需要防止母体过肥，致使胚胎成活率下降。

（2）妊娠 80 天至产前一周（妊娠后期）　此阶段胎儿增重快，绝对增重也高，胎儿体重的 60%～70% 均来自于此阶段。这个时期应给予充足营养，适当增加精料，减少粗料并补足钙磷，保证胎儿正常发育。

（3）产前一周　妊娠母猪在产前一周应转圈到产房，产前 3 天开始减少饲喂量，有条件的在产仔当天可饲喂麦麸汤，这可预防乳汁过浓引起仔猪消化不良和产科问题。

（三）妊娠母猪的管理

（1）巡视　巡视全群状况，及时处理异常情况。

（2）饲喂　妊娠母猪可采用一天两次饲喂，分为早上和下午。饲喂量总体要求是"前低后高"。

（3）查返情　在配种后的 21 天和 42 天左右是母猪返情的表现期，要注意观察母猪是否具有发情特征。

（4）环境卫生　要保证圈舍清洁卫生，防止子宫感染和其他疾病的发生。

（四）注意事项

（1）前期减少应激　在配种后 9～13 天是胚胎着床期，该期内胚胎的死亡率为 20%～45%。如果在此阶段母猪受到较大的外界干扰刺激，会使子宫内的安静状态受到破坏，将影响胚胎的附植，引起部分胚胎着床失败或死亡，影响产仔数。此外，在整个妊娠过程中都应当减少对母猪的刺激，避免母猪受惊而引起流产。

（2）防止母猪咬伤与机械性流产　母猪妊娠期间需要一个安静的环境，在妊娠过程中不宜过多调整圈舍或者合群。在转群过程中不能粗暴，要温和地进行驱赶，避免母猪打架、滑倒、碰撞，防止拥挤和惊吓。

（3）防暑降温　妊娠早期母猪对高温环境的耐受力差。当外界温度长时间超过32℃时，胚胎的死亡率明显增加。因此在高温环境下，母猪产仔数减少，死胎、畸形胎数量明显增多。

（4）及时转圈　配种21天后应从配种舍转到妊娠舍，母猪在产前1周经消毒后从妊娠舍转到产仔舍。特别要及时地查看配种记录，计算预产期，不要让母猪在妊娠舍产仔，以免压死或冻死仔猪。

（5）卫生防疫　此阶段注意定期消毒，产前应注射疫苗和驱虫。

三、哺乳母猪的饲养管理

（一）工作程序

上午：

① 交班，巡视猪群，与下半夜人员一起清点仔猪数目，了解母猪预产情况。

② 检查温湿度状况、饮水器、仔猪保温箱状况并调节至适宜。

③ 清理料槽（未吃完的料可收集饲喂育肥猪）、关注三日龄内小猪，投喂饲料。

④ 观察猪群采食，治疗病猪（给人工助产、产木乃伊的母猪清宫）。

⑤ 间隔1～2小时给三日内小猪喂奶（人工固定奶头）。

⑥ 仔猪补料。

⑦ 环境卫生（随时巡视，及时清除产床上的粪污）。

⑧ 随时接产。

⑨ 与午班人员一起清点仔猪数目，交午班。

中午：

① 交班，巡视猪群，清点仔猪数目，了解母猪预产情况。

② 接产（随时）。

③ 间隔 1 小时给三日内小猪喂奶（人工固定奶头）。

④ 交班。

下午：

① 交班，巡视猪群，清点仔猪数目，了解母猪预产情况。

② 清理料槽、投喂饲料。

③ 观察猪群采食，治疗病猪。

④ 仔猪补料。

⑤ 随时清理卫生。

⑥ 随时接产。

⑦ 及时填写报表。

⑧ 清点仔猪数目，交夜班。

晚上：

① 交班，巡视猪群，清点仔猪数目，了解母猪预产情况。

② 随时接产。

③ 间隔 1 小时给三日内小猪喂奶（人工固定奶头）。

④ 仔猪补料、寒冷时，及时把小猪赶回保温箱。

（二）母猪的分娩

（1）分娩前的准备　在母猪产前一周需准备好产房。产房要彻底清洗、消毒、干燥后备用，准备仔猪保暖设施以及分娩用具。

（2）临产征状　母猪产前 3～5 天，外阴红肿松弛呈紫红色，尾根两侧下陷，乳房胀大，两侧乳头向外开展呈八字形并呈潮红色。一般情况下，当母猪前面的乳头能挤出乳汁，最后一对乳头能挤出浓稠乳汁时，母猪将在 3～4 小时内分娩；当母猪表现起卧不安、频频排尿、在圈内来回走动、阴部流出稀薄的带血黏液时，说明母猪即将产仔。

（3）接产　在接产前应做好接产准备，调节好仔猪保温箱，箱内铺上清洁干燥的垫草、麻袋等。备好干净毛巾、肥皂、消毒用碘酒、剪牙断尾钳、耳号钳以及记录表格等。一般母猪分娩多在夜间，整个接产过程要求保持安静，动作迅速而准确。

① 守候接产　母猪产仔时必须要有人守候，仔猪产出后，接产

人员应立即用毛巾将仔猪口、鼻的黏液掏出并擦净，再将全身黏液擦净。

②断脐　先将脐带内的血液向仔猪腹部方向挤压，然后在距离腹部约4厘米处把脐带用手指掐断，断处用碘酒消毒，若断脐时流血过多，可用手指捏住断头，直到血不再流，或用棉线结扎，放入保温箱。

③剪牙　目的是防止小猪在争夺乳头时用犬齿互相殴斗而咬伤面颊，咬伤母猪乳头或乳房引发感染。方法是：一只手的拇指和食指捏住小猪上下颌之间（即两侧口角），迫使小猪张开嘴露出犬牙，然后用专用牙剪或斜口钳分别剪去上下左右犬牙。剪牙时要注意断面平整，不要伤及齿龈和舌。

（4）仔猪编号　通常采用剪耳缺的方式对仔猪进行编号。常用的方法为群体连续编号法和群体窝号＋个体号法（图13-3）。

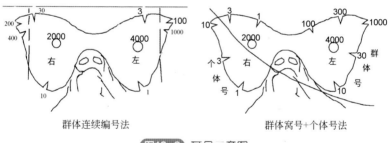

群体连续编号法　　　　　群体窝号＋个体号法

图13-3　耳号示意图

（5）仔猪寄养　当出现母猪产仔数多于有效奶头数时，需将多余仔猪喂完初乳后寄养到产期接近、哺育仔猪数少、奶头有空余的母猪处喂养。

（6）假死仔猪的急救　有的仔猪在产道停留时间较长，产下后呼吸停止，但心脏仍在跳动，称为"假死"。急救办法以人工呼吸最为简便，操作时可将仔猪四肢朝上，一手托着肩部，另一只手托着臀部，然后一屈一伸反复压缩胸腔，直到仔猪发出叫声为止，也可以采用在鼻部涂酒精或倒提拍打等方法。

（7）难产的处理　母猪长时间剧烈阵痛，但仔猪仍不娩出，这时若发现母猪呼吸困难，心跳加快，应实行人工助产。首先采取按压腹部帮助母猪生产的办法，如果不能生产，再采取注射催产素的办法。注射催产素后两小时都不能生产，最好将手洗净，剪去手指甲，磨光，涂抹上肥皂，用手摸，母猪子宫收缩时，强行将仔猪拉出。

（8）及时清理产圈　产仔结束后，应及时将产床、产圈打扫干净，排出的胎衣随时清理，以防母猪因吃胎衣养成吃仔猪的恶癖。

（三）分娩后母猪的护理

（1）分娩后母猪机体抵抗力减弱，要经常保持圈舍的清洁，并及时对母猪外阴部进行清洁。

（2）密切关注胎衣以及恶露的排出情况。猪的恶露很少，初为污红色，以后变为淡白，再成为透明，常在产后2～3天停止排出。对胎衣未排完、恶露较多的母猪及时用抗生素或0.1%的高锰酸钾溶液进行清宫。

（3）给母猪补充质量好、易消化的谷类饲料。供给的饲料不可太多，饲喂量通常在产后8天逐渐恢复正常。

（4）驱赶母猪站立采食。有的体弱母猪不愿采食，结果会导致进一步体弱。要确保每头母猪能够站立采食，对采食不正常的母猪及时进行治疗。

（四）哺乳母猪的饲养

母猪一般在产后一周左右能恢复体力。根据"低妊娠高泌乳"的原则，在哺乳期间母猪饲养中要给予充足的饲料，同时保证饲料能量水平较高，禁止饲喂霉变和不合格的饲料。此外还要保证充足的饮水，以提高泌乳量。

（五）哺乳母猪的管理

（1）巡视　巡视猪群，查看母猪和仔猪的健康状况，确保保温设施完好。

（2）环境控制　产房要保持干燥、安静的环境。在夏季对于哺乳母猪要做好防暑降温工作，因为高温影响母猪采食量，进而影响泌乳。可采用淋浴、使用风扇、开窗、舍顶喷水等方式进行降温。冬季需注意防寒保暖，应关闭门窗、避免贼风，或采用供暖设施增加室内温度。

（3）清洁卫生　哺乳舍一定要保证环境的清洁卫生，通风干燥，增加消毒次数，及时清扫圈舍或产床，做好防疫工作，防止仔猪下痢。

（六）注意事项

（1）冬季做好防寒保暖的同时，应注意适当通风换气。

（2）及时发现并治疗常见炎症，如乳腺炎、生殖道炎症等。

四、饲养母猪常见问题及对策

（一）便秘

母猪饲料中粗纤维含量比肉猪饲料高，为什么粪便却比肉猪的硬呢？因为母猪分娩前后会产生乳房水肿，而肉猪不会。乳房水肿会导致便秘的现象。如不针对乳房水肿来解决问题，而一味地只在母猪饲料中添加高纤维的饲料（如麸皮），结果便秘不但不会改变，还会引发以下问题：一是降低饲料营养；二是占据母猪胃的空间，减少母猪所能摄取的营养；三是使母猪的体温升高，造成能量的浪费，加重母猪分娩后厌食。

（二）缺乳

出生小猪的死亡有 42% 以上是由于母猪缺乳所致，那是什么原因导致母猪缺乳呢？一是乳腺炎、乳房水肿。根据解剖发现，缺乳的母猪其乳腺组织及母猪怀孕后期的乳腺组织皆有水肿迹象。乳房水肿是怀孕母猪必然发生的生理现象，但如果不去注意它，往往会转变为乳腺炎，进而导致缺乳现象的发生。二是毒素，即霉菌毒素及自家疫苗中杂菌所产生的毒素。三是内分泌不平衡，这是怀孕后期胚胎增长等必然发生的生理变化。

（三）难产

难产的预防，一是提供足够的营养给母猪；二是在母猪饲料中添加优良的有机铁，以增加母猪腹部的收缩力；三是降低热应激，如减少饲料中粗纤维的含量等；四是重视分娩舍的消毒；五是分娩前的生

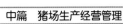

理调整措施。

（四）跛脚

造成跛脚的原因有几点。一是软脚，将母猪圈养在易滑的栏舍，造成母猪条件性的应激紧张，进而使骨骼异常。二是饲料中微量元素的缺乏。三是关节炎。四是蹄裂，原因除了地板粗糙摩擦外，还有就是饲料中生物素缺乏。

五、母猪批次化生产管理技术

（一）技术概述

母猪批次化生产是指利用生物技术并根据母猪群规模按计划分群并组织批次生产，是一种母猪繁殖的高效管理体系。目前批次化生产技术有两种类型。一种是以法国为代表的法国式批次化生产技术，其核心是使母猪繁殖周期同步化。后备母猪采用饲喂烯丙孕素 14～18 天，然后通过公猪诱情的方式判断母猪是否发情；而经产母猪则利用统一断奶的方法来达到同步化的目的，该过程不使用激素处理。这种批次化的技术对母猪营养状况和饲养管理水平有较高的要求。第二种是以德国为代表的德国式批次化生产技术，其过程包括母猪定时输精技术和定时分娩技术。该方法经国内专家团队结合中国猪场实践优化后形成的"简式批次化管理技术"，适用于不同规模及生产水平的猪场。流程简单、生产可控是我国猪场实施批次化生产的主要模式。

批次化生产是相对于连续性生产的一种新型养猪模式，是一项以年、月、周生产计划以及猪生理习性特征为参照进行全进全出、集中式、订单式管理的生产模式，能够实现从配种—分娩—断奶—再配种全场均衡生产，同时员工能够按照既定的工作计划逐一实行，在提高生产效率的同时也便于生产管理与绩效考核。目前在猪场使用较为广泛的为一周一批次、三周一批次、四周一批次。

（二）技术要点

1. 后备母猪发情同期化

对日龄和体重达到配种要求的后备猪，观察到出现三次以上正常发情周期后即可进行同期化处理。母猪断奶前 14～18 天开始对后备母猪饲喂烯丙孕素，断奶当天饲喂后即停止。经过同期化处理的后备母猪在 1 周内发情配种比例可达 70% 以上。见图 13-4～图 13-6。

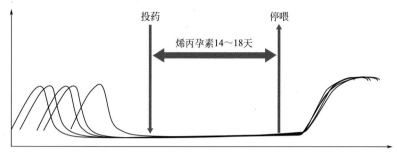

图13-4 后备母猪发情同期化处理示意图

图13-5 后备母猪同期化药物处理1

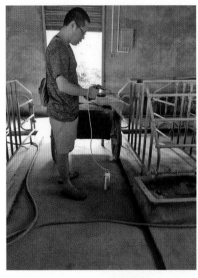

图13-6 后备母猪同期化药物处理2

2. 经产母猪定时输精

定时输精是母猪批次化管理的基础，不同的母猪采用定时输精的程序不同。经产母猪定时输精程序根据母猪的哺乳期长短可分为两种，一种是哺乳期超过四周则选择在上午断奶，24 小时后注射血清促性腺激素（PMSG），56 小时后注射促性腺激素释放激素（GnRH）；哺乳期低于四周的，选择下午断奶，24 小时后注射PMSG，72 小时后注射 GnRH。所有母猪均在下午注射 GnRH 后，间隔 24 小时和 40 小时分别进行一次人工输精。母猪批次化管理操作流程见表 13-10。

表13-10　母猪批次化管理操作流程表

星期	时间	经　　产		后备
		哺乳期＞4周	哺乳期＜4周	
周三	下午			15：00 饲喂14～18天烯丙孕素
周四	上午			
	下午		断奶	停止饲喂烯丙孕素

续表

星期	时间	经 产		后备
		哺乳期＞4周	哺乳期＜4周	
周五	上午	断奶		注射 PMSG
	下午		注射 PMSG	
周六	上午	注射 PMSG		
	下午			
周日	上午			
	下午			
周一	上午			
	下午	注射 GnRH	注射 GnRH	注射 GnRH
周二	上午			
	下午	输精1	输精1	输精1
周三	上午	输精2	输精2	输精2
	下午			

3. 母猪同期分娩

母猪的妊娠期平均为111～117天。间隔时间长，产仔时间的不确定性，使得接产工作、仔猪的护理和寄养较为困难。为了更好地促进母猪集中分娩，在母猪妊娠113天上午9：00肌内注射氯前列醇钠进行诱导，在母猪开始分娩后注射2毫升催产素可大大缩短母猪产程，减少死胎比例。

（三）猪场实施母猪批次化生产管理的优势

① 经产母猪的集中断奶以及后备猪发情同期化，有利于猪场集中进行人工授精。

② 母猪集中产仔有利于仔猪护理和寄养，提高产房仔猪存活率。

③ 有利于提高母猪的繁殖性能，减少母猪非生产天数。

④ 有计划的集中工作，有利于劳动力的合理配置，提高工作效率。

⑤ 批次化生产有利于疫苗免疫管理和猪群疾病防控。

⑥ 猪群有计划的生产和出售，有利于生产的均衡性和生物安全防护。

母猪同期分娩见视频 13-3。

视频13-3 母猪
同期分娩

第六节　哺乳仔猪的饲养管理技术

一、哺乳仔猪的生理特点

① 调节体温机能不完善，体内能量贮备有限。

② 消化器官不发达，消化机能不完善。

③ 缺乏先天免疫力，抵抗疾病能力差。

④ 生长发育迅速，新陈代谢旺盛。

二、饲养管理

（一）过好初生关

1. 早喂初乳，固定乳头

仔猪出生后应尽快喂初乳，最晚不宜超过两小时。早吃初乳可尽早得到营养补充，有利于恢复体温；另外仔猪在出生 36 小时内可通过肠壁完全吸收初乳中的免疫球蛋白。一般出生三天后仔猪就会固定奶头，对个别弱小仔猪可通过人工辅助让其吮吸并固定于靠前的乳头。

2. 加强保温、防冻防压

初生仔猪体温调节的机能不完善，对寒冷的抵抗力差，温度要求较高。在 1～3 日龄时适宜温度为 30～32℃，4～7 日龄为 28～30℃，15～30 日龄为 22～25℃。低温会引起仔猪感冒、肺炎或被冻死，同时初生仔猪活动不灵活，容易发生被母猪踩死或压死的情况，一般前三天将应母仔分开，将仔猪关在保温箱内，每 2 小时左右放出吃奶，吃奶后将仔猪捉回保温箱。与此同时应着重加强产仔舍的巡视，及时阻止踩死、压死情况的发生。

3. 选择性寄养

当仔猪数超过母猪抚育能力，母猪出现疾患、无乳、产仔数较少等情况时，应尽早对仔猪进行寄养，寄养方法有以下几种：

（1）母猪乳量不足，胎产过多，仔猪发育不均，可挑个别强壮仔猪选择性寄养。

（2）母猪缺乳，母性差，体弱，有恶癖，或母猪产仔数较少（寄养后的母猪继续发情配种，提高母猪利用率），可将全窝仔猪寄养。

（3）当两窝产期相近且仔猪都发育不均时，按仔猪体形大小分为两组，较弱的一组仔猪交由乳汁多而质量高、母性好的母猪哺育，另外一头母猪哺育剩下一组。

寄养时的注意事项及措施如下：

（1）寄养仔猪的生产日期一致或相近，一般不超过3～5天。后产的仔猪向先产的窝里寄养时，要挑选猪群里体大的寄养，先产的仔猪向后产的窝里寄养时，则要挑体重小的寄养，以避免仔猪体重相差较大，影响体重小的仔猪生长发育。

（2）被寄养的仔猪一定要吃初乳。仔猪吃到充足的初乳才容易成活，如因特殊原因仔猪没吃到生母的初乳时，可吃养母（奶妈）的初乳。

（3）有病的仔猪不寄养。

（二）及时补铁、补硒

补铁、补硒时间一般在3日龄内，较常用的是深部肌内注射。补铁、补硒后可明显改善仔猪生长状况，提高仔猪的增重和育成率。

（三）尽早补饲

仔猪早期补饲能够促进消化器官发育，增强消化功能；提高断奶重和成活率，经济效益显著。经补饲的仔猪消化器官发育良好，体质好，抗病力强。

（1）补料时间　7日龄左右。

（2）补料方法

① 自由择食法　将诱食料放在仔猪经常经过的地方，任其自由拣食。

② 强制诱食法　将诱食料调成稀糊状，涂抹于仔猪嘴唇或舌头上，任其舔食。

（四）适时去势

去势时间不固定。很多集约化猪场在10日龄左右去势，优点是应激反应相对比较小，出血量少，不易感染疫病且劳动强度低，也可调整在断奶前 1 周。

（五）疾病预防

1. 卫生

饲养员在巡视过程中应随时清除母猪的粪便，每日清除产床下面的饲料和粪便，保持产床干爽卫生。

2. 预防腹泻

仔猪腹泻在猪场发生率很高，危害很大，病愈后仔猪往往生长发育不良，增重明显下降。发生腹泻的原因是由于环境的污染、寒冷的气候、消化不良、病原微生物的感染等。因此要保证圈舍的清洁卫生，做好保温工作，开食阶段要采用正确的方法及投喂量，加强消毒，提前预防。

3. 免疫

应按照本场的免疫程序做好各种疫苗的预防注射。

（六）断奶

1. 时间

传统仔猪的断奶时间在 8 周龄左右，就是平常说的双月断奶，现代集约化养猪常采用 3～5 周龄断奶。

2. 方法和程序

（1）一次性断奶法　即到断奶日龄时，一次性将母仔分开。具体可采用将母猪赶出原栏，留全部仔猪在原栏饲养。此法简便，并能促使母猪在断奶后迅速发情。不足之处在于突然断奶，母猪容易发生乳腺炎，仔猪也会因突然受到断奶刺激而影响生长发育。因此，断奶前应注意调整母猪的饲喂量，降低泌乳量；细心护理仔猪，使之适应新的生活环境。

（2）分批断奶法　将体重大、发育好、食欲强的仔猪及时断奶，而让体弱、个体小、食欲差的仔猪继续留在母猪身边，适当延长其哺乳期，以利弱小仔猪的生长发育。采用该方法可使整窝仔猪都能正常生长发育，避免出现僵猪。但断奶期拖得较长，影响母猪发情配种。

（3）逐渐断奶法 在仔猪断奶前4～6天，把母猪赶到离原圈较远的地方，然后每天将母猪放回原圈数次，并逐日减少放回哺乳的次数，第1天4～5次，第2天3～4次，第3～5天停止哺育。这种方法可避免引起母猪乳腺炎或仔猪胃肠疾病，对母、仔猪均较有利，但较费时、费工。

（4）间隔断奶法 仔猪达到断奶日龄后，白天将母猪赶出原饲养栏，让仔猪适应独立采食；晚上将母猪赶进原饲养栏（圈），让仔猪吸食部分乳汁，到一定时间全部断奶。这样，不会使仔猪因改变环境而惊惶不安，影响生长发育，既可达到断奶目的，又能防止母猪发生乳腺炎，但较费时、费工。

3. 注意事项

（1）限量饲喂 断奶后1周一定要控制采食量，否则会引起腹泻病或水肿病。

（2）防止应激 环境突然改变或饲料的突然改变都会引起腹泻病或水肿病。因此应在断奶后1周左右再缓慢把乳猪料更换为仔猪料。

（3）在断奶日将母猪赶往配种舍，仔猪不转移，减少应激。

（4）加强断奶仔猪的保暖工作。

（5）在3～4天后将仔猪转群到仔猪保育舍，适当控制饲喂量，3～4天后恢复自由采食。

第七节　保育猪饲养管理技术

一、进猪前的各项准备工作

（一）检查保育舍设施

在进猪前应对圈栏、食槽、饮水器进行检查修缮，确认完好后才能正常使用。此外冬季还应准备好保温板、保温灯或其他保温设施。

（二）保育舍消毒

圈舍进猪之前应进行彻底的清洗消毒，干燥 3 天备用。常用的消毒方式有甲醛溶液熏蒸消毒，火焰喷射消毒，双季铵盐或双季铵盐络合物、过氧乙酸、3%～5% 火碱消毒法等。

（三）调整保育舍温湿度

温度对疫病流行的影响程度很大。低温期的温度多变可显著降低仔猪的抗病力，保育舍的适宜温度为 21℃。湿度过大会引起猪只腹泻、皮炎等疾病，湿度过小舍内的粉尘会加大，危害猪只的呼吸道，易引发呼吸系统疾病，所以湿度在 65%～75% 较为适宜。

二、分群与调教

（一）分群

刚断乳的仔猪一般要在原来的圈舍内待 3～7 天再转入保育舍，在分群时按照尽量维持原窝同圈、大小体重相近的原则进行，个体太小和太弱的单独分群饲养。这样有利于仔猪情绪稳定，减轻因混群产生紧张不安的刺激，减少因相互咬斗而造成的伤害，有利于仔猪生长发育。同时做好仔猪的调教工作。刚断乳转群的仔猪因为从产房到保育舍新的环境中，其采食、睡觉、饮水、排泄尚未形成固定位置，如果栏内安装料槽和自动饮水器，其采食和饮水经调教会很快适应。

（二）调教

仔猪赶进保育舍后，前几天饲养员就要调教仔猪区分睡卧区和排泄区。假如有小猪在睡卧区排泄，这时要及时把小猪赶到排泄区，并把粪便清理到排泄区，且将睡卧区清洗干净。饲养员每次在清扫卫生时，要及时清除休息区的粪便和脏物，同时留一小部分粪便于排泄区。经 3～5 天的调教，仔猪就可形成固定的睡卧区和排泄区，这样可保持圈舍的清洁与卫生。

三、饲养管理

（一）工作程序

上午：

① 巡视猪群。

② 检查温湿度状况、饮水器状况以及其他设施设备并调节至适宜。

③ 清理料槽及时添加饲料、保证自由采食。

④ 观察猪群采食，治疗病猪。

⑤ 环境卫生。

⑥ 添足饲料、巡视猪群，检查温湿度并调节，下班。

下午：

① 巡视猪群。

② 检查温湿度状况、饮水器状况并调节至适宜。

③ 清理料槽及时添加饲料、保证自由采食。

④ 观察猪群采食，治疗病猪。

⑤ 环境卫生。

⑥ 工作小结、填写报表。

⑦ 添足饲料、巡视猪群，检查温湿度并调节，下班。

（二）饲养方式

1. 原窝同圈饲养法

将断奶后的整窝仔猪转移到保育舍，不进行并圈，可有效防止互相打架撕咬，造成伤害或死亡，但圈舍利用率不高。适宜于规模较小的猪场使用。

2. 小单元大圈饲养法

将断奶日期相近的几窝仔猪合并到一个小单元大圈中饲养，进行自由采食。该法可提高圈舍利用率，降低劳动强度，还可以利用猪的群食性提高采食量。这种方法适合于规模较大，同期仔猪多的猪场采用。

3. 保育猪的喂料

保育猪是以自由采食为主，保持料槽都有饲料。当仔猪进入保育舍后，先用代乳料饲喂 1 周左右，也就是不改变原饲料，以减少饲料变化引起的应激，然后逐渐过渡到保育料。过渡最好采用渐进性方式（即第 1 次换料 25%，第 2 次换料 50%，第 3 次换料 75%，第 4 次换料 100%，每次时间 3 天左右）。饲料要妥善保管，以保证喂料时饲料仍然新鲜。为保证饲料新鲜和预防角落饲料发霉，应及时查看料槽并及时清理被污染的饲料。

4. 保育猪的饮水

水是猪每天食物中最重要的营养。仔猪转群到保育舍后，前 3 天每头仔猪可饮水 1 千克，4 天后饮水量会直线上升，至 10 千克体重时日饮水量可增加到 1.5～2 千克。饮水不足，猪只的采食量会降低，猪的生长速度可降低 20%。高温季节，保证猪的充分饮水尤为重要。天气太热时，仔猪将会因抢饮水器而咬架，有些仔猪还会占着饮水器取凉，使别的小猪不便喝水，还有的猪喜欢吃几口饲料又去喝一些水，往来频繁。所以如果一栏内有 10 头以上的猪应安装 2 个饮水器，按 50 厘米距离分开安装，以保证仔猪随时都可饮水。仔猪断乳后为了缓解各种应激，通常在饮水中添加葡萄糖、钾盐、钠盐等电解质或维生素、抗生素等药物，以提高仔猪的抵抗力，降低发病率。

5. 密度大小

在一定圈舍面积条件下，密度越高，群体越大，越容易引起拥挤和饲料利用率降低。但在冬春寒冷季节，若饲养密度和群体过小，会造成小环境温度偏低，影响仔猪生长。圈舍采用漏缝或半漏缝地板，每头仔猪占圈舍面积为 0.3～0.5 平方米。密度高，则有害气体如氨气、硫化氢等的浓度过大，空气质量变差，猪就容易发生呼吸道疾病，因而保证空气质量是控制呼吸道疾病的关键。

四、注意事项

（一）保温控制

冬季应正确运用保温设备，做好仔猪特别是刚断乳 10 天内的仔猪的保温。保温设备有多种形式：预埋水管电加热系统、地面预埋低温电热丝、250～300 瓦红外线灯泡等，但均耗电量大、维修难度也大。如能利用沼气做成较理想的保温设备，利用沼气热能，通过热水管，因地制宜为仔猪设计出清洗方便、耐用、节能、恒温的保温板，价格便宜又环保，应该是猪场在保温节能方面要努力的方向。

（二）通风控制

氨气、硫化氢等污浊气体含量过高会使猪肺炎的发病率升高。通风是消除保育舍内有害气体和增加新鲜空气的有效措施。但过量的通风会使保育舍内的温度急剧下降，这对仔猪也不适合。生产中，应灵活调节保温和换气，做到两者兼顾。高温多换气，低温则先保温再换气。

（三）适宜的温湿度

保育舍环境温度对仔猪影响很大。有关资料表明，寒冷天气下，仔猪肾上腺素分泌量大幅上升，免疫力下降，生长滞缓，而且下痢、胃肠炎、肺炎等的发生率也随之增加。要使保育猪正常生长发育，必须创造一个良好、舒适的生活环境。保育猪最适宜的环境温度：21～30日龄为28～30℃，31～40日龄为27～28℃，41～60日龄为26℃，以后温度为24～26℃。生产中，当保育舍温度低于20℃时，应给予适当升温。保育舍内要安装温度和湿度计，随时了解室内的温度和湿度。总之要根据舍内的温、湿度及环境的状况，及时开启或关闭门窗及卷帘。

（四）疾病的预防

1. 做好卫生

每天都要及时打扫地板上仔猪的粪便。保育栏高床要保持干燥，不能用水冲洗。湿冷的保育栏极易引起仔猪下痢，走道也尽量少用水冲洗，保持整个环境的干燥和卫生。如有潮湿，可撒些白灰。刚断乳的小猪高床下可减少冲粪便的次数，即使是夏天也要注意保持干燥。

2. 消毒

在消毒前首先将圈舍彻底清扫干净，包括猪舍门口、猪舍内外走道等。所有猪和人经过的地方每天都要进行彻底清扫。消毒包括环境消毒和带猪消毒，要严格执行卫生消毒制度。平时猪舍门口的消毒池内放入火碱水，每周更换 2 次。冬天为了防止结冰，可以使用干的生石灰进行消毒。转舍饲养的猪要经过"缓冲间"消毒。带猪消毒可以用高锰酸钾、过氧乙酸、菌毒消或百毒杀等，于猪舍进行喷雾消毒，每周至少 1 次，发现疫情时每天 1 次。注意消毒前先将猪舍清扫干净，冬季趁天气晴朗暖和的时间进行消毒，防止给仔猪造成大的应激，同时消毒药要交替使用，以避免产生耐药性。

3. 保健

刚转到保育舍的小猪一般采食量较小，甚至一些小猪刚断乳时根本不采食，所以在饲料中加药保健往往达不到理想的效果。饮水投药则可以避免这些问题，而达到较好的效果。

4. 免疫与接种

各种疫苗的免疫注射是保育舍最重要的工作之一。注射过程中，一定要先固定好仔猪，然后在准确的部位注射，不同类的疫苗同时注射时要分左右两边注射，不可打飞针。每栏仔猪要挂上免疫卡，记录转栏日期、注射疫苗情况，免疫卡随猪群移动而移动。此外，不同日龄的猪群不能随意调换，以防引起免疫工作混乱。在保育舍内不要接种过多的疫苗，主要是接种猪瘟、猪伪狂犬病以及口蹄疫疫苗等。对出现过敏反应的猪要将其放在空圈内，防止其他仔猪挤压和踩踏，等过一段时间待其慢慢恢复过来。若出现严重过敏反应，则肌注肾上腺激素进行紧急抢救。

第八节　生长育肥猪饲养管理技术

一、生长育肥猪饲养

采用自由采食，充分发挥猪只生长潜力。根据当地饲料资源、生长育肥猪的营养需要和饲养标准科学搭配日粮。彻底改变那种有啥喂啥的传统方法，实行全价饲养，合理、科学调制饲料。

二、生长育肥猪的管理

（一）工作程序

上午：

① 巡视猪群。

② 检查温湿度状况、饮水器状况并调节至适宜。

③ 清理料槽及时添料、保证自由采食。

④ 观察猪群采食，治疗病猪。

⑤ 打扫环境卫生。

⑥ 添足饲料、巡视猪群，检查温湿度并调节，下班。

下午：

① 巡视猪群。

② 检查温湿度状况、饮水器状况并调节至适宜。

③ 清理料槽及时添料、保证自由采食。

④ 观察猪群采食，治疗病猪。

⑤ 打扫环境卫生。

⑥ 工作小结、填写报表。

⑦ 添足饲料、巡视猪群，检查温湿度并调节，下班。

（二）转群与调教

转群的过程中要有耐心，组织人员进行协调配合赶猪，避免对猪只的暴力行为，对合入群体的猪只可用香精、消毒液对猪体进行喷雾，夜间进行可有效防止打架撕咬的情况出现。猪群转入育肥舍的最初几天，必须做好调教工作。每天清扫猪舍，定期清洗、消毒，经常保持猪舍干燥卫生。

（三）防病及驱虫

对于生长育肥猪而言疾病的发生率已有所减少，但也不能掉以轻心。应保持环境清洁卫生，注意对舍内气候的调节，加强对疾病的防控。驱虫是生长育肥猪管理的重要事项，应认真对待。驱虫时间为：仔猪在 45～60 日龄时进行第一次驱虫，以后 2～3 个月驱一次。

（四）环境卫生

必须注意猪场绿化，及时清除粪污，保持猪舍通风良好，做好清洗、消毒工作。

（五）防暑降温

生长育肥猪的适宜环境温度为16～23℃，前期为20～23℃，后期为16～20℃。在此范围内，猪的增重最快，饲料转化率最高。常有说法是，小猪怕冷大猪怕热。因此夏季要防止猪舍暴晒，保持通风，勤冲洗圈舍和给猪淋浴，尽力做好防暑降温工作。

三、注意事项

（一）圈养密度和圈舍卫生

圈养密度越大，猪呼吸排出的水汽量越多，粪尿量越大，舍内湿度也越高；舍内有害气体、微生物数量增多，空气卫生状况恶化；猪的争斗次数明显增多，休息时间减少，从而影响猪的健康、增重和饲料利用率。降低圈养密度虽可提高猪的增重速度和饲料利用率，但圈养密度太小也是不经济的。另外，当圈养密度相同而每圈养猪头数不同时，育肥效果也不同，每圈头数越多，猪的增重越慢，饲料利用率越低。实践证明，15～60千克的肉猪每头所需面积为0.6～1.0平方米，60千克以上的育肥猪每头需0.9～1.2平方米，每圈头数以10～20头为宜。在我国北方，由于平均气温低，气候较干燥，可适当提高饲养密度；在南方的夏季，由于气温较高、湿度大，则应适当降低饲养密度。

圈舍卫生状况对猪的生长、健康有一定影响。猪舍要清洁干燥、空气新鲜。应每天清除被污染的垫草和粪便，在猪躺卧的地方铺上干燥的垫草。要定期对猪舍进行消毒。

（二）舍内有害气体、尘埃与微生物

由于猪的呼吸、排泄以及排泄物的腐败分解，不仅使猪舍空气中的氧气含量减少，二氧化碳含量增加，而且产生了氨、硫化氢、甲烷等有害气体和臭味。高浓度的氨和硫化氢可引起猪的中毒，发生结膜炎、支气管炎、肺炎等。通常情况下虽然达不到中毒程度，但对猪的健康和生产力均有不良影响。舍内二氧化碳含量过高、氧气含量相对不足时，会使猪精神萎靡，食欲下降，增重缓慢。为此，猪舍中氨浓度的最高限度为 26 毫升／米^3，硫化氢含量以 6.6 毫升／米^3 为限，二氧化碳应以 0.15% 为限，改善猪舍通风换气条件，及时处理粪尿，保持适宜的圈养密度。尘埃可使猪的皮肤发痒以至发炎、破裂，对鼻腔黏膜有刺激作用；病原微生物附着在灰尘上易于存活，对猪的健康有直接影响。因此，必须注意猪场绿化，保持猪舍通风良好，做好清洗、消毒工作。

第十四章

猪场粪污及废弃物处理

chapter fourteen

随着国家对生态环境的不断重视，以及"一控两减三基本"战略目标的深入推进实施，作为农村面源污染重要因素的畜禽废弃物受到越来越多的重视与关注。据测算 2015 年全国畜禽粪尿产生总量约为 36.2 亿吨，其中生猪粪尿产生量约 13.6 亿吨，占全年畜禽粪尿产生的 37.4%。

根据《畜禽养殖废弃物管理术语》（GB/T 25171—2010）中的定义，生猪养殖废弃物是指生猪养殖过程中产生的废弃物，包括粪、尿、垫料、冲洗水、动物尸体、饲料残渣和臭气、医疗废弃物、生活垃圾等，其中最主要的养殖废弃物是生猪日常生产产生的粪便和养殖污水。

从 2001 年开始，国家围绕废弃物的管理、防治等出台发布了一系列相关政策。2014 年的《畜禽规模养殖污染防治条例》是我国农村和农业环保领域第一部国家级行政法规，是农业农村环保制度建设的里程碑。2015 年国家和相关部委又接连出台了《全国"十三五"现代农业发展规划》《全国农业可持续发展规划（2015—2030）》《水污染防治行动计划》《关于推进农业废弃物资源化利用试点的方案》《关于打好农业面源污染防治攻坚战的实施意见》《关于促进南方水网地区生猪养殖布局调整优化的指导意见》《国务院办公厅关于加快推进畜禽养殖废弃物资源化利用的意见》《畜禽养殖禁养区划定技术指南》。

第一节　猪场污染源

猪场在生产运营过程中产生的主要污染物有猪粪尿、污水、毛发、皮屑、尸体、废弃垫料、有害气体、粉尘、噪声等，这些物质处理不当都可对环境造成严重的污染，而猪场粪便和污液是造成畜牧业养殖污染的重要原因。因此，对猪场废弃污物的综合利用和无害化处理已逐渐成为相关环保、管理、科研部门的热点和难点问题。近几年来，许多地方推广猪场废弃物的无害化处理综合利用技术，将粪便与污液变成燃料和肥料，效果显著。

一、猪场环境污染的后果

（一）造成水体污染

猪粪尿及清洗污水的 COD（化学耗氧量）、BOD（生物耗氧量）都较高，会对周围水体形成有机物质污染。猪场污水富含营养物质，直接排入自然水体或渗透进地下水层，可引起水体富营养化，有机质腐败分解产生 NH_3、H_2S 等有毒有害气体，水质会进一步恶化，致使水体中生态平衡遭到破坏；猪饲料中含有铅、砷等有毒物质，这些物质如果处理不完全，则会在生态系统中产生"生物富集"效应，通过食物链直接影响到人类生存。

（二）造成土壤污染

土地消纳能力具有一定的限度。当过多的污染物进入土壤时，土壤中的微生物等分解不了，则发挥不了自净作用，最终会造成土壤氮、磷、重金属等超标，降低土地品质，严重的情况下致使耕地废弃。

（三）造成大气污染

养猪生产过程中产生的气体、粪污及其他废弃物产生的气体中含有大量的有害物质，如 H_2S、CO、NH_3 等。当这些有毒气体量达到一定程度时，不仅会对生产产生不利影响，同时也会危害人体健康。养猪生产过程中产生的尘埃进入大气中，可被人、猪直接吸入呼吸道和肺，而且尘埃也是微生物附着物，带有病菌的尘埃可传播疾病。这些有毒有害气体和尘埃等处理不好都会对周围大气产生严重污染。

二、环境污染产生的原因

（一）猪场经营模式和规模的变化

20世纪80年代以前，我国养猪以散养为主，产生的粪污直接被用作农田肥料。随着时代的发展和国家政策的变化，近30年来养猪已经形成产业化模式，而且规模越来越大，逐渐出现猪场形成的大量污染物严重超过周围环境消纳量的情况。

（二）农业用肥方式的转变

随着化工行业的飞速发展，农民转用价格低廉、使用方便的化肥。加上大量农民进城务工，劳动力大量降低，使农民更多地倾向于逐渐抛弃农家肥（主要是猪粪肥），转而大量使用化肥。

但是，随着土地施用化肥产生板结状况的出现，我国农业部门已经开始注重、倡导使用农家肥，但是对猪粪处理不当，就会污染环境，造成畜产公害。

（三）兽药及添加剂的滥用

猪场无节制地使用微量元素添加剂，使粪便中含有大量的 Zn、Cu 等金属元素，这些对环境造成严重污染。兽药的滥用致使药物在粪便和尿液中残留量严重超标。这些有毒有害物质在量少的情况下不会对周围大气、水体、土壤产生危害，一旦过量则会对环境造成严重的污染，而且有可能不可恢复。

（四）粪污处理工艺及其他原因

1. 清粪工艺

我国规模化猪场目前采用的清粪工艺主要有水冲粪、水泡粪、干清粪等。有些规模化场依旧采用水冲清粪和水泡粪的方法，这样就埋下了污染环境的祸根。干清粪方式是目前提倡采用的方式，其用水量较水冲粪及水泡粪减少 60%～70% 和 40%～50%，并且可以有效地减少 COD_{cr}、BOD_5 等含量。

2. 饲喂模式

饮水系统设计和饲槽设计对污水产生量有着重要的影响。目前大多数猪场采用的是乳头式饮水器。但是到了夏季，猪只为了防暑降温，咬着乳头不放，造成浪费，致使污水量增多。

3. 生产管理水平

实际生产过程中影响生猪生产管理的主要因素有饲料营养水平、饲养管理水平。合理的分级饲喂阶段，搭配不同的营养水平，可以有效地提高养分利用率。饲养管理上现在比较好的是"阶段饲喂法"，可以减少氮排泄量 8.5%。猪场废弃物产生环节见表 14-1。

表 14-1　猪场活动与废弃物产生

主要活动	产生的废弃物
圈舍清扫、消毒	粪便、污水
饲喂、饮水	饲料残渣、污水
疫病治疗	兽医医疗废弃物
饲料加工处理	飞尘、包装口袋
母猪繁殖	粪便、胎衣、仔猪尸体等
育肥猪生产	粪便、污水、病死猪
餐饮、住宿	生活垃圾

三、污染物质

生猪养殖场通常根据污染物的形态，可将其分为固体废弃物、液体废弃物和气体废弃物三部分。其中固体废弃物包括生猪养殖过程中产生的猪粪、猪只尸体、胎衣以及饲料残渣等。液体废弃物包括猪只尿液，生产饮水，浪费用水，圈舍清洁、消毒等冲洗用水，圈舍降温用水以及员工生活污水等。气体废弃物包括生猪养殖生产产生的粪尿臭气等。

粪便的直观形态受到含水量的影响，根据水分含量的多少，生猪粪便以固体和液体两种形态存在。如果按照粪便中固体物含量多少再进行细分，生猪粪便形态可进一步细分为固体、半固体、粪浆和液体，四种形态的固体物含量标准分别为 > 20%、10%～20%、5%～10%、< 5%。粪便中的粗蛋白、粗脂肪、粗纤维和无氮浸出物等都主要来源于未消化的饲料蛋白，其含量的高低主要与饲料中相应营养元素的含量以及猪只对其的消化吸收程度直接相关。

　　生猪粪便内含有粗蛋白质、脂肪类、有机酸、纤维素、半纤维素以及无机盐，其中氮含量较多，碳氮比例较小，一般容易被微生物分解，释放出可为作物吸收利用的养分。猪粪便中物质及含量分别见表14-2、表14-3。

表14-2　猪粪便中物质及含量（占干物质百分比）

营养成分/%	干物质/%	粗蛋白/%	粗纤维/%	钙/%	磷/%	灰分/%	总消化养分/%
含量	90	19	17	3.5	2.6	17	45

　　生猪粪便和污水中含有的较多的有机质、氮、磷、COD、BOD、NH_3-N，且根据不同的生产工艺，其含量存在较大差别。如果不经过处理，直接排放会对周边的环境产生严重影响。

表14-3　生猪养殖场粪污成分

成分	含量
pH	7.5～8.1
SS	1500～12000（毫克/升）
BOD_5	2000～6000（毫克/升）
COD_{cr}	5000～10000（毫克/升）
氯化物	100～150（毫克/升）
氨氮	100～600（毫克/升）
亚硝酸盐	0（毫克/升）
硝酸盐	1.0～2.0（毫克/升）
细菌总数	$1×10^5$～$1×10^7$（个/升）
蛔虫卵数	5.0～7.0（个/升）

第二节 猪场污染物治理的基本技术模式

一、猪场污染防治基本思路

猪场污染防治应遵循"资源化、生态化、无害化、减量化"的原则，力求从源头减少污染，最大限度地实现养猪业废弃物的资源化和综合利用。根据猪场的具体情况，采取不同的技术模式，兼顾环境效益和经济效益，提高项目的投资收益率，以较低成本解决环境污染，推动新型生态养殖模式的健康发展。

关于畜禽粪污资源化利用，2017年国务院印发《国务院办公厅关于加快推进畜禽养殖废弃物资源化利用的意见》国办发［2017］4号。随后原农业部制定了《畜禽粪污资源化利用行动方案2017—2020年》，主要目标是到2020年，建立科学规范、权责清晰、约束有力的畜禽养殖废弃物资源化利用制度，构建种养循环发展机制，全国畜禽粪污综合利用率达到75%以上，规模养殖场粪污处理设施装备配套率达到95%以上。养殖场作为主体责任承担者，必须要建设粪污处理利用配套设施，已建设的场要对现有基础设施进行改造升级，2020年完成粪污资源化利用目标。上述规划、意见和技术指南，围绕畜禽养殖污染的源头减量、过程控制、资源化利用等环节，初步构成了较为系统的我国畜禽养殖污染防治政策体系，对有效解决畜禽养殖污染问题提供了政策支撑与路径。

二、猪场废弃物处理的基本技术模式

（一）沼气生态模式

该模式依靠现代化的设备组成比较完善的处理系统，将猪粪便经过一系列的生物发酵处理，产生沼气，最大限度地回收能源，以能源开发（供热、发电）为核心，以沼渣、沼液的还田利用为纽带，以多种园艺种植利用为依托，大幅度提高养猪业废弃物综合利用效益，消除猪场废弃物产生的环境污染。

（二）种养平衡模式

在耕地较多的地方，遵循生态学的原理，通过按土地规模确定猪场养殖规模，以土地消纳猪场粪便，制定并实施科学规划，用猪场粪便作为种植业有机肥料供应源，将猪场粪便密闭存放、腐熟后就地还田。

（三）土地利用模式

该模式是建立有机肥厂，依靠简单设备，将猪场粪便干湿分离，将其中的干物质进行堆肥发酵，生产商品有机肥，销售到更远的地区。实现在更大区域内的种养平衡。再利用天然或人工的湿地、厌氧消化系统对污水进行净化处理。通过资源化处理猪场粪便和污水，实现猪场养殖环境效益和经济效益的双赢。

（四）达标排放模式

对于那些耕地少、土地消纳量小，又不具备沼气发电或生产有机肥条件的地方，而当地必须就地发展养猪业的区域，则须建设污水处理工程，对集约化养猪场产生的废水进行工程化处理，实现达标排放，产生的固体废弃物应按照有关法规、标准综合利用生产有机肥或进行减量化、无害化处理和处置。

（五）沼气环保模式

对于处在大城市周边，必须就地发展且规模很大的养猪场，则须对产生的粪便干湿分离，粪便进行微生物发酵制成沼气供热或发电，同时建设污水处理工程对污水进行工程化处理，实现达标排放；也可将固体粪便生产商品有机肥。

以上五种模式中，土地利用模式或种养平衡模式资金投入相对最小；沼气生态模式的投入产出比最大，经济效益、环境效益较明显；而达标排放模式主要目的是实现污染物达标排放，资金投入较大，经济效益较低。

不同模式的比较分析见表14-4。

表14-4　不同模式的比较分析

类别	适用地区	优点	缺点
沼气生态模式	周边有农田、果林、鱼塘或水生植物的畜禽场	占地少、能源回收率和资源综合利用率高，经济效益较好，不产生环境污染	前期投资较大，对操作人员技术要求高
种养平衡模式	在远离城市、经济落后、有足够土地，常年种植施肥量大的作物（如蔬菜、瓜果等），养殖规模以猪出栏数计算在2万头以下养殖场（区）	投资少、无需专人管理	需要大面积的土地，粪肥施于农田时要选择合适时机，且粪肥用量受到限制，可能污染地下水并对大气产生一定的污染
土地利用模式	离城市较远，气温较高，有足够的土地，地价较低、有滩涂、荒地、林地或低洼地可作废水湿地处理系统的地区。一般要求养殖规模以猪出栏数计算在5万头以下	投资少、运行费用低、不耗能	占地面积大，能源回收率低，可能污染地下水
达标排放模式	大中城市周围，经济比较发达，土地紧张，粪便产生量较大的养殖场（区）	污水排放完全达到国家标准	投资较大，运行费用高，经济效益低
沼气环保模式	大城市周边经济发达，土地紧张，养殖规模大，粪便产生量很大	污水达标排放，可生产有机肥，又可生产沼气，供热或发电	投资很大、运行费用高，对操作人员技术要求很高

三、猪场废弃物处理的工艺流程

工艺流程见图14-1～图14-5。

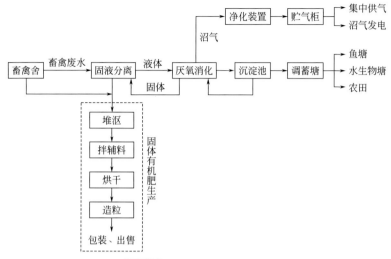

图14-1　沼气生态模式流程图

图14-2　种养平衡模式流程图

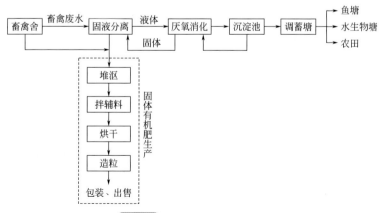

图14-3　土地利用模式流程图

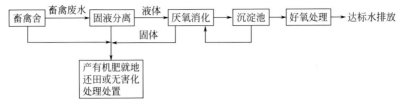

图14-4 达标排放模式流程图

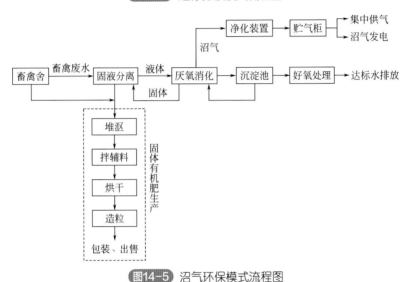

图14-5 沼气环保模式流程图

第三节 猪场固体粪污处理与利用技术

一、主要清粪工艺

目前生猪规模养殖场主要清粪方式有刮粪板、水冲粪、干清粪、水泡粪、垫料清粪等清粪方式，其中生猪规模养殖场以机械干清粪、水泡粪和发酵床清粪为主，非规模养殖场以水冲粪和人工干清粪的方式较为常见。

（1）水冲粪 这种猪粪污的收集方式是 20 世纪末从欧美国家引进的，当时算是比较先进的猪粪收集方式。该方式能及时、有效地清除畜舍内的粪便、尿液，保持畜舍的环境卫生，减少粪污清理过程中的劳动力投入，提高养殖场的自动化管理水平，夏季还有较好的降温效果。此方式有两种模式：一种方法是粪尿污水混合进入缝隙地板下的粪沟，每天数次从沟端的水喷头放水冲洗，粪水顺粪沟流入粪便主干沟；第二种为改良后的模式，即建造猪舍时，猪舍地面建设一定的坡度，粪沟设在坡面的最低处，清理猪舍粪便时，直接用水冲洗猪舍地面，猪的粪尿随冲洗水直接进入排粪沟流走。其优点是可保持猪舍内环境的清洁，劳动强度较小，劳动效率较高；缺点在于耗水量大。据测算一个万头猪场采用水冲粪方式每天需要消耗大约 250 立方米的水资源。此外，用水冲粪造成最终需处理的污染物的浓度较高，会增加后端污染处理的难度。

（2）干清粪 干清粪方式能够及时、有效地清除猪舍内的粪便、尿液，保持畜舍的环境卫生，减少粪污清理过程中的用水、用电，保持固体粪便的营养物，提高有机肥肥效，降低后续粪尿处理的成本。该方式的粪污收集方式为：粪便一经产生便分流，干粪由机械或人工收集、清扫、运走，尿液及冲洗水则从固有的下水道流出，分别进行收集处理。干清粪包括人工干清粪和机械清粪。人工干清粪是采用人工方式从猪舍地面收集全部或大部分的固体粪便，地面残余粪尿用少量水冲洗，从而使固体和液体废弃物分离的粪便清理方式。粪尿一经产生便分流，干粪由人工收集、清扫、运走，尿及冲洗水则从下水道流出，进行分类收集。猪场干清粪的优点是冲洗用水较少，水资源消耗少，最终污水中有机物含量较低，有利于污水后处理工艺及设备，降低后处理成本。此外干清粪最大程度地保有了固体粪便的营养物质，有利于粪便的资源化利用。机械清粪方式是利用专用的机械设备如刮粪板，替代人工清理出畜禽舍地面的固体粪便，机械设备直接将收集的固体粪便运输至畜禽舍外，或直接运输至粪便贮存设施；地面残余粪尿同样用少量水冲洗，污水通过粪沟排入舍外贮粪池。机械干清粪工艺的主要目的是节省人力、提高工作效率。相对于人工清粪而言，机械清粪的优点是快速便捷、节省劳动力、提高工作效率，不会造成舍内走道粪便污染。缺点是一次性投资较大，还要花费一定的运行和维护费用，器件沾满粪便，维修困难，清粪机工作时有噪声，对猪只生长有影响。虽然清粪设备在目前使用过程中仍存在一定的问题，但机械清粪是现代生猪规模化养殖发展的必然趋势。总体来看，猪场干清粪的优点在于冲洗用水较少，减少水资源消耗，污水中有机物含量较低，有利于后期处理及成本控制。

（3）水泡粪　水泡粪是在猪舍内的排粪沟中注入一定量的水，粪尿通过猪舍中铺置的漏缝地板进入粪沟中，储存一定时间后（一般为1～2个月，也有的养猪场为3个月或者更长的时间），待粪沟装满或者该圈舍的猪出栏后，打开猪舍地下粪沟的阀门，将粪沟中的粪水排出。混合了干粪便的粪水通过粪沟导入主干沟，进入地下储粪池或抽排到设置的储粪池。水泡粪清粪的优点是比水冲粪工艺节省用水和节省人力，且不受气候的影响。其缺点在于一方面粪便长时间在猪舍中停留，容易形成厌氧发酵，产生大量有害气体，对圈舍内空气会产生不良影响，当有害气体达到一定浓度，会危害猪只和饲养管理人员健康。另一方面混合后的污染物的浓度更高，几乎无法再进行有效的固液分离，后期处理难度更大，处理成本更高。此外，水泡粪的设施建设要求较高，对于容易产生沉降的地区，地下粪沟若建设强度不够容易产生漏缝，会对地下水造成污染，不易治理。

（4）发酵床清粪　发酵床是指由生物菌种、垫料构成的一种垫床，生猪在该垫床上生活，其排出的粪污直接由垫料收集，粪污在垫床中微生物的作用下，迅速将粪尿转化成糖类、蛋白质、有机酸、维生素等物质。其优点是相对节省劳力、节约水和能源，管理较好的垫料在使用一段时间后（1～3年），可作为生物有机肥直接施用于果树、农作物等，达到循环利用的效果。其缺点是发酵床内不能使用化学消毒药品和抗生素类药物，存在大范围使用时垫料成本高、重金属含量易超标等隐患。

二、清粪设施设备

1. 简易清粪工具

人工清粪只需要一些简单的清扫工具以及手推粪车等简单的设备。人工清粪通用的工具为铁锹、铲板、扫帚以及其他手工工具。猪舍内的固体粪污通过人工清扫后，使用粪铲将其收集到手推粪车内，

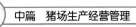

由手推粪车将其运输到舍外的储粪池中暂存。

2. 压力冲洗机

压力冲洗机利用高压水对坚硬、干涸或黏结的粪污进行高压冲洗，快速清理猪舍内的粪污。此外部分冲洗机还具有加热和产生蒸汽的功能，可加速清洗猪舍内的粪污。

3. 刮粪板

猪场刮粪板主要包括链式刮粪板和往复式刮粪板。两者均通过电力带动刮板沿纵向粪沟将固体粪污刮到横向粪沟中，然后再刮到猪舍外。链式刮粪板由链刮板、驱动装置、导向轮和张紧装置等组成。一般安装在猪舍的敞开式的粪沟中，工作时装在链节上的刮板便将粪便刮到猪舍一端的小集粪坑内，然后再由螺旋推进器将固体粪便提升装入运粪车。往复式刮粪设备由带刮粪板的滑架、驱动装置、导向轮和刮板等组成。通常往复式刮粪板都安装在敞开式的粪沟或者漏缝地板下面的粪沟中，粪沟的断面形状及尺寸要与滑架及刮板相对应。通常粪沟的大小为宽 1.0～1.8 米、深 0.3～0.4 米。刮粪板设备安装在粪沟中。清粪时，刮板作直线往复运动，进行刮粪。刮粪板清粪的优点是机械操作相对简单，工作安全可靠、效率较高。缺点是刮板运行时会有一定的噪声，有可能会对猪舍内猪只的生长产生一定的影响。此外刮粪板的链条或钢丝长期与粪污接触，容易被腐蚀而断裂，维修有一定不便。机械刮粪板见图 14-6、图 14-7。

4. 水泡粪设备

根据原理的不同，水泡粪清粪方式主要涉及截流阀式和沉淀闸门式两种相关设施设备。截流阀式是在粪沟末端连接舍外的排污管道上安装一个截流阀。平时截流阀将排污口封死，就在冲洗水及饮用水、漏水等条件下稀释粪液。在达到排放条件要求时，将截流阀打开，液态的粪便便通过排污管道排入猪舍外的主粪沟中。沉淀闸门式是在纵向粪沟的末端与横向粪沟连接处设置有闸门。闸门严密关闭时，打开放水阀向粪沟内注水，注水高度约为 50 毫米。猪舍内的猪只排出的粪便通过漏缝地板落入粪沟中，达到要求的排放条件时打开闸门，同时注水冲洗，粪沟中的粪液便经横向粪沟流向主排粪沟。

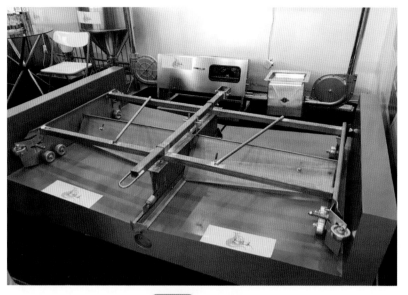

图14-6 V形刮粪板

图14-7 平行刮粪板

5. 漏缝地板

规模猪场漏缝地板通常由混凝土、钢材和塑料等材质建造。其中混凝土漏缝地板最耐用，且便于清洗，尤其适用于能繁母猪等猪舍适用。钢质漏缝地板适用于仔猪和保育猪，因其易腐蚀，其适用年限通常为 4 年左右。漏缝地板的漏缝宽度通常根据猪只的大小决定，常见的漏缝宽度见表 14-5。漏缝地板猪舍见图 14-8。

表 14-5 不同猪群漏缝地板要求

猪群类别	公 猪	母 猪	哺乳仔猪	培育猪	生长猪	育肥猪
漏缝宽度/毫米	25～30	22～25	9～10	10～13	15～18	18～20

注：在分娩栏中，仔猪可自由行走。因此为了保护仔猪，在母猪区的漏缝地板的漏缝宽度也应适合于哺乳仔猪。

图14-8 漏缝地板猪舍

第四节　固体粪污的储存

一、选址与布局

生猪养殖场产生的固体畜禽粪便应设置专门的贮存设施。通常应设在生猪养殖场生产区及生活管理区常年主导风向的下风向或侧风向，与主要生产设施之间保持 100 米以上的距离，满足场内生物防疫要求。此外生猪粪便贮存设施位置必须距离地表水体 400 米以上，在满足生猪养殖场总体布置及工艺要求的同时，尽量布置紧凑，方便施工和维护。在考虑当前固体粪便贮存设施修建的同时，不能将固体废弃物的贮存设施建在坡度较大、水患较多的低洼地方，应根据畜禽养殖场区的面积、规模以及远期规划选址建造，做好以后扩建的计划安排。

二、规模设计

通常猪场固体粪便储存设施其最小容积为贮存期内粪便产生总量和垫料体积的总和。采取农田利用时，畜禽粪便贮存设施最小容量不能小于当地农业生产使用间隔最长时期内养殖场粪便产生总量。固体粪便贮存设施的容积为贮存期内粪便的产生总量，其容积大小 S（立方米）按式（14-1）计算：

$$s = \frac{N \cdot Q_{\mathrm{w}} \cdot D}{\rho_{\mathrm{m}}} \qquad (14\text{-}1)$$

式中　N——动物单位的数量（动物单位：每1000千克活体重为1个动物单位）；

　　Q_{w}——每动物单位的动物每日产生的粪便量，千克/天；

　　D——贮存时间，具体贮存天数根据粪便后续处理工艺确定，日（天）；

　　ρ_{m}——粪便密度，千克/立方米。

在满足最小贮存体积条件下通常还会设置预留空间，一般在能够满足最小容量的前提下将深度或高度增加 0.5 米以上。

三、类型与形式

固体粪便贮存设施宜采用带有雨棚的"∏"形槽式堆粪池，地面向"∏"形槽的开口方向倾斜，坡度为 1%，坡底设排污沟，污水排入污水贮存设施。地面为混凝土结构，通常地面应高出周围地面至少 30 厘米，地面应进行防水、防渗处理，应能满足承受粪便运输车以及所存放粪便荷载的要求。通常修建要求素土夯实，压实系数 0.90，C15 混凝土垫层 60 毫米厚，素水泥浆（内掺建筑胶）20 毫米厚，然后用 1∶3 水泥浆找平，四周及管根部位抹小八字角，再垫上 0.7 毫米聚乙烯丙纶防水卷材或 1.5 毫米聚合物水泥基防水涂料，最后用 C20 混凝土从门口处向地漏以 1% 的坡度面层（最薄处不小于 30 毫米），地面防渗达到 GB50069 中抗渗等级 S6 的要求。墙体不宜超 1.5 米，采用砖混或混凝土结构、水泥抹面，墙体厚度不少于 240 毫米，墙体防渗达到 GB 50069 中抗渗等级 S6 的要求。粪便贮存设施应采取防雨（水）措施，顶部设置雨棚，雨棚下沿与设施地面净高不低于 3.5 米。猪场粪便储存场见图 14-9。

图14-9 储粪场

四、其他要求

设施周围应设置排雨水沟，防止雨水径流进入贮存设施内，排雨水沟不得与排污沟并流。

固体粪便贮存设施周围应设施绿化隔离带，并设置明显标志和围栏等防护措施，保障人畜安全。

固体粪便贮存设施周围需科学设置臭气过滤或减少设施，及时处理粪便堆放过程中排放的臭气，防止对周边环境造成空气污染。

应定期对贮存设施进行安全检查，发现隐患及时处理解决。同时由于贮存过程中可能会存在可燃气体的排放，因此应制定并执行相应的防火措施。其防火距离按 GB 50016 相关规定执行。

第五节　固体粪污的处理

一、处理概况

目前较为常见的生猪固体粪污的处理方法主要分为干燥处理、生物发酵处理以及焚烧等三大类。干燥处理主要是利用能量对废弃物进行加热，从而减少粪便中的水分，达到除臭和灭菌的效果。生物发酵处理是指在适宜的温度、湿度、通气量和 pH 等环境条件下通过微生物利用粪便中的营养物质，进行大量生长繁殖，降解粪便中的有机物，实现脱水、灭菌的目的。焚烧法主要是利用粪便有机物含量高的特点，借用垃圾焚烧技术，将其燃烧为灰渣，但在生猪养殖方面使用的范围很少。三类方法中，干燥处理主要用于家禽的固体粪便处理，焚烧处理主要用于其他废弃物，两种方法在生猪固体粪便处理上推广程度不高。对生猪养殖而言，最为常见的是生物发酵处理，包括好氧发酵和厌氧发酵。生物发酵主要是依靠微生物，在有氧或无氧的条件下，微生物对废弃物中的有机物进行分解，使其稳定固化。三种方法的比较见表 14-6。本文主要介绍生物发酵法。

表 14-6　猪场固体粪污常见处理方式

处理工艺	措施与环节	优缺点	利用方式
干燥	自然或机械干燥	投资小，耗能低，效率低，占地大，易污染	
好氧发酵处理	简易或机械堆肥场	效果较好，机械方式投资相对大	农家肥、有机肥还田
厌氧发酵处理	沼气池等	不同方式投资差异较大	沼渣沼肥还田

二、好氧堆肥技术

采用好氧发酵是目前使用较为普遍的生猪固废处理方式。其中堆肥是最常见的废弃物好氧发酵方式。高温好氧堆肥法则是目前最佳的固体粪污处理方法。

（一）好氧堆肥的形式

生猪固粪好氧堆肥是一个好氧发酵的过程。氧气是其发酵过程中必不可少的因素。根据堆肥过程中供氧方法的不同以及是否有专用设备，通常又可将好氧堆肥分成以下四种方式：

1. 条垛堆肥

条垛式是堆肥系统中最简单、最古老的一种，也叫自然堆沤发酵堆肥，是一种处理固体粪便的传统的生物发酵法。它是在露天或棚架下将生猪固粪和堆肥辅料按照适当的比例进行均匀混合，将混匀的物料在猪场的堆肥场地上堆置成长条堆垛，通过定期对条垛进行翻堆实现供氧，从而实现固粪的腐熟。垛的断面可以是梯形、不规则四边形或三角形。条垛式堆肥的特点是通过定期翻堆来实现堆体中的有氧状态。条垛式堆肥一次发酵周期为 1～3 个月，由预处理、建堆、翻堆和贮存四个工序组成

2. 静态通气堆肥

该模式在堆体底部或中间安装带空隙的管道，通过与管道相连的风机运行实现供氧，它能更有效地确保高温和病原菌灭活。静态通气堆肥与条垛式系统的不同之处在于堆肥过程中不是通过物料的翻堆而

是通过强制通风方式向堆体供氧。在此系统中，在堆体下部设有一套管路，与风机连接，穿孔通风管道可置于堆肥厂地表面或地沟内，管路上铺一层木屑或其他填充料，使布气均匀，然后在这层填充料上堆放堆肥物料，成为堆体，在最外层覆盖上过筛或未过筛的堆肥产品进行隔热保温。静态通风垛系统已成为美国应用最广泛的粪污堆肥系统。

3. 槽式好氧堆肥

该模式中搅拌机器沿着堆肥槽往复运动搅拌给堆体供氧。槽式堆肥是将堆料混合物放置在长槽式的结构中进行发酵的堆肥方法，槽式堆肥的供氧依靠搅拌机完成。槽式堆肥的优点是粪便处理量大、发酵周期短，通常在大棚内进行，可对臭气进行收集处理，无大气污染问题。由于槽式堆肥要购置搅拌设备，且搅拌设备的功率较大，因而投资成本和运行费用均高。目前推行的异位发酵床也属于槽式好氧堆肥的一种。

4. 反应器堆肥

该模式其供氧方式与静态通气堆肥相似。但堆肥是在专用的反应器中进行，反应器是将堆肥物料密闭在发酵装置（如发酵仓、发酵塔等）内，控制通风和水分条件，使物料进行生物降解和转化，也称装置式堆肥系统、发酵仓系统等。

（二）堆肥阶段

好氧堆肥过程大致可分为升温阶段、高温维持阶段和腐熟三个阶段。

1. 升温阶段

该阶段主要是在堆肥初期，该阶段堆料中嗜温性微生物较为活跃，它利用堆料中的可溶性有机物大量进行生长繁殖。微生物在转换和利用化学能的过程中会释放部分热能，从而使堆料温度不断上升。适合于中温阶段的微生物种类极多，其中最主要的是细菌、真菌和放线菌。此阶段微生物以中温型、好氧型为主，主要是一些无芽孢细菌。

2. 高温维持阶段

当堆肥温度升到45℃以上时，即进入高温阶段。在此阶段，嗜热性微生物逐渐替代嗜温性微生物。堆肥中残留和新形成的可溶性有机物质继续分解转化。当温度继续上升到 70℃ 以上时，大多数嗜温性微生物已不适宜，微生物大量死亡或进入休眠状态。

3. 腐熟阶段

该阶段堆料中只剩下部分较难分解的有机物和腐殖质。此时微生物活动下降、发热量减少、温度下降。在此阶段堆料中以嗜温性微生物为主，对难分解的有机物做进一步分解，腐殖质不断增多且稳定化。

三、厌氧发酵处理

厌氧发酵也是目前处理猪只固体废弃物较为普遍的处理方式，但通常猪场在采用该方法时多是和处理液体废弃物同时进行。

（一）主要形式

1. 水压式沼气池

水压式沼气池是最常见的厌氧发酵形式，也是我国推广最早、数量最多的沼气池。水压式沼气池由进料管、发酵间、贮气间、水压间、出料口、导气管等部件构成，采用地上或地下形式修建。圈舍收集的粪便通过进料管进入发酵间进行厌氧发酵。沼气池投入使用后，发酵间上部贮气间完全封闭，发酵间的微生物利用粪便原料进行发酵繁殖，同时产生沼气，伴随沼气的聚积，贮气间压力逐渐增加。当贮气间压力超过大气压时，发酵间内的料液便被压入进料管和水压间，造成发酵间液位下降，促使进料管和水压间产生液位差，引起贮气间内的沼气保持较高的压力。沼气利用时，沼气从导气管排出，进料管和水压间的料液又流回发酵间，造成进料管和水压间液位下降，同时引起发酵间液位上升，导致液位差减少，沼气压力降低。当沼气发酵间产生的沼气较少时，发酵间内的液位将与进料管和水压间液位保持平衡，液位差消失，停止输排沼气。水压式沼气池比较适合生猪养殖专业户和小规模猪场的粪水处理，其建设大小通常不超过 300 立方米，每立方米粪水的日产气量约在 0.15～0.30 立方米。其优点是省工省料，成本较低，操作方便。缺点是没有搅拌装置，池内容易分层，形成较厚的浮渣，长时间聚集容易进一步板结结壳，阻碍沼气导出，降低沼气池效率。

2. 黑膜沼气池

又称覆膜式厌氧塘，就是将厌氧塘用不透气的高分子膜材料密封，下部装水部分敷设防渗材料，池深通常为5~8米。粪便从厌氧塘一端流进，从另一端排出。整个系统在常温下运行，降解速度随季节、温度变化而变化，冬季反应温度低；固态物质容易下沉，只能在底部污泥床进行分解；黑膜沼气池不设搅拌设备，有机物与微生物接触不充分，污泥浓度低，有机物的转化速率低，产气率较低。覆膜式厌氧塘主要用于处理浓度比较低的养殖场冲洗污水，进入厌氧塘前通常要进行固液分离，造成排进塘内的污水干粪便较少，有机物的不足导致产气量不高。其优点是工艺相对简单；缺点是塘的利用效率低，占地大，沼气产量低，出水水质较差，出渣相对困难，塘的清理费用比较高，存在底部膜破损污染地下水的风险。覆膜式厌氧塘见图14-10。

图14-10 覆膜式厌氧塘

3. 完全混合式厌氧反应器

完全混合式厌氧反应器也被称为高速厌氧消化池，是在传统消化池内采用搅拌和加热保温技术，使反应器生化降解速率显著提高。在完全混合式厌氧反应器系统内，生猪粪便在厌氧消化反应器进行厌氧消化，消化后的沼渣和沼液则分别从系统的底部和上部排出，产生的沼气则从顶部排出。由于该系统设有搅拌装置，使得系统内的细菌和粪便原料接触更加均匀，通常每隔2～4小时搅拌一次。在排放沼液时，则停止搅拌，待沉淀分离后从上部排出上清沼液。完全混合式厌氧反应器的优点在于进料快、发酵速率较高、排沼（污泥）容易。其缺点在于反应器内繁殖起来的微生物会随沼液溢流而排出不易聚量，反应器中的污泥浓度低，在水力停留时间短和低浓度投料的情况下，则会出现严重的污泥流失的问题，此外能量消耗多，运行费用较高。完全混合式厌氧反应器适合没有经过固液分离的、高悬浮物、高有机物浓度的生猪养殖粪便的处理。

4. 厌氧接触工艺

厌氧接触氧化工艺主要是为了克服完全混合式厌氧反应器不能滞留厌氧微生物的缺点，在消化反应器后设置沉淀池，再将沉淀污泥回流到消化反应器中，避免厌氧微生物的流失。厌氧接触工艺通过污泥回流提高了消化反应器内微生物浓度，从而达到提高厌氧反应器的有机容积负荷和处理效率，缩短粪便在消化反应器内的水力停留时间的目的。该工艺的优点在于通过污泥回流，增加了消化池污泥浓度，耐冲击能力较强；容积负荷比完全混合式厌氧反应器高，其COD去除率能达到70%～80%。该工艺的缺点在于系统增设沉淀池、污泥回流系统，流程较复杂；此外厌氧污泥沉淀效果差，有相当一部分污泥会上漂至水面，随水外流。目前，主要采用搅拌、真空脱气、加混凝剂或者超滤膜代替沉淀池等方法，提高泥水分离效果。厌氧接触工艺适合中等浓度高悬浮物和有机物的生猪养殖粪便的处理。

5. 厌氧滤池

厌氧滤池是一种内部填充微生物载体（填料）的厌氧反应器，其底部设置布水装置，废水从底部通过布水装置进入装有填料的反应器，在附着于填料表面或被填料截留的大量微生物的作用下，将废水中的有机物降解转化，沼气从反应器顶部排出，被收集利用，降解后的厌氧沼液通过管道排到反应器外。反应器中的生物膜不断代谢，脱落的生物膜随出水带出。根据进水方式的不同，厌氧滤池分为上流式和下流式。在上流式中，废水从底部进入，向上流动通过填料层，处理后厌氧出水从滤池顶部的旁侧流出。在下流式中，布水装置设于池顶，废水从顶部均匀向下流动通过填料层直到底部，产生的沼气向上流动可起一定的搅拌作用，降流式厌氧滤池不需要复杂的配水系统，反应器不易堵塞，但污泥或同体物质沉积在滤池底部会给操作带来一定的困难。传统的厌氧生物滤池进水均采用上流方式。厌氧滤池的优点在于微生物固体停留时间长（一般超过100天），耐冲击负荷能力强，启动时间短，停止运行后再启动比较容易；有机负荷高，COD去除率可达80%以上。缺点在于容易发生堵塞和短流现象，填料使用量较大，运行成本较高。

6. 上流式厌氧污泥床

上流式厌氧污泥床（UASB）是一种在反应器中培养形成颗粒污泥，并在上部设置气、固、液三相分离器的厌氧生物处理反应器。反应器的底部具有浓度高、沉降性能良好的颗粒污泥，称污泥床。待处理的废水从反应器的下部进入污泥床，污泥中的微生物分解废水中的有机物，转化生成沼气，分离出污泥后的处理水从沉淀区溢流，然后排出。上流式厌氧污泥床进料采取两项措施达到均匀布水，一是通过配水设备，二是采用脉冲进水，加大瞬时流量，使各孔眼的过水量较为均匀。其优点在于反应器内污泥浓度和有机负荷较高，水力停留时间较短，不需要搅拌设备和污泥回流设备，成本相对较低，不易发生堵塞。其缺点在于污泥床内有短流现象，影响处理能力，对水质和负荷突然变化较敏感，耐冲击能力稍差。

7. 厌氧复合反应器

厌氧复合反应器是将厌氧生物滤池（AF）与升流式厌氧污泥反应器（UASB）组合形成的反应器，因此称为UBF反应器。厌氧复合反应器由布水器、污泥层和填料层构成。当废水从反应器的底部进入，顺序经过颗粒污泥层、絮体污泥层进行厌氧处理反应后，从污泥层出来的污水进入滤料层进一步处理，并进行气-液-固分离，处理水从溢流堰（管）排出，沼气从反应器顶部引出。厌氧复合反应器适合经固液分离后的猪场粪水的处理。其优点在于与上流式厌氧污泥床相比，微生物积累的能力增加，污泥流失率降低，启动速度较快，不易发生堵塞，运行稳定，对容积负荷、温度、pH 值的波动有较好的承受能力。

8.升流式固体厌氧反应器（USR）

该反应器是参照上流式厌氧污泥床（UASB）原理开发的一种结构简单、适用于高悬浮固体的有机废水处理的反应器。料液从反应器底部进入，进料通过布水均匀分布在反应器的底部，然后向上通过含有高浓度厌氧微生物的固体床，料液中的有机物与厌氧微生物充分接触反应，有机物被降解转化，生成的沼气上升连同水流上升具有搅拌混合作用，促进固体与微生物的接触。未降解的有机物固体颗粒和微生物靠自然沉降，积累在固体床下部，使反应器内保持较高的生物量，并延长固体的降解时间。通过固体床的水流从反应器上部的出水渠溢流排出。在出水渠前设置挡渣板可减少悬浮物的流失。其优点在于原料预处理简单，不需要固液分离、三相分离器、污泥回流装置以及搅拌设施等。其缺点在于没有搅拌，容易形成浮渣，易于结壳。

（二）影响因素

1.温度

温度是影响厌氧微生物的一大因素。厌氧微生物可分为嗜热菌（适宜温度约为 55℃）、嗜温菌（适宜温度约为 35℃）。当处理含有病原菌和寄生虫卵的废水时，高温消化可取得较好的卫生效果，消化后污泥的脱水性能也较好。

2.pH 值和碱度

pH 值是厌氧消化过程中重要的影响因素。特别是产甲烷菌对 pH 值的变化常敏感，通常其最适 pH 值范围为 6.8～7.2，过高或过低的 pH 会严重抑制产甲烷菌的繁殖，影响厌氧消化过程。影响厌氧体系中的 pH 值的因素包括进水 pH 值、进水水质有机物浓度和种类，以及酸碱平衡等。碱度也是厌氧消化的重要影响因素，其作用主要是保证厌氧体系具有一定的缓冲能力，维持合适的 pH 值。

3.氧化还原电位

产甲烷菌的最适氧化还原电位为 150～400 毫伏，在产甲烷菌繁

殖生长的初期，氧化还原电位宜低于330毫伏。严格的厌氧环境是产甲烷菌进行正常生理活动的基本条件。

4. 营养要求

厌氧微生物对N、P等营养物质的要求略低于好氧微生物，多数厌氧菌不具有合成某些必要的维生素或氨基酸的功能，必要时需要投加部分微量元素。

5. F/M值

厌氧生物处理的有机物负荷较好氧生物处理更高，高的有机容积负荷可以缩短水力停留时间，减少反应器容积。

6. 有毒物质

常见的有毒物质有硫化物、氨氮、重金属、氰化物等有机物。硫酸盐和其他含硫的氧化物很容易在厌氧消化过程中被还原成硫化物，可溶的硫化物达到一定浓度时，会影响厌氧消化的过程，主要是会抑制甲烷的产生。氨氮是厌氧消化的缓冲剂，但浓度过高会对厌氧消化过程产生毒害作用。微量的重金属对厌氧微生物的生长可起到刺激作用，当其过量时，重金属能使厌氧消化过程失效。氰化物对厌氧消化的抑制作用决定于其浓度和接触时间，高浓度和长时间的接触会对厌氧消化过程产生明显的抑制作用。部分合成有机物对厌氧微生物有毒害作用，其影响作用也与合成有机物的浓度关系密切。

四、其他处理技术（异位发酵床处理）

异位发酵床处理模式是指养猪与粪污发酵分开，猪舍外另建垫料发酵舍，猪不接触垫料，猪场粪污收集后利用潜污泵输送、均匀喷在垫料上进行生物菌发酵的粪污处理方法。室外发酵床既有效地克服了传统发酵床消毒不方便、改造成本高等问题，又避免了传统发酵床存在的劳动量大、消毒不方便、易诱发呼吸道疾病和皮肤疾病等弊端，粪污经发酵处理后制成有机肥也可以直接用于肥田，达到了畜禽污染废弃物农业资源化利用。在环境保护上为养猪开辟了一条新的途径。

1. 异位发酵床原理

该技术是将粪污中的水分通过高温菌种发酵蒸发掉，将动物粪便中的营养物质通过微生物的分解最终也变成了垫料。异位发酵床功能的发挥主要依赖于微生物的作用，而微生物的群落结构变化可以反映出发酵床的运行情况。发酵过程中填料的营养成分、pH 值、温度等的变化都会影响微生物群落的变化。发酵床发酵初期微生物数量较低，随着发酵床内不断添加养殖废弃物，填料中可直接利用的养分增多，微生物迅速繁殖。同时，大量微生物分解粪尿及填料中的有机物释放的热量导致床体温度迅速升高。初期床体中的大量微生物分解能力较强，床体持续高温使得水分蒸发较快，填入的猪粪和废水被微生物快速分解和消耗。15～20 天以后，床体内含水量持续下降，并且 pH 值持续升高且处于碱性的环境中，此时不利于微生物的生长繁殖，这个阶段细菌和真菌的数量均下降。此时通过添加粪尿的方式进行填料。随着填料过程完成，床体内含水量和养分含量逐渐上升，细菌和真菌数量升高。进入发酵后期，床体主要营养成分含量逐渐降低，可直接被微生物利用的养分迅速减少，微生物的群落结构发生变化。此时则需要通过翻堆、添加新鲜垫料及补充菌剂的方式调整微生物群落结构，使床体恢复分解能力，提高粪尿降解的效率，降低"死床"风险。

2. 异位发酵床技术

异位发酵床的技术包括：

（1）微生物发酵　利用粪尿提供微生物营养，促进微生物生长，在垫料中加入能促进粪尿分解和垫料发酵的有益菌。使有益菌成为优势菌群，形成阻挡有害菌的天然屏障，消除臭味，分解粪污，从而达到处理粪污的效果。

（2）空气对流蒸发水分　因地制宜建设异位发酵床，充分利用不同季节空气流向，辅助以卷帘机等可调节通风的设施，用于控制发酵床空气的流向和流速，将异位发酵床蒸发出来的水分排出。

异位发酵建筑施工主要含有异位发酵舍（喷淋池、发酵槽、移位轨道）、集污池、顶棚等的构建。异位发酵利用耐高温微生物对猪粪进行好氧发酵降解，故在构建建筑物上需要将通气量、阳光入射角纳入设计范畴内。由于异位发酵均为半自动设备参与整个作业流程,设备主要包含粪污切割泵、粪污搅拌机、粪污自动喷淋机、槽式垫料翻堆机及移位机等。故对场址及设备提出以下建议:

(1)异位发酵舍应选择地势平坦、空气易对流、具备良好的水电供应并且符合村镇建设及畜牧环保业发展规划的场地。

(2)粪污切割泵、搅拌机能正常运转作业,喷淋机能够实现粪污均匀喷洒至发酵槽中并实现自动化,翻堆机能将发酵槽中垫料有氧均匀翻堆。

(3)异位发酵过程选用的菌种为嗜热型微生物菌种,嗜热微生物生长温度最低为45℃,最适温度为55~65℃,最高耐热80℃。

异位发酵床工艺流程见图14-11。

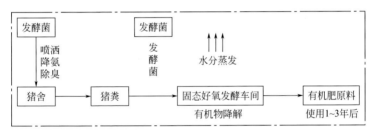

图14-11 异位发酵床工艺流程

猪舍内产生的粪污通过尿泡粪,经过排粪沟进入集粪池,在集粪池内通过切割搅拌机搅拌防止沉淀,粪污切割泵打浆并抽送到喷淋池,喷淋机将粪污浆喷洒在异位发酵床上,添加微生物发酵剂,行走式翻堆机翻堆,将垫料与粪污混合发酵,分解猪粪,消除臭味。喷淋机往返式喷淋粪污,翻堆机往返式翻耕混合垫料,如此往复循环,完成粪污的处理,最终垫料作有机肥利用。该模式宜采用干清粪,将粪便及时清理,避免水冲清粪,减少用水量,缩短从排泄出来到发酵床上的转运时间,采用猪粪保鲜除臭技术减少猪粪在栏舍内的分解。

该技术主要包括调质池、翻耙机、喷污装备、发酵车间等。

设备作用:搅拌机将猪粪调成浆状,使用粪污泵将猪粪抽到粪污池内。调节池体积为10~30立方米。异位发酵床调节池见图14-12。

图14-12　异位发酵床调制池

翻耙机及自动喷污装置。猪粪尿经过调质池搅拌，抽到喷污池后，再用转子泵抽到发酵床上面去，后开启履带式轮式翻抛机进行翻抛，使粪便分布均匀。

固态好氧发酵车间。由防雨棚和生物发酵床组成。生物发酵床（包括垫料槽和翻抛装置等）四周做好排水沟，要确保发酵车间内部不被大雨浇灌；车棚立柱做成钢砼骨架，上部使用钢架构，两侧墙面用12砖墙（又称1/2砖墙），砌成1米高，防止垫料溢出；车棚顶部使用透明阳光板覆盖，利于水分蒸发。

生物发酵床。由锯末、稻壳等基质组成的垫料，按比例添加一定量菌种，构成一个垫料池体系。通过垫料的用量来控制湿度，并采用机械或人工定期翻垫料。生猪所排出的粪便及尿液通过微生物发酵作用快速降解，降低臭味和有害气体的产生。生物发酵床的厚度为1.5米。垫料是微生物生长的载体，所用的垫料主要原料是锯末和稻壳，稻壳：锯末比例为1∶1。锯末必须为原木锯末。生物发酵床需要的垫料可以使用其他农作物有机废料替代锯末和稻壳，如甘蔗渣、蘑菇渣、稻草、玉米芯、芦苇秆、白酒糟等以纤维素和木质素为主要成分的废弃物。

3. 存在的问题及措施

异位发酵床是独立于猪舍而建造的猪粪污处理设施，适用于面积大小不同的传统猪舍，猪群不与垫料直接接触。在猪场的外围建立异位发酵床，将各个猪舍的粪污通过管道，送到异位发酵床，统一发酵处理。垫料选择范围大，发酵处理周期灵活。如需要生产有机肥，发酵时间可以控制在 45 天左右，将有机肥取出后补充垫料，继续运行。如果不急需有机肥，垫料可使用 1 年以上。由于该技术处于示范应用阶段，一些问题需要引起重视，以保证技术实施的效果。

（1）源头污水减量化　由于异位发酵床是适应于传统猪舍，又独立于猪舍而建造的猪粪污治理装备，原有水冲舍方式产生的污水量过大，而发酵床处理粪污的容量有限。因此，必须对原有猪舍进行改造，最大程度从源头减少污水产生量：①实行完全的雨污分离，在南方多雨地区尤显重要。②收集分离猪饮水洒落水。猪饮水过程中可产生比饮水需要量多 3～4 倍的洒落水是污水增量的重要来源之一。③粪污收集管路和收集池防渗化。老旧猪舍粪污收集管路和收集池多简易、开放，防渗效果差。一方面长时间粪污渗漏，会影响猪场周边土壤和水环境，同时地下水位高的地区及多雨季节也会产生反渗，显著增加污水产生量。据估算，上述措施的综合应用，可减少污水产生量 70%～90%。

（2）发酵池建设的规范科学化　发酵池是异位发酵床的重要设施，一定程度上决定了粪污处理的效率。目前发酵池以自行建设为主，缺少科学性。

① 发酵池的容积与深度　发酵池的大小要与猪场需处理的粪污产生量相匹配。发酵池深度单池以 70～100 厘米、多池式以 150 厘米左右为宜。

② 发酵池底固化、导流沟和集液池　前期建设的单池异位发酵床池底固化的少，极易引起污水向环境土壤下渗，所以必须对发酵池底固化。同时要在池底设导流沟，导出多余污水，以利于垫料发酵。池底要有微坡度，并在池前端设小集液池。

③ 通气装置　通气装置可以增加垫料的透气性，提高粪污处理效率。通气装置可结合导流沟装置同时建设，也可单独设置。

（3）异位发酵床管理　发酵床垫料管理仍然是异位发酵床管理的核心。但与原位发酵床不同的是，异位发酵床利用翻堆机进行垫料翻堆。而粪污的添加常是影响发酵效果的重要原因，主要是缺少与垫料处理能力相适应的粪污添加量的控制，多见过量添加的情况出现，造成发酵床变成滤床，丧失发酵功能。因此科学制定异位发酵床的管理规程，使用时简单化迫在眉睫。

（4）区域、季节有影响 该模式主要适用南方水网地区，周围农田受限的生猪养殖场。该模式的优点在于操作简单容易掌握，无需改变原有圈舍，其尿液、水分蒸发快，粪污中虫卵、病菌杀灭彻底。其缺点是大面积推广垫料收购难，粪便和尿液混合含水量高，发酵分解时间长，寒冷地区使用受限。

五、利用技术

根据粪污中固体和液体是否分离，分为固液混合处理利用模式和固液分相利用模式。固液分相处理利用模式又根据粪污的性质分为粪便处理利用模式和废水处理利用模式。

（1）固液混合利用模式 常见的主要有粪污原位降解、垫料还田和粪污厌氧发酵、渣液还田。

① 粪污原位降解、垫料还田模式 猪长期生活在将发酵菌种与秸秆、锯末、稻壳以及辅助材料等混合、发酵形成有机垫料上，其排泄物能够与有机垫料充分混合，并被好氧微生物迅速降解、消化、吸氨固氮而形成有机肥料。

② 粪污厌氧发酵、渣液还田模式 以厌氧发酵为核心，粪便与废水一起经过格栅、沉砂池、集水池等预处理后进入厌氧反应器，经厌氧发酵产生沼气、沼渣和沼液。沼气净化处理后用于生产生活或发电；沼渣还田或进行有机肥生产；沼液直接还田或经过深度处理循环利用。

（2）粪便处理利用模式 常见的主要有粪便自然发酵、直接还田，粪便好氧堆肥、有机肥生产，粪便厌氧发酵、渣液还田（厌氧-还田模式），生物链转化、多级利用和粪便烘干压块、燃料利用等5种模式。

① 粪便自然发酵、直接还田模式 粪便在具备防渗、防雨、防溢流条件的堆肥场和贮粪池，通过自然界广泛分布的细菌、放线菌、真菌等微生物对其有机物进行氧化分解，最终形成稳定的腐殖质。其原理主要是好氧和厌氧发酵。该模式适用于远离城市、经济落后、土地

宽广、有足够的农田消纳猪场粪污的地区。

②粪便好氧堆肥、有机肥生产　通过干清粪工艺或干湿分离设备将粪便从废水中分离出来，在有氧条件下，微生物通过自身的生物代谢活动，对一部分有机物进行分解代谢，即氧化分解以获得生物生长、活动所需要的能量，把另一部分有机物转化合成新的细胞物质，使微生物生长繁殖，产生更多的生物体。同时，好氧反应释放的热量可以杀死病原微生物，从而实现粪便的减量化、稳定化和无害化。

③粪便厌氧发酵、渣液还田模式（厌氧 - 还田模式）　采用干清粪工艺清理出来的粪便，采用干发酵技术或经过水力破碎和预处理再进行厌氧发酵，生产的沼气用于生产生活或发电，沼渣沼液作为肥料还田利用。实现"粪污—沼气—蔬菜""粪污—沼气—粮""粪污—沼气—林""粪污—沼气—烟"等的综合利用。

④粪便生物链转化、多级利用模式　用处理的粪便进行蚯蚓、蝇蛆等生物养殖或将粪渣作为食用菌栽培原料再利用。粪污经过固液分离机去除悬浮物后其重金属含量显著降低，为食用菌栽培利用提供安全保障。

⑤粪便烘干压块、燃料利用模式　采取干清粪工艺的粪便经烘干压块一体机处理后可当作燃料使用。

（3）废水处理利用模式　常见的主要有废水自然处理技术、还田利用，废水厌氧发酵、渣液还田和废水厌氧 - 好氧 - 达标排放等 3 种。

①废水自然处理技术、还田利用模式　自然处理技术是利用天然水体、土壤和生物的物理、化学、综合作用来净化污水。自然处理方法主要模式有氧化塘、土壤处理法、人工湿地处理法等。以氧化塘为例，依靠藻类和菌类的生长繁殖，好氧性细菌消耗污水中的有机质，产生氨气和二氧化碳等物质，藻类则利用这些物质进行生长，释放氧气，供好氧细菌利用，从而形成一套共生系统，持续不断地净化水体。

②废水厌氧发酵、渣液还田模式　对干清粪工艺或干湿分离设备分离出来的废水进行厌氧发酵，生产的沼气用于生产生活或发电，沼气沼液作为农田水肥利用，属于"能源生态型"处理利用工艺。

③厌氧 - 好氧 - 达标排放模式　该模式的废水"厌氧反应池"之前的工艺与"废水厌氧发酵处理、渣液还田模式"是完全一致的，所

不同的是厌氧反应池之后增加了好氧处理系统、自然处理系统和消毒等深度处理工艺，出水可达标排放或用于农田灌溉。

第六节 猪场其他废弃物处理

一、猪场其他废弃物的种类

随着养猪业的迅速发展，规模化猪场生产过程中除产生粪便和污水以外，还会产生其他废弃物，这些废弃物必须加以处理。猪场其他废弃物主要有病死猪、废弃垫料、兽医医疗废弃物、饲料包装、生活垃圾等。

二、猪场其他废弃物处理要求

（一）病死猪无害化处理

病死猪无害化处理是指用利用物理、化学、生物等方法处理病死猪及相关猪肉产品，消灭其所携带的病原体，进而消除病死猪危害的过程。根据这个概念，病死猪无害化处理应具有两个目标：一是消灭病原微生物的危害；二是消除猪尸体的危害。这两个目标是与消灭病死猪的危害相对应的。病死猪的危害主要涉及三方面内容，即动物疫病传播、动物食品安全和生态环境安全。其中消灭病原微生物主要与动物疫病传播相对应，消除尸体危害主要与动物食品安全和生态环境安全相对应。

我国病死猪无害化处理主要涉及三个层次和规模：第一，规模养猪场、屠宰加工厂等就地处理，做到有病死猪不出场（厂）；第二，农村散养户的相对集中处理，做到病死猪不出乡镇或至少不出县；第三，中小型无害化处理场的集中处理，满足对重大动物疫情处理的需要。规模养猪场和农村散养户的无害化处理显得尤为重要，是我国病死猪无害化处理的重点。其中农村散养户更是难点。此外，不同疫病引起的病死猪无害化处理要求是不同的，应区别处理。这也是病死猪无害化处理涉及的一个重要难题。

1. 无害化处理的原则

为了畜产品质量安全，保护人民身体健康，尽快彻底扑灭动物疫病，消灭疫源，规范养殖场无害化处理工作，保障养殖业生产安全，根据《中华人民共和国动物防疫法》《重大动物疫情应急条例》等相关法律法规之规定，病死猪无害化处理应该遵循如下原则。

（1）当猪场发生疫病死亡时，必须坚持五不原则：即不宰杀、不贩运、不买卖、不丢弃、不食用，进行彻底的无害化处理。

（2）有条件的猪场必须根据养殖规模在场内下风口修建无害化处理化尸池或生物发酵池。

（3）当猪场发生重大动物疫情时，除对病死动物进行无害化处理，还应根据动物防疫主管部门的规定，主动向相关行政执法部门上报疫情。在相关部门的指导下，对同群或染疫的动物进行扑杀，并进行无害化处理。

（4）无害化处理过程必须在驻场兽医或上级防疫部门的监督下进行，并认真对无害化处理的猪只数量、死因、体重及处理方法、时间等进行详细的记录、记载。

（5）无害化处理完后，必须彻底对其圈舍、用具、道路等进行消毒，防止病原传播。

（6）掩埋地应设立明显的标志，当土开裂或下陷时，应及时填土，防止液体渗漏和野犬刨出动物尸体。

（7）在无害化处理过程中及疫病流行期间要注意个人防护，防止人畜共患病传染给人。

2. 病死猪无害化处理方式

根据中华人民共和国农业部颁布的《病死动物无害化处理技术规范》（农医发〔2013〕34号），明确规定我国病死动物无害化处理技术主要包括深埋法、化尸池处理法、焚烧法、化制法、生物发酵堆肥法以及热辅快速生物发酵法等处理方法。

（1）深埋法　是指按照相关规定，将病死及病害动物尸体及相关动物产品投入深埋坑中并覆盖、消毒，发酵或分解动物尸体及相关动物产品的方法，是处理病死猪的一种最常用又比较可靠、简单易行的无害化处理方法。深埋地点位于主导风向的下向的偏僻地方，减轻尸体发酵所产生的有害气体对空气的影响。掩埋坑尽可能深些（2～7米），坑壁垂直最佳。坑的底部要求高出地下水位至少 1.5 米，每头猪约需 1 立方米填埋空间，要防渗、防漏。掩埋物的上层距坑面或地面至少 1.5 米。掩埋病死猪前，宽度以能让机械平稳地水平填埋处理物品为宜。推土机掩埋大约 3 米宽。适宜的宽度是为了避免填埋时在坑中移动病死猪的尸体。掩埋前，应对大的病死猪进行剖腹处理，在掩埋坑底部撒上漂白粉、生石灰或者其他固体消毒剂，厚度 2 厘米以上，一般每平方米 1 千克左右，掩埋尸体量大的应适量再添加。病死猪尸体上先用 10% 漂白粉消毒液喷雾消毒，按每平方米约 200 毫升作用 2 小时。将消毒后病死猪的尸体投入坑内，使之仰卧，并将其渗染的土层、运尸体的其他污染物如垫带、绳索、饲料等物品一起入坑。先用 40 厘米土层覆盖尸体，然后每平方米放入熟石灰或干漂白粉 20～40克或 2～5 厘米厚，再覆土掩埋，覆盖土层厚度 1.5 米以上，最后平整地面。深埋后，立即用氯制剂、漂白粉或生石灰等消毒药对深埋场所进行 1 次彻底消毒。并且作醒目标识。检查掩埋场地，及时发现遗漏问题并进行处置。深埋覆土不要太实，以免腐败产气造成气泡冒出和液体渗漏。深埋后，要定期检查，防止被肉食动物如犬猫钻洞扒掘。第一周内应每日巡查 1 次，第二周起应每周巡查 1 次，连续巡查 3 个月，深埋坑塌陷处应及时加盖覆土。深埋法适用于非烈性传染病死亡的猪，不得用于患有炭疽等芽孢杆菌类疫病，以及牛海绵状脑病、痒病的染疫动物及产品、组织的处理。

（2）化尸池（沉尸井）处理法　建造一个容积大的带密封盖的水泥池井（俗称化尸池，池底池壁水泥硬化）（图 14-13），把病死猪投进化尸池，放进烧碱，再用盖封紧井口（图 14-14），让病死猪的尸体化学分解的处理方式，叫做化尸池（沉尸井）处理法。化尸池处理建设成本低，无需运行成本，能就近处理病死动物，方便快捷，相比其他处理方式，无害化处理池是当前养殖场最为经济和实用的处理方式。化尸池处理方法是目前病死畜禽无害化处理比较科学、适用的办法。适用于规模化程度高的养殖场。每个规模场均能自行建设，易于操作和管理，后期处理费用很小。通过无害化处理池的方式处理病死猪时，选择在较大规模养殖场建设无害化处理池，在散养相对集中区域建造

图14-13 水泥结构的化尸井

图14-14 化尸井口配盖，使用生石灰密闭井口

公共无害化处理池。化尸池前期建设成本费用较高，据调查了解，每建设 1 立方米化尸池，包工包料大约需人民币 150～200 元 / 立方米。

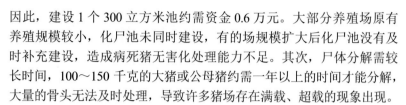

因此,建设1个300立方米池约需资金0.6万元。大部分养殖场原有养殖规模较小,化尸池未同时建设,有的场规模扩大后化尸池没有及时补充建设,造成病死猪无害化处理能力不足。其次,尸体分解需较长时间,100~150千克的大猪或公母猪约需一年以上的时间才能分解,大量的骨头无法及时处理,导致许多猪场存在满载、超载的现象出现。

(3)焚烧法 焚烧法是指在焚烧容器内,使动物尸体及相关动物产品在富氧或无氧条件下进行氧化反应或热解反应的方法,最后把病死动物变为灰渣。本方法适用对象是国家规定的染疫动物及其产品、病死或者死因不明的动物尸体,屠宰前确认的病害动物、屠宰过程中经检疫或肉品品质检验确认为不可食用的动物产品,以及其他的应当进行无害化处理的动物及动物产品。

(4)化制法 化制是通过工业化设备对动物尸体进行高温高压处理的方法,是把猪尸体转化为有营养价值且生物安全性好的副产品的最佳方法。主要是把动物尸体或废弃物在高温高压处理的基础上,再进一步处理为肥料、肉骨粉、工业用油、胶、皮革等产品的过程。具体来说,化制法是指在密闭的高压容器内,通过向容器夹层或容器通入高温饱和蒸汽,在干热、压力或高温的作用下,处理动物尸体及相关动物产品的方法。不得用于患有炭疽等芽孢杆菌类疫病,以及牛海绵状脑病、痒病的染疫动物及产品、组织的处理。

(5)生物发酵堆肥法 将病死猪尸体抛入尸体池内,利用生物热的方法将尸体发酵分解,最后把病死猪变为有机肥源以达到消毒的目的。该方法是现阶段最有效的病死猪处理方式。将病死猪的尸体抛入化尸池,利用化学物质将尸体发酵分解。在投放病死猪的过程中加入适量的谷壳、锯屑、发酵生物菌等,3~8个月之后,尸体完全腐败分解,此时可以挖出做肥料。生物发酵堆肥处理法需要通过建立发酵池,用稻壳、锯末屑等垫料提供碳源,以埋入垫料中的病死猪尸体为氮源,通过添加微生物菌种进行好氧堆制发酵,利用好氧微生物对动物尸体分解有机质产热,一定时间内使垫料内部达60~70℃的高温来降解腐熟动物尸体,抑制和杀灭病原微生物,使之成为一种可贮藏、处置以及土地利用的物质,实现病死猪的无害化处理。在通过3~8个月的堆肥处理后,木屑和动物尸体可以化为一体,形成熟化的堆肥。熟化的堆肥可重复利用,作为覆盖层,重复利用2~3次后,可用作有机肥，施入田地。生物发酵堆肥处理建筑工艺简单，材料易得，成本低，处理时间短，无污染，效果也不错。所以现在越来越多的猪场选择堆肥发酵来处理动物尸体，堆肥处理已经被证明是一种高效的猪尸体处理方法。

生物发酵技术要点：内设多个发酵池、1个贮料间，距离生产、生活区50米以上，每个池大约宽3米×长5米，砌三面墙体，墙体水泥膏抹面，高度1.5～2米（图14-15），地面平整，经防渗处理，搭防雨淋、日晒顶棚，有宽敞的通道和运送（病死猪）坡道，四周有围墙配有门锁，防猫、犬、禽等动物进出、掀扒。操作规范，放病死猪前，先在地面铺一层30厘米的木屑，如果是大于100千克的病死猪则铺40厘米；在尸体表面完全覆盖一层20厘米厚的木屑，病死猪之间需留20～30厘米的间距并用木屑填充（如是死胎、胎衣及哺乳仔猪，则可以适当缩小间距堆放）。尸体离墙边20厘米，也应填满木屑；可随时、连续堆放病死猪，每个发酵池堆满病死猪后，在其表面覆盖最后一层20厘米厚的木屑，即可封池。发酵堆上面覆盖一层薄膜，可以防止水分过度蒸发。无害化处理过程中，注意运输病死猪的用具、车辆、尸体躺过的地方、圈舍，工作人员的手套、衣物、鞋靴等均要进行严格的消毒。参与处理的人员要做好个人安全防护，特别是皮肤有破损者，不能参与处置。

图14-15 生物发酵法处理病死猪

（6）热辅快速生物发酵法 热辅快速生物发酵技术是利用机械设备（图14-16）的分割绞碎功能，以及耐高温益生菌的高效发酵功能，结合可编程逻辑控制器（Programmable Logic Controller，简称PLC）智能化控制系统，先通过传动系统低速旋转，使病死猪尸体在容器内分割绞碎，然后使用加热系统使其充分加热，再配合一定剂量的耐高温益生菌使之发酵、降解、灭菌。病死猪尸体经过机械分割、高温杀菌、益生菌发酵降解等工序后，处理为有机肥料。该工艺的优点是能将完整病死猪尸体等原料直接进行处理（图14-17），无需人工分割，克服焚烧、掩埋等传统方法带来的弊端，机器自动完成，最大限度减少人与患畜接触，有效防止病原菌传播。不存在生物安全及二次污染环境的风险。其过程是将病死动物投入设备的料桶中、配上垫料及生物菌、启动设备、切割、粉碎、加热、发酵、烘干、高温灭菌全自动一次性完成，24小时内就能完成一次处理，并且PLC智能化控制系统的运用，极大地节省了人工、降低了处理成本，且处理后的产品为有机肥料（图14-18），生态环保，良性循环。能直接彻底地杀灭微生物和寄生虫，有效地降解动物尸体和组织，且降解产生的产物可用来作为肥料。在日本、北美、欧洲的兽医机构、养殖场、屠宰场，都积极使用这种无害化处理技术。

图14-16 一种快速热辅生物发酵处理机

图14-17 投放病死猪

图14-18 处理结果

（7）化学处理法（硫酸分解法） 可视情况对病死及病害动物和相关动物产品进行破碎等预处理。将病死及病害动物和相关动物产品或破碎产物，投至耐酸的水解罐中，按每吨处理物加入水 150～300 千克，后加入 98% 的浓硫酸 300～400 千克（具体加入水和浓硫酸量随处理物的含水量而设定）。密闭水解罐，加热使水解罐内升至 100～108℃，维持压力 ≥ 0.15 兆帕，反应时间 ≥ 4 小时，至罐体内的病死及病害动物和相关动物产品完全分解为液态。操作注意事项：处理中使用的强酸应按国家危险化学品安全管理、易制毒化学品管理有关规定执行，操作人员应做好个人防护。水解过程中要先将水加入耐酸的水解罐中，然后加入浓硫酸。控制处理物总体积不得超过容器容量的 70%。酸解反应的容器及储存酸解液的容器均要求耐强酸。

（二）兽医医疗废弃物的处理

猪场医疗废弃物必须依法严格管理，严禁随意焚烧、掩埋、丢弃、扩散。科学规范地分类、贮存、收集、运输、处理兽医医疗废弃物对保障人畜安全和保护自然生态环境，具有重要的现实意义和深远的历史意义。

1. 猪场常见医疗废弃物

猪场常见兽医医疗废弃物类别见表 14-7。

表 14-7 猪场常见兽医医疗废弃物类别

种 类	主要构成成分
损伤性废物	安瓿、西林瓶、玻璃试剂瓶、载玻片、盖玻片、玻璃碎片等；剖解锐器如手术刀片、手术刀柄、镊子、剪刀、止血钳等；免疫、治疗器械，包括金属、塑料注射器、各型号的针头、输液器、采血针等
药物性废物	废弃的预防、治疗性抗生素或化学合成药等；过期、变质的疫苗、诊断试剂等；过期、变质的灭鼠、灭蚊蝇等药物
化学性废物	猪场兽医实验室废弃的化学试剂；废弃的各类化学消毒剂
病理性废物	临床解剖产生的脏器、组织等；阉割、直肠修复等手术完成后的废弃组织、器官等

续表

种 类	主要构成成分
感染性废物	呕吐物、排泄物污染的麻袋、垫料等； 废弃的盛装血样、病料的容器及血样、病料组织等； 废弃的细菌培养基、病毒培养液、菌种、毒种及检测试剂盒的阴阳性对照
废弃性包装物	盛装治疗、预防药物的包装盒、包装瓶； 盛装各类化学消毒药物的包装瓶、包装盒

2. 猪场常见医疗废弃物的处置要求

（1）管理、运送医疗废弃物的人员，必须做好个人防护。

（2）含病原体的病料、培养基、培养液等高浓度感染性废弃物，必须先进行长时间煮沸消毒或高压蒸汽灭菌，再按照一般感染性废弃物转运处理。

（3）医疗废弃物在数量不大时，交由就近的医院，委托其代为协助交给有资质的处理机构代为处理。在数量较大时，直接和相关有资质的医疗垃圾废物处理机构联系按规定处理，依据危险废物转移联单制度填写和保存移交联单。

（4）医疗废弃物转运人员在处理、运送医疗废弃物时，必须先查看包装物或者包装容器封口是否严密，标识是否清楚明晰。同时使用特制的收集箱以防止造成包装物或者容器破损和医疗废弃物的流失、泄露和扩散，并防止医疗废弃物直接接触身体。

（5）运送医疗费物应该使用防渗漏、防遗撒、无锐利边角、易于装卸和清洁的专用运送工具，并对运输工具进行清洁和消毒。

（6）禁止任何人员买卖、私下处理医疗废弃物，防止医疗废弃物流失、扩散，防止医疗废弃物交由未取得经营许可证的单位或个人收集、运送、贮存、处置。

（7）禁止医疗废弃物不经处理直接流入再生资源生产环节。

（三）粉尘、烟尘

（1）饲料加工车间的除尘装置采用离心除尘器，离心除尘器是利用离心力将高速混合气流中的粉料与含尘空气分离达到除尘的目的，其制作简单、分离效率高。吸尘装置的吸口应正对产生灰尘最多的地方，为了避免过多的物料被抽出，吸口不宜设在物料处于搅动状态的区域附近或粉料的气流中。

（2）锅炉房安装布袋除尘装置，经处理后其烟尘排量可减少90%，烟气排放筒建设高度不应低于 25 米，口径应大于 300 毫米。

（3）食堂的除尘装备采用抽油烟机，可减少90%以上的油烟排放，烟气排放筒建设高度不应低于 15 米，口径应大于 200 毫米。

（四）其他有害废弃物处理

有害垃圾包括废电池、废日光灯、废水银管温度计、过期药品等，这些垃圾需要收集交往专门的处理公司特殊安全处理。

第十五章

chapter fifteen

猪场经营管理

第一节　猪场物资与报表管理

一、物资管理

猪场设置物资管理岗位，由专人负责，出场物资和入场物资要建立进销存账，有条件的猪场可以使用软件管理，物资凭单进出仓库。生产必需品如药物、饲料、生产工具等要每季度或每月制定计划上报，各生产区（组）根据实际需要领取，不得浪费。

二、猪场报表

猪场报表是猪场生产管理的有效手段，是猪场工作监管和检查的重要载体，也是统计分析、指导生产的重要依据。猪场常用报表有种猪配种情况周报表、产仔情况周报表、妊娠情况周报表、保育猪舍周报表、种猪死亡淘汰情况周报表、肉猪变动及上市情况周报表、猪群盘点月报表、猪舍饲料进销存周报表、配种情况周报表、饲料需求计划月报表、药物需求计划月报表、生产工具等物资需求计划月报表、饲料进出存储情况月报表、药物进出存储情况月报表、生产工具等物资进出存储情况月报表（详见附表）。因此，认真填写报表是一项严肃的工作，应予以高度重视。各生产组长应做好各种生产记录，并准确、如实地填写周报表，交到上一级主管，查对核实后，及时送到场部。其中配种、分娩、断奶、转栏及上市等报表应一式两份。

第二节　猪场岗位定编及责任分工

一、岗位定编

规模猪场的人员编制一般包括场长、副场长、财会、生产线主管、后勤主管、畜牧主管、兽医主管、供销员、配种员、饲养员等。后勤人员按实际岗位需要设置人数，如后勤主管、会计出纳、司机、维修工、保安、门卫、炊事员、勤杂工等。在确定人员编制时应留有一定的余地，并应充分考虑到各类人员节假日的轮休及带班安排。

二、岗位责任分工

猪场应该以层层管理、分工明确、场长负责制为原则，具体工作专人负责；既有分工，又有合作；下级服从上级；重点工作协作进行，重要事情通过场领导班子研究解决。

（1）场长　负责猪场的全面工作；考核关键岗位任务完成情况。负责制定和完善本场的各项管理制度、技术操作规程及后勤保障工作的管理；负责制定具体的实施措施，落实和完成猪场各项任务；及时协调各部门之间的工作关系；负责监控本场的生产情况、员工工作情况和卫生防疫，及时解决出现的问题；负责编排全场的生产经营计划，物资需求计划；负责全场的生产报表，并督促做好月结工作、周上报工作；做好全场员工的思想工作，及时了解员工的思想动态，出现问题及时解决，及时向上级反映员工的意见和建议；负责全场直接成本费用的监控与管理；负责落实和完成公司下达的全场经济指标；负责全场生产线员工的技术培训工作，每周或每月主持召开生产例会；直接管辖生产线主管，通过生产线主管管理生产线员工。

（2）生产线主管　落实和完成公司下达的各项生产任务；负责生产线日常工作，并协助场长做好其他工作。负责执行饲养管理技术操作规程、卫生防疫制度和有关生产线的管理制度，并组织实施；负责生产线报表工作，随时做好统计分析，以便及时发现问题并解决问题；负责猪病防治及免疫注射工作；负责生产线饲料、药物等直接成本费用的监控与管理；负责落实和完成场长下达的各项任务；直接管辖组长，通过组长管理员工。

（3）销售、售后主管　负责公司各类猪只的销售、售后服务。

（4）畜牧主管　负责配种、妊娠、分娩、保育、生长、测定等车间生产管理工作；负责执行饲养管理技术操作规程和有关生产线的管理制度，并组织实施；负责监督检查生产线各岗位的职责完成情况。

（5）兽医主管　主持全场猪疫病防控工作；监督全场卫生防疫制度的执行。

（6）公猪站主管　负责公猪站公猪饲养管理和精液的正常生产。

（7）饲养员

① 公猪站饲养技术工人　负责公猪的饲喂、圈舍卫生工作；负责精液的正常采集、生产工作。

② 配怀车间饲养员　负责限位栏内妊娠猪的饲喂、圈舍卫生工作；协助配种员做好妊娠猪转群、调整工作；完成管理人员安排的其他各项工作。

③ 哺乳母猪、仔猪饲养员　负责哺乳母猪、仔猪的饲养管理工作；专人负责分娩舍接产、仔猪护理工作；完成管理人员安排的其他各项工作。

④ 保育猪饲养员　负责保育猪的饲喂、圈舍卫生工作；完成管理人员安排的其他各项工作。

（8）技术人员

① 公猪站　负责精液的实验室检测工作；严控生产质量关，负责精液的正常生产；完成管理人员安排的其他各项工作。

② 配种员　负责每天两次的发情母猪鉴定工作；负责发情母猪的适时配种工作；负责相关猪群的饲喂管理工作；负责妊娠母猪的孕检工作；完成管理人员安排的其他各项工作。

③ 兽医　负责全场猪群的免疫接种工作；负责全场环境、猪舍带猪、空栏终末消毒工作；负责保健、治疗药物投放工作；负责病猪的临床治疗工作；负责病猪的及时隔离、转群工作；负责残次猪、淘汰猪、病猪、死亡猪的鉴定工作；负责入场药物抑菌效果实验室检测工作；负责消毒药物的效果监测工作；负责核心疫病实时抗体水平检测工作；负责全场猪舍、猪群消毒监督落实工作；负责相关一线原始记录报表的收集、整理上交工作；完成管理人员安排的其他各项工作。

（9）库管人员　负责场内各类物资的入库监管、记录工作；负责饲料的监管、发放、记录工作；负责药物、疫苗的监管、发放、记录工作；负责大宗原料采购计划、申购工作；负责猪群异动、销售的相关记录工作；负责各生产数据统计、整理、录入工作；负责各类生产报表的收集、整理、上交、场内存档管理工作；完成管理人员安排的其他各项工作。

（10）生物安全监督员　负责猪场相关生物安全执行情况的监督、抽查等工作，具体包括监督猪场相关车辆的清洗、消毒、隔离等的执行；监督入场人员、物资消毒；监督入场人员隔离；监督各消毒池药水更换、使用执行；监督生产线人员入场洗澡、更衣、换鞋等的执行；监督出猪台规范使用、严格消毒；监督病死猪无害化处理操作；监督粪污处理操作。

第三节　猪场生产例会与技术培训制度

为了达到定期检查、总结生产上存在的问题、提高饲养管理人员的技术素质、及时研究出解决方案、有计划地布置下一阶段的工作、使生产有条不紊地进行、提高全场生产管理水平的目的，猪场必须因地制宜地制定生产例会和技术培训制度。

一、主持

猪场生产例会和技术培训会的主持人由猪场场长或分管生产业务的负责人主持。

二、时间安排

一般情况下可安排在星期日晚上 7：00—9：00 为生产例会和技术培训时间，生产例会 1 小时左右，技术培训 1 小时左右。特殊情况下灵活安排。

三、内容安排

总结检查上周工作，安排布置下周工作，按生产进度或实际生产情况进行有目的、有计划的技术培训。

四、程序安排

组长汇报工作，提出问题；生产线主管汇报、总结工作，提出问题；主持人全面总结上周工作，解答问题，统一布置下周的重要工作。生产例会结束后进行技术培训。

五、会前准备

开会前，生产组长、生产线主管和主持人要做好充分准备，重要问题要准备好书面材料。

六、会议要求

对于生产例会上提出的一般技术性问题，要当场研究解决，涉及其他问题或较为复杂的技术问题，要在会后及时上报、讨论研究，并在下周的生产例会上予以解决。

第四节　猪场各项规章制度

一、员工休、请假考勤制度

（一）休假制度

（1）正常轮休　提前一周申报轮休计划；轮休由相关部门负责人、

场长逐级批准，安排轮休；正式员工每月可轮休 4 天（含场内隔离 24 小时以上），正常情况下不得超休，鼓励员工按月轮休；正式员工最多可累假两月，连续休假 6 天（含场内隔离 24 小时以上）；休假前一天必须安排好交接工作，保证各项工作顺利开展；每个部门每次只能 1 人轮休。

（2）非正常轮休　出现特殊情况，如工作较多无法安排、外界有疫情需要封场等情况，则不能正常休假，可安排积休或直接补贴，直接补贴标准：未休天数 × 日薪；主动放弃休假年终考评时作为参考；当月已休假但不足 4 天，或累假两月休假不足 6 天的，剩余假期不得积累进入下月，且不计补贴，年终考评时参考；当月未申请弃假或累假亦未休假，或累假已满两月仍不休假的作自动弃假，不计补贴，年终考评时参考。对超过正常轮休的休假时间，每天扣日薪的 2 倍金额。

（3）带薪假　员工转正半年后，可享受如下待遇：婚假 7 天，直系亲属丧假 5 天，女子产假 90 天。

（4）法定节假日上班的，按国家相关劳动法规执行。

（二）请假制度

① 除正常休假外，一般情况不得请假。

② 特殊情况请病事假的，需写《员工请假单》，层层报批，否则作旷工处理：旷工 1 天，扣日薪 2 天，连续旷工 4 天以上作自动离职处理。

③ 请事假 1 天，扣日薪 1 天，1 次事假连续超过 15 天劝退。

④ 请病假的员工，必须开具县级以上医院的病假条，否则作旷工处理，病假期间无工资。

⑤ 因公负伤者可报公司批准，治疗期间，除绩效工资外，其他部分工资照发。

⑥ 当年病事假累计超过 15 天、旷工累计超过 3 天，取消当年年终奖评定资格。

⑦ 当年病事假累计超过 30 天、旷工超过 6 天的劝退。

⑧ 员工请假须由场长签字批准。

（三）考勤制度

① 生产线员工由统计员负责考勤，月底上报。

② 迟到或早退 10 分钟内，第一次扣 20 元，第二次扣 50 元，两次以上每次扣 100 元。

③ 迟到或早退 10 分钟以上 30 分钟以下的，每次扣半天日薪（日薪＝工资标准 ÷30，统一按 30 天计算，下同）。

④ 迟到或早退 30 分钟以上的，每次扣 2 天日薪。

⑤ 有事须提前请假。

⑥ 严禁消极怠工，一旦发现经批评教育仍不悔改者根据危害程度，进行金额不等的罚款，态度恶劣者上报公司做开除处理。

二、会计、出纳、电脑员岗位责任制度

① 严格执行猪场制定的各项财务制度，遵守财务人员守则，把好现金收支手续关，凡未经领导签名批准的一切开支，不予支付。

② 严格执行公司制定的现金管理制度，认真掌握库存现金的限额，确保现金的绝对安全。

③ 每月按时发放工资。

④ 做到日清月结，及时记账、输入电脑。

⑤ 电脑员负责电脑工作，有关数据、报表及时输入电脑，协助生产管理人员的电脑查询工作，优先安排生产技术人员的查询工作。

⑥ 电脑员负责电脑维护与安全，监督和控制电脑的使用，有权限制和禁止与电脑数据管理无关人员进入电脑系统，有责任保障各种生产与财务数据的安全性与保密性。

⑦ 会计、出纳、电脑员应直属场办公室。

三、水电维修工岗位责任制度

① 负责全场水电等维修工作。

② 电工持证上岗，必须严格遵照水电安全规定进行安全操作，严禁违规操作。

③ 经常检查水电设施、设备，发现问题及时维修、及时处理。

④ 优先解决生产线管理人员提出的安装、维修事宜，保证猪场生产正常运作。

⑤ 水电维修工的日常工作由后勤主管安排，进入生产线工作时听从生产线管理人员指挥。

⑥ 不按专业要求操作，出现问题自负。

⑦ 不能及时发现隐患并及时采取措施，出现问题或影响生产时，追究其经济责任。

四、机动车司机岗位责任制度

① 遵守交通法规，带证上岗。

② 场内用车不准出场，特殊情况出场时须请示场长批准。

③ 爱护车辆，经常检查，有问题及时维修。

④ 安全驾驶，注意人、车安全。

⑤ 坚决杜绝酒后开车。

⑥ 车辆专人驾驶，不经场长批准，不得让他人使用。

⑦ 严禁公车私用。

⑧ 车辆必须在指定地点存放。

⑨ 场内用车由后勤主管统一安排。

五、保安、门卫岗位责任制度

① 负责猪场治安保卫工作，依法护场，确保猪场有一个良好的治安环境。

② 服从猪场场长、后勤主管的领导，负责与当地派出所的工作联系。

③ 工作时间内不准离场，坚守岗位，除场内巡逻时间外，平时在门卫室值班，请假须报后勤主管或场长批准。

④ 主要责任范围　禁止社会闲散人员进入猪场，禁止非生产人员进入生产区，禁止场外人员到猪场寻衅滋事，禁止打架斗殴，禁止"黄、赌、毒"，保卫猪场的财产安全，做到"三防"。

六、仓库管理员岗位责任制度

① 严格遵守财务人员守则。

② 物资进库时要计量、办理验收手续。

③ 物资出库时要办理出库手续。

④ 所有物资要分门别类地堆放，做到整齐有序、安全、稳固。

⑤ 每月盘点一次，如账物不符，要马上查明原因，分清职责，若

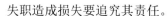

失职造成损失要追究其责任。

　　⑥ 协助出纳员及其他管理人员工作。

　　⑦ 协助生产线管理人员做好药物保管、发放工作。

　　⑧ 协助猪场销售工作。

　　⑨ 保管员由后勤主管领导，负责饲料、药物及疫苗的保存发放，听从生产线管理人员技术指导

七、食堂管理制度

　　为了加强和促进食堂管理工作，进一步提高后勤服务质量，确保食堂卫生和食品安全，方便职工就餐，搞好职工生活，必须制定猪场食堂管理制度，主要内容如下：

（一）食品卫生要求

　　① 对主要原料实行集中采购或定点采购，供货单位必须各种证件齐全，做好进货、发放使用记录，严禁私自采购原料。

　　② 不得采购、加工、销售腐烂变质、假冒伪劣、不经检疫、有毒的食品，如有发现从严处罚并追究经销单位及当事人的责任，并由其承担一切后果。

　　③ 食品分类、分架、离地存放，生熟分开，不使用未经洗涤、消毒的餐饮具，不使用白色泡沫餐饮具，若有违反给予经济处罚。

（二）食堂环境卫生及工作人员管理要求

　　① 食堂要保持清洁卫生，周围环境及食堂内每周消毒一次，餐具（碗、筷、碟）每餐用完后清洗干净，放在消毒柜消毒，炊事员应穿工作服进行操作。

　　② 工作人员衣帽整洁，勤洗勤换，有健康合格证并挂卡上岗，出售食品时要戴口罩。

　　③ 饭堂工作人员态度要和蔼，经常征求职工意见，不断提高食品质量。

　　④ 餐厅卫生要保持清洁，随时清扫，及时开门关门，桌椅摆放整齐，不得随意搬动，保证使用完好。

（三）食堂财务管理

　　食堂财务管理要公开，互相监督，不准营私舞弊。每月底结算一

次伙食费，并交后勤主管、财会或场长审阅，每月底将本月领取伙食费总金额（包括收入）、实际消费金额、结余金额等数据在黑板上公布。买菜和验收由两个人执行：即一人买菜，另一人验收，购买菜单由两人签字。出纳员负责领取、保存、支出伙食费，发放饭票等事宜。

八、消毒更衣房管理制度

① 员工上班必须洗澡，隔离 1 天后更衣换鞋方可进入生产线。

② 上班时，员工换下的衣服、鞋帽等留在消毒房外间衣柜内，经沐浴后，在消毒房里间穿上工作服、工作靴等上班。

③ 下班时，工作服留在里间衣柜内，然后在外间穿上自己的衣服鞋帽等回到生活区。

④ 换衣间内须保持整洁，衣服编号和衣柜编号要一一对应，工作服、毛巾折叠整齐，禁止随意乱放，鞋子放在自己的编号柜下。

⑤ 地面、冲凉房要保持清洁干净、整齐有序，无异味。

⑥ 工作服、工作靴等不得乱拿乱放，保持整洁。

⑦ 上班员工应该互相检查督促，切实落实消毒房管理措施。

⑧ 消毒房管理人员负责消毒更衣房的管理工作。

第五节　猪场存栏猪结构

根据猪场规模、生产工艺流程和生产条件，将生产过程划分为若干阶段，不同阶段组成不同类型的猪群，计算出每一类群猪的存栏量就构成了猪群结构。下面以年产万头商品肉猪的猪场为例，介绍一种简便的猪群结构计算方法。

一、年产总窝数

年产总窝数 = 计划年出栏头数 / 窝产仔数 × 出生成活率 × 断奶生活率 × 出栏成活率 =10000/10×0.9×0.95×0.98=838（窝 / 年）

二、每周转群头数

①产仔窝数 =1193÷52=23 头，一年 52 周，即每周分娩泌乳母猪数为 23 头；

②妊娠母猪数 =23÷0.95=24 头，分娩率 95%；

③配种母猪数 =24÷0.80=30 头，情期受胎率 80%；

④哺乳仔猪数 =23×10×0.9=207 头，成活率 90%；

⑤保育仔猪数 =207×0.95=197 头，成活率 95%；

⑥生长肥育猪数 =197×0.98=193 头，成活率 98%。

三、猪群结构

①公猪数：576÷25=23 头，公母比例 1：25；

②后备公猪数：23÷3=8 头。若半年一更新，实际养 4 头即可；

③后备母猪数：576÷3÷52÷0.5=8 头 / 周，选种率 50%。

第六节 种猪淘汰原则与更新计划

一、种猪淘汰原则

①后备母猪超过 8 月龄以上不发情的。

②断奶母猪两个情期（42 天）以上不发情的。

③母猪连续二次、累计三次妊娠期习惯性流产的。

④母猪配种后返情连续两次以上的。

⑤青年母猪第一、二胎活产仔猪窝均 7 头以下的。

⑥经产母猪累计三次活产仔猪窝均 7 头以下的。

⑦经产母猪连续二产次、累计三产次哺乳仔猪成活率低于 60%，以及泌乳能力差、咬仔、经常难产的母猪。

⑧经产母猪 7 胎次以上且累计胎均活产仔数低于 9 头的。

⑨后备公猪超过 10 月龄以上不能使用的。

⑩公猪连续 3 次精检不合格的。

⑪后备猪有先天性生殖器官疾病的。

⑫ 发生普通病连续治疗两个疗程不能康复的种猪。

⑬ 发生严重传染病的种猪。

⑭ 由于其他原因而失去使用价值的种猪。

二、种猪淘汰计划

① 分周/月有计划地均衡淘汰。

② 现场控制与鉴定，每批断奶猪检定一次。

③ 合理的母猪年龄及胎龄结构。

④ 母猪年淘汰率 25%～35%，公猪年淘汰率 45%～55%。

⑤ 后备猪使用前淘汰率：母猪淘汰率 10%，公猪淘汰率 20%。

三、后备猪选留/引种计划

后备猪年选留数＝基础成年猪数 × 年淘汰率 ÷ 后备猪合格率。

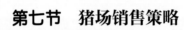

第七节　猪场销售策略

一、猪场产品

目前，我国猪产品的形式主要有：

（1）种猪　分为原种猪和二杂种猪或多元杂交种猪，供销售给其他猪场供繁殖、培育后代猪使用，一般销售价值大。

（2）商品仔猪　供商品猪场继续饲喂的断奶猪、保育猪或架子猪。

（3）商品肉猪　供直接上市销售的育肥猪，这是养猪生产的最终的产品。

二、产品策略

产品策略是营销活动的核心内容。产品策略是种猪场市场营销策略的出发点。种猪企业为了更好地组织种猪的市场营销，就必须研究和制定产品策略。猪场产品的整体包括三个层次。①核心产品：指种猪有正常的繁殖力，能满足种猪客户的需要。②有形产品：包括种猪的质量、品种、特点，还有发展中的种猪品牌等。③附加产品：主要指种猪场为种猪使用者提供的各种服务。种猪产品的整体概念，不仅指种猪本身，而且包括服务，以满足种猪使用者的需求。

三、质量策略

种猪使用者在选择购买种猪时，首先考虑的是质量。品质优良的种猪对企业赢得信誉、树立形象、占领市场和增加收益，都具有决定性的意义。因此，种猪场必须高度重视本场的种猪质量问题，并将质量意识贯穿于企业管理的每一个环节。定期评估种猪的质量水平和优缺点，定期进行市场调查，倾听专家和种猪使用者的意见，以市场为导向，制定育种方案，使培育出来的种猪能最大限度地满足客户的需求；了解国内外育种的方向，及时掌握先进的育种技术，保证销售的种猪质量长期稳定；让技术人员了解种猪使用者如何使用本场的种猪，了解使用效果，使本场的种猪质量保持同行业的领先水平，用质量确保企业销售市场；条件好的育种企业可在国内逐步建立质量体系，例如 ISO 9001：2000 质量体系认证。

四、服务策略

美国著名学者李维特断言：新的市场竞争将主要是服务的竞争。假设种猪供求平衡，质量、价格竞争已处于难分高低的状况中，种猪企业靠什么去获取竞争优势？答案是：靠服务！企业向客户提供优质种猪的同时，应伴以规范的全面服务，使客户得到最大的满足，进而成为种猪场最忠实和最长久的主顾。通过服务可消除种猪使用者的各种顾虑，维护产品在他们心目中的形象，提高本企业的信誉。因此种猪企业应树立种猪企业服务理念，并将理念灌输到全体员工的思想和行动中去，竭诚向养猪企业和专业户奉献精心培育的优质种猪，并提供全面优质的服务。同时完善服务机构，提供全面的服务项目，包括售前、售中和售后服务。

售前服务——为新建种猪场提供规划、设计服务和生产人员的生产技术培训。售中服务——为用户提供优质种猪和系谱、引种过渡期的饲养管理方案等资料，解决运输问题，提供少量本场饲料，避免种猪到达目的地后因饲料改变而应激。售后服务——实行质量保证承诺，对售出的种猪使用情况进行跟踪。如果所售出的种公猪在正常管理条件下不能配种，经鉴定后，种猪场应以商品猪价格提供优良公猪给予补偿，生产场为用户提供管理和技术咨询，解决生产上出现的一些问题，帮助种猪使用者养好种猪，并向用户推荐使用效果较好的养猪用品，如饲料、消毒药、设备等。

种猪企业还应培养一批具有良好服务素质的工作人员，根据客户新需求调整服务内容与服务方式，建立客户管理系统，包括用户档案卡和用户投诉管理档案，设计种猪质量跟踪卡，及时将用户意见反馈回来作管理决策之用。重视客户投诉，这是一种机会，是改善各项管理、消除失误、加深与客户联系的机会。重视跳槽顾客的意见，通过深入了解跳槽客户的原因，可以发现经营管理中存在的问题，采取必要的措施进行改进。还可组织用户现场交流和联谊活动等。

五、品牌

品牌对于种猪企业来说仍处于起步阶段。但作为种猪企业来说，品牌的作用绝不能低估，抓住人才的优势、科技含量、品牌优势，在市场销售中有意识地充分发挥这一优点，牢记新的市场竞争将主要是服务的竞争，那么就要掌握"技术＋品质＋服务"这一规律。事实证明，品牌可以帮助种猪企业占领市场、扩大产品销售，在市场竞争中，品牌作为产品甚至企业的代号而成为销售竞争的工具，哪个品牌在种猪使用者中影响大，为使用者所熟悉、所接受，这种品牌的种猪就销售得快。种猪品牌就是种猪的牌子，它包含种猪品牌的名称、标志、商标等概念在内。

六、新产品的开发策略

种猪场应致力于使各个品种的种猪各项性能和指标一年上一个新台阶。投入大量的资金和精力，通过科学的选育种技术，坚持不懈地进行品种的改良，提高各品种种猪各个世代的性能，不断探索最佳的配套组合，提高种猪的各项经济指标。

七、销售渠道策略

销售渠道策略包括两个方面的内容，一是种猪的销售途径，另一个是种猪的运输。由于种猪属于鲜活商品，一般采用种猪场直销型的销售渠道，不利用任何中间商，直接将种猪销售给养猪企业和养猪户。采用直销型的销售渠道销售种猪，需要掌握种猪现场销售技巧，并具备一定的配套设施方便客户选购。

购买种猪时，购买者需要看到猪后才能决定，但种猪场的防疫体系要求禁止外来人员进入，为了方便顾客了解猪场和种猪详情，常通过介绍企业和各种猪场的基本情况或以看视频资料的形式来了解和观察种猪情况，并设立规范的种猪展示厅，通过密封观察窗观察种猪状况进行了解。在进行现场观察之前，销售人员应了解客户及其单位的各种情况。通过现场观察，销售人员有针对性地向客户介绍、推荐各品种种猪，并耐心全面地回答客户提出的各种问题，使客户放心购买。

八、定价策略

定价首先必须按企业的战略目标来制定。如果种猪场已选定目标市场，并进行市场定位，定价策略主要由早先的市场策略来决定。但一般来说，种猪生产企业可根据种猪品种、质量、市场受欢迎程度、生产成本、地区性差异、级别、竞争对手的价格来决定种猪的价格。

九、促销策略

通过促销活动来提高种猪生产企业的知名度，扩大市场的影响力，但促销的第一步是推销自己，将自己的诚意无私地奉献给对方，第二步是推销企业，将企业的形象展示给对方，取得客户的信任后，才推销企业的种猪。促销策略可分为人员推销、产品广告、营业推广、企业形象等多方面。

1.人员推销

（1）推销队伍的建设　每一个成功的种猪企业背后，都有一批成功的推销员，企业除了组建一支以最新先进科技知识和强烈市场竞争观念武装起来的育种技术队伍，更重要的是必须组建一支以最新先进市场营销策略观念和熟悉种猪生产技术等专业知识武装起来的市场营销队伍。优秀的推销员应具备端庄的仪表和良好的风度，明确本企业种猪的质量、性能以及哪方面优于竞争者生产的种猪，熟悉本企业各类顾客的情况，深入了解竞争对手的策略和近来动向，善于从种猪使用者的角度考虑问题，使顾客理解你的诚意。

（2）推销人员的管理　企业对推销人员提供必要的支持、定期的相关技术培训、及时配套的广告宣传、灵活的价格政策、畅通的渠道和必需的后勤服务，推销人员的报酬应因人而异，多劳多得，可规定推销定额，实行超额奖励制度，调动销售人员的积极性。

（3）寻找客户技巧　通过各地农牧主管部门和养猪行业协会提供信息，从电话号码本和各种广告、工商目录等寻找目标猪场，也可利用现有的客户介绍新客户的办法，在特定范围内发展一批"中心人物"（在畜牧行业中有影响的专家和有关人员），并在他们协助下，把在范围内的准目标顾客找出来，采用纵横联合的战术，与有共同目标的非同行业单位（如饲料、动物保健的行业）携手合作，共享目标顾客。

2. 产品广告

在竞争激烈的种猪市场上开拓发展，广告是沟通企业及其产品与客户的桥梁。由于种猪产品较为专业化，农产品的产值和利润不高，广告价格昂贵的电视等媒体暂时不适合种猪企业选择。一般来说，种猪企业的广告活动应在本企业支付能力范围内选择专业性强、在本行业内影响面大、范围广的杂志、报刊刊登广告，通过印刷广告材料、邮寄、专业会议派发等形式进行宣传，也能取得较好的效果。广告内容要有创意，力求吸引顾客的注意，并留下深刻的印象。通过广告宣传，把种猪各品种的性能特点、价格、购买地点和各项服务等信息及时传递给种猪用户，争取更多的购买者，提高市场的占有率。

3. 营业推广

种猪营业推广是种猪促销活动的一支"利箭"，是对人员推销、产品广告的一种补充手段。通常通过畜牧业展销会、交易会、种猪拍卖会、技术研讨会、有奖销售以及赠送新育成的优良种猪、赠送有宣传效能的纪念品、对顾客和中间商购货折扣、"欲擒故纵"和"放长线钓大鱼"等销售推广技巧，宣传本企业的产品，展示新引进或新育成的品种，通过营业推广结识更多的朋友，获取所需的信息，吸引客户前来购买，有利于扩大销售。

4. 企业形象

企业形象是企业的一种无形资产，种猪企业要想在市场竞争中处于有利地位，就需要从更长远的意义上来考虑自己的营销活动。塑造良好的企业形象、树立种猪使用者的信心、为种猪场将来创造良好的营销环境，对种猪场的长期销售有明显的促进作用。信誉好、效益高的养猪企业容易从金融部门获得贷款，对吸引人才流入也能起到积极的促进作用。因此，企业应不断提高产品质量和新技术含量，建立良好的产品形象。可通过狠抓经营管理、重合同、守信用提高企业的美誉度，通过开展有意义的特别活动、提炼自己产品的特点、找到吸引消费者的"亮点"、撰写专业文章和通过学术交流等提高企业及产品的知名度。此外，企业要协调好与政府的关系，创造良好的外部环境。

种猪企业要在风云变幻的种猪市场上立足，必须制定周密的营销策略，根据市场的变化及时调整策略，不断科技创新，做到比同行企业先行一步，率先形成强有力的竞争优势。

第八节　种猪场成本核算

一、种猪场成本核算的意义和要求

种猪场的产品成本核算，是把在生产过程中所发生的各项费用，按不同的产品对象和规定的方法进行归集和分配，借以确定各生产阶段的总成本和单位成本。产品成本核算是种猪场落实经济责任制、提高经济效益不可缺少的基础工作，是会计核算的重要内容，是反映种猪场生产经营活动的一个综合性经济指标，是补偿生产耗费的尺度，是制定产品价格的一项重要因素。为了正确核算产品成本，使成本指标如实地反映产品实际水平，充分发挥成本的作用，猪场在进行成本核算时，必须注意以下基本要求。

（一）正确划分各种费用界限

1. 正确划分资本性支出和收益性支出的界限

凡支出的效益涉及多会计年度的，应作为资本性支出，如固定资产的购置和无形资产的购入均属于资本性支出；凡支出的效益只涉及于本年度的，应作为收益性支出，如生产过程中饲料及物品的消耗、直接工资、制造费用及期间费用均属于收益性支出。构成种猪场资产的资本性支出，要在以后的使用过程中才能逐渐转入成本费用。收益性支出应计入产品成本，或者作为期间费用单独核算。收益性支出全部由当期营业收入来抵偿。区分资本性支出和收益性支出的目的，目的是正确计算资产的价值和正确计算各期的产品成本、期间费用及损益。

2. 正确划分应计入成本费用和不应计入成本费用的界限

种猪场生产过程中的耗费是多种多样的，其用途也是多方面的，要正确核算成本费用，计算产品成本。必须按费用的用途确定哪些应由产品成本负担，哪些不应由产品成本负担。要严格遵守成本费用开支范围的规定，以保证种猪场产品成本计算的真实性。

3. 正确划分各个会计期间的费用界限

根据我国会计准则的规定，种猪场应按月进行成本计算，以便分析考核生产经营费用计划、产品成本计划的执行情况和结果。因而必须划分各个月份的费用界限。本月份实际发生的费用应当全部入账，本月份发生（支付）而应由本月及以后各月共同负担的费用，应当计作待摊费用，在各月间合理分配计入成本费用。本月虽未支付但应当由本月负担的费用，应当通过预提的方法，计作预提费用，预先分配计入本月成本费用，待到期支付时，再冲减预提费用。

4. 正确划分各种产品应负担的费用界限

为了保证按每个成本计算对象正确地归集应负担的费用，必须将发生的应由本期负担的生产费用，在各猪群之间进行分配。凡能直接认定某猪群应负担的费用，应直接归入该猪群成本；不能直接确认而需要分配计入的费用，要选择合理的分配方法进行分配并计入各种猪群成本。

（二）合理确定成本核算的组织方式和具体的核算方法

由于各种猪场生产规模、所有制形式的不同，也就形成了不同的生产组织方式、生产工艺流程和管理要求，这样种猪场在进行成本核算时，必须从本场实际情况出发，正确确定成本核算体制、成本核算对象、成本计算期，成本中应包括的成本项目、归集和分配费用的方式以及费用和成本的账簿设置等，从而使养猪场的成本核算工作能充分体现各自的生产特点和经营管理的要求。

（三）保证成本核算资料的真实性

1. 做好各项消耗定额的制定和修订

生产过程中的饲料、兽药、燃料、动力等项消耗定额，与产品成本计算的关系十分密切。制定先进而又可行的各项消耗定额，既是编制成本计划的依据，又是审核控制生产费用的重要依据。因此，为了加强生产管理和成本管理，种猪场必须建立、健全定额管理制度，并随着生产的发展、技术的进步、劳动生产率的提高不断地修订定额，以充分发挥定额管理的作用。

2. 建立财产物资的收发、领退、转移、报废、清查盘点制度

成本费用以价值形式核算产品生产经营中的各项支出，但是价值形式的核算都是以实物计量为基础的。因而为了正确计算成本费用，必须建立和健全各种实物收进和发出的计量制度及实物盘点制度，这样才能使成本核算的结果如实反映生产经营过程中的各种消耗和支出，做到账实相符。

3. 建立和健全工作原始记录

原始记录是反映生产经营活动的原始资料，是进行成本预测、编制成本计划、进行成本核算、分析消耗定额和成本计划执行情况的依据。种猪场对生产过程中饲料和兽药的消耗、低值易耗品等材料的领用、费用的开支、猪只的转群等，都要有真实的原始记录。原始记录的组织方式和具体方法，要从各单位实际情况出发，既要符合成本核算和管理的要求，又要切实可行。

4. 严格计量制度

成本核算必须以实物计量为基础，只有严格执行对各种财产物质

的计量制度，才能准确计算产品成本。而要准确地进行实物计量，就必须具备一定的计量手段和检测设施，以保证各项实物计量准确性。因而应当按照生产管理和成本管理的需要，不断完善计量和检测设施。

二、种猪场成本核算对象的确定

种猪场生产成本的核算，可以实行分群核算，也可实行混群核算。实行分群核算是将整个猪群按不同猪龄，划分为若干群，分群别归集生产费用和计算产品成本。混群核算（也称为混群核算）是以整个猪群作为成本计算对象来归集生产费用。在实际工作中，为了加强对种猪场各阶段饲养成本控制和管理，在组织猪场成本核算时，大都采用分群核算。具体划分标准如下。①基本猪群：指各种成年公、母猪和未断奶仔猪（0～1月），包括配种舍、妊娠舍、产房猪群。②幼猪群：指断奶离群的仔猪（1～2月），即断奶后转入育成猪群前，包括育仔舍猪群。③肥猪群：指育成猪、育肥猪（2月～出栏），包括育成舍、育肥舍猪群。

三、种猪场成本核算凭证

为了正确组织种猪生产成本核算，必须建立健全种猪生产凭证和手续，做好原始记录工作，种猪生产的核算凭证有：反映猪群变化的凭证、反映产品出售凭证、反映饲养费用的凭证等。

反映猪群变化的凭证，一般可设"猪群动态登记簿"和"猪群动态月报表"，对于猪群的增减变动应及时填到有关凭证上，并逐日地记入"猪群动态登记簿"。月末应根据"猪群动态登记簿"，编制"猪群动态月报表"报告给财务部门，作为猪群动态核算和成本核算的依据。反映猪只出售的凭证，有出库单、出售发票等，应随时报告财务部门，作为销售入账的原始凭证。反映猪只饲养费用的凭证，有工资费用分配表、折旧费用计算表、饲料消耗汇总表、低值易耗品、兽药等其他材料消耗汇总表。月终均作为财务核算的依据。

四、种猪场费用的分类

种猪场生产经营过程中的耗费是各种各样的，为了便于归集各项费用，正确计算产品成本和期间费用，进行成本管理，需要对种类繁

多的费用进行合理的分类，其中最基本的是按费用的经济内容（或性质）和经济用途分类。

（一）按费用的经济内容分类

种猪场生产经营过程，也是物化劳动（劳动对象和劳动手段）和活劳动的耗费过程，因而生产经营过程中发生的费用，按其经济内容分类，可划分为劳动对象方面的费用、劳动手段和活劳动方面的费用三大类。生产费用按经济内容分类，就是在这一划分的基础上，将费用划分为不同的费用要素，而不考虑它的耗费对象和计入产品成本的方法，种猪场的费用要素有：工资及福利费、饲料费、防疫和医药费、材料费、燃料费、低值易耗品费、折旧费、利息支出、税金、水费、电费、修理费、养老保险费、失业保险费、其他支出等。将费用划分为若干要素进行核算，能够反映企业在一个时期内发生了哪些费用，数额各是多少，可用于分析种猪场各个时期各种费用的支出水平，比较同期升降的程度和因素，从而为种猪场制定增收节支提供依据。

（二）按费用的经济用途分类

种猪场的费用按其经济用途不同可分为生产成本（制造成本）和期间费用两大类。生产成本主要是指与生产产品直接有关的费用。这类费用在生产过程中的用途也不一样，例如有的直接用于产品生产，有的则用于管理与组织生产，因而需要按经济用途进一步划分为若干成本项目。种猪场的生产费用按其经济用途可划分为下列成本项目：

① 工资福利费　指直接从事饲养工作人员的工资、奖金及津贴，以及按工资总额 14% 提取的福利费。

② 饲料费　指饲养过程中，各猪群耗用的自产和外购的各种植物、矿物质、添加剂及全价料。

③ 兽医兽药费　各猪群在饲养过程中耗用的各类兽药、兽械和防疫药品费及检测费。

④ 种猪价值摊销　指由仔猪负担的种猪价值的摊销费。

⑤ 固定资产折旧费　指能直接计入各猪群的猪舍和专用机械设备的折旧费。

⑥ 低值易耗品摊销费　指能直接计入各猪群的低值工具、器具和饲养人员的劳保费用。

⑦ 制造费用　指猪场在生产过程中为组织和管理猪舍发生的各项间接费用及提供的劳务费。包括猪场管理及饲养员以外的其他部门人员的工资及福利费，司机出车补助、加班、安全奖费用，猪场耗用的全部燃料费、水电费、零配件及修理费，低值工具、器具、舍外人员劳保用品摊销费，"生产成本"以外的办公楼、设施、设备、车辆等固定资产的折旧费，办公费、运输费等。

⑧ 期间费用　是指种猪场在生产经营过程中发生的，与产品生产活动没有直接联系，属于某一时期耗用的费用。这些费用容易确定其发生期间和归属期间，但不容易确定它们应归属的成本计算对象。所以期间费用不计入产品生产成本，不参与成本计算，而是按照一定期间（月份）季度或年度进行汇总，直接计入当期损益。种猪场期间费用包括管理费用、财务费用、销售费用。

a.管理费用　管理费用是种猪场为组织和管理生产经营活动而发生的期间费用。费用项目有工会、职教、宣传费，业务招待费，差旅费，养老保险费，电话费，税金，劳动保险费，还包括除上述以外的其他的期间费用，如存货盘亏盈、坏账损失、取暖费等。

b.财务费用　财务费用是指种猪场在筹集资金过程中发生的费用，费用项目有利息支出、利息收入、金融机构手续费等。

c.销售费用　销售费用是指种猪场在销售过程中发生的各项费用，费用项目有展览费、广告费、检疫费、售后服务费、促销费、差旅费、包装费、运输及装卸费等。

五、种猪场生产成本核算账户的设置

（一）"生产成本"账户

为了归集种猪生产费用，并计算产品成本，应设置"生产成本"账户，在这账户下，按照成本计算对象分别设置基本猪群、幼猪群、肥猪群三个明细账。在明细账中还应按规定的成本项目设置专栏。在分群核算下，该账户的借方登记生产费用发生数，贷方登记结转的成本数，期末应无余额。

（二）"制造费用"账户

为了核算在生产过程中，组织和管理猪舍发生的各项间接费用及提供的劳务费，应设置"制造费用"账户，并按费用项目设置栏目进行归集费用。该账户借方登记发生的各项间接费用及提供的劳务费；贷方登记分配转入"生产成本"账户的制造费用；期末无余额。

分群核算下，猪群价值的增减变化情况，应在"仔猪及育肥猪"账户下核算。该账户借方反映猪群价值的增加；贷方反映猪群价值的减少；期末余额为存栏猪群的价值。在此账户下设置"种猪、仔猪、幼猪、肥猪"四个明细账户，用以核算不同阶段猪群的价值增减变动情况和结存。需要说明的是由于种猪（基础猪）不同于其他大牲畜，它的生产周期短，更新比较频繁；加之种猪具有种猪和育肥猪并存的特点，为了统计猪群变化情况的完整性，因此在实际工作中把它作为流动资产来管理，故将种猪作为"仔猪及育肥猪"二级账户核算。

六、种猪场生产成本核算的一般程序

（1）对所发生的费用进行审核和控制，确定这些费用是否符合规定的开支范围，并在此基础上确定应计入产品成本的开支和应计入期间费用的开支。

（2）进行主副产品的分离，计算并结转各猪群本期增重成本。

（3）根据"猪群动态月报表"和"仔猪及育肥猪"明细账资料，从低龄到高龄，逐群计算结转群、销售、期末存栏的活重成本。

（4）根据"猪群动态月报表"及有关资料，编制"猪群变动成本计算表"。

（5）根据"猪群动态成本计算表"和"生产成本"明细账，编制猪群"产品成本计算表"。

七、费用分配原则和方法

（一）分配原则

制造费用是共同性的生产费用，每月要采用分配的方法计入各成本计算对象。

（二）制造费用的分配

每月末将本月发生的制造费用，按"生产成本"科目归集的直接饲养费用合计比例，分配计入各猪群生产成本。计算公式如下：

$$分配率 = \frac{制造费用总额}{直接饲养费用合计} \times 100\%$$

各猪群分摊的制造费用：

基本猪群分摊的制造费用=基本猪群当月直接饲养费用×分配率

幼猪群分摊的制造费用=幼猪群当月直接饲养费用×分配率

肥猪群分摊的制造费用=肥猪群当月直接饲养费用×分配率

（三）原材料费用的分配

原材料是按饲料、兽药、低值易耗品、其他材料四大类和品种进行明细核算的。原材料入库时是按实际成本计价的，原材料出库也按实际成本计价。根据四类原材料的特点，可采用不同的计价方法来确定领用原材料的金额。

（1）饲料　主要是各猪群耗用，平时出库只进行各品种数量的登记，月末可采用加权平均法，确定每个品种出库的金额。计算公式如下：

$$某种饲料加权平均单价 = \frac{月初结存金额 + 本月入库金额}{月初结存数量 + 本月入库数量}$$

某种饲料耗用的金额 = 该种饲料领用数量 × 该种饲料平均单价

分配原则：按饲料配方，将消耗的各种饲料分配到各猪群。

各群别耗用饲料分配去向：配种料、公猪料、妊娠料、哺乳料——计入生产成本 - 基本猪群明细科目；育仔料——计入生产成本 - 幼猪群明细科目；中猪料、大猪料——计入生产成本 - 肥猪群明细科目。

（2）兽药、器械　主要是各猪群耗用和各猪舍领用，可分别采用加权平均法和个别计价法，确定领用兽药器械的金额。分配原则是凡能直接计入各群别的费用直接计入；共同使用或不能直接计入各群别的费用，按 4、3、3 比例分配计入各群别。即基本猪群 40%、幼猪群 30%、肥猪群 30%。

（3）低值易耗品　除各舍外，其他各部门也耗用。根据低值易耗品的特点，可采用个别计价法确定领用物品的金额。

分配原则：根据猪场低值易耗品的特点，采用一次摊销法核算。即领用时，将其价值一次计入当期费用。生产领用的低值易耗品能分清舍别的直接计入各成本计算对象，共同使用的或不能直接计入各群别的可计入"制造费用"科目，场内其他部门领用的低值易耗品计入"制造费用"科目。

（4）其他材料　场内耗用其他材料，采用加权平均法计价，计入"制造费用"科目。

（四）工资及福利费的分配

（1）分配原则　按人员工作部门分摊。

（2）分配对象　配种舍、妊娠舍、产房饲养人员的工资及福利费计入生产成本－基本猪群科目；育仔舍饲养人员的工资及福利费计入"生产成本－幼猪群"科目；育成舍、育肥舍饲养人员的工资及福利费计入"生产成本－肥猪群"科目；场内其他部门及管理人员的工资及福利费计入"制造费用"科目；内退人员的工资及福利费计入"管理费用"科目；直接发放给临时人员的工资、津贴和误餐费等，在发放时按领取人工作部门直接分别计入"生产成本""制造费用""管理费用"等科目。

（五）种猪价值摊销的计算

本期基本猪群应摊销的种猪价值，按本章第一节提到的方法计算，计入生产成本－基本猪群账户。

八、种猪场成本指标的计算方法

（一）实行分群核算下成本指标的计算

1.增重成本指标的计算

增重成本是反映猪场经济效益的一个重要指标，由于基本猪群的主要产品是母猪繁殖的仔猪，幼猪、肥猪的主要产品是增重量。因此，应分别计算。

（1）仔猪增重成本计算公式

$$仔猪增重单位（千克）成本 = \frac{基本猪群饲养费用合计 - 副产品价值}{仔猪增重量（千克）}$$

仔猪增重量（千克）= 期末活重 + 本期离群活重 + 本期死亡重量 - 期初活重 - 本期出生重量

考核仔猪经济效益的另一个指标：

$$仔猪繁殖与增重单位（千克）成本$$
$$=\frac{基本猪群饲养费用合计-副产品价值}{仔猪出生活重量（千克）+仔猪增重量（千克）}$$

（2）幼猪、肥猪增重成本计算公式

$$某猪群增重单位（千克）成本=\frac{该猪群饲养费用合计-副产品价值}{该猪群增重量（千克）}$$

该猪群增重量（千克）=期末活重+本期离群活重+本期死亡重量-期初活重-本期购入、转入重量

2. 活重成本指标的计算

$$某猪群活重单位（千克）成本=\frac{该猪群活重总成本}{该猪群活重总量（千克）}$$

某猪群活重总成本=该猪群饲养费用合计+期初活重总成本+购入、转入总成本-副产品价值

某猪群活重总量（千克）=该猪群期末存栏活重+本期离群活重（不包括死猪重）

3. 饲养日成本指标的计算

饲养日成本是指一头猪饲养一日所花销的费用，是考核、评价猪场饲养费用水平的一个重要指标。计算公式如下：

$$某猪群饲养日成本=\frac{该猪群饲养费用合计}{该猪群饲养头日数}$$

饲养头日数是指累计的日饲养头数，一头猪饲养一天为一个头日数。计算某猪群饲养头日数可以将该猪群每天存栏相加即可得出。

4. 料肉比指标的计算

料肉比是指某猪群增重1千克所消耗的饲料量，它是评价饲料报酬的一个重要指标，也是编制生产计划和财务计划的重要依据。

$$某猪群料肉比=\frac{该猪群消耗饲料总量（千克）}{该猪群增重总量（千克）}$$

（二）全群核算指标与分群核算指标的关系

（1）全群核算期初存栏头数（重量）＝各群期初存栏头数（重量）之和。

（2）全群核算期内增加头数（重量）＝期内繁殖头数（重量）＋幼猪群、肥猪群购入头数（重量）。

（3）全群核算期内死亡头数（重量）＝各群死亡头数（重量）之和。

（4）全群核算期内销售头数（重量）＝各群（幼猪群、肥猪群）外销头数（重量）之和。

（5）全群核算期内转出头数（重量）＝肥猪群转入基本猪群的种猪头数（重量）。

（6）全群核算期末存栏头数（重量）＝各群期末存栏头数（重量）之和。

（7）全群核算本期猪群增重量等于各群增重量之和，也可按公式逻辑关系计算。

（8）全群核算本期猪群活重总量，不等于各群活重总量之和，应按公式逻辑关系计算。

（9）全群核算饲料消耗总量＝各群饲料消耗量之和。

（10）全群核算料肉比，按公式逻辑关系计算。

（11）全群核算饲养费用合计＝各群饲养费用合计之和。

（12）全群核算生产总成本不等于各群生产总成本之和，应按公式逻辑关系计算。

（13）全群核算单位增重成本、单位活重成本，按公式逻辑关系计算。

（14）全群核算期末活重总成本＝各群期末活重成本之和（采用固定价情况下），否则按公式逻辑关系计算。

（三）成本计算方法

1. 变动成本

（1）混合饲料　占成本 60%～75%，比重很大，因此须注意饲料原料价格的涨跌，灵活调整饲料配方以降低养猪成本。

（2）青饲料　一般情况下，怀孕猪、产仔猪可能含有此项成本。

（3）直接人工　包括经常人工和临时人工薪金、加班费等，近年来因社会环境变化工资上涨，此项成本已有逐渐增加趋势。

（4）医疗费用　包括医疗用品及其他医疗费用。

（5）其他饲养费用　包括猪舍用具损耗、水电费及公害防治费用等。

2.固定成本

（1）管理费用　包括用人员费用、折旧费、修理维护费、事务费、税捐、保险、福利等。

（2）厂务费用　维持整个猪场正常运转需要的费用。

第九节　猪场管理

随着经济的发展、社会的进步和养猪水平的不断提高，规模化养殖的规模会不断地增加，以农村散养方式的比重会逐步地降低，这是中国养猪生产发展的必然趋势，近年生猪规模化养殖增加速度较快，但所占的比重只达到1/3左右，且管理水平较低，经济效益不理想，要改变现状，推进生猪产业的发展，需要尽快建立和完善现代化规模猪场的生产管理模式，并在实践中认真地贯彻执行，同时要在生产实践中不断地加以改进和完善，方能有效地促进我国养猪生产高速发展。

一、正规化管理

（一）企业文化管理

一个成功企业的发展离不开企业文化，猪场也如此。确立企业目标，树立企业理念，形成具有特色的文化对猪场发展来说非常重要。人是企业发展重要资源，要通过事业感召人、文化凝聚人、工作培养人、机制激励人、纪律规范人、绩效考核人。建立健全高效的管理机制，改变陈旧观念，改变落后的低效的管理机制，造就一批适应现代化养猪的人才。因此，一个规范化的现代猪场，也应根据企业自身的实际，确定目标、树立理念、创立品牌、形成特色，方能做大做强。

（二）生产指标绩效管理

生产指标绩效管理是建立完善生产绩效考核、激励机制，对生产线员工进行生产指标绩效管理。规模化猪场最适合的绩效考核奖罚方案是以车间为单位的生产指标绩效工资方案。规模化猪场每条生产线是以车间为单位组织生产的，例如一般规模化猪场分为配种、产仔、保育、生长育肥四个生产阶段或配种、产仔保育、生长育肥三个生产阶段，但是，不管是哪个生产阶段，每个阶段之间和每个阶段内的员工之间的工作都是紧密相关的，所以承包到人的方法不可取。生产线员工的任务是搞好养猪生产、把生产成绩搞上去，所以对他们也不适合搞利润指标承包，只适合搞生产指标奖罚。生产指标绩效工资方案就是在基本工资的基础上增加一个浮动工资即生产指标绩效工资。生产指标也不要过多过细，以免造成结算困难，也突出不了重点，比如配种妊娠车间生产指标绩效工资方案中指标只有配种分娩率与胎均活产仔数。

二、制度化管理

一个规范化猪场应建立健全猪场各项规章制度，如员工守则及奖罚条例、员工休请假考勤制度、会计出纳、电脑员岗位责任制度、水电维修工岗位责任制度、机动车司机岗位责任制度、保安员门卫岗位责任制度、仓库管理员岗位责任制度、消毒更衣房管理制度、销售部管理制度、办公室管理制度、人力资源管理制度等。运用制度管理人，而不用人管人的办法来指挥生产。

三、流程化管理

由于现代规模化猪场，其周期性和规律性相当强，生产过程环环相连，因此，要求全场员工对自己所做的工作内容和特点要非常清晰明了，做到每周每日工作事事清，每周每日工作流程项项明。

现代规模化猪场在建场之前，其生产工艺流程就已经确定。生产线的生产工艺流程至关重要，如哺乳期多少天、保育期多少天、各阶段的转群日龄、全进全出的空栏时间等都要有节律性，是固定不变的。只有这样，才能保证猪场满负荷均衡生产。1万～3万头现代规模化猪场以周为生产节律（或周期）安排生产是最为适宜的。由于规模化猪场尤其是万头以上的猪场，其周期性和规律性相当强，生产过程环环相连。因此，使生产过程流程化即要求全场员工对自己所做的工作内容和特点要非常清晰明了，做到日清日毕。

四、规程化管理

在猪场的生产管理中，各个生产环节细化的科学饲养管理技术操作规程是重中之重，是搞好猪场生产的基础。规范化猪场应根据有关材料和自身的实际情况专门整理出《规模化猪场标准化生产技术》规程，作为猪场规程化管理的范本。

饲养管理技术操作规程有：隔离舍操作规程、配种妊娠舍操作规程、人工授精操作规程、分娩舍操作规程、保育舍操作规程、生长育肥舍操作规程等。猪病防治操作规程有：兽医临床技术操作规程、卫生防疫制度、免疫程序、驱虫程序、消毒制度、预防用药及保健程序等。

五、数字化管理

（一）数字化管理过程

每一个猪场都有各种猪场记录，如采精记录、配种记录、产仔记录、防疫记录、治疗记录、死亡记录、各类饲料消耗记录、种猪或育肥猪出售头数以及各个生产阶段的成本核算记录，因此，要建立一套完整的科学的生产线数字体系，并用电脑管理软件系统进行统计、汇总及分析，及时发现生产上存在的问题并及时解决，这就是数字化管理的过程。

一个管理成熟的猪场，在平时的工作中会每天、每周、每月、每季度、每年来综合计算配种受胎率、产仔数、出生重、断乳重、35天或70天体重、日增重、饲料利用率、屠宰率、瘦肉率、背膘厚、出栏率等这样一些生产指标，以便作同期对比，或作不同品种、不同饲料配方、不同饲养管理方法的对比，或不同猪场之间进行对比，从而找出管理的差距，以便改进工作，提高效益。

（二）猪场数字化管理好处

采用数字化管理的猪场，可以提高基础母猪的生产力，即可增加年提供出栏合格种猪或育肥猪的头数，从而降低生产成本，同时可以找出盈亏的原因，并及时采取措施，开源节流，减少饲料和物资的浪费，奖罚制度严明，承包责任制落实，力争在行情好的时候多盈利、行情低迷的时候少亏本，大大提高猪场经济效益。

六、信息化管理

为了使企业在管理上跟上时代的发展，适应信息社会及网络经济下的市场竞争环境，运用先进的管理手段提高工厂的工作及管理效率，必须借助于网络及计算机等现代化的工具，这就要求企业本身要注重信息化的发展，而信息化的健康发展就必须有一个好的管理制度来保障，借以创造及巩固良好的信息化发展软环境及硬环境，因此，规模化猪场要建立和完善《猪场信息化工作管理制度》。

作为养猪企业的管理者，要有掌握并利用市场信息、行业信息、新技术信息的能力，并运用掌握的信息对猪场进行管理；应对本企业自身因素以及企业外各种政策因素、市场信息和竞争环境进行透彻的了解和分析，及时采取相应的对策；力求做到知己知彼，以求百战不殆，为企业调整战略、为顾客提供满意的高质量产品和做好服务提供依据。

在信息时代，是反应快的企业吃掉反应慢的企业，而不是规模大的吃掉规模小的，因此，提高企业的反应能力和运作效率，才能够成为竞争的真正赢家！在信息时代以前，一个企业的成功模式可能是：规模＋技术＋管理＝成功。但是在信息时代，企业管理不是简单的技术开发、产品生产，而是要能够及时掌握市场形势的变化和消费者的新需求，及时作出相应的反应，适应市场需求。经常参加一些养猪行业会议，积极加入并参与养猪行业的各种组织活动，要走出去、请进来。充分利用现代信息工具如网络等来管理猪场，将极大地提升企业的效益。

第十节　猪场经营管理风险及对策

一、猪场遇到的主要风险

（一）疾病风险

这种因疾病因素对猪场产生的影响有两类：一是生猪在养殖过程中或运输途中发生疾病造成的影响，主要包括：大规模的疫情将导致大量猪只的死亡，带来直接的经济损失；疫情会给猪场的生产带来持续性的影响，净化过程将使猪场的生产效率降低、生产成本增加，进而降低效益，内部疫情发生将使猪场的货源减少，造成收入减少，效益下降。二是生猪养殖行业暴发大规模疫病或出现安全事件造成的影响，主要包括：生猪养殖行业暴发大规模疫病将使本场暴发疫病的可能性随之增大，给猪场带来巨大的防疫压力，并增加在防疫上的投入，导致经营成本提高；生猪养殖行业出现安全事件或某个区域暴发疫病，将会导致全体消费者的心理恐慌，降低相关产品的总需求量，直接影响猪场的产品销售，给经营者带来损失。

（二）市场风险

市场风险即因市场突变、人为分割、竞争加剧、通胀或通缩、消费者购买力下降、原材料供应等变化导致市场份额急剧下降的可能性。对于国内生猪市场，由于市场的无序竞争，生猪存栏大量增加，导致饲料价格上涨、生猪价格下跌。外销生猪存在着销售市场饱和的风险。

（三）产品风险

产品风险即因猪场新产品、服务品种开发不对路，产品有质量问题，品种陈旧或更新换代不及时等导致损失的可能性。猪场的主营业务收入和利润主要来源于生猪产品，并且产品品种单一，存在产品相对集中的风险；对种猪场而言，由于待售种猪的品质退化、产仔率不高，存在销售市场萎缩的风险；对商品猪场而言，由于猪肉品质不好，不适合消费者口味；并且药物残留和违禁使用饲料添加剂的问题没有得到有效控制，出现猪肉安全问题，导致生猪销售不畅。

（四）经营管理风险

经营管理风险即由于猪场内部管理混乱、内控制度不健全、财务状况恶化、资产沉淀等造成重大损失的可能性。猪场内部管理混乱、内控制度不健全会导致防疫措施不能落实。暴发疫病造成生猪死亡的风险；饲养管理不到位，造成饲料浪费、生猪生长缓慢、生猪死亡率增长的风险；原材料、兽药及低值易耗品采购价格不合理，库存超额，使用中浪费，造成猪场生产成本增加的风险；对差旅、用车、招待、办公、产品销售费用等非生产性费用不能有效控制，造成猪场管理费用、营业费用增加的风险。猪场的应收款较多，资产结构不合理，资产负债率过高，会导致猪场资金周转困难、财务状况恶化的风险。但随着我国加入 WTO，猪场在管理、营销等方面将面临跨国公司的挑战，需要与国际惯例和通行做法相衔接；如果猪场不能根据这些变化进一步健全、完善管理制度，可能会影响猪场的持续发展。

（五）投资及决策风险

投资风险即因投资不当或失误等原因造成猪场经济效益下降。决策风险即由于决策不民主、不科学等原因造成决策失误，导致猪场重大损失的可能性。如果在生猪行情高潮期盲目投资办新场，扩大生产规模，会产生因市场饱和导致猪价大幅下跌的风险；投资选址不当，生猪养殖受自然条件及周边卫生环境的影响较大，也存在一定的风险。对生猪品种是否更新换代、扩大或缩小生产规模等决策不当，会对猪场效益产生直接影响。

（六）人力资源风险

人力资源风险即猪场对管理人员任用不当，精英人才流失，无合格员工或员工集体辞职造成损失。有丰富管理经验的管理人才和熟练操作水平的工人对猪场的发展至关重要。如果猪场地处不发达地区，交通、环境不理想难以吸引人才；饲养员的文化水平低，对新技术的理解、接受和应用能力差，会削弱猪场经济效益的发挥；长时间的封闭管理、信息闭塞，会导致员工情绪不稳，影响工作效率；猪场缺乏有效的激励机制，员工的工资待遇水平不高，制约了员工生产积极性的发挥。

（七）环境、自然灾害等安全风险

环境风险即自然环境的变化或社会公共环境的突然变化（如"非典"等），导致猪场人财物损失或预期经营目标落空的可能性；自然灾害风险即因自然环境恶化如地震、洪水、火灾、风灾等造成猪场损失的可能性；安全风险即因安全意识淡漠、缺乏安全保障措施等原因而造成猪场重大人员或财产损失的可能性。环境、自然灾害及安全风险都是猪场不能忽视的问题。

（八）政策风险

政策风险即因政府法律、法规、政策、管理体制、规划的变动，税收、利率的变化或行业专项整治，造成损害的可能性。

上述风险并非猪场可能遇到的全部风险。也不是说猪场在同一时间就一定会面临上述所有风险，但遇一种风险的发生，就可以使猪场遭受到伤害，严重的可使猪场经济遭受很大的损失，甚至遭受灭顶之灾。企业与风险始终相伴，风险与利润又是一个矛盾统一体，高风险往往也意味着高回报，这就要求猪场经营者既要有敢于担当的勇气，在风险中抢抓机会，在风险中创造利润，化风险为利润；又要有防范风险的意识、管理风险的智慧、驾驭风险的能力，把风险降到最低。

二、猪场风险防控对策

（一）加强疫病防治工作，保障生猪安全

首先要树立"防疫至上"的理念，将防疫工作始终作为猪场生产管理的生命线；其次要健全管理制度，防患于未然，制订内部疾病的净化流程，同时，建立饲料采购供应制度和疾病检测制度及危机处理制度，尽最大可能减少疫病发生概率并杜绝病猪流入市场；再次要加大硬件投入，高标准做好卫生防疫工作；最后要加强技术研究，为防范疫病风险提供保障，在加强有效管理的同时加强与国内外牲畜疫病研究机构的合作，为猪场疫病控制防范提供强有力的技术支撑，大幅

度降低疾病发生所带来的风险。

（二）及时关注和了解市场动态，稳定市场占有率

及时掌握市场动态，适时调整生产规模，在保持原有市场的同时，加大国内市场和新产品的开发力度，实现产品多元化，在不同层次开拓新市场。中国在加入世贸组织之后，国际猪肉市场上蕴藏着巨大商机，在生产过程中要贯彻国际先进的动物福利制度。从根本上改善生猪的饲养环境，从生产和产品质量上达到国际标准，争取进入国际市场。

（三）调整产品结构，树立品牌意识，提高产品附加值

从经营战略的角度对产品结构进行调整，大力开发安全优质种猪、安全饲料等与生猪有关的系列产品，并拓展猪肉食品深加工，实现产品的多元化。保持并充分发挥生猪产品在质量、安全等方面的优势，加强生产技术管理，树立生猪产品的品牌，巩固并提高生猪产品的市场占有率和盈利能力。

（四）健全内控制度、提高管理水平

根据国家相关法律、法规的规定，制订完备的企业内部管理标准、财务内部管理、会计核算制度和审计制度，通过各项制度的制定、职责的明确及其良好的执行，使猪场的内部控制得到进一步的完善。重点要抓好防疫管理、饲养管理，搞好生产统计工作。加强对原材料、兽药等采购、饲料加工及出库环节的控制，节约生产成本。加强财务管理工作，降低非生产性费用，做到增收节支；加强生猪销售管理，减少应收款的发生；调整资产结构，降低资产负债率，保障资金良性循环。

（五）加强民主、科学决策，谨防投资失误

经营者要有风险管理的概念和意识，猪场的重大投资或决策要有专家论证，要采用民主、科学决策手段，条件成熟了才能实施，防止决策失误。

（六）建立有效的激励和约束机制，最大限度发挥员工潜能

采取各种激励政策，发掘、培养和吸引人才，不断提高猪场管理水平。充分发挥每位员工的主观能动性，制定有效的激励措施。按照精干、高效原则设置管理岗位和管理人员，建立以目标管理为基础的绩效考核方法；搞好员工的职业生涯规划，保持员工的相对稳定，确保猪场的持续发展；改革薪酬制度，在收入分配上向经营管理骨干、技术骨干、生产骨干倾斜。通过不断建立新的行之有效的内部激励机制和约束机制，以更好地激励、约束和稳定猪场高级管理人员和核心技术人员。

（七）树立环保安全意识

猪场的绿化工作，形成较多的绿化带和人工草坪，有利于吸尘灭菌、消减噪声、防暑防疫、净化空气。保持猪舍干燥、清洁，并使"温度、湿度、密度、空气新鲜度"四度均保持在合适的程度。

（八）掌握国家有关政策和规定，规避政策风险

要充分关注政府有关政策和经济动向，了解政府税收政策变化，不断加强决策层对经济发展和政策变化的应变能力，充分利用国家对农业产业结构调整带来的机遇和优惠政策，及时调整经营和投资战略，规避政策风险。充分利用国家对外贸出口产品实行国际通行的退税制度，扩大生猪外贸出口，增强盈利能力。

现代实用养猪技术大全

下 篇

猪病防治

第十六章 chapter sixteen
猪病防治基础知识

第一节 疾病

一、疾病的概念

疾病指机体在一定的条件下，受病因损害作用后，因自稳调节紊乱而发生的异常生命活动过程。

二、疾病的基本特征

（1）疾病的原因，简称病因，它包括致病因子和致病条件。疾病发生的原因，往往不单纯是致病因子直接作用的结果，还与机体的反应特征、诱发疾病的条件等因素密切相关。因此，研究疾病相关问题，应从致病因子、致病条件、机体反应三方面来考虑。

（2）疾病发展具有规律性，在其发展的不同阶段，有不同的变化规律。掌握了疾病发展变化的规律，可以预测其可能的发展和转归结果，指导尽早采取有效的预防和治疗措施。

（3）发生疾病时，机体会发生一系列的功能、代谢和形态结构的变化，由此而产生各种症状和体征，这是我们认识疾病的基础。这些变化往往是相互联系和相互影响的，但就其性质来说，可以分两类，一类变化是疾病过程中造成的损害性变化，另一类是机体对抗损害而产生的防御代偿适应性变化。

（4）疾病是全身反应的结果，但不同的疾病又在一定器官或系统有它特殊的变化，局部变化往往是受神经和体液因素调节的，引起全身功能和代谢变化。所以，认识疾病和治疗疾病，应从整体观念出发，辩证地处理好疾病发生过程中局部和全身的关系。

（5）疾病发生时，各器官系统间的平衡关系和机体与外界环境间的平衡关系受到破坏，对外界环境适应能力降低，生产性能减弱或丧失，是疾病的又一个重要特征。

三、引起疾病的因素

引起疾病的因素有致病因子和致病条件两个方面，它们在疾病的发生发展过程中，起着不同的作用。

（一）致病因子

致病因子是指生物体与外界接触过程中，遇到能引起机体出现病态的一切因素。致病因子的种类很多，如强辐射、化学有毒物质、微生物等。

（二）致病条件

（1）生物性因素　各种致病性微生物、寄生虫等。

（2）化学性因素　部分无机和有机化学物质具有毒性，可引起动物中毒或死亡。

（3）物理性因素　机械暴力、高温、低温等。物理因素是否引起疾病以及引起疾病的严重程度，主要取决于这些因素的强度、作用部位和范围以及作用的持续时间等。

（4）营养性因素　营养过多和营养不足都可引起疾病。

（5）遗传性因素　在遗传物质发生非正常的改变时，可以直接引起遗传性疾病。

（6）先天性因素　能够损害正在发育的胎儿的有害因素。

（7）免疫性因素　在某些个体，可能是由于遗传因素的影响，免疫系统对一些抗原的刺激常发生异常强烈的反应并导致组织、细胞的损害和生理功能的障碍。

第二节　免疫接种

一、免疫的概念和特征

（一）免疫的概念

免疫是指动物机体对非自身物质的抵抗力和对同类非自身物质再感染的特异性的防御能力。

（二）免疫基本特性

1. 识别自身与非自身物质

动物机体能识别自身与非自身的大分子物质，这是机体免疫应答的基础。动物机体不仅能识别异种动物的物质，也能识别同种动物不同个体之间的组织和细胞。识别功能的紊乱，则会导致严重的功能失调，引起自身免疫疾病。

2. 特异性

机体的免疫应答和由此产生的免疫力具有高度的特异性，如接种猪瘟疫苗可使猪产生对猪瘟病毒专一性的抵抗力，而对其他病毒如蓝耳病毒无抵抗力；对于某些多血清型的病原，如只应用某一血清型的疫苗免疫接种，免疫动物也只能产生对该血清型病原的免疫力，对相应抗原的其他血清型则没有免疫力。

3. 免疫记忆

免疫具有记忆特点。动物机体对某一抗原物质或疫苗产生免疫应答，体内产生体液免疫（抗体）和细胞免疫（效应淋巴细胞及细胞因子），而经过一定时间，这种抗体或细胞因子减少或消失，但免疫系统仍然保留对该抗原的免疫记忆，若用同样抗原物质或疫苗加强免疫时，机体可迅速产生比初次接触抗原时更多的抗体，这就是免疫记忆现象。

免疫具有抵抗感染、自身稳定与免疫监视功能，对机体的抗病能力与维持自身稳定有重要作用。

二、猪场的免疫技术

（一）生物制品的选购、鉴别与保存

1. 生物制品的选购和运输

须选购通过 GMP 认证、具有农业农村部颁布的正式生产许可证及批准文号的生物制品企业生产的产品，产品名称、批号、规格、数量、生产日期、有效期等标识清楚。生物制品在运输或携带过程中，要保证全程冷链，避免高温和阳光直射。

2. 生物制品的有效期

疫苗的有效期是指疫苗在规定的贮存条件下能够保持效果的期限。识别药品的有效期要根据制造商标识的形式具体分析，主要有以下几种方法：

（1）直接标明有效期；

（2）直接标明失效期；

（3）只标明有效期为几年，这种表示方法要根据批号推算。

3. 生物制品的保存

购买的生物制品应尽快使用。根据说明要求冷冻或冷藏保存。

4. 生物制品的肉眼鉴别

（1）看标签　看疫苗瓶（盒）上的标签（生产厂家、生产日期、有效期、防伪标志等），若发现标签模糊不清的疫苗则不能购买和使用。

（2）看性状　冻干苗要求无裂纹，油剂苗不能有破乳分层，否则不可使用。

（3）看质量　购买和使用前应认真检查疫苗的质量，通过肉眼观看该疫苗是否过期、变质等。如油乳剂和水剂疫苗看其是否霉变、瓶内有无异物等，若发现霉变和存在异物则不能购买和使用。

（二）疫苗的正确使用

1. 科学制定免疫程序

预防接种是按照免疫程序进行的，免疫程序的制定是建立在定期的抗体监测及充分了解本场及周围疫情的基础上（表 16-1）。

表16-1　猪场参考免疫程序表

猪病	疫苗	免疫对象	免疫时间
猪瘟	猪瘟兔化弱毒苗	仔猪	20～40日龄首次免疫
			55～60日龄第二次免疫
		公猪	每年春秋各免疫一次
		母猪	断奶时免疫
伪狂犬病	猪伪狂犬病活疫苗	后备猪	配种前4～5周和2～3周各免疫1次
		种猪	每年免疫2～3次或者在怀孕80日龄左右免疫
口蹄疫	油佐剂灭活苗	小、中猪	70日龄首次免疫
		种猪	每年免疫2次
喘气病	猪支原体肺炎活疫苗	仔猪	10日龄（气喘病阳性场）
		后备种猪	3～4月龄（免疫前禁用抗生素）
		种猪	每年1次（免疫前禁用抗生素）
细小病毒	后备母猪、公猪	猪细小病毒灭活苗	配种前1个月免疫两次，间隔2周
乙型性脑炎	种猪	猪乙型性脑炎活疫苗	每年免疫1～2次

2. 接种前的准备

注射器、针头、镊子等一定要经过严格煮沸消毒10分钟以上，方可使用。同时，准备1%肾上腺素，用于紧急治疗接种过程中出现的过敏反应。

3. 正确稀释疫苗

稀释疫苗前要仔细阅读说明书，操作时应由专人具体负责。疫苗稀释后应放在阴凉处，避开强光和热源。如无配套的稀释剂，一般疫苗最好采用灭菌生理盐水进行稀释，稀释后的活疫苗应冷藏保存，并且确保两小时内必须使用完。

4. 疫苗的接种

（1）疫苗的接种途径　接种疫苗的途径有注射、饮水、滴鼻等，生产上应该依据不同的疫苗类型、疫病的特点及免疫程序来选择不同的免疫接种途径。

（2）疫苗的使用剂量　　参照说明书推荐剂量使用。某种疫苗抗体效价的高低在一定范围内与注射的疫苗剂量有正相关性，但是一旦越过这个剂量界限，因疫苗剂量增加而产生的抗体会被稀释，而且超剂量使用疫苗还可造成免疫耐受等。

5.使用疫苗的注意事项

（1）使用疫苗前应先看疫苗的生产日期、有效期、说明书，确保产品在保质期内，再按说明书规范使用。

（2）稀释过程中应避光、冷藏和无菌操作。

（3）稀释好但尚未使用的活疫苗应放在冰箱或浸在冰水中，并在两小时内用完。

（4）不能随意将不同的疫苗混合使用。

（5）接种完毕，双手应立即洗净并消毒，剩余的药液和疫苗瓶及所有用过的器械应用水煮沸 30 分钟以上处理。

（6）发生疫情紧急接种时，应先接种健康群，再接种可疑群，最后接种发病群。

（7）操作人员不小心将油乳剂灭活苗注入自己身体时，可能引起局部反应。应立即请医生处理，并告诉医生是油乳剂灭活苗。

（三）过敏反应及处理

从免疫实践来看，注射疫苗后，部分猪只常常会发生体温偏高、采食下降、死淘率增加等应激反应，一般会在 3～15 天后恢复正常。免疫后可能少数个体会出现严重的过敏反应，一般过敏可注射肾上腺素或用冷水刺激解除。

（四）紧急免疫接种

紧急免疫接种是指在发生传染病时，为了迅速控制和扑灭疫情而对疫区和受威胁区尚未发病的动物进行紧急接种疫苗或血清。从理论上说，紧急接种以使用免疫血清较为有效。但因血清用量大、价格高、免疫期短，且在大批动物接种时往往供不应求，因此在实践中很难普遍使用。紧急免疫接种对象是健康猪群，患病猪不能直接接种疫苗，而应将其隔离治疗。紧急接种是综合防制措施的一个重要环节，同时必须与封锁、检疫、隔离、消毒等环节密切配合，传染病的防控

才能取得较好的效果。

（五）免疫失败的原因分析

（1）疫苗的质量是保障免疫接种效果的基础，质量不合格是免疫失败的重要因素。

（2）免疫程序不合理，免疫时机选择不当等会导致免疫接种后达不到相应的免疫效果。

（3）猪只本身患病，免疫应答降低，或猪群患免疫抑制性疾病，如猪繁殖与呼吸综合征、圆环病毒、霉菌毒素中毒等，导致免疫接种后不能刺激猪体产生保护剂量的特异性抗体。

（4）母源抗体能干扰疫苗免疫应答，在使用疫苗前，应该充分考虑猪体内的母源抗体水平，科学制定免疫程序。

（5）药物不当使用，影响免疫应答，如用细菌苗时避免使用抗生素，用病毒苗时避免使用抗血清。

（6）注射操作不当或针头型号选择不当，如本应肌内注射变成脂肪内注射，疫苗不能进入淋巴系统，进而导致免疫失败。

（7）疫苗毒株血清型与实际流行疾病的血清型不一致，导致不能达到良好的保护力。

（8）免疫次数过于频繁，造成免疫麻痹（免疫耐受），导致免疫失败。

（9）免疫剂量过大或不足．疫苗用量并不是越大效果越好，剂量过大也会引起免疫麻痹，影响免疫效果。

（10）猪营养不良。良好的营养状况，是免疫应答的重要基础。

三、免疫监测

目前，对抗体水平检测的方法很多，如 ELISA 检测法、DOT-ELISA 检测法和间接血凝法等，这些检测技术特异性高，应用普遍。

猪场应采取定期的监测与不定期的抽测相结合的方式，根据相关监测结果，指导养猪生产。

（一）监测目的

（1）及时发现输入性病原，采取有效措施防止疾病传播。

（2）评价免疫效果，指导免疫程序的完善，规范免疫操作。

（3）监测病原变异情况，为调整疫苗免疫策略提供依据。

（4）掌握流行病学特征，了解疫情趋势。

（二）监测方法

（1）根据监测目的，确定监测项目，制定采样方案。如检测猪瘟抗原，可采扁桃体、全血、血清等。

（2）按监测目的、数量等确定 ELISA 检测、血凝实验等方法。

第三节 消毒技术

一、消毒概述

消毒是指用物理、化学或生物的手段去除或杀灭物体表面或内部病原微生物的方法。

二、消毒方法及应用

生物消毒方法一般需要的时间长，常用在粪便的堆积发酵和病死猪的发酵处理上。生产上主要使用物理消毒方法和化学消毒方法。

1. 空气的消毒

（1）通风换气 自然通风是一种最为简便、经济的空气消毒方法，能够稀释降低空气中病原微生物的浓度。

（2）紫外线照射 紫外线主要是通过对微生物的辐射损伤及破坏微生物核酸，使微生物致死，达到消毒的目的。

2. 水的消毒

（1）过滤处理 指水通过离子交换柱、沙滤、吸附等方法，除去水中的杂质、细菌。

（2）煮沸消毒 一般的细菌在 100℃的沸水中，1～2 分钟即完成消毒，对于芽孢的消毒则需较长时间，通常采用高压蒸汽灭菌的方法彻底杀灭细菌及芽孢，通常压力为 98.066kPa、温度 121～126℃的条件下 15～20 分钟，适用于耐热、潮的物品。

（3）化学消毒　针对饮用水的消毒，既要达到消毒目的、又要对机体影响小，一般选用次氯酸钠、二氧化氯、三氯异氰脲酸钠等消毒剂。

3. 猪场环境的消毒

（1）清扫　通过人工清扫、冲洗、擦抹、刷除等物理方法，能有效降低环境中病原微生物的数量，也能增强其他消毒药物的消毒效果。生产实践中，为加强除菌效果，常在清除操作中使用表面活性剂。

（2）化学消毒法　化学消毒法使用简单灵活，处理面积大，有着不可替代的优越性，但是，如果长期大剂量使用，化学消毒剂对环境的污染问题也日益突出。

4. 带猪消毒

（1）带猪消毒　猪体消毒常用喷雾消毒法，即将消毒药液用压缩空气雾化后，喷到猪体表上，以杀灭和减少体表和猪舍内空气中的病原微生物。

（2）猪体保健消毒　如哺乳母猪的产前消毒、仔猪接产消毒、转圈时的猪体消毒等，主要包括冲洗和使用无刺激类消毒药物喷雾消毒相结合，降低猪体外表的带毒。

5. 污染粪便及废弃物的消毒

（1）掩埋法　对非烈性传染病致死的猪可以采用深埋法进行处理。在远离猪场的地方挖 2 米以上的深坑，在坑底撒上一层生石灰，然后放上死猪，在最上层死猪的上面再撒一层生石灰，然后用土埋实。采用深埋法处理死猪时，一定要选择远离水源、居民区的地方，并且要在猪场的下风向，离猪场 500 米以上的距离。

（2）焚烧法　是在焚烧炉中通过燃烧器将猪尸或废弃物焚烧，这种处理方法消灭病菌彻底、处理迅速、对环境造成污染小。适用于被病原微生物污染的粪便、垫草、剩余饲料、尸体等废物。

（3）生物消毒法　利用某种生物来杀灭或清除病原微生物的方法称为生物消毒法。如粪便和垃圾堆积发酵，利用嗜热细菌繁殖产生的热量杀灭病原微生物。

（4）高温法　利用高温高压蒸汽杀灭微生物的方法。

三、影响消毒效果的因素

主要影响消毒效果的因素有以下方面：

1. 药物方面

（1）科学选择　消毒剂对微生物具有一定的选择性，某些药物只对某一部分微生物有抑制或杀灭作用，而对另一些微生物效力较差或不发生作用。也有一些消毒剂对各种微生物均具有抑制或杀灭作用（称为广谱消毒剂）。在选择消毒剂时，一定要考虑到消毒剂的特性，科学合理地选择消毒剂。

（2）适宜浓度　一般情况下，消毒剂的消毒效果与其浓度呈正相关，但并不是浓度越大，消毒效果一定越好，一方面浓度大成本也高，对环境造成的负面影响也越大，另一方面，一些消毒剂的杀菌效力随浓度的增高而下降，如酒精，浓度为70%或75%的酒精杀菌力高于95%以上浓度的杀菌力。

2. 微生物方面

（1）微生物种类　不同种类微生物的形态结构以及代谢方式不同，其对化学消毒剂的敏感性也不一样。如细菌、真菌、病毒、衣原体、支原体形态结果差异巨大，对同种消毒药物抵抗力也有较大差异。在生产中，要根据消毒和杀灭的微生物对象合理选用消毒剂，才能达到比较理想的消毒效果。

（2）微生物生长期　处于不同生长期的同一种微生物对消毒剂的敏感性也不相同。如炭疽杆菌在不同生长期对消毒剂的抵抗力强弱情况为：芽孢＞生长期＞繁殖期。

（3）微生物数量　通常病原微生物的数量越多，需要消毒剂的剂量也越大，消毒时间也更长。

3. 外界因素方面

（1）有机物影响　当粪便、脓液、血液及其他排泄物等有机物质存在时，会严重影响消毒剂的效果，其原因有：

① 有机物能在菌体外形成一层保护，使消毒剂无法直接作用于菌体；

② 消毒剂可能与有机物形成不溶性化合物，降低消毒剂的消毒作用；

③ 消毒剂可能与有机物进行化学反应，而其反应产物并不具杀菌作用；

④ 有机悬浮液中的胶质颗粒状物可能吸附消毒剂粒子，将大部分抗菌成分从消毒液中移除；

⑤ 脂肪可能降低消毒剂的活化力；

⑥ 有机物可能引起消毒剂的 pH 值变动，使消毒剂不活化或效力低下。生产实践中，消毒前应该先机械清除环境中可见污染物，再用清水将地面、器具、墙壁、皮肤或创口等清洗干净，最后才使用消毒药。对于有粪便及带猪的圈舍，要选用受有机物影响比较小的消毒剂。同时，适当提高消毒剂的用量，延长消毒时间，才会达到较好的消毒效果。

（2）温度、湿度与作用时间　一般情况下，消毒温度升高可以增强消毒剂的杀菌能力，并能缩短消毒时间。如：温度每升高 10℃，金属盐类消毒剂的杀菌作用增加 2～5 倍，石炭酸则增加 5～8 倍，酚类消毒剂增加 8 倍以上。湿度作为一个环境因素也能影响消毒效果，如果湿度过低，则效果不良。如用过氧乙酸及甲醛熏蒸消毒时，保持温度 24℃ 以上，相对湿度 60%～80% 时，效果最好，在其他条件一定的情况下，作用时间愈长，消毒效果愈好。

（3）pH 值　许多消毒剂的消毒效果均受消毒环境 pH 值的影响。如碘制剂、酸类、来苏儿等阴离子消毒剂，在酸性环境中杀菌作用增强；阳离子消毒剂如新洁尔灭等，在碱性环境中杀菌力增强；2% 戊二醛溶液，在 pH4～5 的酸性环境下，杀菌作用很弱，对芽孢无效，若在溶液内加入 0.3% 碳酸氢钠碱性激活剂，将 pH 值调到 7.5～8.5，即成为 2% 的碱性戊二醛溶液，杀菌作用显著增强，能杀死芽孢。

第四节　驱虫

猪寄生虫病是猪的一种消耗性疾病，猪一旦感染了寄生虫，不仅对猪造成直接病理损伤，还会提高料肉比，影响猪肉品质，甚至对人体健康也可能造成危害。猪场定期预防性驱虫是猪场常态化生产管理手段。

猪的寄生虫主要包括：线虫、绦虫、原虫、昆虫等几种类型等。

（一）影响寄生虫感染的因素

猪场寄生虫感染的发生和发展取决于多种因素：①猪场中流行寄生虫品种、类型；②猪舍被前批感染动物污染的程度；③猪舍环境条件是否有利于虫体的存活和繁衍；④猪场设计工艺及生产流程是否利于寄生虫的传播与流行。

（二）寄生虫的防制策略

（1）定期预防驱虫　结合当地的寄生虫流行情况，制定科学规范的预防驱虫措施，并严格执行。

（2）注意环境卫生　平常要注意圈舍的清洁卫生，定期消毒，粪便堆积发酵，消除周围污水、杂草、蚊、老鼠等，消除中间宿主等。

（3）及时治疗　一旦流行，须及时迅速地治疗，否则，易造成重大的经济损失。

（三）驱虫注意事项

空腹服药，可使药力充分作用于虫体，驱虫药一般都有一定毒副作用，经常服用或过量服用会造成呕吐甚至肝功能损害，甚至引起中毒。

（四）驱虫程序

仔猪 1 月龄时驱虫 1 次，2～3 月龄时再驱虫 1 次。后备猪在配种前 1 周时驱虫 1 次，经产母猪断奶或者产前 1 周驱虫 1 次。公猪在每年的春秋季各驱虫 1 次。

第五节　灭鼠

鼠类不但偷食大量饲料，咬坏物资，而且传播多种疾病，如炭疽、布鲁菌病、结核病、土拉杆菌病、李氏杆菌病、钩端螺旋体病、伪狂犬病、口蹄疫、猪瘟、猪丹毒、巴氏杆菌病和立克次体病等，给

猪场生产带来巨大危害。

　　猪场须定期开展防鼠、灭鼠工作，主要从两方面着手：一方面根据鼠类的生态学特点，从猪舍建筑和卫生方面着手，预防鼠类的滋生及活动，使它们难以获得食物和藏身之处，将鼠类生存的可能性降到最低限度。另一方面，采取多种方法，直接杀灭鼠类。

　　灭鼠的方法大体上可分两类，即器械灭鼠法和药物灭鼠法。

（一）器械灭鼠法

　　利用各种工具以不同方式扑杀鼠类，如关、夹、压、扣、套、翻（草堆）、堵（洞）、挖（洞）、灌（洞）等，此类方法可就地取材，简便易行。

（二）药物灭鼠法

　　（1）消化道药物　主要有杀鼠灵、安妥和氟乙酸钠，现多用溴敌隆。

　　（2）熏蒸药物　包括三氯硝基甲烷和灭鼠烟剂。

（三）其他方法

　　（1）水泥灭鼠　将大米、玉米、面粉等食品炒熟，放少许食用油，然后拌入干水泥，放在老鼠出没的地方。老鼠食后，水泥在肠道内吸收水分而凝固，使老鼠腹胀而死。

　　（2）柴油灭鼠　把黄油、机油、柴油拌匀，投放在鼠洞周围。老鼠粘上油，易粘尘土，使老鼠感到不舒服，用嘴去舔，柴油随消化道进入肠胃后，腐蚀肠胃致死。

　　（3）氨水灭鼠　用氨水 1～1.5 千克，灌入老鼠洞内，立即堵住洞口，其气味可将老鼠熏死。用氨水毒杀过老鼠的鼠洞，一年内老鼠不敢入内。

　　（4）石灰灭鼠　把石灰塞进鼠洞，再灌入少量水，待洞口冒热气时，立即用湿泥土将洞口封死。生石灰和水反应产生的二氧化碳和热量可将老鼠闷死在洞内。

　　（5）漂白粉灭鼠　发现鼠洞后，封死后洞，从前洞投入 20 克漂白粉，再往洞内灌入适量水，迅速封严洞口，漂白粉遇水产生氯气，会把老鼠毒死在洞内。

（6）甲胺磷灭鼠　用 25 克甲胺磷拌和 0.5～1 千克大米或大豆、小麦等粮食，5 分钟后，待粮食吸足了药液，分撒于田间或老鼠出没的地方。因甲胺磷的气味与干萝卜片类似，老鼠喜爱吃，毒杀效果好，但此药不宜放在家中和猪来往之处，以免发生毒害。

在疫病传播方面，鸟类和蚊蝇与鼠类有着许多相似之处，甚至比鼠类的传播范围更广、传播速度更快。因此，规模化猪场在硬件建设上，就应重视做好防鸟和蚊蝇工作，尽量防止鸟类和蚊蝇侵入圈舍，修建封闭式圈舍、增设防鸟网等。

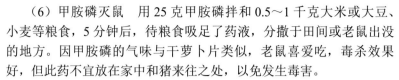

第六节　疾病的预防与控制措施

一、强化猪场的生物安全措施

严格的生物安全措施是防控猪场疫病的重要手段。猪场须根据所在地的地理位置、工艺设计流程、生产管理水平等，从人流、车流、物流、猪流等方面制定好生物安全控制措施，并严格执行。

二、加强猪群的饲养管理

精心饲养和管理猪群，做好猪舍的通风降温、防寒保暖，减少猪群的应激反应；适度使用免疫增强剂和营养添加剂，提高猪群的免疫力。

三、两点式或三点式饲养

传统的养猪生产是妊娠哺乳阶段、保育猪阶段和育成猪阶段全在同一猪场饲喂，即单点式饲喂，由于各个阶段是连续性生产，容易交叉感染。

随着养猪生产的快速发展，为了高效防控疾病，新建猪场提升为多点饲养模式，常使用两点式生产方式和三点式生产方式。两点式生产方式指仔猪断奶前在一个猪场或保育前在一个猪场，育成猪阶段或保育育成在另一个场饲养，各阶段猪场之间的距离 ≥ 3000 米（图 16-1）。三点式生产方式，指种猪生产阶段，包括哺乳母猪、公猪、空怀、妊娠母猪饲养阶段，保育猪阶段，育成猪阶段分别在不同地点的猪场饲养，猪场之间的距离 ≥ 3000 米。

图16-1　两点式猪场效果图

四、坚持药物预防与保健

有效控制猪群的细菌性继发感染是目前养猪生产实际中必须高度重视的问题。目前需要重点控制的对象主要是副猪嗜血杆菌、链球菌、大肠杆菌、传染性胸膜肺炎放线杆菌。

（1）哺乳仔猪与保育猪的保健　可用头孢噻呋针剂，依据副猪嗜血杆菌易发阶段，可在哺乳仔猪和保育猪的不同日龄（3、7、21、28、35、42 日龄）使用。头孢类制剂是预防副猪嗜血杆菌、链球菌等继发感染的有效药物。同时，也可在饲料或饮水中添加一些抗菌药物（如泰妙菌素、氟苯尼考、土霉素、金霉素、强力霉素、阿莫西林）。

（2）生长育肥猪的保健　猪繁殖与呼吸综合征病毒感染猪群常在转群后 80～120 日龄阶段，易发生呼吸道疾病，这一阶段也是传染性胸膜肺炎的多发阶段，因此应以控制传染性胸膜肺炎为重点，

可在猪转群后，在饲料中添加氟苯尼考类等抗菌药物，连续添加1～2周。

五、科学、合理使用疫苗

减少不必要疫苗的使用，采取合理、科学的免疫程序。

六、科学、合理使用治疗药物

减少治疗性用药，特别是抗菌药物，对发病猪群尽量采用对症治疗和以提高抵抗力为目的。

七、疫病监测

定期开展主要疫病监测，及时发现疫病，保证猪群的健康发展。

八、疫情报告

一时不能确诊的疾病，应采取病料送有关部门进行实验室检查。发现疑似传染病时，必须及时隔离，尽快确诊，对符合上报的传染病按要求迅速上报。

九、控制传染源

对第一类传染病（如口蹄疫、猪瘟、炭疽）或当地新发现的传染病，应追踪疫源，迅速采取紧急扑灭措施。进而划定疫点，疫区进行封锁。疫点范围指发病及邻近的猪舍或猪群。疫区封锁范围可根据疫情、地理环境而定。

在疫区封锁期间，应禁止生猪及其产品交易等活动。直到最后一头病猪痊愈（或死亡或急宰）后，经过该病的最长潜伏期，再无新的病例出现，经过全面彻底消毒后，可以解除封锁。

十、彻底消毒

被传染源污染的场地、用具、工作服等必须彻底消毒。垫草应予烧毁，将粪便堆积发酵或深埋。急宰病猪应在指定的地点进行，急宰病猪的皮肉、内脏、头、蹄等须经兽医检查后，根据规定进行处理。处理方式有作无害化加以利用、烧毁、深埋等。屠宰后的场地、用具

及污染物，必须现场进行严格、彻底消毒。凡进出污染场地的人员须经严格消毒。

十一、死猪处理

死猪一律烧毁或深埋。

十二、紧急免疫

对假定健康的猪及受威胁区的健康猪进行紧急预防接种，提高猪群的免疫力。

十三、药物预防

对无疫苗的传染病，可普遍饲喂抗生素或磺胺类药物，预防继发感染。

十四、饲养管理

改善饲料营养和卫生管理，以提高抗病能力，避免与传染源接触。

第十七章 猪病诊疗技术

第一节　猪的保定法和给药法

一、猪的接近与保定

（一）猪的接近法

接近猪时，小心地从猪的后方或侧方靠近猪只，并用手轻搔猪的背部、腹部、腹侧或耳根，使其安静，再接受治疗。捕捉哺乳小猪或治疗时，应预先用木板或其他物品将母猪隔离，以防母猪攻击，也可利用箩筐、背篓、编织袋等固定猪的头部，辅助保定。

（二）常用保定方法

猪采血、诊断、去势或治疗前，须将猪予以适当的保定，根据猪体大小和保定目的不同，可分别采取以下几种方法：

（1）猪群圈舍保定法　如肌内注射，可采用挡猪板或其他物品将猪群挡在圈舍的一角或一旁。

（2）徒手保定法　对于仔猪，可采用提腿或抓耳和尾部，再用两腿夹住猪的背腰进行保定（图17-1）。

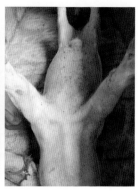

图17-1　猪的徒手保定法

（3）简易器具保定法　针对大、中型猪，常采用器具保定法（图17-2），如保定绳、鼻捻杆、绳网等工具协助保定。

图17-2　猪的简易器具保定法

二、猪的给药方法

（一）经口给药法

常用口腔给药法、胃管给药法、饮水和拌料投药。例如：口腔给药时，首先捉住病猪两耳，使它站立保定，然后用木棒或开口器撬开猪嘴，将药片、药丸或其他药剂放置于猪舌根背面，再倒入少量清水，将猪嘴闭上，猪即可将药物咽下。

（二）注射法

常用皮下注射、肌内注射、静脉注射、气管注射、腹腔注射等几种方法。

（三）直肠给药法

是将无刺激性的药物灌入病猪直肠内，由直肠内黏膜吸收的方法。生产上用得较多的是猪便秘时，对病猪实施灌肠，促进肠管内粪便排出，治疗用的灌肠剂主要是温水、生理盐水或 1% 的肥皂水。

第二节　猪病基本诊断方法

一、基本诊断方法

（1）视诊　指通过肉眼观察被检猪的状态来判定发病原因的一种诊断方法，在生产实践中应用非常广泛。

（2）触诊　指利用人的感觉器官来判断病猪组织器官状态的检查方法。

（3）叩诊　指通过叩打猪体表的某一部位，根据所产生音响的性质来推断器官病理变化的一种诊断方法。

（4）听诊　指直接或利用助听诊器从病猪体表听取某些内脏器官的音响，以判断其病理状态的方法。

（5）问诊　指通过询问猪的直接管理者，间接了解发病动物状况的诊断方法。

（6）嗅诊　检查者用嗅觉闻动物呼出的气体、排泄物及病理性分泌物的气味，以判断相关疾病的诊断方法。

在生产实践中，兽医人员常常是将上述 6 种临床检查方法结合起来应用，整合环境、营养等因素，进行综合诊断。

二、诊断的内容

（一）临床检查的基本内容

临床检查的内容包括静态观察、动态观察、食欲饮欲观察等。

（1）静态观察　在猪群安静休息的自然状态情况下，观察猪只的站立姿势、躺卧姿态、呼吸、体表状态、分泌物和排泄物有无异常等。

（2）动态观察　在静态观察之后，通过驱赶强迫猪只活动，观察其精神状态、起立姿势、行动姿势有无异常等。

（3）食欲饮欲观察　猪群自然采食、饮水时，观察有无不食不饮、少食少饮、异常采食和饮水表现，以及有无吞咽困难、呕吐、流涎等现象。

（二）猪的个体检查

经群体检查发现的可疑病猪，应进行系统的个体检查。其方法以体温测量、视诊、触诊为主，必要时进行听诊和叩诊。观察的项目包括精神外貌、姿态步样、鼻、眼、口、咽喉、被毛、皮肤、肛门、排泄物、采食及体温等有无异常。体温的异常是猪异常的外在重要表现之一，体温一般指直肠内温度，正常体温仔猪为37～40℃，成年猪为37～39.5℃。

异常发热一般热型分为：

（1）稽留热　体温日差在1℃以内，高热的持续时间在3天以上的叫稽留热，见于某些急性传染病。

（2）间歇热　高温期与无热期交替出现的叫间歇热，见于某些慢性病。

（3）弛张热　体温日差超过1℃而不降到常温的叫弛张热，见于支气管肺炎。

（三）病理解剖学诊断

（1）肝脏检查　检查肝脏的颜色、硬度、有无充血、出血、斑点等病理变化，肝静脉是否露张，胆囊及其内容物形态。

（2）肠道检查　检查胃肠道内外是否有异物、出血、寄生虫、溃疡、套叠、扭转等病理变化。

（3）胰脏检查　检查胰脏的色泽和硬度，然后沿胰脏的长径切开，检查有无出血和寄生虫等病理变化。

（4）肾脏检查　检查肾脏的大小、硬度，切开后检查被膜是否容易剥离，肾表面的色泽、光滑度以及有无疤痕、出血等变化。

（5）心脏检查　首先检查心脏纵沟、冠状沟的脂肪量和性状，有无出血；再检查心脏的大小、硬度、色泽以及外膜有无出血和炎性渗出物。

（6）肺的检查　检查肺的大小、胸膜的色泽，以及有无出血和炎性渗出物等，然后用手触摸各肺叶，检查有无硬块、结节和气肿，再检查肺门淋巴结性状。用剪刀剪开气管和支气管，检查黏膜的性状以及有无出血和渗出物等。最后将左右肺叶横切，检查切面的色泽和含血量，有无炎症病变、空洞、脓肿、结节、气肿和寄生虫等。同时，还要观察支气管和肺间质的变化。

（7）膀胱检查　检查膀胱的大小，尿量及色泽，有无寄生虫、结石，以及黏膜有无出血和炎症等。

（8）子宫检查　沿子宫体背侧剪开左右子宫角，检查子宫黏膜的色泽，有无充血、出血、异物、炎症及胎儿等有无病理变化。

（9）睾丸检查　检查睾丸大小，有无炎症、结节、坏死、萎缩、肿大、化脓等病理变化。

（10）口腔检查　检查牙齿、齿龈的变化，口腔和舌黏膜的色泽以及有无外伤、溃疡、水疱、烂斑和出血，舌肌有无白色点状物等病理变化。

（11）咽喉检查　检查黏膜色泽、有无伪膜、淋巴结有无出血斑点、喉囊有无蓄脓等病理变化，扁桃体有无水肿、出血、坏死和溃疡等现象。

（12）鼻腔检查　检查鼻黏膜的色泽，有无出血、炎性水肿、结节、糜烂、穿孔、疤痕及寄生虫等，鼻中隔有无变化，副鼻窦有无蓄脓等。

（13）下颌及淋巴结检查　检查下颌及颈淋巴结的大小、硬度，有无出血、肿胀、化脓等。

（14）颅腔检查　打开颅腔后，检查硬脑膜和软脑膜，有无出血、

充血、瘀血。切开大脑，检查脉络丛的性状及脑室有无积水、有无白点。然后横切脑组织，检查有无出血及溶解性坏死等。

三、病料的采集与送检

（一）病料的采集

（1）供检验用的病料必须是濒临死亡或刚死亡的猪的各脏器或组织液等，作细菌学培养的要求近期未使用过治疗药物的病猪，所用器械须无菌。

（2）一般应采肝、脾、肾、淋巴结、脑、脊髓等组织，如怀疑为口蹄疫则应采蹄部水疱皮或水疱液，分别装在灭菌容器内；需作病原检查的放在50%甘油生理盐水中保存；作病理组织学检查的则放在福尔马林中保存；如要作血清学检查，则应让血液自然凝固后分离出血清；如作病原学检查需全血，应预先加入抗凝剂。仔猪可送全尸到实验室，依具体情况解剖取病料。

（3）对人畜共患病，在采病料时应戴手套、口罩等。如疑似炭疽则不能剖检，而应采取局部皮肤或耳尖送检，如确实需要剖检，一定要严格做好消毒和防护，防止病原扩散。

（二）病料的保存及寄送

（1）病料一般需冷藏或冷冻保存，作病原检查的材料，应将病料分别装在小口瓶或青霉素瓶内加50%甘油生理盐水，如作病毒分离还应加一定量的青霉素、链霉素，病料保存时间不宜过长，应尽快密封送检。

（2）作病理组织切片的病料，应选择被检脏器的3立方厘米的组织块放在10%的福尔马林溶液或95%酒精中，保存液的量应为病料的8～10倍。

（3）供细菌或病毒学检查的血液应加抗凝剂，以防凝固。

（4）送检的病料都应注明所采猪的品种、年龄、发病情况、流行病学特点、采集时间、采集地点、业主、送检目的、病料名称、保存液等详细数据。

（三）几种主要传染病病理材料的采取方法

（1）非洲猪瘟　无菌棉球或纱布经生理盐水润湿，让猪反复咀嚼，放置于无菌样品袋种封闭，4℃保存运输送检，病死猪开小创口采集腹股沟淋巴结送检。

（2）口蹄疫 无菌采取新鲜、成熟、未破裂、无污染溃烂的水疱皮或水疱液，水疱皮可保存在 50% 甘油生理盐水中送检。

（3）猪瘟 采集脾、肾、淋巴结及有病变的消化道，分别装在容器中供病理检查，需抗体检查则采血清。

（4）猪丹毒 采死猪的脾、肾、淋巴结或有疹块的皮肤保存在 30% 甘油生理盐水中，作细菌学检查，也可采未破溃的淋巴结或病猪耳静脉全血送检。

（5）伪狂犬病 小猪可送全尸、完整的头部、整个大脑。如作病理组织检查则用福尔马林保存，作病原检查则保存在 50% 的甘油生理盐水中。

（6）猪肺疫 采血液或局部病变的渗出液装在消毒试管或青霉素瓶内送检，也可直接涂血片或淋巴抹片作细菌检查；剖检时采病变的淋巴结、脾、肝或小块肺送检。

（7）支原体肺炎（喘气病） 采整个肺脏或病变部分及肺门淋巴结，放在灭菌口瓶内加甘油生理盐水保存送检，也可以采取血清作间接血凝试验。

第十八章

猪常用药物

猪病防治效果决定着养猪生产效益，在猪病防治过程，药物有着不可替代的作用。为了达到药物临床使用的效果，对某种疾病进行药物预防或治疗时，须严格掌握药物的剂量、疗程及适应证，根据不同的临床症状，选择不同种类的药物。

第一节　药物的基本知识

一、药物与毒物的概念

药物是用来预防、治疗、诊断疾病，促进动物生长、提升繁殖性能等方面的物质。药物和毒物并没有本质的区别，药物如果用量过大，或用法不当，会对机体产生毒害作用。在临床给药时，应严格掌握给药剂量、给药疗程、给药途径，以免出现药物中毒现象。

二、药物作用机理

（一）药物的吸收

静脉注射时，药物直接进入血液，故作用迅速。而其他给药途径，药物首先要从用药部位通过生物膜进入血液循环，这个过程称为药物的吸收。只有经过吸收后，药物才能随血流分布到全身组织、器官。影响药物吸收的因素众多，药物吸收按由快至慢顺序排列依次为：静脉、肺部、肌肉、皮下、直肠、口服、皮肤。

（二）药物的分布

药物对组织器官的作用强度与药物的分布有一定的相关性。影响药物分布的因素大致有：药物与血浆蛋白结合能力、药物与组织的亲和力、药物的特性和局部器官的血流量以及血脑屏障和胎盘屏障等。

（三）药物代谢

药物代谢包括氧化、还原、水解和结合。肝脏是药物代谢的主要场所，当肝脏功能不全时，药物代谢率下降。

（四）药物的排泄

药物及其代谢产物的排泄，主要经尿液、胆汁、粪便、乳汁、汗液及呼出气体排泄。

（五）半衰期

药物在代谢过程中，浓度从最初生物浓度降至一半所需时间，称为药物的半衰期。药物半衰期是临床制订合理治疗方案的重要依据。一般临床治疗疾病很少会一次用药即治愈，而重复给药的间隔时间长短要根据药物半衰期来决定，半衰期长的则给药间隔时间长，半衰期短的药物给药间隔时间也要短。

三、药物的作用

药物的作用包括预防作用、治疗作用和不良反应等，本节主要介绍治疗作用与不良反应。

（一）治疗作用

凡符合使用药物目的、能达到防治疾病效果的作用称为药物的治疗作用。在防治猪病中，常常根据治疗目的不同，分为对因治疗作用和对症治疗作用。对因治疗作用就是针对疾病产生的原因而进行的治疗。在防治猪病中，对于防治猪的传染性疾病、寄生虫病以及中毒病

时常采用对因治疗。对症治疗作用是针对疾病表现的症状进行的治疗，从而通过调整机体的机能，控制病情的发展，帮助病猪康复。在生产实践中，应当灵活运用药物的对因治疗和对症治疗作用，充分发挥两者的特性，才能取得最佳的治疗效果。

（二）不良反应

不符合用药目的，甚至给机体带来不良影响的作用称为药物的不良反应。常见的不良反应有副作用、毒性反应、过敏反应。

1. 药物的副作用

指应用药物治疗量对病猪进行治疗时，出现与治疗无关的或不需要的作用。如应用硫酸阿托品可以解除肠道平滑肌痉挛，但同时会引起腺体分泌减少、口腔干燥等副作用。药物副作用是伴随治疗作用所出现的不良反应。副作用是可以预料到的，可用某些作用相反的药物来拮抗，以达到减轻或消除副作用。

2. 药物的毒性反应

药物用量过大或应用时间过长，致使机体发生的严重功能紊乱或病理变化，甚至死亡的现象，称为药物的毒性反应。所以，临床应用药物时，要根据药物的特性，合理使用其剂量、疗程，尽量减少或避免毒性反应。

3. 药物的过敏反应

由于动物个体的差异性，某些个体对某种药物的敏感性比一般个体高，按照正常剂量和给药途径使用药物后，动物出现病理反应的现象，称为药物的过敏反应，这种反应跟此药物剂量无关，一般不可预知。

四、影响药物作用的因素

为了达到防治猪病的目的，必须充分发挥药物的治疗作用，药物的治疗作用受各种复杂因素的影响。因此，要做到合理正确地应用药物，必须弄清影响药物作用的因素，以达到药物使用的预期效果。影响药物作用的因素包括药物因素、机体因素和环境因素等。

（一）药物因素

药物因素包括药物的理化性质、药物剂量、给药方法及药物在体内的代谢等。在猪病防治实践中，常常同时使用两种或两种以上的药物进行治疗，即为联合用药。联合用药会使药物作用效果发生变化，作用增加或增强时叫协同作用，作用减弱或抵消时叫拮抗作用。合并用药后改变药物理化性质或产生毒性反应时叫做药物的配伍禁忌。

（二）机体因素

猪是药物应用的对象，由于猪个体差异，不同体重猪药物使用剂量不同，必须根据机体大小具体情况，如性别、年龄、体重、机能状态等而定。

（三）环境因素

环境因素众多，主要包括温度、湿度、通风换气状况、季节变化、饲养管理等因素。

五、药物使用原则

在临床用药上，抗生素的使用较频繁，抗生素的滥用现象也比较突出，为减少细菌耐药性，在使用抗生素时应注意以下几点：

（一）正确选择抗生素

没有一种抗生素能抑制或杀灭所有病原菌，只有当病原菌对所用抗生素敏感时效果才明显，因此，应根据患猪的临床症状并结合药敏试验结果正确选用抗生素。

（二）合理给药途径

一般治疗轻度感染时，可采用口服给药，重度感染时采用肌内注射给药，严重感染时宜采用静脉给药。

（三）合理剂量

抗生素的剂量一般可按体重计算使用，同时也要根据患猪的生理、病理状态进行适当调整。

（四）足够疗程

一般抗生素使用控制在 2～3 天，应在病猪体温正常、症状消失后继续用药 1～2 次。同时，应该避免长期使用抗生素，以免细菌产生耐药性和导致机体正常菌群紊乱。

（五）联合用药

由于抗生素抑制或杀灭细菌的原理差异巨大，它们作用细菌的环节不同，毒性反应也不一样，因此，抗生素的合理联用，能增加疗效、降低毒性。

联合用药的指征：①病原未明的严重感染；②单一抗菌药物不能控制的严重混合感染；③单一抗菌药物不能有效控制的感染性心内膜炎或败血症；④长期用药，细菌有可能产生耐药性；⑤用以减少毒性反应。

（六）不能片面追求使用新药、进口药

抗生素疗效的好坏，主要决定于所选药物对细菌是否敏感。临床上能用一线品牌药物的情况下，不宜选用二、三线品牌药物。

（七）不良反应

抗生素使用后如出现过敏反应现象，如皮疹、荨麻疹等，要立即停药，进行针对性的治疗。

第二节　常见药物

一、抗生素

抗生素指由微生物产生的，能抑制或杀灭病原微生物的一类微生物代谢产物。目前，有些抗生素已能人工合成或半合成。应用于临床的抗生素主要有以下几类：

（一）β - 内酰胺类

最早用于临床的抗生素，疗效高，毒性低。主要作用是使易感细菌的细胞壁发育失常，致其死亡。常用的青霉素类药有青霉素 G 钠（钾）、氨苄青霉素、羟氨苄青霉素（阿莫西林）等。

1. 青霉素 G 钠（钾）

（1）作用与用途　青霉素对大多数革兰氏阳性菌、部分革兰氏阴性球菌、各种螺旋体以及放线菌均有强大的抗菌作用。低浓度抑菌，高浓度则有强大的杀菌作用，临床上主要用于猪的各种细菌性感染，如各种呼吸道感染、乳腺炎、子宫炎、关节炎、尿路感染等以及其他病毒性传染病并发病的控制。

（2）用法与用量　肌内注射，2 万～4 万国际单位/千克，每 4 小时使用 1 次。

2. 氨苄青霉素

（1）作用与用途　对多数革兰氏阳性及革兰氏阴性菌有效，对沙门氏菌属、痢疾杆菌、大肠杆菌、巴氏杆菌等敏感，与卡那霉素、庆大霉素合用有协同作用。主要用于治疗敏感菌引起的肺部感染、肠道感染、尿路感染等。

（2）用法与用量　片剂，内服 4～12 毫克/千克体重，每日两次；肌内注射，10～2 毫克/千克，每日 2～3 次。

3. 羟氨苄青霉素（阿莫西林）

（1）作用与用途　与氨苄青霉素抗菌谱相似，但杀菌作用快而强，血药浓度高，半衰期长。临床上对呼吸道、泌尿生殖道、皮肤、软组织及肝胆系统等感染疗效较好。如与强的松等合用，治疗猪的乳腺炎 - 子宫内膜炎 - 无乳综合征效果好。

（2）用法与用量　肌注 5～20 毫克/（千克·次），每日 2 次。

4. 苄星青霉素

（1）作用与用途　本品是长效青霉素，吸收排泄缓慢，在血中浓度较低的情况下，仍有很强的抑菌作用。它对葡萄球菌、链球菌、猪丹毒杆菌、棒状杆菌、破伤风梭菌、放线菌、炭疽杆菌、螺旋体等有很强的杀灭作用。

（2）用法与用量　肌内注射：一次量，每千克体重 3 万～4 万单位，3～4 日重复用药 1 次。

（二）氨基糖苷类

本类抗生素性质稳定，抗菌谱广，治疗指数（治疗剂量／中毒剂量）较其他抗生素低，不良反应最常见的是耳毒性。常用的有链霉素、庆大霉素、卡那霉素、丁胺卡那霉素等。临床主要用来治疗肠道细菌性疾病。大多采用消化道给药。由于本类药物具有一定毒性，采用非肠道给药时，应考虑其使用剂量、使用时间。

1. 硫酸链霉素

（1）作用与用途　主要对结核杆菌和多种革兰氏阴性杆菌，如巴氏杆菌、布氏杆菌、沙门氏菌有效，用于猪肺疫、猪结核病、仔猪白痢、仔猪黄痢、猪钩端螺旋体病等。

（2）用法与用量　猪肌注量 1～15 毫克／千克。

2. 硫酸卡那霉素

（1）作用与用途　本品对大多数革兰氏阴性菌，如大肠杆菌、沙门氏菌、巴氏杆菌等有强大的杀菌作用，对金黄色葡萄球菌和结核杆菌也有效，链球菌、铜绿假单胞菌、猪丹毒杆菌对本品耐药。用于治疗由以上细菌引起的败血症、呼吸道感染、泌尿道感染。主要用于猪气喘病、猪水肿病、猪萎缩性鼻炎的治疗。本品治疗量下用药不良反应轻微，但用药不当，可造成对肾脏和听神经的毒害作用。

（2）用法与用量　猪肌注量为 10～15 毫克／千克体重，每日 2 次，5 日为 1 个疗程。（肌内注射，1 万～2 万单位／千克，每日 2 次）

3. 小诺米星

（1）作用与用途　又名小诺霉素、相模霉素，由小单孢菌产生的抗生素。抗菌谱广，对金葡菌、大肠杆菌、肺炎杆菌、肠杆菌属和铜绿假单胞菌等，均有良好的抗菌活性。抗菌作用与庆大霉素相似，但疗效优于庆大霉素，且对肾和耳的毒性低于庆大霉素。

（2）用法与用量　肌内注射量：猪 6～8 毫克／（千克·天）。

（三）四环素类

四环素类抗生素为广谱抗生素，对绝大多数细菌有效。包括土霉素、四环素、金霉素、强力霉素等。本类抗生素可沉积于发育中的骨骼和牙齿中，反复使用可导致骨发育不良。妊娠、哺乳期及哺乳仔猪禁用。

本类药物对革兰氏阳性菌及阴性菌均有抑制作用，高浓度还有杀菌作用。

1. 四环素

（1）作用与用途　对大多数革兰氏阳性菌和阴性菌有抑制性，高浓度有杀灭作用，用于肺炎、红痢、白痢、猪痢疾、布氏杆菌病、钩端螺旋体病、腹膜炎、急性败血症、呼吸道感染等。

（2）用法与用量　口服 30～50 毫克/（千克·天），分 3～4 次内服。肌注 7～15 毫克/（千克·天），分 1～2 次。

2. 土霉素（油剂称为特效米先）

（1）作用与用途　对大多数革兰氏阳性菌和阴性菌有抑制性，高浓度有杀灭作用。用于肺炎、红痢、白痢、猪痢疾、布氏杆菌、钩端螺旋体、腹膜炎、急性败血症、猪肺疫、气喘病、放线菌感染等。

（2）用法与用量　土霉素片剂，每片 0.05 克、0.1 克、0.25 克，猪内服量为 20～50 毫克/千克，猪混饲与饮水用量为 0.11～0.28 克/升。土霉素粉针，每支 0.125 克（12.5 万国际单位）、0.25 克（25 万国际单位），猪肌注 5～15 毫克/（千克·天）。含 25% 的灭菌油制混悬液，专用于治疗猪气喘病，于肩背两侧肌内注射 0.2～0.3 毫升/（千克·次），每隔 3 天 1 次。

3. 多西环素

（1）作用与用途　又名强力霉素，又称脱氧土霉素。其盐酸盐易溶于水，水溶液较四环素、土霉素稳定。抗菌谱与土霉素相似，但作用要强 2～10 倍。对耐土霉素、四环素的金葡菌仍有效。本品不仅抗菌作用强，而且半衰期长，静脉注射可通过血脑屏障。大部由胆汁和尿排出。一般认为本品在四环素类中毒性最小。

（2）用法与用量　内服量　猪 3～5 毫克/千克。每天 1 次，连用 3～5 天。混饲，每吨饲料：猪 150～250 克。混饮，每升水 100～150 克。

（四）酰胺醇类

本类抗生素目前主要应用有甲砜霉素、氟甲砜霉素等。

1. 甲砜霉素

（1）作用与用途　又名甲砜氯霉素，属广谱抗生素，对多数革兰氏阳性菌和阴性菌都有抑制作用，但对阴性菌的作用比阳性菌强。对铜绿假单胞菌和真菌无效，但对部分衣原体、立克次体有一定控制作用。敏感菌可产生耐药性，但过程缓慢，其中以大肠杆菌较多见。与其他抗生素无交叉耐药性。主要不良反应是抑制骨髓造血机能，其临床表现轻者呈可逆性的血细胞减少。可抑制免疫球蛋白和抗体生成。与四环素类有部分交叉耐药。也可产生胃肠道反应和二重感染。主要用于敏感病原体引起的呼吸道感染、尿路感染和肝胆系统感染等。

（2）用法与用量　粉剂含量：5%。内服量：5～10毫克/千克。每天2次。

2. 氟苯尼考

（1）作用与用途　本品又名氟甲砜霉素。是由甲砜霉素氟化而成的单氟衍生物，是白色或类白色结晶性粉末。本品为动物专用的广谱抗生素，其抗菌谱与甲砜霉素相似，对革兰氏阳性菌和阴性菌均有抑制作用。抗菌活性优于甲砜霉素。本品特点是抗菌谱广，吸收良好，体内分布广泛，半衰期长，能维持较久的有效血药浓度，无再生障碍性贫血等副作用。对耐甲砜霉素的大肠杆菌、沙门氏菌等仍有效。本品主要用于猪胸膜肺炎、黄痢、白痢等疾病的防控。

（2）用法和用量　内服量，猪20～30毫克/千克，每天2次，连用3～5天。肌内注射量，猪20毫克/千克，2天1次，连用2次。本品虽不引起骨髓抑制，但具有胚胎毒性，故妊娠动物禁用。

（五）磺胺类药物

本类药物一般为白色或微黄色结晶性粉末，难溶于水，易溶于碱性溶液，遇光易变质。抗菌谱广，主要用于治疗呼吸道、消化道感染和泌尿生殖道感染，也可用于猪的局部感染治疗，如猪痢疾、仔猪白痢、猪肺疫、猪弓形虫病、猪水肿病。本类药物为抑菌药物，并不是杀菌药物。此外，细菌对磺胺类药物具有交叉耐药性。

应用磺胺类药物时应注意：①准确掌握剂量和服用时间，防止剂量过大、时间过长而发生中毒。首次用量要加倍，以后使用维持量，连续用药时间不应超过7日。②发现中毒，应立即停药，给予充足的饮水。②细菌对磺胺类药物有交叉耐药性。③磺胺类药只有抑菌作用，没有杀菌作用。④使用磺胺类药物，应给予充足的饮水，以免肾损伤；⑤用药期间禁止盐酸普鲁卡因，使用注射液时忌与酸性药物配伍。

1. 磺胺嘧啶

抗菌力较强，对多种感染均有较好疗效，副作用小，吸收快而排泄较慢，属中效磺胺。易扩散入组织和脑脊液，是治疗脑部细菌感染的首选药物。缺点是易在尿中析出结晶，故内服时应配合等量的碳酸氢钠。

磺胺嘧啶片剂：0.5克/片，猪首次内服量为0.14～0.2克/千克体重，维持量0.07～0.1克/千克体重，每日2次；针剂为1克/10毫升或5克/50毫升，猪肌注量为0.07～0.1克/千克体重，每日2次；增效磺胺嘧啶片（敌菌灵），每片含25毫克SD和5毫克TMP，猪内服量30毫克/千克，每日2次。增效磺胺注射液10毫升/支，内含SD钠1克和TMP0.2克，猪肌注0.17～0.2毫升/千克体重，每日2次。

2. 磺胺甲基异噁唑（新诺明）

作用与用途：抗菌作用较其他磺胺强，与磺胺间甲氧嘧啶同。疗效与四环素、氨苄青霉素相近。用法和用量：注射0.07克/（千克·次），1日2次。片剂为每片0.5克，猪首次内服量0.1克/千克体重，维持量0.07克/千克体重，每日2次。

3. 磺胺二甲嘧啶

作用与用途：与磺胺嘧啶钠相似，不良反应少，不易引起泌尿道的损伤。用法和用量：70毫克/（千克·次），1日2次。

4. 磺胺间甲氧嘧啶

为一种较新的磺胺类药物，抗菌作用强。内服吸收良好，对猪弓形虫病、猪水肿病有显著疗效，对猪萎缩性鼻炎也有防治效果。片剂为每片0.5克，猪首次内服量为0.2克/千克，维持剂量0.1克/千克。

（六）大环内酯类抗生素

由链霉菌产生或半合成的一类弱碱性抗生素，具有14～16元环内酯结构，微溶于水。在水溶液中易被分解，尤其在酸性条件下更不稳定。抗菌谱较窄，对G^+菌和部分G^-菌有抗菌作用；对某些螺旋体、

衣原体、支原体和立克次体有良好的效果；对产生 D- 内酰胺酶的葡萄球菌和耐药金葡菌有一定的抗菌活性。通常为抑菌药，高浓度时杀菌。

1. 泰乐菌素

首选应用于防治支原体感染引起的猪气喘病，也可治疗猪痢疾、萎缩性鼻炎、关节炎、钩端螺旋体病等。

2. 替米考星

主治猪肺炎、泌乳动物乳腺炎。不良反应：替米考星对动物的毒性作用主要是心血管系统，可引起心动过速和收缩力减弱。给猪 10 毫克 / 千克体重肌内注射替米考星，即出现呼吸急促、呕吐和惊厥等，一般病例采用 20 毫克 / 千克体重，15 分钟内可造成死亡，死亡率高达 80%，所以临床应用时应慎重。

3. 泰万菌素

主要用于敏感菌属支原体引起的猪各种呼吸道、肠道等感染。同时对猪喘气病和猪回肠炎效果较好，阻断蓝耳病病毒在巨噬细胞内的复制，细菌对泰万菌素不易产生耐药性，且对对其他抗生素耐药的革兰氏阳性菌有效，对败血型支原体和滑膜型支原体具有很强的抗菌活性。

（1）用法与用量　首次及重症用药加倍，预防减半。混饲每 100 克拌料 1000 千克，1 日 2 次，连用 5～7 天。

（2）注意事项　不宜与 β- 内酰胺类联合应用，停药期 5 日。

（七）其他抗生素类

1. 喹诺酮类（环丙沙星、恩若沙星、氧氟沙星等）

（1）作用与用途　为第三代氟哌酸，抗菌能力强，对革兰氏阳性和革兰氏阴性菌均有效。

（2）用法与用量　10～20 毫克 / 千克，每日 1 次，肌注。

2. 痢菌净

（1）作用与用途　对革兰氏阴性菌的抗菌作用强于对革兰氏阳性菌，对猪痢疾、仔猪腹泻等有较好的作用。

（2）用法与用量　肌内注射或内服量 2.0～2.5 毫克 /（千克·次），每日 2 次，连用 3 天。

3. 头孢菌素类

本类抗生素自 20 世纪 60 年代应用于临床以来，发展迅速，应用日益广泛。习惯上依据时间及对细菌的作用，分为一、二、三代头孢菌素。常用的有头孢唑啉（先锋霉素 V）、头孢拉定（先锋霉素Ⅵ）、头孢曲松、头孢噻肟、头孢哌酮（先锋必）等。

4. 林可酰胺类

包括林可霉素、克林霉素等。

5. 其他合成抗菌药物

有甲硝唑、黄连素等。

二、抗寄生虫药物

（一）大环内酯类

本类药物广谱、低毒、高效，其突出优点在于它对猪体内、外寄生虫同时具有很好的驱杀作用，它不仅对成虫，对发育期幼虫也有杀灭作用。这类药物在猪驱虫药中以阿维菌素类为代表，主要包括阿维菌素、伊维菌素及多拉菌素等。

伊维菌素安全方便，速效广谱，对猪胃肠道线虫、肺丝虫及螨虱等均有杀灭作用，但猪屠宰前 28 日应停用。猪内服 0.3～0.5 毫克 / 千克体重，皮下注射 0.3 毫克 / 千克。无色或白色结晶粉末，微溶于水，溶于有机溶剂。内服、肌内注射均吸收良好。本品高效、广谱，对于猪吸虫、丝虫、线虫均有驱杀作用，对绦虫的成虫及幼虫也有效。

（二）苯丙咪唑类

属于广谱、高效、低毒的驱虫药，此类药物有多种，但在兽医临床使用最广的是阿苯达唑（又名丙硫苯咪唑、抗蠕敏）。对线虫、吸虫和绦虫均有驱除效果，并对某些线虫的幼虫有驱杀作用，对虫卵的孵化也有抑制作用。

1. 丙硫苯咪唑

内服量为 10～30 毫克 / 千克体重。阿苯达唑适口性较差，有致畸的可能性，应避免大量连续应用。此药的停药期为 14 天。

2. 左旋咪唑

白色或微带黄色结晶，性质稳定，易溶于水。内服吸收快，肝代谢迅速，肾排泄也迅速无残留物。为广谱驱虫药，对猪肺丝虫、食道口线虫、肾虫、猪棘头虫、猪肠道寄生虫均有效。常用 8 毫克 / 千克体重内服给药。

3. 硫苯咪唑

白色粉末，不溶于水，微溶于有机溶剂。驱虫范围广，毒性低，对猪的胃肠道寄生虫、绦虫、肺丝虫、姜片吸虫、肾虫均有效，对猪鞭虫效果更好。对囊尾蚴作用强，虫体吸收快，毒副作用小。10～20 毫克 / 千克体重内服给药。

（三）脒类化合物

为合成的接触性外用广谱杀虫药，常用双甲脒，为结晶性粉末，在水中几乎不溶解，所以多制成乳剂应用，如双甲脒乳油（特敌克）。它对各种螨、虱、蜱、蝇等均有杀灭作用，且能影响虫卵活力，对人、猪无害。外用时，可做喷洒、药浴等。使用时配成为 0.05% 溶液，停药期为 7 天。

三、维生素类、矿物类药物和体液补充剂

（一）维生素类

1. 维生素 A

纯品为黄色片状结晶，遇光、空气、氧化剂则分解失效，应遮光密封保存于阴凉处。主要用于猪的维生素缺乏引起的视觉障碍，上皮细胞萎缩角化，怀孕母猪发生流产或死胎，成年公猪的精子生成障碍，仔猪生长发育停滞等适应证。

2. 维生素 D

维生素 D_1、维生素 D_2、维生素 D_3 均为无色结晶，不溶于水，溶于有机溶剂，性质稳定。主要用于猪的维生素 D 缺乏病。维生素 D_3 注射液，猪每次肌内注射量为 0.15 万～0.3 万国际单位 / 千克体重。长期大剂量应用可引起高血钙，致使大量钙盐沉积在肾、肺、心肌等软组织上，对肾损害尤为严重，猪表现为食欲不振、腹泻、肌肉震颤

和运动失调，最后死于尿毒症。

3. 维生素 K

本品主要参与肝凝血酶和凝血因子的合成，用于猪维生素 K 缺乏引起的出血性疾病，如猪采食霉烂变质青贮料导致组织出血死亡、水杨酸钠中毒引起的低凝血酶原血症、长期内服抗生素造成肠内正常菌群失调引起的维生素 K 缺乏症等。制剂和用量：维生素 K 注射液每支 4 毫克/毫升，猪每次肌注为 30～50 毫克。

4. 维生素 B_1

为白色细小结晶粉末，味苦，易溶于水，遇碱分解失效。主要用于猪缺乏维生素 B_1 引起的多发性神经症状、疲劳、肌肉酸痛、便秘或腹泻，严重缺乏时可发生运动失调、惊厥，甚至昏迷死亡。

5. 维生素 B_{12}

（1）作用与用途　用于恶性贫血、巨红细胞性贫血和其他神经营养障碍性疾病的治疗。

（2）用法与用量　肌注，每 50 千克体重每次 500～1000 微克。

6. 维生素 C

本品为白色结晶粉末，有酸味，易溶于水，不溶于脂，具有强还原性，易被氧化剂破坏。主要用于防治猪维生素 C 缺乏症，铅、汞、砷、苯的慢性中毒及风湿性疾病和高铁血红蛋白症等。对急慢性感染症，各种贫血、肝胆疾病、各种休克、创伤愈合进行辅助治疗。制剂与用量：注射液 2.5 克/20 毫升或 1 克/10 毫升，猪肌注 0.2～0.5 克/次。片剂每片 50 毫克或 100 毫克，猪内服量为 0.2～0.5 克。注意：本品对抗生素有不同程度的灭活作用，不能混合注射；维生素 C 在碱性溶液中易被氧化，故不可与氨茶碱等碱性溶液混合应用。

（二）矿物类

1. 氯化钙

本品为白色半透明的坚硬碎块或颗粒，无臭，极易溶解，易溶于水及醇。钙能促进骨骼和牙齿的钙化，维持其正常硬度。当钙供应不足时，成年家猪出现骨软症，幼猪出现佝偻病。能维持神经肌肉组织正常兴奋性。血钙低于正常值时，神经肌肉兴奋性升高，表现为肌肉痉挛，反之为神经肌肉兴奋性降低，表现为肌肉软弱。能对抗镁离子作用，解救硫酸镁中毒。能加速神经递质和激素的释放。有消炎和抗过敏作用，钙能增加毛细血管的致密度，这是它消炎抗过敏的基础。

主要用于治疗猪的急性或慢性缺钙性疾病，如母猪产后瘫痪、猪的骨软症和仔猪的佝偻病；还可治疗荨麻疹、血清病，以及其他毛细血管壁渗透性增加的过敏性疾病；对抗硫酸镁中毒；最后是作为止血药，用于出血性疾病的辅助性治疗。

钙禁与洋地黄或肾上腺素配伍使用，对组织有强烈刺激性，静注时严防漏注血管外。

2. 葡萄糖酸钙

本品为白色结晶，无臭无味，易溶于水，不溶于乙醇。本品用途同氯化钙，但对组织刺激性比氯化钙小，注射较安全。葡萄糖酸钙注射液：规格 20 毫升 2 克或 50 毫升 5 克，猪的静注量为 5～15 克／次。

3. 骨粉

本品约含钙 30%、磷 20%，主要用于钙磷补充剂。可防治猪的骨软症和补充妊娠、泌乳母猪的需要。治疗猪骨软症时，可喂 80 克／日，连续投喂 7 日。症状减轻时，酌减到 20 克／日，维持饲喂 1～2 周。

4. 亚硒酸钠

本品为白色结晶，溶于水，不溶于醇，应密闭保存。硒为猪必需微量元素。猪缺乏时，易引起仔猪白肌病和猪营养性肝坏死。由于有机硒不稳定，临床广泛应用无机硒——亚硒酸钠。本品内服后主要由十二指肠吸收。亚硒酸钠注射液，浓度为 0.1%、1 毫克／毫升或 2 毫克／毫升，仔猪肌注 1～2 毫升硒。亚硒酸钠维生素 E 注射液，每支 5 毫升或 10 毫升，每毫升含维生素 E50 国际单位、硒 1 毫克，仔猪肌注 1～2 毫升。亚硒酸钠粉剂在饲料中添加时常常以硒预混料形式加入，每吨饲料中添加这种预混料不高于 450 克，其中含硒不超过 90 毫克。

5. 硫酸亚铁

本品为透明淡蓝绿色粉状结晶或颗粒，易溶于水，易风化，易氧化，注意密封保存。生长期仔猪和妊娠或泌乳期的母猪很容易出现缺铁；当慢性腹泻时，更会造成机体缺铁。本品内服易吸收，但对胃肠道有刺激性，但饲喂后投药效果较好。

6. 维丁胶性钙

（1）作用与用途　促进钙磷自肠道吸收和储存于骨中，维持血液钙磷平衡。用于治疗骨软化症、支气管喘息。

（2）用法及用量　肌注，每 50 千克体重每次 3～5 毫升，每日或隔日 1 次。

（三）体液补充剂

1. 氯化钠

（1）作用与用途　各种原因所致的失水，包括低渗性、等渗性和高渗性失水；应用等渗或低渗氯化钠可纠正失水和高渗状态；低氯性代谢性碱中毒；外用时生理盐水冲洗、洗涤伤口等；还用于产科的引产，辅助用药静脉滴注。

（2）用法用量

① 高渗性失水　高渗性失水时，患猪脑细胞和脑脊液渗透浓度升高，若治疗时使血浆和细胞外液钠浓度和渗透浓度过快下降，可致脑水肿。故一般认为，在治疗开始的 48 小时内，血浆钠浓度每小时下降不超过 0.5 摩尔 / 升。若患猪存在休克，应先予氯化钠注射液，并酌情补充胶体，待休克纠正，可先给予 0.6% 体重的补充量。

② 等渗性失水　原则给予等渗溶液，如 0.9% 氯化钠注射液或复方氯化钠注射液，但上述溶液氯浓度明显高于血浆，单独大量使用可致高氯血症，故可将 0.9% 氯化钠注射液和 1.25% 碳酸氢钠或 1.86% 乳酸钠以 7：3 的比例配制后补给。后者氯浓度为 107 毫摩尔 / 升，并可纠正代谢性酸中毒。补给量可按体重或红细胞压积计算，作为参考。

③ 低渗性失水　严重低渗性失水时，脑细胞内溶质减少以维持细胞容积。若治疗时使血浆和细胞外液钠浓度和渗透浓度迅速回升，可致脑细胞损伤。一般认为，当血钠低于 120 毫摩尔 / 升时，治疗使血钠上升速度在每小时 0.5 毫摩尔 / 升，不超过每小时 1.5 毫摩尔 / 升。当血钠低于 120 毫摩尔 / 升时或出现中枢神经系统症状时，可给予

3%～5%氯化钠注射液缓解滴注。一般要求在6小时内将血钠浓度提高至120毫摩尔/升以上。补钠量（毫摩尔/升）＝[142-实际血钠浓度（毫摩尔/升）]×体重（千克）×0.2。待血钠回升至120～12毫摩尔/升以上，可改用等渗溶液或等渗溶液中酌情加入高渗葡萄糖注射液或10%氯化钠注射液。

④ 低氯性碱中毒　给予0.9%氯化钠注射液或复方氯化钠注射液（林格氏液）500～1000毫升，以后根据碱中毒情况决定用量。

⑤ 外用　用生理氯化钠溶液洗涤伤口。

（3）不良反应

① 输液过多、过快，可致水钠潴留，引起水肿、血压升高、心率加快、呼吸困难，甚至急性左心衰竭。

② 过多、过快给予低渗氯化钠可致溶血、脑水肿等。

下列情况慎用：①水肿性疾病，如肾病综合征，肝、肾、心衰竭，脑水肿及特发性水肿等；②低钾血症。

2. 氯化钾

（1）作用　治疗各种原因引起的低钾血症，如进食不足、呕吐、严重腹泻、应用排钾性利尿药、低钾性家族周期性瘫痪、长期应用糖皮质激素和补充高渗葡萄糖后引起的低钾血症等。预防低钾血症，当患者存在失钾情况，尤其是如果发生低钾血症对患者危害较大时（如使用洋地黄类药物的患者），需预防性补充钾盐，如进食很少、严重或慢性腹泻、长期服用肾上腺皮质激素、失钾性肾病、Bartter综合征等。

（2）用法与用量　用于严重低钾血症或不能口服者。一般用法：将10%氯化钾注射液10～15毫升加入5%葡萄糖注射液500毫升中滴注（忌直接静脉滴注与推注）。

四、用于消化系统的药物

1. 陈皮

本品为芳香健胃药，为柑橘的成熟果皮制备而成，内含有挥发油、陈皮酊等。具有健胃、祛风作用。常与其他药物配合，用于消化不良、积食、气胀等。粉剂，猪内服量为6～12克/次。酊剂为20%陈皮末加60%酒精制成的橙黄色液体，猪内服量为10～20毫升。

2. 碳酸氢钠

本品为白色结晶性粉末，可溶于水，在潮湿空气中易潮解。本品属于盐类健胃药，内服后能够中和胃酸；吸收入血后可治疗酸中毒；排出时可碱化尿液，能预防磺胺类、水杨酸类等药物的副作用，或加强链霉素治疗泌尿道病症。片剂：每片 0.3 克或 0.5 克，猪内服为 2～5 克/次；注射液猪静注 2～6 克/次。

3. 干酵母

为酒酵母的干燥菌体，富含 B 族维生素。为淡黄白色或淡黄棕色颗粒或粉末。常用于消化不良和维生素 B 族缺乏引起的疾病。片剂：每片 0.5 克或 0.3 克，猪内服量为 30～60 克/次。

4. 乳酶生

本品为白色或淡黄色干燥粉末，难溶于水，有效期 2 年。内服后在肠内分解糖类产生乳酸，抑制腐败菌的繁殖和蛋白质的发酵。用于防治消化不良、肠臌气和仔猪腹泻。本品为活菌制剂，禁止与抗生素、酊剂、吸附剂配伍使用。猪内服量为 2～4 克/次。

五、消毒药

消毒药物从杀菌作用可分为 3 种：①高效消毒剂，指能杀灭各种细菌、真菌及病毒，包括细菌芽孢的消毒剂，故称灭菌剂。常用的高效消毒剂有过氧化物类（过氧乙酸、过氧化氢、臭氧等）、醛类（甲醛、戊二醛）、环氧乙烷、含氯消毒剂（有机氯类、无机氯类）等。②中效消毒剂，指能杀灭细菌繁殖体、真菌和病毒，但不能杀灭细菌芽孢的消毒剂，如乙醇、酚类等。③低效消毒剂，指只能杀灭部分细菌繁殖体、真菌和病毒，不能杀灭结核杆菌、细菌芽孢和抗力较强的真菌和病毒的消毒剂，如新洁尔灭、洗必泰等。根据对病原体蛋白质作用，分为以下几类：

（一）凝固蛋白消毒剂

1. 酚类

具有特殊气味，杀菌力有限。可使纺织品变色，橡胶类物品变脆，对皮肤有一定的刺激，故除来苏尔外应用者较少。来苏尔（煤酚

皂液）由 47.5% 甲酚和钾皂配成。红褐色，易溶于水，有去污作用，杀菌力较石炭酸强 2～5 倍。常用 2%～5% 水溶液，可用于喷洒、擦拭、浸泡容器及洗手等。对细菌繁殖体 10～15 分钟可杀灭，对芽孢效果较差。

2. 酸类

对细菌繁殖体及芽孢均有杀灭作用。但易损伤物品，故一般不用于居室消毒。5% 盐酸可消毒洗涤食具、水果。乳酸常用于空气消毒，100 立方米空间用 10 克乳酸熏蒸 30 分钟，即可杀死葡萄球菌及流感病毒。

3. 醇类

乙醇（酒精）75% 浓度可迅速杀灭细菌繁殖体，对一般病毒作用较慢，对肝炎病毒作用不肯定，对真菌孢子有一定杀灭作用，对芽孢无作用。用于皮肤消毒和体温计浸泡消毒。因不能杀灭芽孢，故不能用于手术器械浸泡消毒。异丙醇对细菌杀灭能力大于乙醇，经肺吸收可导致麻醉，但对皮肤无损害，可代替乙醇应用。

（二）溶解蛋白消毒剂

1. 氢氧化钠

白色结晶，易溶于水，杀菌力强，2%～4% 溶液能杀灭病毒及细菌繁殖体，10% 溶液能杀灭结核杆菌，30% 溶液能于 10 分钟内杀灭芽孢。因腐蚀性强，故极少使用，仅用于杀灭炭疽芽孢。

2. 石灰

遇水可产生高温并溶解蛋白质，杀灭病原体。常用 10%～20% 石灰乳消毒排泄物，用量须 2 倍于排泄物，搅拌后作用 4～5 小时。20% 石灰乳用于消毒炭疽菌污染场所，每 4～6 小时喷洒 1 次，连续 2～3 次。刷墙 2 次可杀灭结核芽孢杆菌。因性质不稳定，故应用时应新鲜配制。

3. 草木灰

草木灰含有氢氧化钾和碳酸钾等化学成分，其 30% 的水溶液具有与烧碱相同的消毒作用。在缺乏烧碱的情况下，可以用草木灰代替，用于某些细菌性和病毒性传染病的消毒，如猪瘟、猪丹毒、猪流感等。按 30% 的比例与水配合，放锅内煮沸 1 小时，滤去渣滓，加水补足 30% 的浓度再加热到 70℃ 左右，趁热泼洒到病猪污染的圈舍地面、墙壁、粪坑、用具等表面，即可起到极好的消毒杀菌作用。但是应用的草木灰必须是新鲜的，陈旧的草木灰达不到消毒杀菌的目的。

（三）氧化蛋白类消毒剂

1. 漂白粉

应用最广。主要成分为次氯酸钙，有效含量 25%～30%，性质不稳定，可为光、热、潮湿及 CO_2 所分解。故应密闭保存于阴暗干燥处，时间不超过 1 年。有效成分次氯酸可渗入细胞内，氧化细胞酶的硫氢基，破坏胞浆代谢。酸性环境中杀菌力强而迅速，高浓度能杀死芽孢。粉剂用于粪、痰、脓液等的消毒，每升加干粉 200 克，搅拌均匀，放置 1～2 小时。尿每升加干粉 5 克，放置 10 分钟即可。10%～20% 乳剂除消毒排泄物和分泌物外，可用于喷洒厕所、污染的车辆等。如存放日久，应测实际有效氯含量，校正配制用量。漂白粉精的粉剂和片剂含有效氯可达 60%～70%，使用时可按比例减量。

2. 氯胺 -T

为有机氯消毒剂，含有效氯 24%～26%，性较稳定，密闭保持 1 年，仅丧失有效氯 0.1%。易溶于水，pH8～10。对细菌、病毒、真菌、芽孢均有杀火作用。其作用原理是溶液产生次氯酸放出氯，有缓慢而持久的杀菌作用，可溶解坏死组织。其作用温和持久，对黏膜无刺激性，效果好，常用于伤口与溃疡面冲洗消毒；本品消毒作用受有机物影响较小。在应用时，如按 1：1 的比例加入铵盐（氯化铵、硫酸铵），可加速氯胺的化学反应而减少用药量。冲洗创口用 1%～2%；黏膜消毒用 0.1%～0.2%；用于饮水消毒时，用量为每吨水中加入 2～4 克氯胺；食具消毒用 0.05%～0.1%。0.2% 水溶液 1 小时可杀灭细菌，杀灭芽孢需 10 小时以上。各种铵盐可促进其杀菌作用。3% 水溶液用于排泄物的消毒。在日常使用中，以 1：500 比例配制的消毒液，性能稳定、无毒、无刺激反应、无酸味、无腐蚀、使用和保存安全。可用于室内空气、环境消毒和器械浸泡消毒等。本品水溶液稳定性较差，故宜现配即用，时间过久，杀菌作用降低。

3. 二氯异氰尿酸钠

又名优氯净，是应用较广的有机氯消毒剂，含氯 60%～64.5%。具有高效、广谱、稳定、溶解度高、毒性低等优点。水溶液可用于喷洒、浸泡、擦抹，亦可用干粉直接消毒污染物、处理粪便等排泄物，用法同漂白粉。直接喷洒地面，剂量为 10～20 克 / 平方米。与多聚甲醛干粉混合点燃，气体可用于熏蒸消毒，可与 92 号混凝剂（羟基氯化铝为基础，加铁粉、硫酸、双氧水等合成）以 1：4 混合成为 "遇水清"，作饮水消毒用。并可与磺酸钠配制成各种消毒洗涤液，如涤静美、优氯净等，对肝炎病毒有杀灭作用。此外有氯化磷酸三钠、氯溴二氰尿酸等，效用相同。

4. 过氧乙酸

亦名过氧醋酸，为无色透明液体，易挥发，有刺激性酸味，是一种高效速效消毒剂，易溶于水和乙醇等有机溶剂，具有漂白和腐蚀作用，不稳定，遇热、有机物，重金属离子、强碱等易分解。0.01%～0.5% 浓度，0.5～10 分钟可杀灭细菌繁殖体，1% 浓度 5 分钟可杀灭芽孢，常用浓度为 0.5～2%。可通过浸泡、喷洒、擦抹等方法进行消毒，在密闭条件下进行气雾（5% 浓度，2.5 毫升 / 平方米）和熏蒸（0.75～1.0 克 / 立方米）消毒。

5. 过氧化氢

3%～6% 溶液，10 分钟可以消毒。10%～25% 溶液 60 分钟，可以灭菌，用于不耐热的塑料制品、餐具、服装等消毒。10% 过氧化氢溶液喷雾可消毒室内污染表面；180～200 毫升 / 立方米，30 分钟能杀灭细菌繁殖体；400 毫升 / 立方米，60 分钟可杀灭芽孢。

6. 高锰酸钾

1‰～5‰ 浓度浸泡 15 分钟，能杀死细菌繁殖体，常用于食具、瓜果消毒。

7. 过硫酸氢钾复合盐

过硫酸氢钾（$KHSO_5$）具有非常强大而有效的非氯氧化能力，使用和处理过程符合安全和环保要求，因而被广泛应用于工业生产和消费领域。通常状态下比较稳定，易溶于水，在 20℃时，水溶解度大于 250 克/升，当温度高于 65℃时易发生分解反应。作用机理为增加细胞膜的通透性，造成酶和营养物质流失、病原体溶解破裂，进而杀灭病原体；干扰病原体的 DNA 和 RNA 合成，阻碍遗传物质的复制和病原微生物的繁殖。具有高效、广谱、安全、稳定等特点。

（1）猪舍环境、饮水设备及空气消毒时以 1∶200 浓度稀释。

（2）终末消毒、设备消毒、孵化场消毒、脚踏盆消毒时以 1∶200 浓度稀释。

（3）饮用水消毒以 1∶1000 浓度稀释。

（4）对于特定病原体，大肠杆菌以 1∶400、金黄色葡萄球菌以 1∶400、链球菌以 1∶800、口蹄疫以 1∶1000、猪水疱病以 1∶400。

（四）阳离子表面活性剂

主要有季铵盐类，高浓度凝固蛋白，低浓度抑制细菌代谢。具有杀菌浓度低、毒性和刺激性小、无漂白、稳定、水溶性好等优点。但杀菌力不强，尤其对芽孢效果不佳，受有机物影响较大，配伍禁忌较多。主要产品有新洁尔灭、消毒宁（度米芬）和消毒净，以消毒宁杀菌力较强。

（五）烷基化消毒剂

1. 福尔马林

为 34%～40% 甲醛溶液，有较强大杀菌作用。1%～3% 溶液可杀死细菌繁殖型，5% 溶液 90 分钟杀死芽孢，室内熏蒸消毒一般用 20 毫升/立方米加等量水，持续 10 小时；消除芽孢污染，则需 80 毫升/立方米 24 小时，适用于皮毛、人造纤维、丝织品等不耐热物品。因其穿透力差、刺激性大，故消毒物品应摊开，房屋须密闭。

2. 戊二醛

作用似甲醛。在酸性溶液中较稳定，但杀菌效果差，在碱性液中能保持 2 周，但能提高杀菌效果，故通常 2% 戊二醛内加 0.3% 碳酸氢钠，杀菌效果增强，可保持稳定性 18 个月。无腐蚀性，有广谱、速效、高热、低毒等优点，可广泛用于细菌、芽孢和病毒消毒。不宜用作皮肤、黏膜消毒。

3. 环氧乙烷

低温时为无色液体，沸点 10.8℃，故常温下为气体灭菌剂。其作用为通过烷基化，破坏微生物的蛋白质代谢。一般应用是在 15℃时 0.4～0.7 千克 / 平方米，持续 12～48 小时。温度升高 10℃，杀菌力可增强 1 倍以上，相对湿度 30% 灭菌效果最佳。具有活性高、穿透力强、不损伤物品、不留残毒等优点，可用于纸张、书籍、布、皮毛、塑料、人造纤维、金属品消毒。因穿透力强，故需在密闭容器中进行消毒。须避开明火以防爆。消毒后通风防止吸入。

（六）其他

1. 碘

通过卤化作用，干扰蛋白质代谢。作用迅速而持久，无毒性，受有机物影响小。常有碘酒、碘伏。常用于皮肤黏膜消毒、医疗器械应急处理。现在有许多消毒药物与碘络合，达到增强消毒效果，如季铵盐碘类、聚维酮碘（PVP）等。

2. 碘伏

碘伏是单质碘与聚乙烯吡咯烷酮的不定型结合物。聚乙烯吡咯烷酮可溶解分散 9%～12% 的碘，此时呈现紫黑色液体。但医用碘伏通常浓度较低（1% 或以下），呈现浅棕色。碘伏具有广谱杀菌作用，可杀灭细菌繁殖体、真菌、原虫和部分病毒。在医疗上用作杀菌消毒剂，1% 碘伏可用于皮肤、黏膜的消毒，也可处理烫伤，治疗滴虫性阴道炎、霉菌性阴道炎、皮肤霉菌感染等。2% 的碘伏可用于手术前的消毒、各种注射部位皮肤消毒、器械浸泡消毒等。医用碘伏常见的浓度是 1%，用于皮肤的消毒治疗可直接涂擦；稀释两倍可用于口腔炎漱口；2% 的碘伏用于外科手术中手和其他部位皮肤的消毒；0.5% 的碘伏用于阴道炎冲洗治疗。

六、其他各种药物

（一）解热镇痛药

1. 复方基比林

（1）作用与用途　有解热镇痛、抗风湿作用。用于治疗感冒发热、发湿及神经痛，与青霉素混合使用，能延长青霉素药效。

（2）用法与用量　肌注，每 50 千克体重用 10% 复方液 5～8 毫升，每日 1 次。

2. 安乃近（罗瓦尔精）

（1）作用与用途　有镇痛除湿作用。治疗各种风湿症及疼痛，对胃肠疾病有缓和止痛作用。

（2）用法及用量　肌注，每 50 千克体重 3～5 毫升，每日 1 次。

3. 安痛定

（1）作用与用途　解热镇痛。用于感冒发热、风湿性关节炎。

（2）用法与用量　肌注，每 50 千克体重 4～6 毫升，每日 1 次。

（二）强心药

1. 樟脑磺酸钠

本品为白色结晶粉末，易溶于水，对中枢神经系统有兴奋作用，临床上主要用于治疗心力衰竭，如感染性疾病、药物中毒等引起的心功能能衰竭。注射液为每支 1 毫升 /0.1 克、10 毫升 / 克，猪肌注量 0.2～1 克 / 次。

（1）作用与用途　强心、兴奋呼吸中枢。用于治疗心脏衰弱和中暑等虚脱性疾病。

（2）用法与用量　肌注，每 50 千克体重 5～15 毫升，每日 1 次。

2. 肾上腺素

（1）作用与用途　兴奋心脏，提高血压。用于强心升压，使支气管扩张；还用于平喘，抗过敏；外用有止血作用。

（2）用法与用量　肌注，每 50 千克体重 2～3 毫升，每日 1 次。

（三）子宫收缩药、性激素药

1. 催产素（缩宫素）

本品为白色粉末，易溶于水。能选择性地作用于子宫平滑肌。对临产母猪的子宫作用最强，还能促进乳腺排乳，但产后对子宫的作用逐渐降低。适用于子宫颈口开张、子宫收缩无力者。肌注小剂量具有催产作用；产后子宫出血时，大剂量注射催产素能迅速止血，并可治疗胎衣不下及促进死胎排出。

（1）作用与用途　用于治疗难产（子宫阵缩无力）、胎衣不下、死胎及子宫出血等。

（2）用法与用量　催产素注射液 5 毫升 /50 国际单位，1 毫升 /10 国际单位，有效期 1 年；肌注，50 千克猪每头次 20～30 单位，极量 50 单位。

2. 己烯雌酚

为无色结晶或白色结晶粉末，难溶于水，易溶于有机溶剂，遮光密封保存。具有促进母猪生殖系统发育的作用，可应用于动物的催情，以及子宫蓄脓、胎衣不下和死胎的排出。

（1）作用与用途　治疗卵巢机能减退、卵巢萎缩、产后子宫恢复延缓、分娩时子宫颈扩张不全和胎衣不下等。

（2）用法与用量　片剂为每片 5 毫克、1 毫克或 0.5 毫克，猪内服剂量为 3～10 毫克 / 次；注射液为每支 1 毫升含 1 毫克、3 毫克或 5 毫克，猪肌注量为 3～10 毫克 / 次。

3. 黄体酮

本品为白色或微黄色结晶，不溶于水，溶于乙醇。主要作用于子宫内膜，为受精卵着床作准备，并具有抑制子宫收缩、安胎、保胎等作用。临床上主要用于习惯性流产和先兆性流产的治疗或促使母猪周期发情。注射液每支 1 毫升含 50 毫克、20 毫克或 10 毫克。

（1）作用与用途　安胎、促进乳腺生长。
（2）用法与用量　猪肌注剂量 15～20 毫克 / 次。

4. 氯前列醇钠

本品为无色澄明的液体。氯前列醇钠是合成的前列腺素类似物，具有溶黄体作用，从而使动物进入正常的发情周期、排卵。注射给药后，血液中的含量在 1 小时后达到高峰，其半衰期视物种不同而有差异，一般为 1～3 小时，大多数动物在给药 24 小时后能全部排出体外。

（1）作用与用途　用于怀孕母猪和初产母猪分娩。
（2）用法与用量　深部肌内注射一次量，猪 2 毫升。

（3）注意事项 只能在预产期 2 天前使用，严禁过早使用。本品只适用于保存有准确配种记录的猪场。本品可通过皮肤吸收，因而在使用本品时要小心，尤其是育龄妇女和气（哮）喘病人，避免接触皮肤、眼睛或衣服。操作时佩戴橡胶手套或一次性防护手套，操作完毕及在饮水或饭前，用肥皂和水彻底清洗。皮肤上粘溅本品，应立即用大量清水冲洗干净。如果偶尔吸入或注射本品引起呼吸困难，建议吸入速效舒张支气管药，如舒喘宁。本产品产生的废弃物应在批准的废物处理设备中处理。严禁在现场处置未稀释的化学品，勿污染饮水、饲料和食品。本品开启后，应在 28 日内用完。本品用完后，空瓶应深埋或焚毁。

（四）止血药

1. 酚磺乙胺（止血敏）

为全身止血药，白色粉末，易溶于水，遇热和光分解。具有促进血小板生成，增强毛细血管抵抗力、降低其通透性的作用。本品作用迅速，毒性低，无副作用。

（1）作用与用途 促进血小板的增生，又能增强毛细血管的抵抗力，减少毛细血管壁的通透性。止血作用迅速，毒性低，无副作用。用于预防和治疗各种出血性疾病。

（2）用法与用量 肌注，每次 0.5～4.0 毫升。每日 2～3 次，必要时可每隔 2 小时注射 1 次。

2. 维生素 K 类

（1）作用与用途 主要促进肝脏合成凝血酶原，主要用于维生素 K 缺乏所引起的出血。长期使用水杨酸钠等妨碍凝血酶原合成。

（2）用法与用量 30～70 毫克 / 次。注意：维生素 K_1、维生素 K_2 需要胆汁协助。

（五）解毒药

1. 硫代硫酸钠（大苏打）

（1）作用与用途 用于氰化物、砷、汞等中毒。

（2）用法与用量 注射液每支 20 毫升 /5 克，粉针每支 0.32 克，静注或肌注，1～3 克 / 次。口服，每 50 千克体重每次 5～10 克，每日 2 次。

2. 亚甲蓝

（1）作用与用途　氰化物和亚硝酸盐中毒的解毒药。

（2）用法与用量　注射液浓度为 1%，2 毫升、5 毫升或 10 毫升分装，猪肌注解救亚硝酸盐中毒时需 1～2 毫克 / 千克体重；解救氧化物中毒时需 2.5～10 毫克 / 千克体重。静注，0.1 毫克 / 千克，每日 2 次。

3. 阿托品

（1）作用与用途　敌百虫、1605、1059 农药中毒的有效解毒药。还能用于治疗胃肠痉挛和止痛。

（2）用法与用量　肌注，每 50 千克体重每次 0.2～0.4 毫升（10～30 毫克 / 次）。

（3）注意事项　严重中毒者应与解磷定、双复磷等配合使用。剂量过大时，可使动物出现口腔干燥、瞳孔放大、心跳加快。

（六）祛痰镇咳药

1. 氨茶碱

本品为白色或淡黄色粉末，味苦，易溶于水。能直接作用于支气管平滑肌，解除其痉挛。主要用于痉挛性支气管炎、支气管喘息等。氨茶碱注射液每支 5 毫升 /1.2 克，2 毫升 /0.5 克。片剂每片 0.1 克或 0.2 克。

（1）作用与用途　主要治疗痉挛性支气管炎、支气管喘息等。

（2）用法与用量　肌注，0.25～0.5 克 / 次。猪内服剂量为 0.2～0.4 克 / 次。

2. 碘化钾

（1）作用与用途　主治支气管炎、气喘病、放线菌病等。

（2）用法与用量　口服，支气管炎每 50 千克体重每次 1～1.5 克，每日 2 次。放线菌病每日 2 克，连用 8～14 天。

第十九章

猪常见病诊断要点和防治

第一节　猪常见疾病各论

一、猪的病毒性疾病

猪的病毒性疾病，常常给养猪业带来重大的危害，是影响养猪生产最重要的一类疫病。目前，绝大多数病毒性疾病均无有效药物治疗，但是部分病毒病相关疫苗已上市。养猪生产中，在保障生物安全的前提下，科学合理地免疫接种是预防猪病毒性疾病的重要措施。

（一）非洲猪瘟

非洲猪瘟（Afican swine fever，ASF）是由非洲猪瘟病毒（Afican swine fever virus，ASFV）引起猪的一种以发热和全身脏器出血为特征的急性、烈性、高度接触性传染病。1921 年肯尼亚首次记载了 ASF 于 1909—1915 年在蒙哥马利等地区暴发，之后至 1957 年前，一直只在非洲流行。1957 年传入葡萄牙并在西欧广泛流行。1971 年进一步向西半球传播，在加勒比海地区国家中广泛暴发流行；之后，各国采取根除或扑灭措施，非洲以外的国家中除意大利的撒丁岛外，均已根除该病。进入 21 世纪后，ASF 发生范围再次扩大，在西非和东非的国家中不断暴发流行，2007 年传入东欧的格鲁吉亚，随后很快传入亚美尼亚、阿塞拜疆和俄罗斯地区。2009 年 10 月，ASF 再次发生远距离传播，暴发于俄罗斯圣彼得堡地区。截至 2018 年 8 月，俄罗斯境内的非洲猪瘟确诊病例达到了 1364 例，被扑杀的生猪超过了 100 万头，但是非洲猪瘟并没有得到有效控制。2018 年 8 月 3 日，我国辽宁省沈阳市沈北新区发生中国首例非洲猪瘟疫情。

1. 病原

非洲猪瘟病毒是一种在细胞质内复制的有囊膜的双股 DNA 病毒（图 19-1），是非洲猪瘟病毒科非洲猪瘟病毒属的唯一成员。非洲猪瘟病毒基因组长度具有多样性，不仅表现在不同病毒分离株之间，还存在病毒传代过程中不同传代次的病毒之间。由于基因组存在的多样性，导致了不同国家、不同地区的病毒分离株基因型有所不同，表现出分子多态性和遗传净化的多变性。ASFV 对外界抵抗力强，可以在血液、粪便和各种组织中长期保持感染性。在阴暗条件下，病毒在血液中可以存活 6 年，在血液和土壤混合物中的感染性可以保持 120 天。在粪中可以存活 160 天。在未煮熟的香肠、肉片和干火腿中可存活 3～6 个月。对热敏感，但在低温环境下可长期存活。在 60℃条件下，ASFV 快速灭活。OIE 建议 56℃作用 70 分钟或 60℃作用 20 分钟对病毒进行灭活。病毒有较高的酸碱耐受性，在 pH3.9～11.5 的酸碱范围仍然可以存活。OIE 建议使用 pH 值小于 3.9 或 pH 值大于 11.5 的环境对病毒进行灭活。病毒对乙醚及氯仿等脂溶剂敏感。用胰蛋白酶、超声波和反复冻融作用于 ASFV，几乎没有影响。OIE 建议使用 8/1000 浓度的氢氧化钠 30 分钟、2.3% 的次氯酸盐 30 分钟、3/1000 浓度福尔马林 30 分钟、3% 邻苯基苯酚和碘混合物 30 分钟灭活病毒。ASFV 在各种条件下的存活时间见表 19-1。

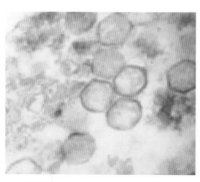

图19-1 非洲猪瘟病毒呈二十面体对称（电镜）

表 19-1　ASFV 在各种环境条件下的存活时间

材料/产品	ASFV 存活时间
肉及碎肉	105 天
咸肉	182 天
熟肉	70℃ 30分钟
干肉	300 天
熏制及剔骨肉	30 天
冻结肉	1000 天
冷冻肉	110 天
内脏	105 天
皮肤/脂肪（即使是干燥）	300 天
在 4℃ 猪场的血液	18 个月
室温下的粪便	11 天
腐烂的血液	15 周
被污染的猪圈	1 个月

注：选自《非洲猪瘟的科学观点》，欧洲食品安全署杂志，2010，8（3）：1556。

2. 流行病学

猪科动物和蜱类是 ASF 的易感动物，其中家猪和欧洲野猪高度易感，死亡率高达 100%，且无明显的品种、年龄和性别差异。而疣猪、薮猪等非洲本土野猪感染后无临床症状，作为 ASFV 的贮存宿主使病毒在自然界长期存在。ASFV 是唯一一种虫媒传播的 DNA 病毒，广泛分布的蜱类是重要的贮存宿主和传播媒介。本病主要经呼吸道和消化道途径侵入猪体，传播途径是接触传播、经食物传播和媒介节肢动物（仅限于软蜱科钝缘蜱属的软蜱、厩螫蝇）吸血传播。蚊、牤等吸血昆虫可以通过叮咬将 ASFV 经过感染猪向未感染猪传播。研究表明，ASFV 近距离可经过空气传播，但是传播距离不超过 2 米。病毒在野生动物之间、野生动物与家养动物之间以及家养动物之间循环传播使得该病难以根除。发病猪的组织和体液中含有高滴度的病毒，经唾液、泪水、鼻腔分泌物、尿液、粪便、生殖道分泌物排出体外。被污染的猪肉和肉制品是 ASFV 的重要传染源。2018 年前，中国没有非洲猪瘟。分子流行病学研究表明：传入中国的非洲猪瘟病毒属基因 Ⅱ 型，与格鲁吉亚、俄罗斯、波兰公布的毒株全基因组序列同源性为 99.95% 左右。通常非洲猪瘟跨国境传入的途径主要有四类：一是生猪及其产品国际贸易和走私，二是国际旅客携带的猪肉及其产品，三是国际运输工具上的餐厨剩余物，四是野猪迁徙。

3. 发病机理

ASFV 可经过口和上呼吸道系统进入猪体，在鼻咽部或扁桃体发生感染，病毒迅速蔓延到下颌淋巴结，通过淋巴和血液遍布全身。强毒感染时细胞变化很快，在呈现明显的刺激反应前，细胞都已死亡。弱毒感染时，刺激反应很容易观察到，细胞核变大，普遍发生有丝分裂。发病率通常在 40%～85% 之间，病死率因感染的毒株不同而有所差异。高致病性毒株病死率可高达 90%～100%；中等致病性毒株在成年动物的病死率在 20%～40% 之间，幼年动物的病死率在70%～80% 之间；低致病性毒株死亡率在 10%～30% 之间。

4. 临床症状

自然感染潜伏期 5～9 天，临床实验感染往往更短，为 2～5 天，发病时体温升高至 41℃，约持续 4 天，直到死前 48 小时体温开始下降，同时临床症状直到体温下降才显示出来，故与猪瘟体温升高时症状出现不同。最初 3～4 日发热期间，猪没有食欲，显出极度脆弱，猪只躺在舍角，强迫赶起要它走动，则显示出极度羸弱，尤其后肢更甚，脉搏快，咳嗽，呼吸快，部分表现呼吸困难，浆液或黏液脓性结膜炎，流清亮至较浓鼻液，部分猪流鼻血，有些毒株会引起带血下痢，呕吐，血液变化似猪瘟（图19-2、图19-3）。往往发热后第 7 天死亡，或症状出现仅一、二天便死亡。

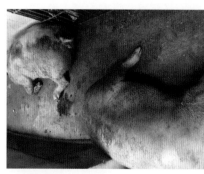

图19-2　病猪臀部皮肤瘀斑明显　　图19-3　发病猪流鼻血及红色泡沫

5. 病理变化

病猪耳、鼻、腋下、腹、会阴、尾、脚无毛部分呈界线明显的紫色斑，耳朵紫斑部分常肿胀，中心深暗色分散性出血，边缘褪色，尤其在腿及腹壁皮肤肉眼可见到。切开胸腹腔，心包、胸膜、腹膜上有许多澄清、黄或带血色液体，尤其在腹部内脏或肠系膜上表部分，小血管受到影响更甚。内脏浆液膜可见到棕色转变成浅红色之瘀斑，即所谓的麸斑，尤其小肠更多，直肠壁深处有暗色出血现象，肾脏有弥漫性出血，胸膜下水肿特别明显，及心包出血。

（1）淋巴结有猪瘟罕见的某种程度出血，上表或切面有似血肿的结节。

（2）脾脏肿大数倍，髓质肿胀区呈深紫黑色，切面突起，淋巴滤泡小而少，有7%猪脾脏出现小而暗红色突起的三角形栓塞病变（图19-4、图19-5）。

（3）循环系统　心包液增多，部分病例心包液混浊且含有纤维蛋白，心包及心内膜充血、出血（图19-6、图19-7）。

图19-4　病猪脾脏肿大数倍

图19-5　中间为正常脾脏，两边为发病猪肿大脾脏

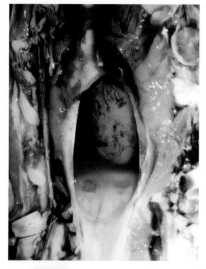

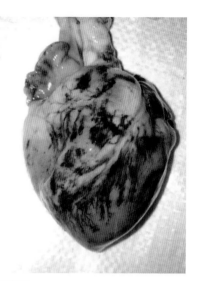

图19-6　心包液增多，浑浊　　图19-7　心外膜充血、出血，心耳出血

（4）肝　肉眼检查显正常或颜色变深，近胆部分组织有充血及水肿病变（图 19-8、图 19-9）。

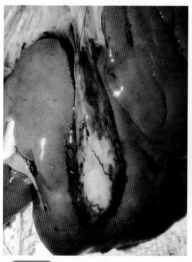

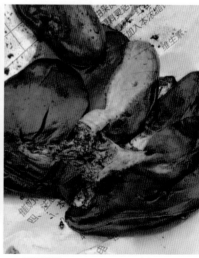

图19-8　肝脏眼观正常，胆囊　　图19-9　一些病理肝脏颜色变深
　　　　　肿胀、出血

（5）呼吸系统 喉、会厌软骨有瘀斑充血及扩散性出血，比猪瘟更甚，瘀斑常发生于气管前三分之一处，镜检下，肠有充血而没有出血病灶，肺泡则呈现出血现象，淋巴球呈破裂。

（6）肾脏 肿胀、弥散性出血（图19-10）

图19-10 肾脏肿大，点状弥散性出血

6. 诊断

（1）临诊诊断 非洲猪瘟与急性猪瘟症状和病变都很相似，它们的亚急性型和慢性型在生产上也是不易区别的，因而必须用实验室方法才能鉴别。

（2）实验室诊断

① 荧光定量PCR：采集备检猪只的唾液、粪便、血液或其他组织，提取核酸后扩增。

② 红细胞吸附试验：将健康猪的白细胞加上非洲猪瘟猪的血液或组织提取物，37℃培养，如见许多红细胞吸附在白细胞上，形成玫瑰花状或桑椹体状，则为阳性。

③ 直接免疫荧光试验：荧光显微镜下观察，如见细胞浆内有明亮荧光团，则为阳性。

④ 间接免疫荧光试验：将非洲猪瘟病毒接种在长满 Vero 细胞的盖玻片上，并准备未接种病毒的 Vero 细胞对照。试验后，对照正常，待检样品在细胞浆内出现明亮的荧光团核荧光细点可被判定为阳性。

7. 疫苗研制

截至目前，包括中国在内的全世界各国还没有一个批准上市的非洲猪瘟合格疫苗。自我国非洲猪瘟疫情发生以来，农业农村部始终积极支持、鼓励所有合法合规的科研机构和企业开展非洲猪瘟防控技术研究工作。从我国疫苗研发进展情况看，目前各研究单位进展不一，其中进度最快的也仅处于中试工艺摸索和产品质量研究以及转基因生物安全评价等阶段。2019 年 5 月 24 日，由中国农科院哈尔滨兽医研究所自主研发的非洲猪瘟疫苗取得阶段性成果。中国在非洲猪瘟疫苗创制阶段主要取得五项进展：一是分离中国第一株非洲猪瘟病毒。建立了病毒细胞分离及培养系统和动物感染模型，对其感染性、致病力和传播能力等生物学特性进行了较为系统的研究。二是创制了非洲猪瘟候选疫苗，实验室阶段研究证明其中两个候选疫苗株具有良好的生物安全性和免疫保护效果。三是两种候选疫苗株体外和体内遗传稳定性强。分别将两种候选疫苗株在体外原代细胞中连续传代，其生物学特性及基因组序列无明显改变，猪体内连续传代，也未发现明显毒力返强现象。四是明确了最小保护接种剂量，证明大剂量和重复剂量接种安全。五是临床前中试产品工艺研究初步完成，已建立两种候选疫苗的生产种库，初步完成了疫苗生产种子批纯净性及外源病毒检验，初步优化了候选疫苗的细胞培养及冻干工艺。

8. 防控

在无本病的国家和地区应防止 ASFV 的传入，在国际机场和港口，从飞机和船舶来的食物废料均应焚毁。对无本病的地区事先建立快速诊断方法和制定一旦发生本病时的扑灭计划。由于世界范围内没有研发出可以有效预防非洲猪瘟的疫苗，高温、消毒剂可以有效杀灭病毒，养殖场做好如下生物安全防护是防控非洲猪瘟的关键：一是严格控制人员、车辆和易感动物进入养殖场；进出养殖场及其生产区的人员、车辆、物品要严格落实消毒等措施。二是尽可能封闭饲养生猪，采取隔离防护措施，尽量避免与野猪、钝缘软蜱接触。三是严禁使用泔水或餐余垃圾饲喂生猪。四是积极配合当地动物疫病预防控制机构开展疫病监测排查，特别是发生猪瘟疫苗免疫失败、不明原因死亡等现象，应及时上报当地兽医部门。

（二）猪瘟

猪瘟（swine fever；hog cholera）是由猪瘟病毒引起猪的一种急性或慢性、热性和高度接触性传染病。其特征为发病急、高热稽留和细小血管壁变性，全身泛发性点状出血，脾脏梗死。猪瘟呈世界性分布，由于其危害程度高，对养猪业造成的经济损失巨大，世界动物卫生组织（OIE）将本病列入法定的 A 类传染病，并规定为国际重点检疫对象，我国农业农村部将其列入一类动物疫病（共 14 种病之一）。近几十年来，一些国家已经将猪瘟净化了。猪瘟在我国仍然时有发生，是对养猪业危害最大、最危险的传染病之一。

1. 病原

猪瘟病毒（Hog cholera virus，HCV）是黄病毒科瘟病毒属的一个成员。病毒粒子呈球形，直径 40～50 纳米，核衣壳为 20 面体对称，基因组为单股线状 RNA。HCV 与同属的牛病毒性腹泻病毒（BVDV）的基因组序列有高度同源性，抗原关系密切，既有血清学交叉反应，又有交叉保护反应。HCV 为单一血清型，HCV 野毒株毒力差异很大，有强、中、低、无毒株以及持续感染毒株之分。强毒株引起死亡率高的急性猪瘟，中毒株产生亚急性或慢性感染，无毒株能引起高度病毒血症，但是不表现任何临诊症状，呈持续感染。有的 HCV 毒力性状是不稳定的，通过猪体一代或多代后毒力增强。

2. 流行病学

猪是本病的唯一宿主。病猪是主要的传染源。强毒感染猪在发病前即可从口、鼻、眼分泌物、尿及粪便中排毒，并延续到整个病程。相对而言，低毒株的感染猪排毒期较短。若妊娠母猪被感染，则病毒可侵袭子宫内的胎儿，造成死产或产出后不久即死去的弱仔，分娩时也能排出大量病毒，而母猪本身无明显症状。如果这种先天感染的胎儿正常分娩，仔猪可存活数月，则可成为散布病毒的传染源。猪群暴发猪瘟多数是由于引入外表健康但已经感染病毒的感染猪所造成的。

病毒还可通过病猪肉或未经煮沸消毒的含毒残羹而传播。人和其他动物也能机械地传播该病毒。主要的感染途径是口鼻腔，也有通过结膜、生殖道黏膜感染传播的。猪瘟的发生主要有以下特点：

（1）无季节性。

（2）高度传染性，在新疫区常呈流行性发生。

（3）不同年龄和品种的猪会出现同时或先后发病。

（4）强毒感染时，发病率和病死率极高，各种抗菌药物治疗均无效。

3. 临床症状

潜伏期5～7天。根据症状和其他特征，可分为最急性、急性、慢性和迟发性4种类型。

（1）最急性型　多见于新疫区发病初期。病猪常无明显症状，突然死亡。未死亡猪可见食欲减少，沉郁，体温升至41～42℃，眼、鼻黏膜充血，极度衰弱。病程1～2天，死亡率极高。

（2）急性型　病猪高度沉郁，减食或拒食，怕冷挤卧，体温持续升高至41℃左右（图19-11），先便秘，粪干硬呈球状，带有黏液或血液，随后下痢，有的发生呕吐。病猪有结膜炎，两眼有大量黏性或脓性分泌物。步态不稳，后期发生后肢麻痹。皮肤先充血，继而变成紫绀，并出现许多小出血点，以耳、四肢、腹下及会阴等部位最为常见（图19-12）。公猪包皮炎，用手挤压，有恶臭浑浊液体射出。少数病猪出现惊厥、痉挛等神经症状。病程10～20天，然后死亡。

图19-11　病猪发烧、怕冷，挤成一团　　图19-12　急性病例，发病猪全身出血

（3）慢性型　病猪症状不一，体温时高时低，食欲时好时坏，便秘与腹泻交替出现。继而症状加重，体温升高不降，皮肤有紫斑或坏死，日渐消瘦，全身衰弱，病程 1 个月以上。

（4）迟发性型　是先天性感染低毒猪瘟病毒的结果。胚胎感染低毒猪瘟病毒后，如产出正常仔猪，则可终生带毒，不产生对猪瘟病毒的抗体，表现免疫耐受现象。感染猪在出生后几个月可表现正常，随后发生减食、沉郁、结膜炎、皮炎、下痢及运动失调症状，体温正常，大多数猪能存活 6 个月以上，但最终不免死亡。先天性的猪瘟病毒感染，可导致流产、木乃伊胎、畸形、死产、产出有颤抖症状的弱仔或外表健康的感染仔猪。子宫内感染的仔猪，皮肤常见出血，且初生猪的死亡率很高。近年来，我国出现一些"温和型猪瘟（非典型猪瘟）"，温和型猪瘟是侵害小猪的一种慢性猪瘟，由低毒株病毒引起，病猪症状轻微，病情发展缓和，对幼猪可以致死。病猪临诊症状较轻，体温一般在 40～41℃。有的病猪耳尾、四肢末端皮肤坏死，发育停滞，到后期站立不稳、后肢瘫痪，部分跗关节肿大。

4. 病理变化

最急性猪瘟缺乏明显病理变化，一般仅见浆膜、黏膜和内脏有出血斑点。急性和亚急性猪瘟呈现以多发性出血为特征的败血症变化，全身皮肤有密集出血点或弥漫性出血（图 19-13）。此外，可能并发消化道、呼吸道和泌尿生殖道有卡他性、纤维素性和出血性炎症变化。淋巴结和肾脏是病理变化出现频率最高的部位。急性型猪瘟病猪的全身淋巴结，特别是耳下、颈部、肠系膜和腹股沟淋巴结水肿、出血，呈大理石样或红黑色外观，切面呈周边出血。肾脏有针尖状出血点或出血斑，出血部位以皮质表面最常见，呈现所谓的"雀斑肾"外观（图 19-14）。

脾脏出血性梗死是猪瘟最有诊断意义的病理变化。口腔黏膜、齿龈有出血点或坏死灶，喉头、咽部黏膜及会厌软骨上有不同程度的出血。胃肠黏膜充血、小点出血，呈卡他性炎症。胆囊、扁桃体发生梗死。大肠的回盲瓣附近淋巴滤泡有出血和坏死（图 19-15）。慢性猪瘟的出血变化较不明显或完全缺少，但在回肠末端、盲肠和结肠常有特征性的伪膜性坏死和纽扣状溃疡。由于钙、磷失调表现为突然钙化，从肋骨、肋软骨联合到肋骨近端常见有半硬的骨结构形成的明显横切线，该病理变化在慢性猪瘟诊断上有一定意义。先天性 HCV 感染可引起胎儿木乃伊化、死产和畸形。死产的胎儿最显著的病理变化是全身性皮下水肿、腹水和胸水。胎儿畸形包括头和四肢变形，小脑、肺和肌肉发育不良。在出生后不久死亡的子宫内感染仔猪的皮肤和内脏器官常有出血点。温和性猪瘟一般轻于典型猪瘟的病理变化，如淋巴结呈现水肿状态，轻度出血或不出血，肾出血点不一致。脾稍肿，有 1～2 处梗死灶；回盲瓣很少出现纽扣状溃疡（图 19-16），但有溃疡和坏死病理变化。

图19-13　患猪皮下出血

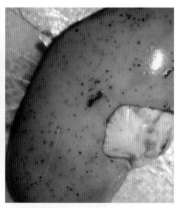
图19-14　肾脏出血（雀斑肾）

图19-15　盲肠黏膜被灰色的伪膜覆盖

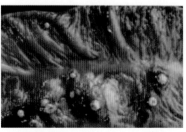
图19-16　慢性猪瘟，盲肠黏膜纽扣状溃疡

5. 诊断

典型猪瘟，可根据流行病学、临诊症状和脾梗死、膀胱与会厌软骨的出血性病理变化做出临床初步诊断。迟发性猪瘟和"温和性猪瘟"（非典型猪瘟），因临诊症状和病理变化存在很大差异，其确诊必须采用实验室诊断。

6. 防制措施

（1）预防

① 平时的预防措施　提高猪群的免疫水平，防止引入病猪，科学合理开展猪瘟疫苗的预防注射，是预防猪瘟的重要手段。

② 流行时的预防措施　封锁疫点：在封锁地点内停止生猪及猪产品的集市买卖和外运，猪群不准放牧。最后 1 头病猪死亡或处理后 3 周，经彻底消毒，可以解除封锁。对仔猪可采用乳前免疫，具体方法是在仔猪出生后半小时内注射 1～2 头份剂量疫苗，注射后 2 小时方可让仔猪吃初乳。然后再于 40 日龄左右注射疫苗。处理病猪：对所有猪进行测温和临床检查，病猪以急宰为宜，急宰病猪的血液、内脏和污物等应就地深埋，肉经煮熟后可以食用。污染的场地、用具和工作人员都应严格消毒，防止病毒扩散。可疑病猪予以隔离。对有带毒综合征的母猪，应坚决淘汰。这种母猪虽不发病，但可经胎盘感染胎儿，引起死胎、弱胎，生下的仔猪也可能带毒，这种仔猪对免疫接种有耐受现象，不产生免疫应答，而成为猪瘟的传染源。紧急预防接种：对疫区内的假定健康猪和受威胁区的猪，立即注射猪瘟兔化弱毒疫苗，剂量可增至常规量的 6～8 倍。彻底消毒：病猪圈、垫草、粪水、吃剩的饲料和用具均应彻底消毒，最好将病猪圈的表土铲出，换上一层新土。在猪瘟流行期间，对饲养用具应每隔 2～3 天消毒 1 次，碱性消毒药（如火碱、生石灰，冬季可用氢氧化钠溶液加 5% 的盐）均有良好的消毒效果。

（2）治疗　尚无有效的化学药物。

（三）猪繁殖与呼吸道综合征

猪繁殖和呼吸道综合征（Porcine reproductive and respiratory syndrome，PRRS），是由猪繁殖与呼吸综合征病毒引起猪的一种繁殖障碍和呼吸系统传染病。其特征为厌食、发热，妊娠母猪后期流产、产死胎和木乃伊胎，幼龄仔猪发生呼吸系统疾病和大量死亡。本病目前在世界范围内流行。

1. 病原

猪繁殖和呼吸道病毒（PRRSV）归属于动脉炎病毒科动脉炎病毒属，单股正链 RNA 病毒，该病毒有囊膜，对乙醚和氯仿敏感，对热和干燥抵抗力不强，在 -70℃条件下可存活 18 个月。但 56℃加热 45 分钟、37℃ 48 小时可使病毒灭活。pH 依赖性强，在 pH6.5～7.5 间相对稳定，pH 高于 7 或低于 5 时，感染力很快消失。根据基因变异程度分为两个地理群或基因型，即以欧洲原型病毒 LV 株为代表的欧洲基因型（A 型）和以美国原型病毒 ATCC VR-2332 为代表的美国基因型（B 型）。我国分离到的毒株均为美洲型。

2. 流行病学

各种年龄、品种的猪都可感染，但是主要侵害繁殖母猪和仔猪，病猪和带病猪是主要传染源，经呼吸道感染，主要传播途径为空气、接触、精液，母猪也可以垂直传染给仔猪。本病大流行之后，临床病例减少，患猪多呈隐性感染。

3. 临床症状

（1）经典型　人工感染潜伏期 4～7 天，自然感染一般为 14 天。根据病的严重程度和病程不同，临诊表现不尽相同。母猪病初精神倦怠、厌食、发热。妊娠后期发生早产、流产（图 19-17）、死胎、木乃伊及弱仔。这种现象往往持续 6 周，而后出现重新发情的现象，但常造成母猪不育或产奶量下降，少数猪耳部发紫，皮下出现一过性血斑。仔猪 2～28 日龄感染后，临诊症状明显，死亡率高达 80%。早产仔猪在出生后当时或几天内死亡，大多数出生仔猪表现呼吸困难、肌肉震颤、后肢麻痹、共济失调、打喷嚏、嗜睡，有的仔猪耳部发紫和躯体末端皮肤发绀。育成猪双眼肿胀，发生结膜炎和腹泻，并出现肺炎。公猪感染后表现咳嗽、喷嚏、精神沉郁、食欲不振、呼吸急促和运动障碍、性欲减弱、精液质量下降、射精量少。

图19-17　感染母猪流产

（2）高致病性　患猪高热，呼吸急促，咳嗽，喘气，流鼻涕，耳朵呈蓝色，腹部皮下及多数部位呈淡蓝色，皮下广泛出血。不同地区、不同猪场由于继发的病原不一致，所表现出来的临床症状也不尽相同。主要症状为体温升高，一般在41℃以上。一个群体或一栋猪舍出现1头或几头猪发热的现象，几天内，整个群体或整栋猪舍可能出现全群发热的现象；皮肤发红（图19-18）；鼻镜干燥，流脓性鼻涕，随着病程的发展，出现呼吸困难，眼睑水肿，眼分泌物增多；一般先从耳朵、腹部、腿部等四肢末端出现皮肤发紫，继而发展为全身皮肤发绀（图19-19）；后肢麻痹，严重的站立困难或不能站立，出现划水样的中枢神经症状；部分猪只出现呕吐，呕吐物呈蛋花样；部分猪发生顽固性腹泻，拉黄色、恶臭稀粪，多数衰竭而亡。90日龄以内的猪多数伴有关节肿大的症状，呼吸高度困难。

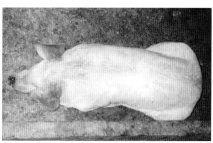

图19-18　发病前期猪全身发红　　图19-19　发病猪两耳发绀

4. 病理变化

（1）经典型　眼观病变差异很大，能引发多种组织病变，但病变最明显的部位在肺脏。主要病理变化是弥漫性间质性肺炎。有的病猪出现皮下与眼周水肿，流产往往发生在怀孕后期，流产胎儿的身体状况从新鲜到自溶不等，而且脐带出血。

（2）高致病型　整个肺部呈暗红色，被膜紧张，质碎，切开支气管有血样泡沫样液体流出，取一小叶肺置于水中，肺叶沉于水底（图19-20）。肝脏变黄，被膜紧张，质脆。小肠广泛性出血，肠腔黏膜脱落。肾脏变白，有白色坏死灶，被膜紧张，易剥离，含血量增加，质脆。心脏质软，易脆。胸腺出血，质软。脾脏轻度肿胀，呈暗紫色。淋巴结严重出血，呈大理石样，质软。

图19-20　发病肺脏病变明显，猪间质性肺炎

5. 诊断

根据流行病学、临床症状和病理剖检可作初步诊断，实验室确诊取流产胎儿肺组织进行病毒分离鉴定，或用其他血清学诊断方法确诊。

6. 防制措施

目前，国内外均已研制成功弱毒疫苗和灭活苗，一般认为弱毒苗效果较佳，能保护猪不出现临诊症状，但不能阻止强毒感染，而且存在散毒问题和返强的潜在风险，并且返强的概率相当高，因此它多半在受污染猪场使用。后备母猪在配种前进行2次免疫，首免在配种前

2个月，间隔1个月进行二免。小猪在母源抗体消失前首免，母源抗体消失后进行二免，公猪和妊娠母猪不能接种。弱毒疫苗使用应注意如下问题：疫苗毒在猪体内能持续数周至数月，接种疫苗猪可能散毒感染健康猪，疫苗毒能跨越胎盘导致先天感染，有的毒株保护性抗体产生较慢，有的免疫猪不产生抗体，疫苗毒持续在公猪体内可通过精液散毒，成年母猪接种效果较佳。

（四）口蹄疫

口蹄疫是由口蹄疫病毒引起偶蹄兽（牛、羊、猪等）的一种急性、热性、高度接触性传染病。临床特征为口腔黏膜、蹄部、乳房皮肤形成水泡和糜烂。本病传播迅速，流行面广，成年动物多能耐过，幼年动物常发生心肌炎而出现大面积死亡。

1. 病原

口蹄疫病毒（Foot-and-Mouth disease virus），属于微RNA病毒科中的口蹄疫病毒属，是RNA病毒中最小的一个。本病毒具有多型易变的特点，目前已知有7个主型和80多个亚型，同型各个亚型之间也仅有部分交叉免疫性。口蹄疫病毒在流行过程中及经过免疫的动物体均容易发生变异，常常有新的亚型出现。近年，我国主要是A型、O型口蹄疫，其中O型呈地方流行性，A型零星散发，亚洲 I 型口蹄疫已达到全国免疫无疫标准。口蹄疫病毒对外界抵抗力很强，耐干燥。在自然条件下，含毒组织及污染的饲料、饮水、皮毛、土壤等含毒在数日乃至数周内仍具有感染性。但高温及直射光（紫外线）对病毒有杀灭作用，病毒对酸碱都特别敏感，在pH3.0和pH9.0以上的缓冲液中，病毒感染性瞬间消失，2%～4%氢氧化钠、3%～5%福尔马林溶液、0.2%～0.5%过氧乙酸或5%的次氯酸钠均为口蹄疫病毒良好的消毒剂。

2. 流行病学

口蹄疫病毒主要侵害牛、羊、猪及野生偶蹄兽。本病以前流行多发生于冬、春季节，近年来，口蹄疫一年四季都有发生。病毒可由消化道、呼吸道、损伤的皮肤传染，病畜发热期间，其粪、尿、奶、眼泪、唾液和呼出的气体均含病毒，以后病毒主要存在于水泡皮和水泡液中。常常是传播迅速，流行猛烈，发病率高，成年动物死亡率低，幼龄动物死亡率高。

3. 临床症状

潜伏期 1～2 天。临床表现主要在蹄部，病初体温升高至 40～41℃，病猪精神不振，食欲减少，常见蹄冠、蹄叉、蹄踵等部位红肿、敏感，并且形成米粒大至蚕豆大水泡。若无细菌感染，水泡破裂形成糜烂，经 7 天左右可痊愈。当继发感染侵害蹄叶时，可出现蹄甲脱落，病猪则卧地不起。部分病猪的口腔黏膜、鼻盘和哺乳母猪的乳头，也常见到水泡和烂斑，乳房病灶较多。哺乳母猪乳房有水泡时，往往仔猪同窝全发病，很少见到小水泡和烂斑，而常见胃肠炎和急性心肌炎，多发生急性死亡。相关症状见图 19-21～图 19-24。

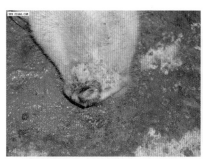

图19-21　病猪鼻盘上沿长水泡

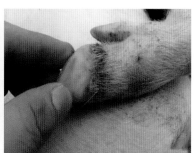

图19-22　病猪蹄冠水泡破裂后，蹄部溃疡

图19-23　患病猪只蹄部破裂，跛行，疼痛流血

图19-24　患猪蹄壳脱落，形成结痂

4.病理变化

患病动物的口腔、蹄部、乳房、咽喉、气管、支气管和胃黏膜可见到水泡、烂斑和溃疡，逐渐变为黑棕色的痂块。心包膜有弥漫性及点状出血，心肌有灰白色或淡黄色的斑点或条纹，称为"虎斑心"（图19-25）。心肌松软似煮过的肉。由于心肌纤维的变性、坏死、溶解，释放出有毒分解产物而使动物死亡。

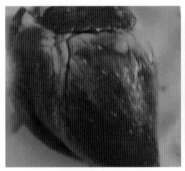

图19-25 患病猪心脏心肌变性、坏死，呈现白色或黄色斑点或条纹，俗称"虎斑心"

5.诊断

本病临床症状比较典型，一般结合流行病学很容易初步诊断。

6.防制措施

动物发生口蹄疫后，一般不允许治疗，而应采取扑杀措施。但在特殊情况下，如某些珍贵种用动物等，可在严格隔离条件下予以治疗。

（1）预防　我国商品化口蹄疫疫苗多，效果也比较好，使用的口蹄疫疫苗一般注射14天后可产生免疫力。猪注射疫苗后可产生3～6个月的免疫力。平时对猪要定期注射疫苗，母猪每年都要进行两次注射。

（2）扑灭措施　无病国家一旦暴发本病应采取屠宰患病动物、消灭疫源的扑灭措施；已消灭了本病的国家通常采取禁止从有病国家输入活动物或动物产品，杜绝疫源传入；有本病的国家或地区，多采取

以检疫诊断为中心的综合防制措施，一旦发现疫情，应按"早、快、严、小"的原则，立即实行封锁、隔离、检疫、消毒等措施，迅速通报疫情，查源灭源，并对易感动物群进行预防接种，及时拔除疫点。在疫点内最后一头患病动物痊愈或屠宰后 14 天，未再出现新的病例，经全面消毒后可解除封锁。

7. 鉴别诊断

临床上猪的口蹄疫、水疱病、水疱疹和水疱性口炎很易混淆，应注意区别。

（1）水疱病　仅猪发病，病变主要在蹄部，一年四季均可发生。

（2）水疱性口炎　马、牛、猪等多种动物都可发病，病变以口腔黏膜为主，多见夏季、秋初。

（3）水疱疹　仅猪发病，常见猪体无毛部分的皮肤和口腔黏膜发生水疱，发病无季节性。

（五）猪细小病毒病

猪细小病毒病（PPV）是由猪细小病毒感染引起的猪繁殖障碍性疾病，特别是初产母猪，导致死胎、畸形胎、木乃伊胎、流产及病弱仔猪，母猪本身无明显临诊症状；本病还会引起母猪产仔瘦小、弱仔，发情不正常，屡配不孕以及早产或预产期推迟等。

1. 病原

猪细小病毒（Porcine parvovirus，PPV）属于细小病毒科细小病毒属病毒，病毒无囊膜，基因组为单股 DNA。PPV 耐热性强，56℃ 48 小时或 80℃ 5 分钟才能灭活，pH 适应范围 3～10。

2. 流行病学

猪是已知的唯一易感动物，不同年龄、性别的家猪和野猪都可以感染。本病常见于初产母猪，一般呈地方流行性或散发，一旦发病，猪场可能连续几年出现母猪繁殖障碍。猪在出生前后的最常见感染途径分别是通过胎盘、口和鼻，一般怀孕 10 周即使感染病毒，大多数胎儿也能存活下来，但初生仔猪可长期带毒。被污染的圈舍中的病毒可存活数月之久，病毒可存活在公猪的精液中，所以，公猪在传播本病中起着很重要的作用。

3. 临床症状

主要症状是母猪的繁殖障碍。母猪不同孕期感染，可分别造成死胎、木乃伊胎、流产等不同临床症状（图 19-26）。30 天以前感染时，胚胎常发生死亡，以致重新吸收，母猪在吸收胎儿后，重新发情，但出现不孕现象。若胎儿在 30～70 天之间感染细小病毒，可致胎儿死亡和胎儿木乃伊化，母猪外观可见腹围慢慢由大变小。在 70 天以后感染的胎儿，由于有免疫反应，一般胎儿可存活下来。另一种情况是多次发情而不受孕。本病主要发生在第一胎孕猪，经产母猪很少发生二次感染。

图19-26 不同妊娠期感染母猪流产胎儿

4. 病理变化

受感染的胎儿可见充血、出血、水肿、体腔积液、脱水（木乃伊化）、坏死。

5. 诊断

根据母猪发生流产或产出死胎、木乃伊胎等胎儿异常，但母体无明显异常变化，即可初步判定细小病毒感染，有条件时可进行实验室检查确诊。

6. 防制措施

对于细小病毒病目前尚无特效药物，免疫接种是预防本病的主要措施，选用灭活苗对初产母猪配种前 1～2 个月进行两次疫苗接种，每次间隔 2～3 周，可以取得良好的预防效果。公猪每年注射一次疫苗。

（六）猪乙型脑炎

乙型脑炎又称日本乙型脑炎，是由流行性乙型脑炎病毒引起的一种蚊媒性人兽共患传染病。本病属于自然疫源性疾病，多种动物均可感染，其中人、猴、马和驴子感染后出现明显脑炎临诊症状，病死率较高。猪群感染最为普遍，且大多不出现明显的临床症状，妊娠母猪可表现为高热、流产、产死胎和木乃伊胎，公猪则表现出睾丸炎。

1. 病原

流行性乙型脑炎病毒属于黄病毒科黄病毒属，为单股 RNA 病毒。病毒对外界抵抗力不强，常用消毒剂效果良好。

2. 流行病学

猪的发病不分性别和品种，在本病的传播上，常因蚊子叮咬而发病。所以，本病具有明显的季节性，以夏末秋初为高流行期。

3. 临床症状

潜伏期一般 3～4 天。4～6 月龄的猪：通常突然发病，高热稽留，体温在 40～41℃。患猪食少，精神沉郁而喜卧，粪干尿黄，有的病猪出现磨牙、麻痹、跛行。失明猪可见前冲后撞。病程一般几天，最长可达十几天。妊娠母猪：患猪主要表现突然流产、早产、产死胎或木乃伊胎，有的可产下成活的胎儿，但出生数周可发生全身痉挛症状。同一窝仔猪大小和病变有显著差异。1～2 月死亡流产的胎儿，小的似拇指粗细，较大的颜色呈黑褐色，而发育完全的胎儿则见全身水肿（图 19-27）。

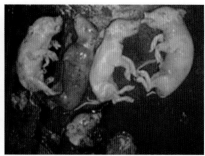

图19-27　母猪流产，胎儿水肿

公猪常在高热过后出现睾丸肿大,多呈一侧性,偶尔有双侧性。触摸睾丸发热、有痛感,数日后开始消退,多数缩小变硬,丧失配种能力(图19-28)。

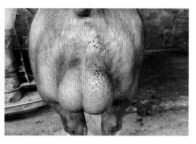

图19-28 患病公猪单侧睾丸肿胀、按压有热感,部分猪丧失配种能力

4. 病理变化

主要在脑、脊髓、睾丸和子宫。脑脊髓液增量,脑膜和脑实质充血、出血、水肿(图19-29、图19-30)。肿胀的睾丸实质充血、出血和出现坏死灶。流产胎儿常见脑水肿,皮下有血样浸润。胸腔积液、腹水、浆膜小点出血、淋巴结充血、肝和脾内坏死灶,脊膜或脊髓充血等。脑水肿的仔猪中枢神经区域性发育不良,特别是大脑皮层变薄,小脑发育不全和脊髓鞘形成不良也可见到;全身肌肉褪色,似煮肉样;胎儿大小不等,有的呈木乃伊化。

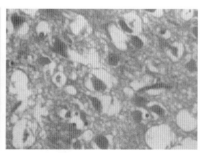

图19-29 患病仔猪脑水肿,脑室内积液增多

图19-30 HE染色,脑水肿,神经细胞变性

5.诊断

本病有严格的季节性，散发，多发于幼龄动物，有明显的脑炎症状，怀孕母猪发生流产，公猪发生睾丸炎。根据流行病学、临床症状，结合剖检变化可作出综合诊断，确诊则需进行血清学试验。

6.防制措施

（1）预防　本病首先要消灭传染媒介——蚊子。另外，在每年3～4月份，蚊子来临前一个月注射乙脑灭活疫苗或乙脑弱毒疫苗。第一年连续注射2次，每次间隔14天，以后每年在蚊虫出现前注射1次。

（2）治疗　本病目前尚无特效药物治疗。为促使患猪早日康复，除加强护理外，还要及时投服抗菌消炎药物、维生素等。对出现症状的公猪，可及时补注两倍量的乙脑疫苗，有助于恢复。

（七）猪圆环病毒病

猪圆环病毒感染（Porcine circovirus infection，PCV）是由猪圆环病毒引起的猪的一种新的传染病。其临诊表现多种多样，主要特征为体质下降、消瘦、贫血、黄疸、生长发育不良、腹泻、呼吸困难、母猪繁殖障碍、内脏器官及皮肤的广泛病理变化，特别是肾、脾脏及全身淋巴结高度肿大、出血和坏死。本病还可导致猪群产生严重的免疫抑制，从而容易导致继发或并发其他传染病。

1.病原

猪圆环病毒（PCV）为圆环病毒科圆环病毒属成员，为单股负链环状 DNA，PCV 有 2 种血清型，即 PCV-1 和 PCV-2。已知 PCV-1 对猪的致病性较低，偶尔可引起怀孕母猪的胎儿感染，造成繁殖障碍，但在正常猪群及猪源细胞中的污染率却极高。PCV-2 对猪的危害极大，可引起一系列相关的临诊病症，其中包括 PMWS、皮炎肾病综合征（PDNS）、母猪繁殖障碍等。此外，还可能与增生性肠炎、坏死性间质性肺炎（PNP）、猪呼吸道综合征（PRDC）、仔猪先天性震颤、增生性坏死性肠炎等有关。该病毒对外界环境的抵抗力极强，可耐受低至 pH 3 的酸性环境。一般消毒剂很难将其杀灭。

2. 流行病学

猪是 PCV 的主要宿主。猪对 PCV 有较强易感性,各种年龄的猪均可感染,但仔猪感染后发病严重。胚胎期或出生后早期感染的猪,往往在断奶后才可以发病,一般集中在 5~18 周龄,尤其在 6~12 周龄最多见。怀孕母猪感染 PCV 后,可经胎盘垂直传染给仔猪,并导致繁殖障碍。感染猪可自鼻液、粪便等排泄物中排出病毒,经消化道、呼吸道引起传播。PCV 是致病的必要因素,但不是充分因素,必须在其他因素的共同参与下才能导致明显和严重的临诊病症,这些因素除了一些常见、重要的病原体外,还包括饲养管理不善、通风不良、温度不适、免疫接种应激、不同来源和日龄的猪混养等。本病的发病率和死亡率变化很大,依猪群健康状况、饲养管理水平、环境条件及病毒类型等而定,一般在 10%~20%,个别发病、病死率可达 40%。PCV-2 主要侵害机体的免疫系统,单核细胞和巨噬细胞是 PCV-2 的靶细胞,可以造成机体的免疫抑制。本病无明显的季节性。

3. 临床症状

猪圆环病毒感染后潜伏期均较长,抑或是胚胎期或出生后早期感染,也多在断奶以后才陆续出现临诊症状。PCV-2 感染可以引起以下多种病症:

(1) 猪断奶后多系统衰弱综合征(post-weaning multisystemic wasting syndrome,PMWS) 通常发生于断奶仔猪,由 Clark 于 1997 年首次报道,随后美洲、欧洲和亚洲各国相继报道了该病。现已证实 PCV-2 是 PMWS 的重要病原,繁殖与呼吸综合征病毒、细小病毒、伪狂犬病病毒等病原混合感染和免疫刺激可以加重该病的危害程度。患猪表现为精神欠佳、食欲不振、体温略偏高、肌肉衰弱无力、下痢、呼吸困难、眼睑水肿、黄疸、贫血、消瘦、生长发育不良,与同龄猪体重相差甚大,皮肤湿疹,全身性的淋巴结病,尤其是腹股沟、肠系膜、支气管以及纵隔淋巴结肿胀明显,发病率为 5%~30%,病死率为 5%~40% 不等,康复猪成为僵猪。剖检可见淋巴结肿大、肝硬变、多灶性黏液脓性支气管炎(图 19-31)。

图19-31 断奶后的仔猪整齐度差，消瘦、喘气明显

（2）皮炎和肾病综合征（porcine dermatitisand nephropathy syndrome，PDNS） 通常发生于8～18周龄的猪。在1993年首次报道于英国，随后在美国、欧洲和南非、亚洲均有报道。本病型除与PCV-2有关外，还与PRRSV、多杀性巴氏杆菌、霉菌毒素等的参与有关。发病率为0.15%～2%，有时候可高达7%。皮肤出现红紫色隆起的不规则斑块为主要临诊特征（图19-32）。患猪表现皮下水肿，食欲丧失，有时体温上升，通常在3天内死亡，有时可以维持2～3周。

图19-32 患病猪皮炎，皮肤表面出现不规则红色斑点

（3）增生性坏死性间质性肺炎 本主要危害6～14周龄的猪，与PCV-2有关，还有其他病原参与。发病率为2%～30%，病死率为4%～10%。

（4）繁殖障碍 PCV-1和PCV-2感染均可造成繁殖障碍，导致母猪返情率增加、产木乃伊胎、流产以及死产和产弱仔等。其中以PCV-2引起的繁殖障碍更严重。

4.病理变化

剖检可见肾肿大、苍白，有出血点或坏死点。皮炎肾病综合征的病理变化为弥漫性间质性肺炎，颜色灰红色。组织学变化表现为增生性和坏死性肺炎。肺脏衰竭或萎缩，外观灰色至褐色，呈斑驳状，质地似橡皮。脾肿大、坏死、色暗。肾苍白、肿大、有坏死灶。心包炎、胸腔积水并有纤维素性渗出。胃、肠、回盲瓣黏膜有出血、坏死（图19-33）。组织学上可见肉芽肿性间质性肺炎，气管上皮坏死或脱落并继发为细支气管炎。

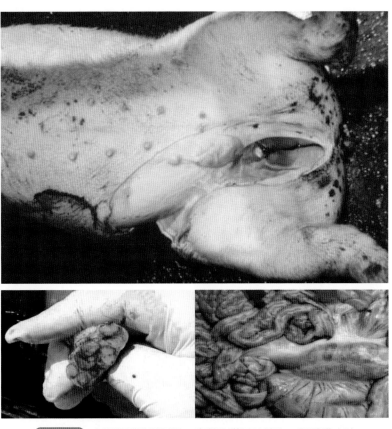

图19-33 病猪肠系膜淋巴结、腹股沟淋巴结肿胀，肠系膜水肿

5. 诊断

该病仅靠症状难以确诊，实验室诊断方法包括抗体和抗原检测。在临诊上应注意与猪瘟的鉴别诊断。

6. 防制措施

目前控制 PCV-2 感染的主要措施包括：注射圆环病毒苗预防；加强环境消毒和饲养管理，减少仔猪应激，做好伪狂犬、猪繁殖与呼吸综合征、细小病毒病、喘气病、传染性胸膜肺炎等其他疫病的综合防制等。定期在饲料中添加抗生素类药物如支原净、金霉素、阿莫西林等，对预防本病或降低发病率有一定作用，这主要是因为抑制了猪群中的一些常见细菌性病原体，增强了猪群抵抗力。对发病猪群最好淘汰，不能淘汰者使用上述药物的同时配合对症治疗，可降低死亡率。

（八）猪伪狂犬病

猪伪狂犬病（porcine pseudorabies）是由伪狂犬病毒引起的一种急性传染病。临床特征因年龄不同也有差异：哺乳仔猪出现发热和神经症状；成年猪呈隐形感染；怀孕母猪出现流产、产死胎及呼吸系统临诊症状等，公猪表现为繁殖障碍和呼吸系统临诊症状。

1. 病原

伪狂犬病毒（PRV）属于疱疹病毒科病毒，基因组为线状双股 DNA，只有一个血清型。伪狂犬病毒对热、甲醛、乙醚、紫外线等敏感，但对石炭酸有一定的抵抗力。在实践中常用 30% 的石炭酸或 50% 的甘油盐水送检病料。

2. 流行病学

伪狂犬病毒可引起多种家畜及野生动物发病。除成年猪外，仔猪、牛、羊、犬等动物都有高达 80%～100% 的致死率。本病高发季节是冬、春两季，主要经消化道感染，也可经呼吸道、黏膜和皮肤的伤口及配种、哺乳等途径传染。鼠类在传播本病中非常重要。

3. 临床症状

猪伪狂犬病的发病情况随年龄差异很大。发病初期体温突然升高至 41～42℃，精神高度沉郁，食欲废绝。但随年龄不同也有差异。初生至 3 周龄以内的哺乳仔猪常表现为最急性型，常常在未出现神经症状时就迅速衰竭、昏迷，发生败血症而死亡，病程多在 24 小时内，死亡率一般为 95%～100%。3 周龄后的仔猪可见有呕吐或腹泻；当侵害中枢神经时，可出现典型神经综合征状。4 月龄以上猪感染后可表现体温升高，明显的上呼吸道和肺炎症状。有的可见呕吐和腹泻（图19-34）。有的出现神经症状而死亡。5 月龄以上的大猪，一般为隐性感染或呈一过性发热、厌食、咳嗽、便秘等。一般不出现死亡。妊娠母猪在怀孕的第一个月中感染本病，可于 20 天左右出现流产。若在妊娠 40 天以上感染时，常有流产、死胎、延迟分娩等现象（图19-35），其胎儿大小相差不显著，无畸形胎。流产胎儿大多新鲜，脑、臀部皮肤有出血点，内脏有灰白色坏死点。若在妊娠后期感染本病，母猪仍保留胎儿，由于子宫内感染，约有 50% 的母猪出现死胎、流产、产出无生活力的胎儿，有的仔猪可于生后不久即见呕吐、腹泻、神经症状，多于 2 天内死亡。

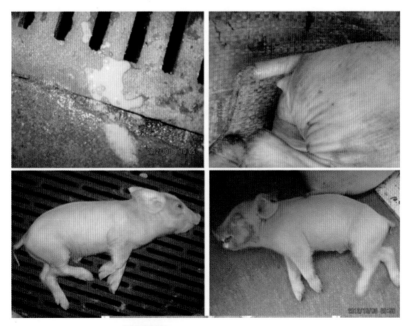

图19-34 仔猪腹泻、神经症状等

图19-35　感染母猪母猪流产、死胎

4. 病理变化

一般无特征性病理变化。眼观主要见肾脏有针尖状出血点，如有神经临诊症状，脑膜明显充血、出血和水肿，脑脊髓液增多。扁桃体、肝和脾均有散在白色坏死点；肺水肿，有小叶性间质性肺炎或出血点（图19-36），胃黏膜有卡他性炎症，胃底黏膜出血。流产胎儿的脑和臀部皮肤有出血点，肾和心肌出血，肝和脾有灰白色坏死灶。

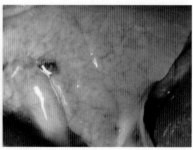

图19-36　流产胎儿肝脏白色小斑点、肺脏间质性肺炎

5. 诊断

根据流行病学、偏头、单方向做圆周运动等临床症状及病理解剖可初步诊断，确诊主要进行病料接种家兔试验观察有无痒感，若接种家兔出现痒感，则能提高诊断率。

6. 防制措施

（1）预防

① 平时预防。猪场应及时注射伪狂犬病疫苗，成猪一年需要注射 2 次弱毒疫苗或油苗，怀孕母猪产前 1 个月注射 1 次，免疫母猪所产仔猪于 15 日龄注射弱毒疫苗，同时肌内注射灭活疫苗；疫区内未注射疫苗的母猪所产的仔猪在哺乳期和断奶后各注射 1 次弱毒疫苗；3 月龄猪注射弱毒疫苗的同时应肌内注射灭活疫苗。

② 搞好猪场卫生消毒，尤其应注意消灭猪场内的老鼠。坚持自繁自养，严禁从疫区引进种猪。消除各种应激和不利因素。

③ 发病控制。本病一旦发生，可立即注射免疫血清进行治疗。治愈猪要隔离饲养。无血清治疗时，要彻底淘汰发病猪，对于健康猪，无论大小一律进行紧急注射疫苗。同时严格封锁疫区，对于发病圈舍的场地、物品进行彻底消毒。消毒药可使用 2% 的热烧碱水或甲醛等。

（2）治疗　目前本病无特效药物治疗，要注重预防。临床上用伪狂犬病苗注射有助于疾病的恢复。

（九）猪流行性感冒

猪流行性感冒是由猪流行性感冒病毒引起的一种急性、高度接触传染性呼吸道传染病。临床特点是突然发生，迅速传播，体温升高，咳嗽和呼吸困难。猪流感也能使人发病。

1. 病原

猪流行性感冒是由猪流行性感冒病毒引起，病毒对外界抵抗力弱，对热较敏感，紫外线和常用消毒剂可很快使病毒灭活。

2. 流行病学

本病可传染各年龄、各品种的猪。主要经呼吸道途径传播。本病的发生具有明显的季节性，最常见于温差较大的春、秋和寒冷的冬季。病毒存在于正常猪群中，当外界条件发生剧烈变化，如突然寒冷、贼风吹袭、拥挤运输等时，或遇阴雨潮湿、营养不良及内外寄生虫侵袭等时引起猪体的抵抗力下降，可促使本病发生。本病发病率较高，一般在 2～3 天内可使 100% 的猪发病。但死亡率较低，若治疗及时，几乎无患猪死亡。本病死亡常是因为继发感染其他病原菌，如巴氏杆菌、沙门氏菌、嗜血杆菌等所致。

3. 临床症状

发病突然，一般第一头猪发病后，3天内可波及全群感染。病猪体温可升高到41～42℃，有的可更高。食欲减退或废绝，喜卧懒动，人员驱赶可勉强站起。呼吸可见高度困难，腹式呼吸。鼻流水样或黏液性分泌物，有的呈泡沫状。结膜发炎，剧烈咳嗽。有的关节疼痛不愿行走。病程在1周左右。怀孕母猪可出现流产、死胎、弱猪、木乃伊等。

4. 病理变化

主要表现为病毒性肺炎，以尖叶和心叶最常见，但在严重病例则大半个肺受害。一般受害肺组织和正常肺组织之间分界明显，受害区域呈紫色并实变。小叶间水肿明显。在严重病例，可发生纤维素性胸膜炎。鼻、喉、气管和支气管黏膜可能有出血，充满带血的纤维素性渗出物。支气管淋巴结和纵隔淋巴结肿大、充血、水肿，脾常轻度肿大，胃肠有卡他性炎症。在有并发感染尤其是细菌性感染时，病理变化常变得复杂。病理变化的严重程度与引起流行的毒株有很大关系。

5. 诊断

根据气温变化和有其他降低猪体抵抗力的条件，结合呼吸道病的急性暴发，常可做出怀疑诊断。一般情况下，若排除常见的感冒、猪气喘病、猪肺疫等病时，可初步诊断为此病。

6. 防制措施

（1）预防　平时对猪群应严格消毒，注意圈舍的清洁卫生，加强饲养管理，消除一切降低猪体抵抗力的不利因素。给猪群创造一个温暖舒适、安静的环境。尽量不在寒冷多雨、气候变化异常或多变的季节进行猪只的长途运输。一旦猪群发病，应立即封锁疫区，对发病区域进行严格消毒。

（2）治疗　首先注意对病猪加强护理，消除发病诱因，增加营养以提高抗病能力。同时应用药物治疗，解热镇痛可用安乃近或安基比林，抗全身感染可用青霉素、卡那霉素、氨苄青霉素等肌内注射。

（十）猪流行性腹泻

猪流行性腹泻是猪的一种急性肠道传染病，临床以排水样便、呕吐、脱水为特征。

1. 病原

猪流行性腹泻病毒（Porcine epidemic diarrhea virus，PEDV）为冠状病毒科（Coronaviridae）冠状病毒属（Coronavirus）的成员。本病毒不能凝集人、兔、猪、鼠、犬、马、羊、牛的红细胞。对外界抵抗力弱，对乙醚、氯仿敏感，一般消毒药物都可将其杀灭。病毒在60℃ 30分钟可失去感染力，但在50℃条件下相对稳定。病毒在4℃、pH5.0～9.0 或在37℃、pH6.5～7.5 时稳定。

2. 流行病学

猪流行性腹泻病毒可在猪群中持续存在，不分年龄与品种都能感染发病，发病率通常为100%，母猪发病率相对有所降低。主要经消化道传染。多发于冬季，传播迅速，一般流行过程延续4～5周，可自然平息。我国从12月至次年2月为本病的高发期。本病在猪体内可产生短时间（几个月）的免疫记忆。常常是有一头猪发病后，同圈或邻圈的猪在1周内相继发病，2～3周后临诊症状可缓解。病猪和带毒猪是主要传染源，病毒多经发病猪的粪便排出，运输车辆、饲养员的鞋或其他带病毒的动物，都可作为传播媒介。传播途径是消化道。

3. 临床症状

病猪体温稍升高或正常，精神沉郁，食欲减退，继而排水样便、呕吐、脱水为特征，粪便呈灰黄色或灰色，年龄越小症状越重（图19-37、图19-38）。

图19-37 成年猪感染，精神稍差，腹泻，黄色稀粪，恶臭

图19-38　仔猪腹泻，全身沾满粪便和呕吐物，腥臭

4. 病理变化

病变主要在小肠，肠管膨胀，肠壁薄而透明，充满黄色液体，肠系膜淋巴结肿胀（图 19-39）。小肠绒毛显著缩短。

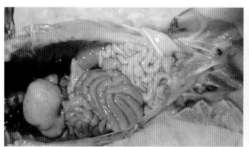
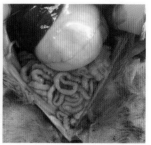

图19-39　病猪胃充盈，小肠壁变薄，内充满未消化的凝乳块和气体

5. 诊断

依据流行病学和临床症状可作出初步诊断，但不能与猪传染性胃肠炎区别。

6. 防制措施

产房母猪和仔猪的全进全出管理，空栏彻底清洗、烘干、消毒，空栏备用，产房用热风机保温除湿异常重要（图 19-40、图 19-41）。种猪选择商品化的弱毒疫苗和灭活疫苗有一定的效果。

图 19-40 产房空栏常规消毒后，
开展密闭熏蒸（二氯异氰
尿酸钠、甲醛等）消毒

图 19-41 产房日常干粉消毒，具有
消毒和降低湿度的双重功效

（十一）猪传染性胃肠炎

猪传染性胃肠炎（TGE）是由传染性胃肠炎病毒引起猪的一种高度接触性传染病。临床症状特征为严重呕吐、腹泻、脱水，2 周龄内仔猪高死亡率。本病呈世界性分布。

1. 病原

传染性胃肠炎病毒属于冠状病毒科冠状病毒属，基因组为单股正链 RNA。目前，分离到的病毒只有一个血清型。

2. 流行病学

病猪和带毒猪是主要传染源，它们从粪便、乳汁、鼻液中排出病毒，污染饲料、饮水、空气及用具等，由消化道和呼吸道侵入易感猪。病毒对热和光的抵抗力不强，56℃ 45 分钟可杀灭病毒，阳光下 6 小时灭活。对乙醚、氯仿、0.5% 的苯酚敏感，在 -20℃ 环境下的内脏中病毒可存活 242 天。本病一年四季均可发生，但以冬季为高发。病毒只对猪感染，其他动物可携带病毒。

3. 临床症状

潜伏期很短，一般为 15～18 小时，有的长达 2～3 天。本病传播迅速，数日内可蔓延全群。仔猪突然发病，首先呕吐，继而发生频繁水样腹泻，粪便黄色、绿色或白色，常夹有未消化的凝乳块（图 19-42、图 19-43）。其特征是含有大量电解质、水分和脂肪，呈碱性。病猪极度口渴，明显脱水，体重迅速减轻，日龄越小、病程越短，病死率越高。10日龄以内的仔猪多在2～7天内死亡，如母猪发病或泌乳量减少，小猪得不到足够的乳汁，营养严重失调，会导致病情加剧，小猪病死率增加。随着日龄的增长，病死率逐渐降低。病愈仔猪生长发育不良。幼猪、肥猪和母猪的临诊症状轻重不一，通常只有1天至数天出现食欲不振或废绝。个别猪有呕吐，出现灰色、褐色水样腹泻，呈喷射状，5～8天腹泻停止而康复，极少死亡。某些哺乳母猪与仔猪密切接触，反复感染，临诊症状较重，体温升高、泌乳停止，呕吐和腹泻。但也有一些哺乳母猪与病仔猪接触，本身并无临诊症状。

图19-42 仔猪腹泻，脱水严重

图19-43 仔猪呕吐物

4. 病理变化

尸体脱水明显，主要病理变化在胃和小肠。哺乳仔猪的胃臌胀，滞留有未消化的凝乳块。3日龄小猪中，约50%在胃横膈膜憩室部黏膜下有出血斑，胃底部黏膜充血或不同程度地出血（图19-44），小肠内充满白色或黄绿色液体，含有泡沫和未消化的小乳块，肠壁变薄而无弹性，肠管扩张呈半透明状（图19-45）。肠上皮细胞脱落最早发生于腹泻后2小时，另外可见肠系膜充血，肠系膜淋巴结轻度或严重充血肿大。将空肠纵向剪开，用生理盐水将肠内容物冲掉，在玻璃平皿内铺平，加入少量生理盐水，在低倍显微镜下观察，可见到空肠绒毛显著缩短。

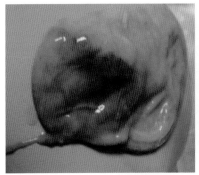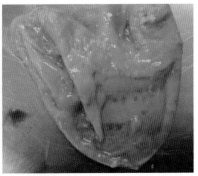

图19-44 发病仔猪胃黏膜出血

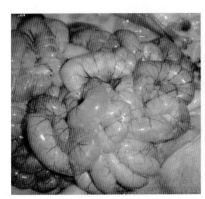

图19-45 仔猪小肠肠壁变薄，里面充满气体和水样粪便

5. 诊断

根据流行病学、临床症状可初步诊断本病。确诊需解剖患猪，用低倍解剖镜观察小肠绒毛。一般做此项检查应解剖1.5小时内死亡的猪，以免因死亡时间过长，肠内出现自溶现象造成误诊。

6. 防制措施

（1）预防　本病尚无有效的治疗药物，在患病期间大量补充葡萄糖氯化钠溶液，供给大量清洁饮水和易消化的饲料，可使较大的病猪加速恢复。强化猪场的卫生管理，定期消毒，免疫预防是防制TGE的有效方法。

（2）治疗　可采取补饲多种维生素、葡萄糖、微量元素等，并结合抗生素类药物进行消炎，如氟哌酸、磺胺脒等口服或肌内注射恩诺沙星、氧氟沙星、痢菌净等，呕吐病例可使用硫酸阿托品等。若体温下降可注射安钠咖或樟脑磺酸钠等。中药用马齿苋、积雪草等可防止继发感染，减轻临诊症状。应用口服补液盐（氯化钠 3.5 克，碳酸氢钠 2.5 克，氯化钾 1.5 克，葡萄糖 20 克，加温水 1000 毫升）供猪自饮或灌服，疗效显著，康复迅速。

（十二）猪轮状病毒病

猪轮状病毒病是猪轮状病毒引起的猪急性肠道传染病，仔猪主要症状为厌食、呕吐、下痢，中猪和大猪无症状。

1. 病原

轮状病毒（Rotavirus）属于呼肠孤病毒科、轮状病毒属。人和各种动物的轮状病毒在形态上无法区别。轮状病毒分为 A、B、C、D、E、F 6 个群，A 群又分为两个亚群（亚群 I 和亚群 II）。轮状病毒对理化因素有较强的抵抗力。室温下能保存 7 个月。在 pH3～9 范围稳定，能耐超声震荡和脂溶剂。63℃、30 分钟被灭活。1% 福尔马林对牛轮状病毒，在 37℃下需经 3 天才能灭活。0.01% 碘、1% 次氯酸钠和 70% 酒精可使病毒丧失感染力。

2. 流行病学

病猪和带毒猪是主要传染源，它们从粪便中排出病毒，污染饲料、饮水、土壤及用具等，由消化道途径侵入易感猪。各种猪都可感染，但 8 周龄以下的仔猪症状明显。日龄越小的猪，发病率越高。病毒对外界环境有顽强的抵抗力。本病于晚秋、冬季和早春高发。其他动物可携带病毒。

3. 临床症状

猪潜伏期 12～24 小时。呈地方流行性。多发生于 8 周龄以内的仔猪。病初精神委顿，食欲缺乏，不愿走动，常有呕吐。迅速发生腹泻，粪便水样或糊状，色黄白或暗黑（图 19-46、图 19-47）。腹泻越久，脱水越明显，严重的脱水常见于腹泻开始后 3～7 天，体重因此可减轻 30%。由于脱水导致血液酸碱平衡紊乱。临诊症状轻重决定于发病日龄和环境条件，特别是环境温度下降和继发大肠杆菌病，常使临诊症状严重和病死率增高。若无母源抗体保护，感染发病严重，病死率可高达 100%；如果有母源抗体保护，则 1 周龄的仔猪一般不易感染发病。10～21 日龄哺乳仔猪临诊症状轻，腹泻 1～2 天即迅速痊愈，病死率低；3～8 周龄或断乳 2 天的仔猪，病死率一般 10%～30%，严重时可达 50%。

图19-46 患病猪腹泻

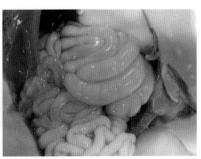

图19-47 患病猪肠壁变薄、充满大量的气体

4.病理变化

主要限于消化道。幼龄动物胃壁弛缓，内充满凝乳块和乳汁。小肠肠壁菲薄，半透明，内容物呈液状、灰黄或灰黑色。有时小肠广泛出血，肠系膜淋巴结肿大。

5.诊断

本病多发于寒冷季节，病猪多为仔猪，主要症状为腹泻，可据此初步诊断。必要时可通过实验室确诊。

6.防制措施

（1）预防　本病的预防主要依靠加强饲养管理，认真执行兽医防疫措施，增强动物抵抗力。新生仔畜及早吃到初乳，接受母源抗体的保护。我国用 MA-104 细胞系连续传代，已经研制出猪源弱毒疫苗和牛源弱毒疫苗。用猪源弱毒疫苗免疫母猪，其所产仔猪腹泻率下降60% 以上。使用猪轮状病毒感染和猪传染性胃肠炎二联弱毒疫苗肌内注射吃初乳前的新生仔猪，30 分钟后再让吃奶，可以达到较好的免疫效果。用上述疫苗注射分娩前的妊娠母猪，也可使其所产仔猪获得良好的被动免疫。

（2）治疗　目前无特效的治疗药物。发现病猪可喂葡萄糖盐水和投以收敛止泻药对症治疗。同时使用抗生素以防继发感染。

（十三）脑心肌炎

脑心肌炎（encephalo myocarditis）是由脑心肌炎病毒引起的多种脊椎动物共患的病毒性传染病。猪和牛等动物呈现急性心脏病的特征，近年来还证实本病可引起猪的繁殖障碍，在人可呈现轻度脑炎临诊症状。

1. 病原

本病的病原为脑心肌炎病毒（Encephalo myo carditis virus，EMCV），属于微 RNA 病毒科（Picornaviridae）、心病毒属（*Cardiovirus*）。根据毒株的来源，分别被称为门戈（Mengo）病毒、哥伦比亚 -SK 病毒、ME 病毒和小鼠脑脊髓炎病毒（MEV）等，这些病毒合称为脑心肌炎病毒组。本病毒能抵抗乙醚，在 pH3.0 稳定，但冻干或干燥后常失去感染性。60℃ 30 分钟可灭活。

2. 流行病学

本病的易感动物较多，带毒鼠类是最主要的传染源，通过粪便不断排出病毒。仔猪等动物主要由于摄食病或死的啮齿动物，或因采食被污染的饲料及饮水而感染。实验证明妊娠或分娩母猪还可经胎盘或哺乳使仔猪感染。人类感染可能来源于患病的动物和储存宿主（鼠类）。20 周龄内的猪常可发生致死性感染，尤以仔猪更易感，大多数成年猪为隐性感染。猪的发病率和病死率随饲养管理条件及病毒株毒力的强弱而有显著差异，发病率 2%～5%，病死率最高可达 100%。

3. 临床症状

人工感染潜伏期为 2～4 天。病猪出现短暂发热和急性心脏病的临诊症状。大部分病猪没有见到任何临诊症状突然死亡。有时见到短暂的精神沉郁、拒食、震颤、步态蹒跚、麻痹、呕吐或呼吸困难等临诊症状，常在兴奋躁动状态下死亡，妊娠母猪感染后可以表现发热和食欲减退等临诊症状。妊娠后期流产，产木乃伊胎或死胎。

4. 病理变化

病死猪腹下皮肤蓝紫，胸、腹腔及心包积水，肝肿大，肺和肠系膜水肿。心脏软而苍白，右心室扩张，可见心肌炎和心肌变性，心室散布白色病灶，偶尔在病灶上可见白垩样斑点，有的呈纹状、圆形，肺充血水肿，胃大弯水肿，脾脏萎缩，比正常脾小一半。

5. 诊断

猪发病后，根据临诊症状和特征性病理变化，结合流行情况可做出初步诊断。初次发病地区应进行实验室检查。采取急性死亡病猪的右心室心肌和脾脏，制成1：10的悬液，接种小鼠（脑内、腹腔内、肌肉内或饲喂），经4～7天死亡，剖检可见心肌炎、脑炎等病理变化。确诊需分离病毒，可用仓鼠肾（BHK）细胞或鼠胚成纤维细胞分离培养病毒，可使细胞迅速、完全崩解。最后用特异性免疫血清进行中和试验做出鉴定。检查病猪血清抗体时，可用血凝抑制试验和中和试验。类症鉴别时，要注意与白肌病、猪水肿病、败血性心肌梗死相区别。

6. 预防

本病主要依靠综合性措施进行预防，尽可能消灭鼠类，防止食物或饲料被鼠类啃咬或污染，病死动物要迅速做无害化处理，被污染的场地应以含氯消毒剂彻底消毒。耐过的猪应尽量避免过度骚扰，以防因心脏的后遗症招致突然死亡。必要时可试用甲醛灭活疫苗。

二、猪的细菌性病

猪细菌性疾病种类繁多，情况复杂，从病原方面来看，除了一些共患病外，当前主要是猪支原体肺炎、多杀性巴氏杆菌和支气管败血波氏杆菌引进的慢性消耗性疾病以及猪传染性胸膜肺炎放线杆菌、副猪嗜血杆菌、猪链球菌等引起的急性死亡，造成养猪生产较大的经济损失。

（一）猪炭疽病

猪炭疽病是由炭疽杆菌引起的一种以慢性或隐性感染，偶见急性败血症变化的人畜共患传染病。本病多在宰后检查被发现。

图19-48 炭疽杆菌，革兰氏
阳性粗大杆菌

1.病原

炭疽杆菌为大的革兰氏阳性菌，细菌在体内可形成比较厚的荚膜，体外可形成具有很强抵抗力的芽孢（图19-48）。

2.流行病学

本病的主要传染源是患畜，当患畜处于菌血症时，可通过粪、尿、唾液及天然孔出血式排菌，如尸体处理不当，更加使大量病菌散播于周围环境，若不及时处理，则污染土壤、水源或牧场，尤其是形成芽孢，可能成为长久疫源地。本病主要通过采食污染的饲料、饲草和饮水经消化道感染，但经呼吸道和吸血昆虫叮咬而感染的可能性也存在。人对炭疽普遍易感，但主要发生于那些与动物及畜产品接触机会较多的人员。本病常呈地方性流行，干旱或多雨、洪水涝积、吸血昆虫多都是促进炭疽暴发的因素。此外，从疫区输入病畜产品，如骨粉、皮革、羊毛等也常引起本病暴发。

3.临床症状

猪炭疽病可表现三种类型：急性败血型、咽型、肠型。由于猪的易感性很低，所以急性败血型很难遇到。最常见的是咽型和肠型。但临床症状很难确诊，多在屠宰后检查出来。

（1）急性败血型　极少发生。患猪体温升高到41.5℃，不食，多在1～2天内死亡。尸体可见膨胀，口鼻等天然孔出血，血液呈煤焦油样，脾脏肿大。

（2）咽型　本型约占猪炭疽病的90%，只有严重时可见呼吸困难、吞咽障碍、颈部转动不灵敏（图19-49）。剖检可见颌下淋巴结高度肿大，肿胀部常见胶样浸润液，下颌部和咽喉部皮下和肌间结缔组织水肿（图19-50）。切开淋巴结可见暗红色和灰色坏死灶。

（3）肠型　较少见。主要表现不食、呕吐、腹泻，小肠、十二指肠有出血性、坏死性病变，坏死灶表面可覆盖纤维素性坏死的黑色痂膜（图19-51、图19-52）。

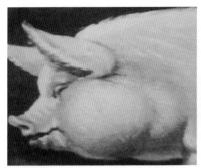

图19-49 患慢性咽部炭疽的病猪咽部肿大，呼吸、吞咽困难

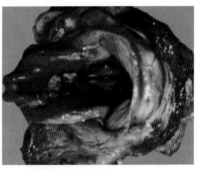

图19-50 病猪咽喉肿胀、出血，黏膜上覆盖黄色伪膜

图19-51 肠型：出血性坏死性肠炎

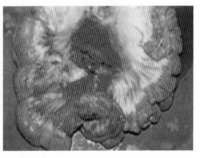

图19-52 肠型：出血坏死性淋巴结炎

4. 病理变化

急性炭疽为败血症病变，尸僵不全，尸体极易腐败，天然孔流出带泡沫的黑红色血液，黏膜发绀，剖检时，血凝不良、黏稠如煤焦油样，全身多发性出血，皮下、肌间、浆膜下结缔组织水肿，脾脏变性、淤血、出血、水肿，肿大2～5倍，脾髓呈暗红色、煤焦油样、粥样软化。局部炭疽死亡的猪，咽部、肠系膜以及其他淋巴结常见出血、肿胀、坏死，邻近组织呈出血性胶样浸润，还可见扁桃体肿胀、出血、坏死，并有黄色痂皮覆盖。局部慢性炭疽，剖检时可见限于几个肠系膜淋巴结的变化。

5. 诊断

炭疽病的临床症状和病变只能提供怀疑。但应注意炭疽病死尸体不可解剖，以免污染环境。确诊必须进行实验室检查。疑似炭疽病死亡的猪，可在碘酊严格消毒的情况下采取耳尖血抹片，用姬姆萨氏或美蓝染色镜检，若见带有荚膜的呈竹节样的大杆菌便可确诊。也可用环状沉淀反应诊断本病。

6. 防制措施

（1）预防　猪炭疽严重污染的猪场，可用无毒炭疽芽孢苗每头猪注射 1～1.5 毫升，免疫期可达 1 年。发现病死猪应深埋处理，场地可用 20% 烧碱水、20% 漂白粉以及 5% 的碘酊或其他消毒药进行彻底消毒。

（2）治疗　发病猪可用青霉素、磺胺类或土霉素等药物治疗。用药时药量一定要大，连用 3 天。青霉素用量可达每千克体重 8 万～10 万单位。有条件时配合抗炭疽血清 50～100 毫升（大猪）效果更好。

（二）猪丹毒

猪丹毒是由猪丹毒杆菌引起猪的一种急性的呈败血症、亚急性的疹块型和慢性呈疣性心内膜炎或纤维性关节炎型的传染病。

1. 病原

红斑丹毒丝菌，俗称猪丹毒杆菌，也叫丹毒丝菌，属丹毒杆菌属（Erysipelothrix），是一种纤细的小杆菌，菌体平直或长丝状，大小为（0.2～0.8）微米 ×（0.2～0.5）微米，革兰氏阳性，不运动，不产生芽孢，无荚膜。本菌对盐腌、烟熏、干燥、腐败和日光等自然因素的抵抗力较强。消毒药如 2% 福尔马林、1% 漂白粉、1% 氢氧化钠或 5% 石灰乳中很快死亡。但对石炭酸的抵抗力较强（在 0.5% 石炭酸中可存活 99 天）。对热的抵抗力较弱。

2. 流行病学

病猪、带菌猪以及其他带菌动物（分泌物、排泄物）排出菌体污染饲料、饮水、土壤、用具和场舍等，经消化道传染给易感猪。本病也可以通过损伤皮肤及蚊、蝇、虱、蜱等吸血昆虫传播。猪丹毒一年四季都有发生，有些地方以炎热多雨季节流行最盛；也有些地方不但发生于夏季，冬春季节也可形成流行。常呈散发性或地方流行性传染，也有暴发性流行的情况。主要发生于架子猪，随着年龄的增长而易感性降低。

3.临床症状

潜伏期 3～7 天。

（1）急性败血型 个别不见症状便突然死亡。发病猪可见体温升高达 42℃以上，寒战，减食，眼结膜清亮有神，有的出现呕吐，粪干硬并覆盖黏液，有的出现跛行或尖叫，同时，耳、颈、背部皮肤发生红斑，指压褪色，病程仅 1～3 天。

（2）疹块型 多由急性型转变而来，病猪食欲减退，精神不振，不愿走动，体温升高。其特征是淡色皮肤猪可见皮肤出现方形或菱形病变区（图 19-53），呈小的淡红色到黑紫色、隆起、触之有硬感的疹块。初期指压褪色，随病程时间的延长而形成瘀血时，指压不褪色（图 19-54），黑色猪眼观不明显，可用于触摸诊断。一般疹块出现后，体温可渐退，极个别的可转成败血症死亡。如果病变继续发展，疹块可融合成片，导致大片皮肤坏死。

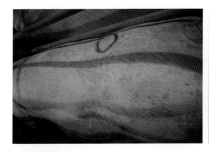

图19-53 患病猪只皮肤出现方形或菱形红色斑块，前期指压褪色

图19-54 发病猪只皮肤斑点颜色加深，淤血，指压不褪色

（3）慢性型 常见慢性关节炎、慢性心内膜炎和皮肤坏死等。病猪食欲无明显变化、体温正常，但逐渐消瘦、全身衰弱、生长发育不良。慢性关节炎患猪的关节肿胀、僵硬，严重者关节变形，不能负重。慢性心内膜炎患猪在听诊时有心杂音和节律不齐，快速驱赶可发生心动过速而突然死亡，皮肤坏死常见于背部皮肤及尾、耳、蹄的末梢部位，局部可见皮肤色黑、干硬，呈壳状。哺乳仔猪和刚断奶的小猪发生猪丹毒时，往往有神经症状，病程不超过 1 天。

4. 病理变化

（1）急性型　以败血症的全身变化，肾、脾肿大及体表皮肤出现红斑为特征。弥漫性皮肤发红，尤其是鼻、耳、胸、腹部；全身淋巴结发红肿大，切面多汁或有出血，呈浆液性出血性炎症；肾脏淤血肿大，呈花斑状，被膜易剥离，发生急性出血性肾小球肾炎的变化，呈弥漫性暗红色，有大红肾之称，纵切面皮质部有出血点，这是肾小囊积聚多量出血性渗出物造成的；脾脏充血呈樱红色，质地松软，显著肿大，切面外翻隆起，脆软的髓质易于刮下，有"白髓周围红晕"现象，呈典型的败血脾；胃、十二指肠、回肠，整个肠道都有不同程度的卡他性或出血性炎症；肝充血；心内外膜小点状出血；肺充血、水肿。

（2）亚急性型　以皮肤（颈、背、腹侧部）疹块为特征。疹块内血管扩张，皮肤和皮下结缔组织水肿浸润，有时有小出血点，亚急性型猪丹毒内脏的变化比急性型轻缓。

（3）慢性型　其中一个特征是疣状心内膜炎，常见一个或数个瓣膜上有灰白色增生物，呈菜花状（图19-55），它是由肉芽组织和纤维素性凝块组成的。慢性型关节炎为另一个特征，它是一种多发性增生性关节炎（图19-56），关节肿胀，有多量浆液性纤维素性渗出液，黏稠或带红色，后期滑膜绒毛增生肥厚。

图19-55　慢性猪丹毒患病猪心内膜疣状物增生

图19-56　慢性病病例关节炎，患猪跛行症状

5. 诊断

猪丹毒病的疹块型比较典型，根据症状即可确诊。而最急性的败

血型和慢性型病例则需结合流行病史、临床症状和病理剖检确诊。对于疑似病例可进行细菌学检查，或用病料进行明胶穿刺培养确诊，猪丹毒杆菌在明胶穿刺培养中呈试管刷状生长。

6. 防制措施

（1）预防　加强饲养管理，提高猪体的自然抵抗力。猪舍用具应注意定时消毒，彻底消灭鼠类，防止蚊虫叮咬。每年春、秋两季定期进行预防接种。目前的猪丹毒、猪肺疫二联菌苗，免疫效果较好，用20%的氢氧化铝胶生理盐水液稀释后，每头注射1～1.5头份，免疫期可达5个月以上。仔猪最佳注射日龄在35日龄左右，种公猪一年要进行两次注射，种母猪可在仔猪断奶后注射。

（2）治疗　本病治疗以青霉素效果最好，土霉素类、磺胺类也可用于治疗。实践证明，青霉素对猪的副作用较小，若一次性按每千克体重5万～10万单位肌内注射，可很快缓解病情，提高治愈率。

（三）猪肺疫

猪肺疫是由多杀性巴氏杆菌引起，临床上以败血症和组织器官的出血性炎症为主要症状的一种急性传染病，俗称"锁喉风""肿脖瘟"。主要特征为败血症，咽喉及其周围组织急性炎性肿胀，或表现为肺、胸膜的纤维蛋白渗出性炎症。

1. 病原

猪肺疫又称猪巴氏杆菌病，病原多杀性巴氏杆菌。

2. 流行病学

一年四季都可发生，病猪和带菌猪是主要传染源。病原从呼吸道和各种分泌物、排泄物中排出，污染饲料、饮水、用具和周围环境，经消化道以及皮肤伤口侵入健康猪，引起发病或流行。该病原菌是一种条件性病原菌，因此本病无明显季节性，当环境卫生条件差或饲养管理不当，或受各种应激的作用，在冷热交替、气候剧变、潮湿、多雨情况下发生较多，营养不良、长途运输、饲养条件改变、不良因素等可促使本病发生和流行，一般为散发。

3. 临床症状

潜伏期1～5天。

（1）最急性型　最急性型常见不到表现症状即死亡，更有急性者可见突然倒地死亡。

（2）急性型　患猪突然体温升高到41～42℃，病猪呼吸极度困难（图19-57），口鼻流出白色泡沫。咽喉下部可见肿硬，严重的可延及耳根和前胸，病程1～2天。根据咽肿和呼吸困难，人们通常称之为"大红脖"或"锁喉风"。死亡猪可见四肢内侧、鼻端、耳根、腹部出现红斑或皮肤呈紫红色（图19-58）。

图19-57　急性病例病猪呼吸
　　　　　困难、张口呼吸

图19-58　急性病例病猪张口呼吸，
　　　　　耳部发绀

（3）亚急性型　病猪除全身败血症外，主要表现急性纤维素性胸膜炎，体温升高到40℃以上，呼吸困难，咳嗽，自鼻中可流出灰白色或黄白色或带血的分泌物。可视黏膜发绀，病猪常见便秘，有的可见腹泻。皮肤常见瘀血或出血，病程多在1周以内。

（4）慢性型　主要表现出肺炎的一系列症状或慢性胃肠炎症状，患猪体温升高到39～41℃，咳嗽，呼吸困难，鼻孔中可流出黏液性或脓性分泌物，胸部听诊啰音明显，有的病例可见腹泻。病程达2周左右，如不及时治疗，病畜常因消瘦、衰竭而死。

4.病理变化

（1）最急性型　黏膜、浆膜及实质器官出血和皮肤小点出血，肺水肿，淋巴结水肿，肾炎，咽喉部及周围结缔组织的出血性浆液性浸润最为特征。脾出血，胃肠出血性炎症，皮肤有红斑。

（2）急性型　除了全身黏膜、实质器官、淋巴结的出血性病变外，特征性的病变是纤维素性肺炎，有不同程度的肝变区；胸膜与肺粘连，肺切面呈大理石纹，胸腔、心包积液，气管、支气管黏膜发炎有泡沫状黏液（图19-59、图19-60）。

图19-59　胸腔有纤维素性渗出物，肺与胸膜粘连　　　图19-60　纤维素性肺炎伴有不同程度的肝变

（3）慢性型　肺肝变区扩大，有灰黄色或灰色坏死，内有干酪样物质，有的形成空洞，高度消瘦，贫血，皮下组织见有坏死灶。

5. 诊断

一般根据流行病学、临床急性猪肺疫的典型症状，结合病理剖检可作出初步诊断。本病的最急性型病例常突然死亡，而慢性病例的症状、病变都不典型，临床上常与其他病原混合感染，单靠流行病学、临床症状、病理变化诊断难以确诊。确诊需进行实验室检查。也可将病料接种于麦康凯培养基和血液琼脂平板上培养观察。猪肺疫可以单独发生，也可以与猪瘟或其他传染病混合感染。临床检查应注意与急性猪瘟、咽型猪炭疽、猪气喘病、传染性胸膜肺炎、猪丹毒、猪弓形虫等病进行鉴别诊断。

6. 防制措施

发生本病时，应将病猪隔离、封锁、严格消毒。同栏的猪，用血清或疫苗紧急预防。对散发病猪应隔离治疗，消毒猪舍。对新购入猪隔离观察一个月，无异常变化后合群饲养。

（1）预防　加强饲养管理，消除可能降低抗病能力因素和致病诱因如圈舍拥挤、通风采光差、潮湿、受寒等。圈舍、环境定期消毒。新引进猪隔离观察1个月后健康方可合群。进行预防接种，仔猪1月龄可以进行第一次防疫注射，间隔3个月重复注射一次。一般灭活苗

14 天可产生免疫力，弱毒苗 7 天左右产生免疫力。根据近几年猪肺疫的发病情况看，疫苗的保护期仅 5 个月左右，所以种猪每年最少进行两次防疫注射。

（2）治疗 一旦发现病猪，在隔离消毒和用药的同时，对同圈舍、同批次的猪采取药物投服，以预防健康未发病猪只发病。药物治疗以卡那霉素、链霉素［2 万～3 万单位/（千克·次）］、磺胺类［0.05～0.07 克/（千克·次），如磺胺噻唑钠］合用最为普遍。1 天 2 次，连用 2～3 天。其他还有土霉素、壮观霉素、喹诺酮类等治疗革兰氏阴性菌的药物。有条件的地方可选用抗猪肺疫高免血清治疗。磺胺嘧啶钠 1 克、麻黄碱 0.4 克、复方甘草合剂 0.6 克、大黄粉 20 克，调匀为一份，用法：大猪 4～6 份，小猪酌减，每 4～6 小时灌服一份。中药：①大青叶、大黄、葶苈子、山豆根、麦冬、黄芩、胆草、生石膏各 15～25 克，水煎服。②蟾蜍 3 只，生姜 25 克捣烂，加醋 100 克冲服，1 天 1 次。③"四黄"各 25 克，冬花 50 克、贝母 25 克，煎后掺入蜂蜜 100 克，1 次内服。

（四）猪链球菌

猪链球菌病是由多种致病血清型的链球菌引起猪的多种病症的总称，临床上以急性的败血症和脑膜炎变化，慢性的关节炎、组织化脓性炎和心内膜炎为特征。

1. 病原

链球菌的种类繁多，在自然界分布很广，分有致病性和无致病性两类。本菌呈圆形或卵圆形，常排列成链，链的长短不一，也可单个或成双存在。在固体培养基上常呈短链，在液体培养基中易呈长链，多数链球菌在幼龄培养物中可见到荚膜，不形成芽孢；多数无鞭毛，革兰氏染色阳性。链球菌对热和普通消毒药抵抗力不强，多数链球菌经 60℃加热 30 分钟即可杀死，煮沸可立即死亡。常用的消毒剂如 2% 石炭酸、1% 煤酚皂液，均可在 3～5 分钟内杀死，0～4℃可存活 150 天，冷冻 6 个月特性不变。

2. 流行病学

猪不分年龄、品种和性别均易感，患病和病死动物是主要传染源，带菌动物也是传染源。主要经呼吸道和受损的皮肤及黏膜感染。链球菌分布广泛，常以共栖菌和致病菌的方式存在于大多数健康的哺乳动物和人，甚至也从冷血动物分离到。

3.临床症状

链球菌病的症状可分为急性败血症、脑膜炎、关节炎和化脓性淋巴结炎四种类型。而实际生产中前三种往往混合在一起感染。

（1）急性败血症性　主要发生在哺乳仔猪和断奶仔猪。流行初期的最急性病例有的猪往往不见任何症状突然死亡。稍缓的病例也仅见精神不振，温度升高41℃以上，有的来不及治疗便突然死亡。死猪腹下可见紫色出血斑，在急性死亡的猪中有的可见脑膜炎症状。一般急性病猪，病程2～5天不等，病猪温度升高达41℃以上，稽留不退，食欲常废绝，眼结膜潮红，呼吸急迫，流浆液性鼻液，腹下、四肢及耳端可见出血斑，病猪常见腹泻便秘，尿色黄或发生血尿。一般经过1～2天后，部分病猪可出现关节炎和脑膜脑炎症状。

（2）脑膜炎型　多发生在哺乳仔猪和断奶仔猪，呈败血症变化。病初体温不高，不食，便秘，有浆液性或黏液性鼻液。继而出现神经症状，主要表现在运动失调、转圈、空嚼、磨牙、仰卧，直至后躯麻痹，突然倒地，口吐白沫，四肢呈游泳状划动（图19-61、图19-62），继之可见昏迷不醒、麻痹而死亡。有的可表现为共济失调、盲目转圈，最后衰竭麻痹而死。

图19-61 病猪共济失调，角弓反张

图19-62 病猪倒地不起，四肢呈现划水状

（3）关节炎型　主要表现一肢或数肢的关节高度肿胀、发硬，勉强站立，行走困难或不能行走，有的可见卧地不起，临床上常见败血

症表现（图 19-63、图 19-64）。若为单独的关节炎型，病猪往往仍有食欲，若治疗不及时，患猪病肢常见关节化脓或纤维素性增生而丧失肢体功能，病程较长的猪可表现逐渐消瘦，病程经 2～3 周康复或死亡。

图19-63 病猪关节肿胀、跛行　　图19-64 病猪关节化脓、关节液
　　　　　　　　　　　　　　　　　　　　　增多，内有纤维素性渗出物

（4）化脓性淋巴结炎型　本型病例多见于架子猪，主要表现为猪的颈部、颌下以及腹部的淋巴结肿大化脓，其临床症状因脓肿所发生的部位不同而表现出相应部位的机能障碍等。一旦脓肿破溃，症状可明显减轻，病程一般 3 周左右或更长。

4. 病理变化

最急性和急性感染猪链球菌而引起死亡的猪通常没有肉眼可见的病变，部分表现为脑膜炎的病猪可见脑脊膜、淋巴结及肺发生充血。在关节炎的病例中，最早见到的变化是滑膜血管的扩张和充血，关节表面可能出现纤维蛋白性多发性浆膜炎。受影响的关节囊壁可能增厚，滑膜形成红斑，滑液量增加。心脏损害包括纤维蛋白性化脓性心包炎、机械性心瓣膜心内膜炎、出血性心肌炎（图 19-65、图 19-66）。猪链球菌感染普遍引起肺脏实质性病变，包括纤维素出血性和间质纤维素性肺炎、纤维素性或化脓性支气管肺炎，另外，猪链球菌还可以引起猪的败血症，全身脏器往往会出现充血或出血现象。

5. 诊断

化脓性淋巴结炎易诊断，但对于急性败血症型、脑膜炎型和关节炎型诊断比较困难，即使根据流行病学、临床症状、病理剖检进行综合分析，只能作出疑似诊断，确诊需进行细菌学检查。

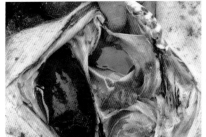
图19-65　纤维素性心包炎、胸膜炎

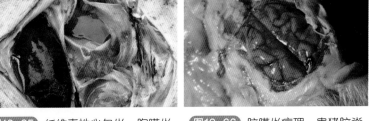
图19-66　脑膜炎病理，患猪脑脊膜充血

6. 防制措施

（1）预防　本病预防要切实做好猪舍的卫生消毒工作。消除圈舍内一切可引起猪外伤的不利因素。对于带菌猪应及时隔离治疗，未能及时免疫的猪群，应及时投服药物进行预防。一般常用药物以四环素较为普遍，可通过拌料投服。也可预防性肌内注射青霉素、链霉素等药物。疫苗方面，弱毒苗适用于健康的断奶仔猪和成年猪，每头皮下或肌内注射1毫升，免疫期半年。灭活苗比较安全，每头注射3～5毫升，免疫期也可保持半年。种猪可在春、秋各进行一次防疫。

（2）治疗　猪链球菌病的治疗药物很多，青霉素、链霉素、土霉素类、卡那霉素、磺胺类、喹诺酮类、头孢菌素类等都有很好的治疗效果。对于大型猪场最好进行药敏试验，选出特效药物进行全身治疗。局部治疗：先将局部溃烂组织剥离，脓肿应予切开，清除脓汁，清洗创口和消毒，然后用抗生素或磺胺类药物以悬液、软膏或粉剂置入患处，必要时可施以包扎。

（五）猪气喘病

猪气喘病又名猪支原体肺炎或猪地方流行性肺炎，是由猪肺炎支原体引起的猪的经呼吸道传染的慢性呼吸道传染病。临床表现为咳嗽、气喘，剖检以典型的肺部病变为特点。

1. 病原

猪肺支原体是介于病毒和细菌之间的微生物。因无细胞壁，故呈多形态，有环状、球状、点状、杆状和两极状。猪肺炎支原体革兰氏染色阴性，但着色不佳，姬姆萨或瑞氏染色良好。猪肺炎支原体对自然环境抵抗力不强，一般 2～3 天失活，病料悬液中支原体在 15～20℃放置 36 小时即丧失致病力。常用的化学消毒剂均能达到消毒目的。

2. 流行病学

自然病例仅见于猪，不同年龄、性别和品种的猪均能感染，但乳猪和断乳仔猪易感性最高，发病率和病死率较高，其次是怀孕后期和哺乳期的母猪，肥育猪发病较少，病情也轻。母猪和成年猪多呈慢性和隐性，病猪和带菌猪是本病的传染源。病猪在临诊症状消失后，在相当长时间内不断排菌，感染健康猪。本病一旦传入后，如不采取严密措施，很难彻底扑灭。本病一年四季均可发生，但在寒冷、多雨、潮湿或气候骤变时较为多见。饲养管理和卫生条件是影响本病发病率和病死率的重要因素，尤以饲料质量、猪舍潮湿和拥挤、通风不良等影响较大。如继发或并发其他疾病，常引起临诊症状加剧和病死率升高。

3. 临床症状

急性型主要发生在妊娠母猪和仔猪，病初为短声连咳，在受冷空气刺激、经驱赶运动和喂料前后最易听到，病猪呼吸困难，犬坐喘鸣，呈明显的腹式呼吸（图19-67、图19-68）。体温正常或稍高。后期当病猪严重呼吸困难时，可见食欲废绝。病程一般 3～7 天。慢性型发生于架子猪和后备母猪，患猪长期咳嗽，腹式呼吸明显。猪体消瘦，发育不良，很少发生死亡，病程可达数月。

图19-67　患病猪只犬坐式喘气

图19-68　病猪呼吸困难，呈明显的腹式呼吸

4. 病理变化

主要见于肺、肺门淋巴结和纵隔淋巴结。急性死亡可见肺有不同程度的水肿和气肿。在心叶、尖叶、中间叶及部分病例的膈叶前缘出现融合性支气管肺炎，以心叶最为显著，尖叶和中间叶次之，然后波及膈叶。早期病理变化发生在心叶，病变如粟粒大至绿豆大，逐渐扩展而融合成多叶病理变化，成为融合性支气管肺炎。两侧病理变化大致对称，病理变化部的颜色多为淡红色或灰红色，半透明状，界限明显，如鲜嫩肌肉，俗称"肉变"（图19-69）。随着病程延长或病情加重，病理变化部颜色转为浅红色、灰白色或灰红，半透明状态的程度减轻，俗称"胰变"或"虾肉样变"。肺门和膈淋巴结显著肿大，有时边缘轻度充血。继发细菌感染时，引起肺和胸膜的纤维素性、化脓性和坏死性病理变化，还可见其他脏器的病理变化（图19-70）。

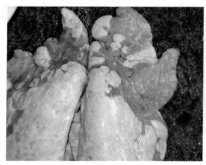

图19-69　患病猪肺心叶、膈叶出现明显的"肉变"

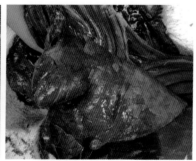

图19-70　慢性病例整个肺脏发生明显的"肝变"，肺常常与胸膜发生粘连

5. 诊断

根据流行病学和典型的呼吸道症状，结合病理剖检一般可以诊断。但应本病继发感染常见，往往将气喘病症状掩盖，肺部常见有化脓性肺炎或纤维素坏死性肺炎。

6. 防制措施

（1）预防　对流行严重的猪场，在母猪怀孕后期及分娩后，对母猪和所产仔猪可连续投服土霉素，或肌内注射土霉素、卡那霉素或

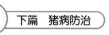

泰乐菌素等药物。目前我国已研制出猪气喘病弱毒菌苗，对猪较安全，免疫期可达半年以上。菌苗使用胸腔注射效果较好，注射点在右胸腔。每年8～10月份进行免疫。对生后1周内的仔猪，每头注射2.5毫升。

（2）治疗　气喘病的治疗药物很多，但是往往不能彻底根除病原，以致于在临床上本病常常复发。复发后病情都较初次严重，治疗本病需要加大药量，缩短给药间隔时间。同时，搞好卫生消毒，加强饲养管理。常用治疗药物是土霉素与卡那霉素联合使用。使用剂量：卡那霉素以每千克体重4万～6万单位，土霉素以每千克体重80～100毫克。以后减半，一般6小时一次肌内注射，连用2～3天即可。使用支原净、泰乐菌素、四环素类拌料，或用喹诺酮类、洁霉素、壮观霉素等肌注，也可收到好的治疗效果。

（六）猪传染性萎缩性鼻炎

1. 病原

支气管败血波氏杆菌是本病的重要病原，为革兰氏染色阴性的球杆菌，两极染色，有荚膜。另外，D型巴氏杆菌也是本病的病原菌，也能产生坏死毒素。另外，多杀性巴氏杆菌、铜绿假单胞菌、放线菌、毛滴虫等感染都可加重本病的病情。

2. 流行病学

任何年龄的猪都可感染本病，但以仔猪的易感性最高。1周龄的猪感染后可引起原发性肺炎，并可导致全窝仔猪死亡，发病率一般随年龄增长而下降。1月龄以内的感染，常在数周后发生鼻炎，并引起鼻甲骨萎缩。断奶后感染，一般只产生轻微病理变化，有的只有组织学变化。不同品种的猪易感性也有差异，国内土种猪较少发病。病猪和带菌猪是主要传染源，其他动物如犬、猫、家畜（禽）、兔、鼠、狐及人均可带菌，甚至引起鼻炎、支气管肺炎等，因此也可能成为传染源。传染方式主要是飞沫传播，传播途径主要是呼吸道。在猪群内传播比较缓慢，多为散发或地方性流行。各种应激因素可使发病率提高。

3. 临床症状

初发群中，常见3～4日龄的猪剧烈咳嗽，呼吸困难，而母猪正常。小猪有时全部死亡。1～8周龄仔猪发病，可见喷嚏和呼吸困难，鼻孔流出黏液或脓性分泌物或带有血丝（图 19-71）。有时因剧烈咳嗽，可发生流鼻血现象。患猪常见不时拱地，摩擦鼻部，并张口呼吸、发出斯声。因鼻泪管阻塞可出现结膜炎，并在内眼角下的皮肤上形成弯月状湿润区，当尘土异物黏附时，可形成黄色或灰色或黑色的泪斑（图 19-72）。一般经过数周，多数猪可出现鼻甲骨萎缩的变化。一般经过 2 月左右，萎缩严重的病例可出现脸面变形。当一侧损伤严重时，鼻部则偏向严重的一侧。若双侧损伤一致时，可见鼻孔变小，鼻部向上翘起。由于患猪对代谢的影响，经测定常见血液中钙、磷、血红蛋白含量较低，所以可直接影响生长发育，使猪生长停滞，形成僵猪。

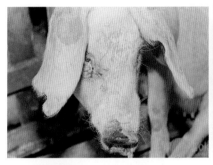

图19-71　病猪鼻盘萎缩变形，鼻孔流出黏液性分泌物

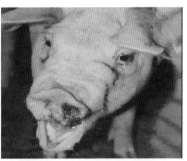

图19-72　病猪发生结膜炎，眼角泪斑严重，鼻孔流血

4. 病理变化

病理变化一般局限于鼻腔和邻近组织，最特征的病理变化是鼻腔的软骨与鼻甲骨软化和萎缩，特别是下鼻甲骨下卷曲最为常见。另外也有萎缩限于筛骨和上鼻甲骨的。有的萎缩严重，甚至鼻甲骨消失，而只留下小块黏膜皱褶附在鼻腔的外侧壁上。鼻腔常有大量的黏液、脓性甚至干酪性渗出物，随病程长短和继发性感染的性质而异。急性时（早期）渗出物含有脱落的上皮碎屑。慢性时（后期），鼻黏膜一般苍白，轻度水肿。鼻窦黏膜中度充血，有时窦内充满黏液性分泌物。病理变化转移到筛骨时，当除去筛骨前面的骨性障碍后，可见大量黏液或脓性渗出物的积聚（图 19-73～图 19-75）。

图19-73 正常猪鼻盘

图19-74 正常猪只鼻甲骨横截面图

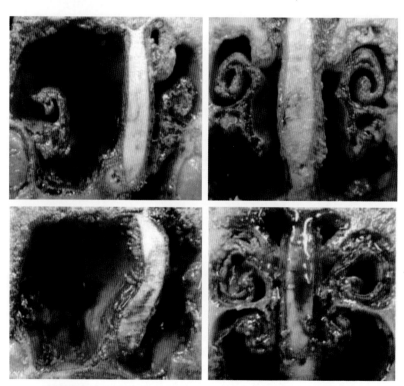

图19-75 不同感染程度及病程的病猪，其鼻甲骨横截面显示，鼻甲骨萎缩程度差异巨大

5. 诊断

依据频繁喷嚏、吸气困难、鼻黏膜发炎、鼻出血、生长停滞和鼻面部变形易做出现场诊断。有条件者，可用 X 射线做早期诊断。用鼻腔镜检查也是一种辅助性诊断方法。

6. 防制措施

（1）预防　应注意不从疫区引进种猪。免疫接种现有 3 种疫苗：Bb（I 相菌）灭活油剂苗，Bb-T+Pm 灭活油剂二联苗，Bb-T+Pm 毒素灭活油剂苗，后两种疫苗效果较好。可于母猪产前 2 个月及 1 个月分别接种，以提高母源抗体滴度，保护初生仔猪几周内不感染。也可给 1～2 周龄仔猪进行免疫，间隔 2 周后进行二免。为了防止母源感染，应在母猪妊娠最后 1 个月内给予预防性药物。常用磺胺嘧啶（SD）每吨饲料 100 克和土霉素每吨饲料 400 克。乳猪在出生 3 周内，最好选用敏感的抗生素注射或鼻内喷雾，每周 1～2 次，每鼻孔 0.5 毫升，直到断乳为止。育成猪也可用磺胺或抗生素防制，连用 4～5 周，育肥猪宰前应停药。改善饲养管理，采用全进全出饲养制度；提高母猪生育年龄，避免大量引进年青母猪；降低猪群饲养密度，严格卫生防疫制度，减少空气中病原体、尘埃和有害气体；改善通风条件；保持猪舍清洁、干燥、保暖，减少各种应激；新购猪只必须隔离检疫。凡曾与病猪及可疑病猪有接触的猪应隔离饲养，观察 3～6 个月；良种母猪感染后，临产时消毒产房，分娩接产仔猪送健康母猪带乳，培育健康猪群，在检疫、隔离和处理病猪过程中要严格消毒。

（2）治疗　支气管败血波氏杆菌对多种抗生素和磺胺类药物都很敏感，但治疗后往往复发比较多，要注意连续用药。母猪（产前 1 个月）、架子猪和断奶仔猪，每吨饲料中加磺胺二甲基嘧啶 100～450 克，或每吨饲料中加土霉素 400 克，连喂 4～5 周。链霉素、金霉素、泰乐菌素、卡那霉素等都可作为治疗药物使用。仔猪自 2 日龄起用硫酸卡那霉素液滴鼻，3 天 1 次，连滴 5 次；或自生后 2 日龄起肌注磺胺药或土霉素或青霉素和链霉素的混合液。

（七）猪传染性胸膜肺炎

本病是由放线杆菌引起的猪的一种呼吸器官传染病。临床表现为严重的呼吸困难，病理变化是纤维素性、坏死性和出血性肺炎和纤维素性胸膜炎。

1. 病原

胸膜肺炎放线杆菌，是一种革兰氏阴性小球杆菌，有荚膜和菌毛，不形成芽孢，能产生毒素，新鲜病料中呈两极染色。目前已报道的有 15 个血清型，各血清型具有特异性，其血清型特异性取决于荚膜多糖（CP）和菌体脂多糖（LPS）。其中血清型 1 和血清型 5 又可分为 A 和 B 两个亚型，即血清型 1A、1B 和 5A、5B。

2. 流行病学

本病对各种年龄的猪都具有易感性，多在冬季规模化猪场发生，以 6 周～3 月龄仔猪最易感。急性者死亡率高，慢性病例可以耐过，发病率和病死率通常在 50% 左右，有的可达 100%。猪群发病主要通过呼吸道感染，尤其在饲养管理不良、拥挤、潮湿、通风不畅的圈舍，传播更加迅速。气候突变和长途运输等因素可明显影响发病率及死亡率的高低。

3. 临床症状

（1）最急性与急性型　猪群中突然几个猪发病，体温升高至 41.5℃以上，不吃食，沉郁，有时轻度腹泻。后期呼吸困难，呈现张口伸舌、犬坐姿势，从口鼻流出泡沫样淡血色的分泌物，心跳加快，而口、鼻、耳、四肢皮肤呈暗紫色，往往于 2 天内死亡，个别猪未表现症状即死亡（图 19-76、图 19-77）。有些猪可能转为亚急性和慢性。

图19-76 病猪呼吸困难，耳、鼻发绀　　图19-77 病猪口鼻流出泡沫状血样分泌物

（2）亚急性和慢性型　能耐过 4 天以上可慢慢恢复或转为慢性病，猪食欲减退或废绝，体温 39～40℃，间歇性咳嗽，症状逐步缓和。但是，有些慢性型或治愈的或是隐性感染的猪，在其他病原体感染或运输等环境改变时，都可能使症状加重或转为急性。

4.病理变化

主要是肺炎和胸膜炎，最急性型的病变类似类毒素休克病变：气管和支气管充满泡沫样血色黏液性分泌物；肺充血、出血，肺泡间质水肿，靠近肺门的肺部常见出血性或坏死性肺炎。急性型多为两侧性肺炎，纤维素性胸膜炎明显。亚急性型由于继发细菌感染，致使肺炎病灶转变为胀肿，常与肋胸膜形成纤维性粘连。慢性型则在肺膈叶见到大小不等的结缔组织结节，肺胸膜粘连，严重的与心包粘连（图19-78～图 19-83）。

图19-78 病猪发生心包炎、胸膜炎，心包与胸膜粘连严重（一）

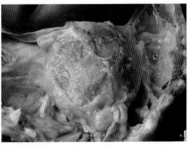

图19-79 病猪发生心包炎、胸膜炎，心包与胸膜粘连严重（二）

图19-80 病猪胸腔积液，纤维素性渗出物包裹心、肺（一）

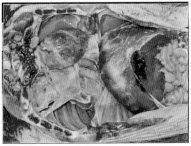

图19-81 病猪胸腔积液，纤维素性渗出物包裹心、肺（二）

图19-82 病猪出现纤维素性心包炎、胸膜炎，肺脏与胸壁粘连

图19-83 病猪肺脏充血，颜色变深，肺间质增宽

5. 诊断

根据流行病学和特征的临诊症状，可以做出初步诊断。确诊需做细菌学检查和血清学试验，主要包括细菌的分离鉴定、涂片镜检、溶血试验、卫星试验、生化试验、动物接种、血清抗体检测等。并注意该病与猪肺疫、喘气病、副猪嗜血杆菌、猪圆环病毒感染的鉴别诊断。

6. 防制措施

（1）预防　须引种时应隔离并进行血清学检查，确为阴性猪方可引入。要加强饲养管理，注意环境卫生，定期消毒。对有本病的猪场而未注射菌苗时，还应定期在饲料中添加抗生素药物进行预防。预防本病的疫苗很多，主要分为灭活苗和亚单位苗两种类型。对母猪和2～3月龄猪进行免疫接种，能有效控制本病的发生。各种亚单位苗成分不尽相同，一般是以胸膜肺炎放线杆菌外毒素为主要成分，辅以外膜蛋白或转铁蛋白等各种毒力因子，保护效果不一。

（2）治疗　早期治疗是提高疗效的重要条件。本病治疗药物很多，如链霉素、卡那霉素、四环素类、磺胺类、头孢噻呋、替米考星、氟甲砜霉素、先锋霉素、沙星类药物、阿莫西林、丁胺卡那、庆大霉素、卡那霉素、复方新诺明（SMZ+TMP）等都可作为治疗药物。

（八）猪大肠杆菌病

猪大肠杆菌病是由致病性大肠杆菌引起初生仔猪黄痢、哺乳仔猪白痢、断奶后仔猪水肿病和大肠杆菌性腹泻的一种传染病。目前，猪大肠杆菌病已是危害养猪业的主要传染病之一。

1. 病原

大肠杆菌是有鞭毛的革兰氏阴性中等大小的杆菌。引起仔猪黄痢的大肠杆菌血清型都可产生肠毒素。引起仔猪水肿病的大肠杆菌血清型主要是溶血性大肠杆菌，有相当一部分也可引起仔猪黄白痢。

2. 流行病学

猪大肠杆菌主要引起仔猪发病，传染途径主要为消化道，少数可经脐部和产道感染。大肠杆菌属条件性致病菌，正常动物肠道中都有大肠杆菌存在。各种降低仔猪抵抗力的因素都可成为大肠杆菌病的诱因，乳汁过浓、不易消化、环境不洁、猪只拥挤、通风不良、气候突变、闷热潮湿等都可促使本病发生。

3. 临床症状

（1）**仔猪黄痢** 仔猪出生时尚正常，急性发病在数小时后未见腹泻便突然衰竭死亡。在最急性猪只死亡不久，可见同窝其他仔猪陆续发生腹泻，粪便呈黄色水样或浆状，内含凝乳小片，肛门失禁，后肢被粪便严重污染，捕捉时因挣扎可见粪便流出（图19-84、图19-85）。

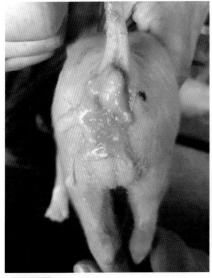

图19-84 患病仔猪拉黄色糊状粪便，黏附于肛门皱纹

图19-85 病猪排泄黄色稀粪，污染圈舍

病猪常于1～3天内因严重脱水而突然死亡。有的可见同圈中少数猪突然出现口吐白沫、转圈、头抵地不动，突然死亡。

（2）仔猪白痢 仔猪白痢是由大肠杆菌引起的1周龄至断奶仔猪的一种急性、高发病率的传染病。仔猪白痢病也称为迟发性大肠杆菌病，以排出乳白色或灰白色带有腥臭的稀粪为特征。患猪初期体温、食欲正常，早期粪便呈乳白色或灰白色，随着病程的发展，粪便可呈白色稀水样，并常混有气泡，气味腥臭。此时患猪被毛粗乱，后部污染，喜欢喝水，怕冷。治疗不及时常导致死亡。若是10日龄左右猪发病，粪便常呈黄白色或黄绿色不等。

（3）仔猪水肿病 本病常见于10～30千克肥壮仔猪，最常发于4～5月份和9～10月份。当气候多变、阴雨潮湿、饲料缺乏营养时更易发病，发病一般仅局限于一窝仔猪。临床特征为突然发病、共济失调、局部或全身麻痹等神经症状以及头面部水肿，最急性病例常见突然死亡。病猪体温多正常，常在神经症状出现数小时后死亡。近几年临床上发现，刚出生的仔猪便有水肿病发生，仔猪出生后可见股部水肿，发红发亮，而且很快伴发黄痢，此类患猪死亡率特别高。

（4）断奶后腹泻 患猪体温多正常，食欲变化不大，粪便可呈灰白色或白色，有的呈水样，多数仅见稀糊状，若治疗不及时，往往继发仔猪副伤寒等传染病。本病发病率较高，但死亡率较低，继发感染时死亡率可增高。

4. 病理变化

仔猪黄痢死亡猪胃内充满凝乳块，胃肠充气，尤见整个肠道因高度充气而使肠壁变薄，肠内有黄白色凝乳块、气泡，肠黏膜肿胀出血，心、肝、肾常见小点出血和凝固性坏死灶，淋巴结充血、肿大、多汁。仔猪白痢死亡仔猪剖检可见肠腔中有黄白色或灰白色黏稠稀粪，气味腥臭，小肠黏膜充血潮红，大部分病例可见肠壁薄而透明。肠系膜淋巴结潮红肿大，胃中有大量凝乳块。

5. 诊断

根据流行病学的发病年龄和季节，结合临床症状和典型的病理变化即可诊断。确诊需进行细菌学检查、肠毒素检查试验或血清型鉴定。

6. 防制措施

仔猪黄痢病发病快、病程短，一旦发病，急性病猪常因药物未起到作用便已死亡。治愈的仔猪也常常生长发育迟缓、体弱、贫血、消瘦，致使育肥期明显延长。仔猪白痢死亡率较黄痢小，但对猪只生长发育影响严重，需注意加强饲养管理，及时防寒防暑，消除各种不利因素，注意加强断奶猪的饲养管理，营养要全面。

（1）预防　预防仔猪黄痢病已生产了 K88、K99 双价，以及 K88、K99、987P 三价基因工程苗，用这些菌苗在母猪产前 45 天和 15 天各免疫注射 1 次，预防仔猪黄白痢病。但是，由于致病性大肠杆菌的血清型复杂，有的猪场常因血清型不符而致免疫失败。预防仔猪断奶后腹泻的关键是提高仔猪的抵抗力。

（2）治疗　治疗仔猪黄白痢病的药物很多，大肠杆菌很易产生耐药性，若一窝中有一头发病，除对发病猪治疗外，其他未发病猪也要投药进行预防。常用的药物有土霉素类、呋喃唑酮、庆大霉素、氟哌酸、环丙沙星、恩诺沙星、氧氟沙星、沙拉沙星等。另外，目前市售的各种复方制剂针剂、口服液、擦剂也有很好的疗效，也可应用中药制剂如白头翁散、黄白痢散等煎煮后灌服仔猪。仔猪水肿病的治疗应注意，用药要早，剂量要足，配合使用水肿病抗毒素，病猪健猪同治，采用综合性防治措施。

7. 鉴别诊断

应注意与贫血性水肿、缺硒性水肿区别，二者均无神经症状，注射抗贫血药或硒很快收效。

（九）仔猪红痢

称猪传染性坏死性肠炎，是由 C 型或 A 型魏氏梭菌的外毒素所引起的一种高度致死性、坏死性肠炎。临床上以泻出血色粪便、肠坏死、急性死亡为特征。特征为常发生在不足 1 周龄的仔猪，下痢红色，病程短，死亡率高。

1. 病原

C 型魏氏梭菌是一种革兰氏染色阳性、有菌膜的厌氧大杆菌，菌体两端钝圆，可产生卵圆形的芽孢。细菌所产生的 α 毒素和 β 毒素，引起猪的肠毒血症。

2. 流行病学

魏氏梭菌在自然界分布很广，土壤中大多存在，在感染猪群，此菌常存在于部分猪的肠道中，主要侵害 1～3 日龄的仔猪，一周龄以后的仔猪很少发病，同一群各窝仔猪发病率不同，最高可达 100%，病死率 20%～70%。

3. 临床症状

（1）最急性型　在初生后几小时或不到 24 小时便会排出血便，在当天或第二天因极度衰竭虚脱而死。

（2）急性型　可维持 2～3 天，病猪整个过程排出红褐色血便（图 19-86、图 19-87），精神不振，走路摇晃，后躯常沾满血便。

（3）慢性型　可维持 1 周或数周，粪便呈黄色稀糊状，带有黏液和组织碎片。连续发病呈间歇性，病猪生长停滞，逐渐消瘦死亡。稍严重病猪可排出似"米粥"样清水粪便，病程持续 1 周左右便死亡。

图19-86　病猪排泄红色至黄色稀粪

图19-87　仔猪红痢，小肠出血，黏膜呈红色

4. 病理变化

剖检主要病变集中于小肠空肠，内有大量气体，肠黏膜红肿、出血和坏死。

5. 诊断

对急性和最急性病例，通常可根据临床症状和尸体剖检作出初步诊断。临床为血性下痢，剖检时发现坏死性出血性肠炎，病变部位与正常肠段的界限分明，可初步诊断，用空肠内容物测定毒素，确定其血清型及分离细菌作病原性鉴定，方可最后确诊。

6. 防制措施

（1）预防　加强饲养管理，猪舍、运动场应保持干燥，除去圈内污泥浊水，在产前对猪舍、母猪及其奶头进行清洗和消毒，可减少该病的发生和传播。在常发病的猪群，必要时可试用抗菌药物作紧急药物预防，在仔猪刚出生时就开始口服或注射，每日 2～3 次。预防接种，在本病流行的猪场，给母猪注射仔猪红痢灭活苗，母猪初乳中可产生足够的抗体，仔猪通过初乳而成功地获得保护。初产母猪在分娩前 30 天和 15 天各肌内注射 1 次，每次 5～10 毫升；初产母猪如前一胎已用过菌苗，于分娩前 15 天注射 1 次即可，剂量为 3～5 毫升，注射时尽量保持母猪安静，以免引起机械性流产。

（2）治疗　本病一旦发生，治疗效果很不理想，若发病日龄小，往往会出现全窝死亡，最有效的治疗是使用抗血清，但价格昂贵。治疗可选用青霉素、头孢类抗菌药物，同时配合对症和辅助治疗。

（十）猪痢疾

猪痢疾也称为猪血病，是由猪密螺旋体引起猪的一种出血性腹泻病，临床特征为出血性腹泻，剖检为大肠黏膜出血性坏死。

1. 病原

猪痢疾密螺旋体是一种较大的革兰氏染色阴性厌氧微生物。

2. 流行病学

本病主要感染 6～12 周龄的仔猪。刚断奶的仔猪发病率可达90%，病死率达 50%。成年猪发病率为 30%～70%，病死率较低。一般饲养管理不良、营养缺乏、气候环境恶劣都可促使本病发生，消化道是主要的感染途径。

3. 临床症状

潜伏期 5～7 天。

（1）最急性型　多见新发病的猪场中，几乎没有腹泻症状便发生死亡。

（2）急性型　病猪初期排出黄色或灰白色的稀便，精神沉郁，食欲降低，后躯颤动，体温可升高 40℃以上。最快的仅数小时便死亡，病程缓慢的可达 1～2 天，病猪粪便中可能混有大量黏液和血液。当腹泻加重时，粪便呈红色或黑色的油脂胶冻状，含鲜血、黏液和纤维素渗出物碎片（图 19-88、图 19-89），病猪常因脱水而死。

 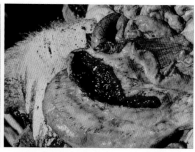

图19-88　病猪排出深红色排泄物　　图19-89　解剖可见，病猪肠道黏膜出血

（3）慢性型　老疫区多见，或为急性型转化而来，病猪可长期排出时轻时重的黑色稀便，俗称黑泻病，病猪消瘦贫血，生长发育停滞。身体较弱的猪虽然治愈，经过一段时间又会复发。

4. 病理变化

主要病变为大肠、结肠及盲肠黏膜肿胀，皱褶明显，上附黏液，黏膜有出血，肠内容物稀薄，其中混有黏液及血液，呈酱油色或巧克力色，大肠黏膜出现表层点状坏死，或有黄色和灰色伪膜积聚，肠内容物混有大量黏液和坏死组织碎片。肠系膜淋巴结肿胀，切片多汁，肝、脾、心、肺无明显变化。

5. 诊断

根据流行病学、临床症状及病理剖检可作出初步诊断，确诊需在实验室进行病原学检测。

6. 防制措施

（1）预防　应禁止从疫区引进种猪，平时应加强饲养管理和实行严格的卫生消毒制度，并尽可能避免各种应激因素的刺激。有疫病的猪场，平时应在饲料中拌入痢菌净等药物进行预防。

（2）治疗　痢菌净是目前应用最广泛的治疗药物，用药后可很快控制病情，用量以每千克体重5～6毫克口服，1日2次，连用3天即可。

（十一）仔猪副伤寒

仔猪副伤寒是由沙门氏杆菌引起、以2～4月龄仔猪多发的一种急性呈败血症变化、亚急性和慢性呈顽固性腹泻症状的疾病。

1. 病原

病原可分为猪霍乱沙门氏杆菌和猪伤寒沙门氏杆菌。当病原菌处在猪的脏器内或粪便中时，对外界环境中的不利因素抵抗力较强；对消毒药的抵抗力较弱。

2. 流行病学

本病通常经消化道传染，污染的饲料、饮水是最重要的传染源，6月龄的猪也可发病。成年猪往往成为隐性带菌者，鼠类、鸟类、苍蝇和人都可成为本病的传播者。一般消毒药均可杀死本菌，60℃ 30分钟也可杀死病菌，但污染的环境中可存活数周，冷库中可存活半年以上。

3. 临床症状

仔猪副伤寒临床上有两种类型。

（1）急性败血型　常见断奶前后的仔猪，突然高热、精神不振，在短时间内迅速死亡。病程稍长的可见耳朵呈蓝紫色，排出淡黄色或黄绿色恶臭粪便（图19-90）。少数可见便秘。病程一般2～3天。死前胸腹、四肢皮肤有蓝紫色出血斑。

（2）慢性肠炎型　临床最常见。病猪体温升高40℃以上，排泄灰色、灰白色或黄绿色水样粪便，气味恶臭并混有大量坏死组织和纤维状物。病猪严重消瘦，被毛粗乱。后期常

图19-90 病猪腹泻，肛门周围沾满粪便

发生肺部严重感染。临死前皮肤出现紫斑。病程可持续数周。

4. 病理变化

慢性型的主要病变在盲肠和结肠上，可见肠壁淋巴结肿胀、坏死和溃疡，表面覆盖灰黄色麸皮样物质，肝脏及肠系膜淋巴结肿大，常见针尖大或粟粒大灰白色的坏死灶。

5. 诊断

根据流行病学，慢性副伤寒可作出初步诊断，但是急性副伤寒由于易与猪丹毒、猪瘟、猪肺疫、猪败血症链球菌病、猪水肿病及猪传染性胃肠炎等相混，所以必须借助血清学检测鉴定血清型。

6. 防制措施

（1）预防　平时应加强饲养管理，严格消毒，消除致病因素。对猪群应及时注射仔猪副伤寒弱毒菌苗。注射时间在仔猪一月龄时，每头猪注射 1～1.5 个剂量，一般注射一次即可。注射疫苗时应详细阅读标签。

（2）治疗　沙门氏杆菌对多种抗生素如庆大霉素、四环素类、卡那霉素、喹诺酮类和多种复合磺胺药都很敏感，但是，应引起注意的是细菌很易产生耐药性。在沙门氏杆菌的治疗上，应几种药物联合应用和交替使用，并且要有足够的剂量和疗程。有条件时应做药物敏感试验。SMZ 或 SD 每千克体重 20～40 毫克，分 2 次注射，连用 1 周。在仔猪副伤寒的治疗上，往往理论上的用药效果与实际存在很大差异，这是因为在发病期内，细菌常位于受到保护的细胞内环境中，很多抗菌药物很难与其接触，所以，治疗效果往往很不理想。另外，研究发现，沙门氏杆菌对氟喹诺酮类产生耐药反应。

（十二）副猪嗜血杆菌

副猪嗜血杆菌病是由副猪嗜血杆菌引起的猪的多发性浆膜炎和关节炎，主要临诊症状为发热、咳嗽、呼吸困难、消瘦、跛行、共济失调和被毛粗乱等。此外，副猪嗜血杆菌还可引起败血症，并且可能留下后遗症，即母猪流产、公猪慢性跛行。

1. 病原

副猪嗜血杆菌具有多种不同的形态，从单个的球杆菌到长的、细长的以至丝状的菌体，革兰氏染色阴性，通常可见荚膜，但体外培养时易受影响。该菌的血清型复杂多样，至少可将副猪嗜血杆菌分为 15 种血清型，另有 20% 以上的分离株血清型不可定型。各血清型菌株之间的致病力存在极大的差异，其中血清 1、5、10、12、13、14 型毒力最强，其次是血清 2、4、8、15 型，血清 3、6、7、9、11 型的毒力较弱。另外，副猪嗜血杆菌还具有明显的地方性特征，相同血清型的不同地方分离株可能毒力不同。

2. 流行病学

副猪嗜血杆菌只感染猪，从 2 周龄到 4 月龄的猪均易感，通常见于 5～8 周龄的猪，主要在断奶后和保育阶段发病。发病率一般在 10%～15%，严重时病死率可达 50%。以前，猪的多发性浆膜炎和关节炎被当作应激反应引起的猪散发性疾病。后来发现，在 SPF 动物或高度健康的畜群中，副猪嗜血杆菌的引入可能导致高发病率和高病死率的全身性疾病。目前，在不同的畜群混养或引入种猪时，副猪嗜血杆菌的存在是个严重的问题。对于猪的呼吸道疾病，如支原体肺炎、繁殖与呼吸综合征、猪流感、伪狂犬病和猪呼吸道冠状病毒等感染时，副猪嗜血杆菌的存在可加剧疾病的临诊表现。另外，一些最新报道指出，副猪嗜血杆菌可能还是引起纤维素性化脓性支气管肺炎的原发因素。

3. 临床症状

临诊症状取决于炎性损伤的部位，在高度健康的猪群，发病很快，接触病原后几天内就发病。临诊症状包括发热、食欲不振、厌食、反应迟钝、呼吸困难、咳嗽、疼痛（尖叫）、关节肿胀、跛行、颤抖、共济失调、可视黏膜发绀、侧卧、消瘦和被毛凌乱，随之可能死亡。急性感染后可能留下后遗症，即母猪流产、公猪慢性跛行。即使应用抗生素治疗感染母猪，分娩时也可能引发严重疾病，哺乳母猪的慢性跛行可能引起母性行为极端弱化。

4. 病理变化

眼观病变主要是在单个或多个浆膜面，可见浆液性和化脓性纤维蛋白渗出物，包括腹膜、心包膜和胸膜，损伤也可能涉及脑和关节表面，尤其是腕关节和跗关节（图 19-91、图 19-92）。

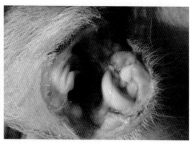

图19-91 腹膜、肠黏膜上纤维素性渗出物   图19-92 病猪腕关节肿胀，关节液增多，关节液浑浊

5. 诊断

根据流行病学调查、临诊症状和病理变化，结合对病畜的治疗效果，可对本病做出初步诊断，确诊有赖于细菌学检查。但细菌分离培养往往很难成功，因为副猪嗜血杆菌十分娇嫩。

6. 防制措施

（1）预防 使用疫苗是预防副猪嗜血杆菌病的最为有效的方法之一，但由于副猪嗜血杆菌不同血清型菌株之间的交叉保护率很低，因此主要用当地分离的菌株制备灭活苗，可有效控制副猪嗜血杆菌病的发生。

（2）治疗 口服药物治疗对严重的副猪嗜血杆菌病暴发可能无效。一旦出现临诊症状，应立即采用口服之外的方式，使用敏感抗菌药物进行治疗，并对整个猪群进行药物预防。大多数病例对氨苄西林、氟喹诺酮类、头孢菌素、庆大霉素和增效磺胺类药物敏感，但对红霉素、氨基苷类、壮观霉素和林可霉素有耐药性。

（十三）猪增生性肠炎

猪增生性肠炎（PPE）又称猪增生性肠病，是由专性胞内劳森菌引起的猪的接触性传染病，以回肠和结肠隐窝内未成熟的肠细胞发生根瘤样增生为特征。Biester 和 Sohwarce 于 1931 年首次报道该病，目前在世界上各主要养猪国家均有报道，猪场感染率为 20%～40%。我国最早在 1999 年报道本病，但目前尚无该病在我国发生情况的系统流行病学资料。

1. 病原

专性细胞内寄生的胞内劳森菌。细菌多呈弯曲形、逗点形、S 形或直的杆菌，具有波状的 3 层膜外壁，无鞭毛，无菌毛，革兰氏染色阴性，抗酸染色阳性，能被银染法着色，改良 Ziehl-Neelsen 染色法将细菌染成红色。细菌微嗜氧，需 5%CO_2。细菌在 5～15℃环境中至少能存活 1～2 周，细菌培养物对季铵消毒剂和含碘消毒剂敏感。

2. 流行病学

呈全球性散发或流行，主要侵害猪。猪以白色品种猪，特别是长白、大白品种猪及白色品种猪杂交的商品猪易感性较强。虽然断乳猪至成年猪均有发病报道，但以 6～16 周龄生长育肥猪易感，发病率为 5%～25%，偶尔高达 40%，病死率一般为 1%～10%，有时达40%～50%。感染后 7 天可从粪便中检出病菌。感染猪排菌时间不定，但至少为 10 周。感染猪的粪便带有坏死脱落的肠壁细胞，其中含有大量细菌，为猪场的主要传染源。主要经口感染，污染的器具、场地也参与传播疾病。某些应激因素，如天气突变、长途运输、饲养密度过大等均可促进该病的发生，鸟类、鼠类在该病的传播中也起着重要的作用。

此外，该病常可并发或继发猪痢疾、沙门氏菌病、结肠螺旋体病、鞭虫病等，从而加剧病情。

3. 临床症状

人工感染潜伏期为 8～10 天，攻毒后 21 天达到发病高峰。自然感染潜伏期为 2～3 周，按病程可分为急性型、慢性型与亚临诊型。

（1）急性型　发病年龄多为 4～12 周龄，严重腹泻，出现沥青样黑色粪便，后期粪便转为黄色稀粪或血样粪便并发生突然死亡，也有突然死亡而无粪便异常的病例（图 19-93）。

（2）慢性型　慢性型多发于 6～12 周龄的生长猪，10%～15% 的猪只出现临诊症状，主要为食欲减退或废绝。病猪精神沉郁，出现间歇性下痢，粪便变软、变稀而呈糊状或水样，颜色较深，有时混有血液或坏死组织屑片。病猪生长发育受阻，消瘦，背毛粗乱，弓背弯腰，有的站立不稳（图 19-94）。病程长者可出现皮肤苍白，有的母猪出现发情延后现象。如无继发感染，该病死亡率不超过 5%～10%，但可能发展为僵猪而被淘汰。

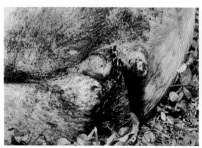

图19-93 急性病例，病猪血便，忽然死亡

图19-94 慢性病例，病猪间歇性，弓背

（3）亚临诊型　感染猪虽有病原体存在，却无明显的临诊症状。也可能发生轻微下痢但常不易引起注意，生长速度和饲料利用率明显下降。

4. 病理变化

可见回肠、结肠及盲肠的肠管胀满，外径变粗，切开肠腔可见肠黏膜增厚。回肠腔内充血或出血并充满黏液和胆汁，有时可见血凝块。肠系膜水肿，肠系膜淋巴结肿大，颜色变浅，切面多汁（图19-95、图19-96）。

图19-95 回肠内黏膜出血，肠黏膜增厚

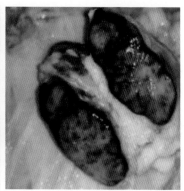

图19-96 淋巴结出血

5. 诊断

根据流行病学调查、临诊症状、病理变化可对该病做出初步诊断。确诊需依靠实验室检测方法，如免疫组化法、免疫荧光法、核酸探针杂交法及 PCR 法等。

6. 防制措施

（1）预防　从饲养管理、生物安全及抗生素治疗等多方面入手采取综合防制措施，国外已研制出猪增生性肠炎疫苗，据报道能有效控制本病。

① 加强饲养管理：实行全进全出制，有条件的猪场可考虑实行多点饲养、早期隔离断奶（SEW）等现代饲养技术。

② 加强兽医卫生：严格消毒，加强灭鼠措施，搞好粪便管理。

③ 减少应激：尽量减少应激反应，转栏、换料前给予适当的药物预防。

（2）治疗　多种药物对于预防和治疗猪增生性肠炎有效。目前常用的药物有红霉素、青霉素、黏杆菌素、泰妙菌素等。

三、猪的寄生虫病

猪的寄生虫病种类很多，多数情况下呈隐性带虫现象，一旦出现症状，表明猪已经遭到严重感染。目前，寄生虫病在很多的猪场普遍存在，除极少数寄生虫的中间宿主生长发育需要特定的环境外，绝大多数寄生虫在各地都可见到，所以，综合防治寄生虫病是养猪能否成功的关键。寄生虫病的防制，注意从以下措施入手：

（1）定期预防驱虫　结合当地的寄生虫流行情况，制定定期驱虫计划，并严格执行。

（2）注意环境卫生　平常要注意圈舍的清洁卫生，定期消毒。粪便堆积发酵，消除周围污水、杂草、蚊、老鼠等，消除需要第二中间宿主的部分寄生虫。

（3）治疗及时迅速　一旦流行，须及时迅速地治疗，否则会造成重大的经济损失。

（4）交替重复用药　有的需多次用药，如疥螨，须间隔1周后再用药1次。

（一）猪蛔虫病

猪蛔虫病是由猪蛔虫寄生在猪的小肠内引起的一种最常见，分布最广泛，感染率最高，危害最大的寄生虫病。主要危害仔猪，是猪常见的寄生虫病。本病流行和分布极为广泛，呈世界性分布。

1. 病原

猪蛔虫病的病原为线形动物门、蛔目、蛔科、蛔属的猪蛔虫。蛔虫是一种大型线虫，在猪的寄生线虫中个体最大。新鲜虫体为淡红色或淡黄色，固定后则为苍白色。虫体呈中间稍粗、两端稍细的圆柱形。雄虫长 15～25 厘米，直径约 3 毫米，尾端向腹面弯曲，形似钓鱼钩。雄虫长 20～40 厘米，直径约 5 毫米，较直，尾端稍钝。未受精卵和受精卵有所不同，受精卵为短椭圆形，黄褐色，大小为（50～75）微米×（40～60）微米，未受精卵呈长椭圆形，灰色，大小为 90 微米×40 微米。虫卵对化学药品抵抗力很强，但对高温较敏感，45～50℃加热处理 30 分钟死亡。

2. 流行病学

猪蛔虫病流行十分广泛，尤其仔猪，几乎均有感染，3～5 月龄的仔猪最易感染。主要原因是：①该寄生虫生活史简单，不需要中间宿主；②繁殖力强，产卵多。每条雌虫每日可产 10 万～20 万个虫卵，产卵盛期每日可产卵 100 万～200 万个；③虫卵对外界环境的抵抗力强。猪感染蛔虫主要是由于采食了被感染性虫卵污染的饲料（包括生的青绿饲料）和饮水或母猪的乳房沾染虫卵后，仔猪吸奶时受到感染。饲养管理不善、卫生条件差、营养缺乏、饲料中缺少维生素和矿物质、猪只过于拥挤的猪场发病更加严重。由于病猪死亡率低，畜主往往忽视驱虫，这也是造成本病广泛流行的原因之一。

3. 临床症状

猪蛔虫病的临床症状随着猪只的年龄大小、猪体质的好坏、感染蛔虫的数量以及蛔虫发育阶段的不同而有所不同，一般以 3～6 个月大的猪比较严重。感染早期，即幼虫移行期间，肺炎症状明显，表现轻微的咳嗽、呼吸加快、食欲减退、体温升高到 40℃左右。较为严重的病例，表现精神沉郁、呼吸短促和心跳加快、缺乏食欲，或者食欲时好时坏，有异嗜癖。多喜躺卧，不愿走动，可能经 1～2 周好转或逐渐虚弱以致死亡。病猪营养不良、消瘦、贫血、被毛粗乱逆立，有的生长发育受阻，变为僵猪。严重病例，呼吸困难，急促不规律，常伴发沉重而粗粝的咳嗽，如果此时病猪并发流感、猪瘟、猪气喘病时，往往由于蛔虫的幼虫在肺脏的协同作用，而使猪只的病情加剧，导致死亡。此外，病猪还表现出渴欲增加、呕吐、流涎、腹泻等症状。此时多喜卧，不愿走动。如果成虫大量寄生时，常扭转成团导致肠道堵塞，此时病猪表现为剧烈的腹痛，食欲废绝，严重的造成肠壁破裂以致死亡，若蛔虫进入胆总管，则引起胆道蛔虫病，或者进入胰管，堵塞胰管，由此引发胰管和胰脏的疾病。后期患猪会表现腹泻，体温升高，不吃，随后体温下降，严重者卧地不起，腹部剧烈疼痛，四肢抽搐，多经 4～8 天死亡。

4. 病理变化

猪蛔虫病发病初期，小肠黏膜出血，轻度水肿，浆液性渗出，嗜中性粒细胞和嗜酸性粒细胞浸润，肝脏出现出血点，肝组织混浊肿胀，脂肪变性，有时出现肝脏局灶性坏死，有时在肝组织中发现暗红色幼虫移行后的虫道。若幼虫经肺毛细血管进入肺泡时，会造成肺组织小点出血，肺表面有大量出血点和暗红色斑点（图 19-97），肺组织致密，导致水肿，肺泡内充满水肿液，若将肺病变组织沉于水中，在肺组织中常可发现大量虫体。后期，肝表面有许多大小不等的白色斑纹，小肠中可发现数量不等的虫体。寄生虫数量少时，肠道无明显的变化。寄生虫数量多时，可见有卡他性肠炎，肠黏膜散在出血点或者出血斑，甚至可见溃疡病灶。肠破裂的可见腹膜炎，肠和肠系膜以及腹膜粘连。偶尔可见虫体钻入胆道（图 19-98）。虫体钻入胰管，则造成胰管的炎症。尸体剖检可以在小肠内发现蛔虫成虫（图 19-99）。但对于 2 月龄内的哺乳仔猪，其小肠内通常没有成虫，故不能用粪便检查做生前诊断，而应仔细观察其呼吸系统的症状和病变，剖检时可取肺和肝脏，用贝尔曼法分离幼虫，确诊（图 19-100）。

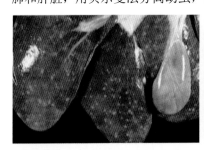

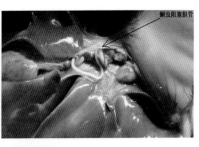

图19-97 蛔虫幼虫在肝脏中移行后，组织损伤留下的"斑点"

图19-98 虫体胆总管，堵塞胆管

图19-99 大量虫体堵塞肠道

图19-100 虫体逆行，进入气管

5. 诊断

对两个月以上仔猪可采用直接涂片法和饱和盐水漂浮法，检出粪便中的虫卵来确诊。严重病例采取新鲜粪便进行直接涂片法检查，即可发现虫卵。实验室诊断方法如下：

（1）直接涂片查虫卵 一般 1 克粪便中虫卵数量 ≥ 1000 个时可以诊断为蛔虫病。蛔虫的繁殖力很强，用直接涂片法很容易发现虫卵。

（2）饱和盐水漂浮法 首先配制饱和盐水，将 380 克氯化钠（或食用盐）溶解于 1 升热水中，冷却至室温备用。取 10 克粪便加饱和盐水 100 毫升，混合均匀，通过 60 目铜筛过滤，滤液收集于三角瓶或烧杯中，静置沉淀 20～40 分钟，则虫卵上浮于水面，用一直径 5～10 毫米的铁丝圈，与液面相平以蘸取表面的液膜，抖落于载玻片上，盖上盖玻片于显微镜下检查。

6. 防制措施

（1）预防 注意环境卫生，粪便应集中堆积发酵杀死虫卵。一般仔猪在断奶时便应进行一次驱虫，以后半年重复 1 次。猪舍地面用石灰水或烧碱水泼洒消毒。仔猪最易感染，而发病与营养不良有着紧密的联系。所以，猪的饲料要营养全面，尤其是仔猪更应注意喂给丰富的蛋白质饲料。

（2）治疗 下列药物都有极好的驱虫效果。左旋咪唑，口服投药以每千克体重 7～10 毫克，一次即可。肌内注射每千克体重 7.5 毫克。丙硫苯咪唑，每千克体重 5～10 毫克，一次口服。伊维菌素，每 33

千克体重皮下注射 10 毫克，1 次即可。

（二）猪肺丝虫病

猪肺丝虫病是由长刺后圆线虫、复阴后圆线虫和萨氏后圆线虫三种后圆线虫寄生于支气管和细支气管内引起。后圆线虫感染主要发生于散养猪，危害最大的是仔猪，严重感染时可引起死亡。

1. 病原

长刺后圆线虫、短阴后圆线虫和萨氏后圆线虫 3 种后圆线虫虫体呈细丝状，乳白色。雄虫长 12～26 毫米，交合刺 2 根，丝状，长达 3～5 毫米，雌虫长达 20～51 毫米。

2. 流行病学

猪肺丝虫病在大部分地区是由长刺后圆线虫引起（少部分由短阴后圆线虫引起）的。成虫寄生于猪的气管内，大多在肺的膈叶边缘。本病主要侵害幼猪，往往呈地方性流行，全国各地均有发生。后圆线虫的发育需要蚯蚓作为中间宿主，因此猪多在夏秋季感染发病。

3. 临床症状

轻度感染无明显症状。2～4 月龄瘦弱的幼猪感染虫体较多时，症状严重，且死亡率较高。在临床上的主要表现是病猪消瘦、发育不良、被毛干燥无光、阵发性咳嗽、呼吸急促、贫血。早晨和晚上、运动后或遇冷空气刺激时咳嗽尤为剧烈，鼻孔流出黏稠分泌物，严重时可造成死亡。无继发感染时体温不升高；病程长者，有的胸下、四肢和眼睑部出现浮肿。

4. 病理变化

可见虫体寄生部多位于肺膈叶后缘，局部形成灰白色的隆起，剪开后从支气管流出黏稠的分泌物；病变部常可找到大量白色的丝状虫体（图 19-101、图 19-102），有的肺小叶因支气管腔堵塞可出现局限性肺气肿及部分支气管扩张。

5. 诊断

漂浮法检查虫卵，但因排卵呈周期性，并不能经常检出。对可疑

图19-101 白色丝状虫体在肺部寄生

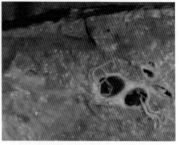

图19-102 白色丝状虫体在细支气管内

的病猪可试用药物诊断，即对病猪按8毫克/千克体重一次口服左旋咪唑。若已受感染，在服药后1～2分钟，猪只会出现剧烈咳嗽，有些猪在咳嗽后又呕吐，在吐出的黏液中可查到虫体。未感染者则无咳嗽。也可根据剖检发现虫体确诊。

6. 防制措施

（1）预防

① 猪场应尽可能建在高燥干爽处，猪舍、运动场应铺水泥地面，防止蚯蚓进入。墙边、墙角疏松泥土要维修，或换上砂土，构成不适于蚯蚓滋生的环境。

② 在流行地区，可用1%火碱水或30%草木灰水淋湿猪的运动场地，这样即能杀灭虫卵，又能迫使蚯蚓爬出而将其消灭。对3～6月龄可疑病猪应作粪便检查，确诊后进行驱虫。

③ 按时清粪，粪便堆积发酵。

④ 预防性驱虫。流行地区的猪群，尤其是3～6月龄的猪群，春秋各进行1次驱虫。可选用左旋咪唑，8毫克/千克体重混入饲料中或饮水给药。也可用阿维菌素或伊维菌素按300微克/千克体重皮下注射。

（2）治疗　丙硫咪唑10～20毫克/千克体重拌入饲料中喂服，左咪唑8～15毫克/千克体重混入饲料中喂服，也可用阿维菌素或伊维菌素按300微克/千克体重皮下注射。

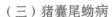

（三）猪囊尾蚴病

猪囊尾蚴病是猪肉绦虫的幼虫——猪囊尾蚴寄生于猪的肌肉和其他器官中所引起的一种寄生虫病。最常受侵害的部位是舌肌、咬肌、肩腰部肌及心肌等，严重时全身肌肉以及脑、眼、肝、肺，甚至脂肪内也能发现。

1.病原

成虫呈扁平带状，长2～4米或更长一些。分头节、颈节和体节，头节上有四个吸盘和一个顶突，顶突上有两排角质小钩。颈节细长，体节节片数量很多。猪囊尾蚴为白色半透明的囊包，椭圆形，约黄豆大小，囊内充满液体，囊壁上有一乳白色的头节。

2.流行病学

猪囊尾蚴病主要是猪与人之间循环感染的一种人畜共患病。猪囊尾蚴的唯一感染来源是猪带绦虫的患者，它们每天向外界排出孕节和虫卵，而且可持续数年甚至20余年，这样猪就长期处于威胁之中。人吃了带有活囊尾蚴的猪肉或被污染的食物而感染猪囊尾蚴病。猪囊尾蚴病和人的猪肉绦虫病是在猪和人之间形成一种互为因果、循环感染的寄生虫病，若环境卫生防治措施松懈，就会导致恶性循环。该病在我国的流行特点是分布较广，人感染率低，但猪感染率高，呈散发。轻症的囊尾蚴病在临床上不易察觉，只有当猪在严重感染时才呈现症状，如猪的肌肉僵硬，肩部肌肉水肿，两肩增宽，臀部隆起，显得异常肥胖，而身体中部窄细，呈"狮状体"或"哑铃状"。如果寄生在舌部，则咀嚼、吞咽困难；寄生在咽喉，则声音嘶哑；寄生在眼球，则视力模糊；寄生在大脑，则出现痉挛，或因急性脑炎而突然死亡。

3.临床症状

猪感染囊尾蚴多不出现症状。极严重感染或某个器官受害时才见到症状，可能有营养不良、生长迟缓、贫血和水肿等症状。某些器官严重感染时，可能出现相应的症状。如侵害肺与喉头则出现呼吸困难、声音嘶哑和吞咽困难等症状；寄生于眼内可使视力障碍甚至失明；寄生于脑有神经症状，有时产生急性脑炎，甚至死亡。患猪常见体变形，表现为两肩显著外张、臀部不正常的肥胖宽阔而呈哑铃状或狮体状体形。

4. 病理变化

检查舌、眼、肺、脾、脑等部，甚至在淋巴结与脂肪内也可发现囊尾蚴寄生。在猪囊尾蚴病的检疫过程中，按照"四部"规程规定主要检查咬肌、深腰肌和膈肌，其他可检部位为心肌、肩胛外侧肌和股内侧肌。主要看所检部位是否有乳白色椭圆形或圆形包囊。包囊内有半透明的液体，囊壁上有一白色结节；镜检，可见猪囊尾蚴头节上有4个吸盘、两排小钩；钙化后的囊尾蚴，包囊中呈现大小不同的黄白色颗粒（图 19-103、图 19-104）。

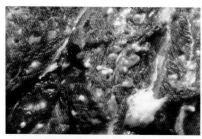

图19-103 猪囊尾蚴在肌肉中形成的白色包囊

图19-104 猪囊尾蚴在心肌中形成的包囊

5. 诊断

一般依据典型的临床症状便可确诊，对症状较轻的可进行实验室检查虫体。

6. 防制措施

预防工作必须依靠卫生、农业、商业部门通力合作，采取"查""驱""管""检"综合性防治措施。

（1）广泛宣传，普及猪囊尾蚴病的基本知识。

（2）采用南瓜子槟榔合剂或灭绦灵等药物 丙硫苯咪唑按 60～65 毫克/千克体重，以橄榄油或豆油配成 6% 悬液，一次多点肌内注射；或 30 毫克/千克口服，每隔 48 小时再服 1 次，共服 3 次。

（3）肉品卫生检验，按"四部"规程规定检验。

（四）猪细颈囊尾蚴病

又叫细颈囊虫病，本病流行很广，主要影响中、小猪的生长发育和增重，严重感染时，可引起仔猪死亡。

1. 病原

细颈囊尾蚴俗称"水铃铛"，是一个含有透明液体的囊状物，大小不等，囊壁上有一个向内嵌入的长"颈"和头节，成虫是一种大型绦虫，体长 0.5~2 米或以上，头节的顶突上有 30~44 个角质小钩，虫体孕卵节片子宫内含有圆形的虫卵，虫卵内含有六钩蚴。寄生在肉食兽小肠内的成虫，其孕卵节片随粪便排到体外，若节片崩解，则虫卵游离并污染外界环境，当猪吞食了成虫的孕卵节片或虫卵时，虫卵在猪的消化道内孵出六钩蚴，幼虫钻入肠壁血管内，随血液循环移行到肝脏并穿透肝组织，在肝表面寄生，或幼虫钻透肠壁，进入腹腔，附着在肠系膜、网膜上寄生，当肉食兽吃了含有细颈囊尾蚴的内脏时，幼虫在肉食兽小肠内约经 3 个月发育为成虫。

2. 生活史

中间宿主吞食了随病犬粪便排出的虫卵而感染，释放出六钩蚴，随血流到肝、网膜或肠系膜上，腹腔胸腔亦可见寄生。经 3 个月发育成具感染性的细颈囊尾蚴。当终末宿主犬等肉食兽吞食了含有细颈囊尾蚴的脏器而受感染；而在小肠内虫体头节吸附在肠黏膜上，发育为泡状缘。

3. 临床症状

轻者不表现出明显的症状，严重感染的猪方可表现症状：消瘦、黄疸、腹部增大。

4. 病理变化

细颈囊尾蚴在家畜中主要寄生在猪、牛、羊、骆驼等的肠系膜、网膜和肝中，严重感染时可寄生于肺脏等处。细颈囊尾蚴呈囊泡状，大小随寄生时间长短而不同，自豌豆大至鸡蛋大；肉眼可见囊壁乳白色半透明，囊内含透明囊液，透过囊壁可见 1 个向内生长而具有细长颈的头节，呈不透明的乳白色（图 19-105、图 19-106）。

图19-105 寄生在肠系膜的
细颈囊尾蚴

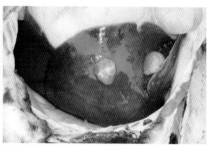

图19-106 寄生在病猪肝脏上的
细颈囊尾蚴

5.诊断

成年猪一般症状不明显,仔猪大量寄生时呈现消瘦、衰弱、黄疸、腹围增大等症状。剖检可见肝肿大,表面有出血点。腹水混有血液。在肝脏、肠系膜上发现细颈囊尾蚴严重时,可在肺组织和胸腔等处找到虫体,再结合流行病学即可确诊。

6.防制措施

(1)预防

① 加强流行区犬的处理和管制 对犬类严加限制、挂牌登记。将定期驱绦虫列为常规制度。

② 严格肉食卫生检查 肉联厂或屠宰场要认真执行肉食的卫生检疫,病畜肝、肺等脏器,必须妥善进行无害化处理,采用集中焚烧、挖坑深埋等法,切忌被狗偷食。

(2)治疗 吡喹酮50毫克/千克体重(将吡喹酮与灭菌的液体石蜡按1:6的比例混合研磨均匀),分两次隔天深部肌内注射;或50毫克/千克体重内服,连用5天。

(五)猪弓形体病

弓形体病是一种人畜共患的原虫病。本病呈世界性分布,是猪的重要寄生虫病之一。

1.病原及生活史

弓形体的终末宿主是猫,在猫的肠壁细胞中进行裂殖生殖,变成大配子（雌配子）和小配子（雄配子），最后结合成合子并发育成卵囊。当中间宿主食入卵囊后，可在全身各脏器的有核细胞内进行无性繁殖，形成滋养体和包囊体（图 19-107）。宿主动物十分广泛，能侵害几十种哺乳动物、爬行动物、鱼类，也可见于鸟类及昆虫等。猪的弓形体病暴发时，常可引起整个猪场发病，致死率达 60% 以上。

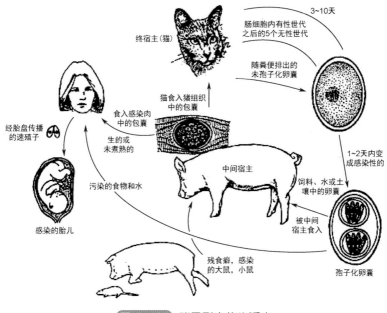

图19-107 猪弓形虫的生活史

2. 临床症状

本病临床症状与猪瘟较难区分。患猪常见稽留热（40.5～42℃），精神沉郁，食欲废绝，粪干尿黄，有时可见下痢。部分患猪虽有发热，但粪便常表现正常。患猪呼吸困难，呈腹式呼吸。极少数病猪表现神经症状。后期病猪的耳部、腹下、四肢等处可见发绀，触诊可明显感到腹股沟淋巴结肿大。

3. 病理变化

全身淋巴结肿大出血，肺、肾、肝常见有灰白色坏死灶和出血点。尤其是肝脏常发生混浊肿胀，硬度增加。肠黏膜可见糜烂、溃疡等。

4.诊断

（1）药物诊断　对发病猪若用抗生素药物治疗无效时，可投服并肌注磺胺类药物，若症状减轻或治愈，可初步作出疑似诊断。因为有的细菌性传染病，细菌对抗生素产生耐药性，但对磺胺类药物敏感。所以，必须在实验室中查出病原体或特异性抗体方可确诊。

（2）实验室确诊　对生前患猪可用直接穿刺法采取腹水或穿刺肿胀淋巴结进行抹片后，用姬姆萨氏或瑞氏法染色观察有无呈香蕉状的弓形体。亦可取死亡猪的肺、淋巴结等病料研碎后加10倍生理盐水进行小白鼠腹腔注射，经一段时间后取腹水或组织染色镜检。有条件的可进行血清学诊断。间接血凝试验，一般凝集价达1∶64时可判为阳性。

5.防制措施

（1）预防　猪舍应保持干净卫生，定期消毒，尤其应注意猪场内灭鼠，不要养猫。同时注意防止外来野猫进入猪场。在疫病流行区可选用磺胺类药物拌料，以预防本病。

（2）治疗　磺胺类药物有很好的疗效，首次用量加倍。磺胺嘧啶，每千克体重70毫克，肌内注射，每天2次，连用5天。复方磺胺5-甲氧嘧啶，每千克体重0.015～0.02克，每天2次，连用5天。

（六）猪疥螨病

猪疥螨病是由节肢动物鳞目的猪疥螨引起的一种皮肤病。

1.流行病学

本病是猪常见的皮肤病，多发于小猪，病情较严重，随年龄增长，猪的抗螨力也随之增加，1～3.5月龄仔猪检查阳性率为80%。本病的传染源是感染疥螨尚未出现症状或感染后在较长时间内不表现症状的带虫猪。其传播途径主要是通过健康猪与病猪的直接接触或接触被污染的环境而感染。乳猪常因吃奶、接触带虫母猪的皮肤而被传染。本病多发于秋冬及初春寒冷季节。门窗关严，通风较差，猪体的毛长而厚，猪又多挤在一起，皮肤温度增高，或是秋天和早春下雨天气，圈内湿度增大，皮肤的湿度也相对增大，这些都有利于猪疥螨的发育、繁殖和蔓延，从而引起猪疥螨病的发生和流行。饲养管理和卫生条件差的猪场更易发生本病。螨虫在猪皮下挖凿隧道，引起皮肤的炎症。疥螨的全部发育过程包括卵、幼虫、若虫、成虫四个阶段，离开猪体仅能活 3 周左右。

2. 病原

猪疥螨很小，仅 0.2～0.5 毫米，肉眼不易看到。虫体背腹扁平，呈圆形或龟形，暗灰色，头、胸、腹融为一体。前端有蹄铁形的咀嚼式口器，背部有小棘和刚毛，腹面有 4 对足，前两对伸向前方，后两对较不发达，伸向后方。

3. 临床症状

猪疥螨最常发生在头部，特别是围绕着眼部和耳部，以后逐渐蔓延至背部、腹下、四肢。病初患部可出现剧痒，患猪常倚靠石头、墙角、栏杆等处摩擦。约经过 7 天，患部皮肤出现针头大小的红色丘疹，形成脓疱，因摩擦常导致破溃结痂，久之皮肤可干枯、龟裂，严重的可导致死亡。多数患猪表现发育不良、生长停滞（图 19-108、图 19-109）。

图19-108　病猪耳郭内结痂明显，颜色变深（一）

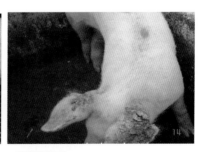
图19-109　病猪耳郭内结痂明显，颜色变深（二）

4. 诊断

猪疥螨病一般依据典型的临床症状便可确诊，对症状较轻的可进行实验室检查虫体。

5. 防制措施

（1）预防　发病的猪场需重复用药，并加强饲养管理，因大多数药物对虫卵没有杀灭作用，必须治疗 2～3 次，每次间隔 5 天，以便杀死新孵出的幼虫。加强环境、场地、工具及工作人员衣服和鞋的消毒。保持猪舍干燥、通风良好、光线充足，有助于阻止病原散布。

（2）治疗　猪疥螨病可采取涂药和药浴两种方法治疗。当病猪少、患部面积小和寒冷的季节时采用涂药疗法。在温暖季节，若病猪多、患病面积大可采用药浴疗法。治疗的药物有敌百虫、双甲脒、辛硫磷、蝇毒磷、伊维菌素、阿维菌素、二嗪农（地亚农，商品名螨净）、15% 碘酊、5% 溴氰菊酯乳油、巴胺磷等。在治疗过程中，结合环境消毒可控制乃至消除本病。

（七）猪绦虫病

1. 病原

猪绦虫病是克氏假裸头绦虫寄生于猪小肠引起的疾病。虫体呈乳白色、扁平带状，全长 100～150 厘米，由 2000 个左右节片组成，头节发达，顶突呈橄榄形，无钩。节片的宽均大于长，最大宽度约为 1 厘米。

2. 生活史及流行病学

中间宿主为广泛存在于泥土结构猪圈和畜禽粪堆中的食粪性甲虫——褐蜉金龟。在我国分布很广，感染率高达 10% 以上，对幼猪危害较大。猪绦虫也可寄生于人，猪绦虫病是一种人兽共患的寄生虫病。

3. 临床症状

病猪呈现毛焦、消瘦、生长发育迟缓，严重的可引起肠道梗死。

4. 诊断

剖检可在小肠内找到虫体。生前可查粪便中有无孕节或虫卵。虫卵为棕色、圆形，大小为（82.0～82.5）微米 ×（72～76）微米，内含明显的六钩蚴。

5. 防制措施

（1）预防　及时清除粪便，并堆肥发酵杀死虫卵。

（2）治疗　定期驱虫，用吡喹酮 20～40 毫克 / 千克体重，硫双二氯酚 80～100 毫克 / 千克体重。

（八）附红细胞体病

猪附红细胞体病是由立克次氏体目的猪附红细胞体寄生于红细胞或血浆中所引起的一种传染病（图19-110）。临床上以贫血、黄疸、高热为特征。

1. 流行病学

猪附红细胞体对所有猪均有易感性，仔猪的发病率和病死率较高；怀孕母猪表现为受胎率下降，或发生流产、死胎等现象。传播途径一是吸血昆虫，特别是猪虱、疥螨、蚊子、苍蝇等携带病原传播。其次是污染的注射针头、手术器械；还有可能是公母猪交配及经胎盘也能引起感染。应激因素如饲养管理不良、气候恶劣或其他疾病等，可使隐性感染猪发病，症状加重。本病发生多见于夏、秋季节，病原体对一般消毒药较敏感，但能耐受低温。

2. 病原

附红细胞体寄生在红细胞中，病原呈圆盘状、球状、环状。姬姆萨氏法或瑞氏法染色呈淡紫红色。其增殖过程是在红细胞内行二分裂萌芽。

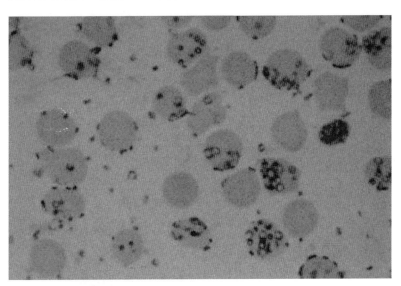

图19-110 姬姆萨染色寄生在红细胞中的附红细胞体

3. 临床症状

病猪可见精神沉郁（图 19-111），食欲废绝，体温高达 40℃以上。病程稍长可见黏膜苍白黄染，有的全身皮肤发红（图 19-112），或见皮肤出现结节溃疡等。急性病例 1～3 天便可死亡，慢性病例可长达数月。仔猪表现为皮肤和黏膜苍白，黄疸性贫血，发热，精神沉郁，食欲不振，发病后 1 日至数日死亡，或者病程拖长变成僵猪。急性感染母猪会出现持续高热，厌食；产后奶水少，仔猪发育不良。慢性感染的母猪呈现衰弱，黏膜苍白或黄染，不发情或屡配不孕，如有其他疾病或营养不良，可使症状加重，甚至死亡。本病会抑制猪只免疫反应，降低对其他细菌和病毒的抵抗力。

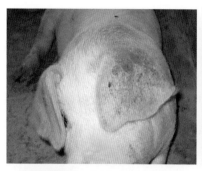

图19-111　患病猪精神沉郁，耳部皮肤发红

图19-112　患病猪发热，耳部及臀部皮肤发红

4. 病理变化

主要是贫血及黄疸。皮肤及黏膜苍白，血液稀薄，全身性黄疸。肝肿大变性，呈黄棕色，胆囊充满胶冻样胆汁。脾肿大变软。有时淋巴结水肿，胸腔、腹腔及心包积液。

5. 诊断

根据流行病学、临床症状，结合病理变化一般可以诊断。确诊可在发热期制作血液抹片，姬姆萨氏或瑞氏法染色后查找病原体。

6. 防制措施

（1）预防　平时应加强饲养管理，提高猪体的抵抗力，定时消毒。

（2）治疗 可用贝尼尔、新肿凡纳明、土霉素、四环素、对氨基苯甲酸或阿散酸（洛克沙砷）等注射治疗。贝尼尔以每千克体重 5 毫克、1 天 1 次进行深部肌内注射，连用 3 天。新肿凡纳明以每千克体重 10～15 毫克进行静脉注射，连续注射 3 天。土霉素或四环素，每日每千克体重 15 毫克，分两次肌内注射，连用 3 天。

四、猪的营养代谢病和中毒病

（一）钙磷比例失调

钙磷缺乏症是由饲料中钙和磷缺乏或者二者比例失调引起，幼龄猪表现为佝偻病，成年猪则形成骨软病，临床上以消化紊乱、异嗜癖、跛行、骨骼弯曲变形为特征。

1. 病因

日粮钙磷缺乏或比例失调是导致该病的重要因素之一。若单一饲喂缺乏钙磷的饲料及长期饲喂高磷低钙饲料或高钙低磷饲料都可引起发病。饲料或动物体内维生素 D 缺乏也可能导致本病发生。胃肠道疾病、寄生虫病、先天性发育不良等因素及肝肾疾病也可影响钙、磷及维生素 D 的吸收利用。

2. 临床症状

先天性佝偻病常表现为出生后仔猪颜面骨肿大，硬性腭突出，四肢肿大而不能屈曲，患猪衰弱无力。后天性佝偻病发病缓慢，早期呈现食欲减退，消化不良，精神不振，不愿站立，出现异嗜癖；随着病情的发展，关节部位肿胀肥厚，触诊疼痛敏感，跛行，骨骼变形；仔猪常以腕关节站立或以腕关节爬行，后肢则以跗关节着地；疾病后期，骨骼变形加重，出现凹背、"X" 形腿、颜面骨膨隆、采食咀嚼困难，肋骨与肋软骨结合处肿大，压之有痛感。成年猪的骨软症多见于母猪，病初表现为以异嗜为主的消化机能紊乱。随后出现运动障碍，腰腿僵硬、拱背站立、运步强拘、跛行，经常卧地不动或匍匐姿势。后期则出现关节、腕关节、跗关节肿大变粗，尾椎骨移位变软，肋骨与肋软骨结合部呈串珠状；头部肿大，骨端变粗，易发生骨折和肌腱附着部撕脱。

3.诊断

佝偻病发病于幼龄猪，骨软病发生于成年猪；饲料钙磷比例失调或不足、维生素 D 缺乏、胃肠道疾病以及缺少光照和户外活动等可引发本病。鉴别诊断应注意与仔猪支原体关节炎相区别；骨软症应注意与慢性氟中毒、生产瘫痪、冠尾线虫病、外伤性截瘫相区别。

4.防制措施

（1）预防　应经常检查饲料，保证日粮中钙、磷和维生素 D 的含量，合理调配日粮中钙、磷比例。平时多喂豆科青绿饲料，对于妊娠后期的母猪更应注意钙、磷和维生素 D 的补给。

（2）治疗　采取改善妊娠母猪、哺乳母猪和仔猪的饲养管理，补充钙磷和维生素 D 源充足的饲料，如青绿饲料、骨粉、蛋壳粉、蚌壳粉等，合理调整日粮中钙磷的含量及比例，同时适当运动。对于发病仔猪，可用维丁胶性钙注射液，按 0.2 毫克 / 千克体重，隔日 1 次肌内注射；维生素 A、维生素 D 注射液 2～3 毫升肌内注射，隔日 1 次。成年猪可以用 10% 葡萄糖酸钙 50～100 毫升静脉注射，每日 1 次，连用 3 日，也可配合应用亚硒酸钠以提高疗效。此外，20% 磷酸二氢钠注射液 30～50 毫升耳静脉注射 1 次，或喂服麸皮（1.5～2 千克麸皮加 50～70 克酵母粉煮后过夜，每日分次喂给）。

（二）霉败饲料中毒（霉玉米中毒）

饲料保管和贮存不善，容易使饲料腐败变质，产生大量的有毒物质，如蛋白质的分解产物和细菌毒素等，当猪大量采食后会很快引起急性中毒，长期少量饲喂会引起慢性中毒。猪的霉败饲料中毒常见的是黄曲霉毒素、赭曲霉毒素、镰刀菌毒素、呕吐毒素、玉米赤霉烯酮等毒素引起的中毒。毒素不同，发病后的症状也有很大差异，但是在临床上所见病例往往是因为多种霉菌同时感染而致病。

1.病因

除饲料保管不当发霉及直接加入发霉的原料外，在农户散养猪中常见粮食或食品因发霉人不能食用改作饲料等而引起。

2.临床症状

发病猪可见精神沉郁、食欲降低或不食、粪干硬色黑带血、尿黄、结膜发绀等症状。多数猪喜食青绿饲料而不食精料，并常常伴有异嗜现象，个别猪可出现呕吐症状（图19-113）。后期猪的皮肤出现出血红斑，多数猪出现行走无力、摇晃、肢体麻痹或异常的兴奋和沉郁的神经症状。怀孕母猪可见流产。死胎剖检可见肝、肾等出现黄染、出血、肿大、坏死等现象。镰刀菌所产生的毒素，常使母猪发病，引起母猪的外阴肿大、阴道外翻、乳腺肿胀。玉米赤霉烯酮引起新生仔猪"八字腿"，仔猪外阴红肿。怀孕猪常发生流产、死胎、畸形胎，有的可出现生后仔猪全身震颤，并常伴发黄痢等（图19-114～图19-116）。

图19-113 呕吐毒素引起母猪呕吐

图19-114 玉米赤霉烯酮引起母猪直肠和子宫脱

图19-115 玉米赤霉烯酮引起仔猪阴户红肿

图19-116 玉米赤霉烯酮引起新生仔猪"八字腿"症状

3. 病理变化

腹腔有少量黄色或黄红色腹水，肝肿大或萎缩、质脆，病程长者

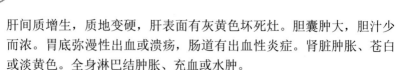

肝间质增生，质地变硬，肝表面有灰黄色坏死灶。胆囊肿大，胆汁少而浓。胃底弥漫性出血或溃疡，肠道有出血性炎症。肾脏肿胀、苍白或淡黄色。全身淋巴结肿胀、充血或水肿。

4. 诊断

通过详细了解病史、猪群发病情况，结合临床症状和剖检，可作出初步诊断。实验室诊断主要是通过真菌培养、镜检霉菌数和霉菌毒素测定可以确诊。

5. 防制措施

（1）预防　确保饲料质量，不喂变质饲料。仓库要严防潮湿、闷热、通风不良。

（2）治疗　发现中毒应立即调换成新鲜饲料，并给予大量青绿饲料。轻度中毒一般可不治而愈，严重中毒可灌服10%的苏打水、活性炭，以排泄出毒物。全身症状明显的病猪可静脉注射10%～25%的葡萄糖150～500毫升，维生素C 0.1～0.5克。治疗的同时灌服泻剂，效果更显著。对症治疗可服肠道消炎、强心利尿药物。

五、猪的普通病

（一）胃肠炎

胃肠炎是胃肠道黏膜表层的炎症反应。

1. 病因

常见原因有饲料变质霉烂、饲料冰冻、过于坚硬不易消化，或长期饲喂含毒饲料，如未脱毒的棉籽饼等，或误食化学药品等。饲料突然改变，饥饿状态下突然饱食都可使猪消化不良而导致胃肠炎的发生，这种情况最常见于长途运输后。猪的许多传染病和寄生虫病也可以引起胃肠炎。

2. 临床症状

胃肠炎的症状往往随猪的年龄和季节的不同有很大差异。初期表现精神萎靡，多呈消化不良表现，即粪便稀薄，含未消化饲料。随着病程发展，患猪发生食欲废绝，排恶臭或混有脓血的稀便。严重病例，发病较迅速，有的在饮食后2小时便出现急剧的呕吐腹泻。患猪常因腹痛而喜欢卧地行走或表现急躁不安。后期表现行走无力，严重脱水，体温下降等。若继发细菌等病原微生物感染，可出现体温升高、鼻干口燥、初期往往粪便干硬。在后期，除体温下降到常温以下外，腹部、耳部和股内侧、四肢等处多出现紫色的出血斑点。

3.诊断

由于本病原因复杂，所以诊断时要从多方面考虑，并详细询问各种可能导致发病的因素。必要时可配合使用实验室诊断技术诊断。

4.防制措施

（1）预防　加强饲养管理，搞好饮食卫生，防止冷热应激、饥饱不定，定期做好防疫和驱虫工作。

（2）治疗　要根据发病原因采取相应的治疗措施。在治疗中要把消除病因和对症治疗结合起来。初期消化不良、腹泻较轻时，可投服干酵母、维生素B$_1$、乳酶生等，并配合肌内注射庆大霉素、黄连素等进行抑菌消炎。腹泻严重并伴有呕吐、腹痛明显时，除口服活性炭、鞣酸蛋白或氟哌酸、痢菌净等收敛消炎外，并配合肌内注射阿托品以止痛止吐。若发生便秘时，除清热消炎外，可配合肌内注射盐酸甲氧氯普胺或比赛可灵，同时口服泻剂如硫酸钠、人工盐等以促进胃肠蠕动排出结粪。若便秘严重，可用温肥皂水灌肠以软化粪便。脱水严重的可及时进行补液，一般以等渗糖盐水最好。对严重衰竭的仔猪，当耳部血管不明显时，可将葡萄糖生理盐水温热后进行腹腔补液。液体中常加入维生素和抗菌消炎药物。对于严重虚脱、体温降低的病例，可肌内注射安钠咖或樟脑磺酸钠。若是寄生虫引起的，可及时检查粪便，投服相应的驱虫药物。对于传染病继发引起的，要以传染病治疗为主，投服特效的抗微生物药物，结合对症治疗提高机体的抵抗力。

（二）肠便秘

猪肠便秘是因肠运动分泌机能紊乱，内容物停滞，而使某段或某几段肠管发生完全或不完全阻塞的一种腹痛性疾病。临床上以食欲减退或废绝、口腔稍干或干燥、肠音沉弱或消失、排粪减少或停止，并伴有不同程度的腹痛为特征。

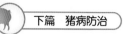

1. 病因

猪肠便秘按其病因，有原发和继发性之分。

（1）原发性便秘 主要起因于饲养管理不当、饲料品质不良。第一，饲喂干硬不易消化的饲料和含粗纤维过多的饲料，如坚韧稻秆、干甘薯藤、花生藤、豆秸等劣质饲料。第二，饲喂精料过多或饲料中混有杂物，同时饮水不足、运动不足、饲养方法不规范、突然更换饲料、气候骤变，致使肠管机能降低，肠内容物干燥、变硬、秘结。第三，以纯米糠饲喂刚断奶的仔猪。此外妊娠后期或分娩不久伴有肠弛缓的母猪也常发生便秘。

（2）继发性便秘 主要发生在热性病（如感冒、猪瘟、猪丹毒等）和某些肠道寄生虫病（如肠道蠕虫病）的经过中。其他原因，如伴有消化不良时的异嗜癖、去势引起肠粘连等，也可导致肠便秘。

2. 临床症状

病猪一般表现为精神沉郁、食欲减退或废绝，有时饮欲增加，偶尔见有腹胀、不安等。主要症状：频频努责，初期排出干小粪球，被覆黏液或带有血丝，以后则排粪停止；听诊肠音减弱或消失，伴有肠臌气时可听到金属性肠音；触诊腹部表现不安；小型或瘦弱的病猪可摸到肠内干硬的粪球，多呈串珠状；严重的肠便秘，直肠可充满大量的粪球，便秘肠管压迫膀胱颈部的可出现排尿障碍，甚至尿滞留。后期病例阻塞部肠壁发生缺血、坏死，肠内容物渗入腹腔而继发局限性或弥漫性腹膜炎的，则体温升高、全身症状加剧。原发性便秘一般体温正常。另外，依据便秘发生的程度不同，可分肠管完全阻塞和不完全阻塞，临床表现各异。完全阻塞性便秘发病急、病程短，不完全阻塞性便秘症状相对较轻。

3. 诊断

了解猪的饲养管理状况，饲料配比情况，饲料质量是否合格；了解病猪的病史和体况，是否患有猪瘟、猪丹毒、肠道蠕虫病等疾病。

4. 防制措施

（1）预防 对于原发性肠便秘，应改善饲养管理，注意科学地搭配饲料，粗料细喂，喂给青绿多汁饲料，适量增喂食盐，保证充足饮

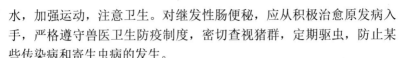

水，加强运动，注意卫生。对继发性肠便秘，应从积极治愈原发病入手，严格遵守兽医卫生防疫制度，密切查视猪群，定期驱虫，防止某些传染病和寄生虫病的发生。

（2）治疗　病猪应停止饲喂或仅给少量青绿多汁的饲料，同时饮用大量温水。治疗原则是疏通导泻，镇痛减压，补液强心。

① 疏通导泻　硫酸钠（或硫酸镁）30～50 克或石蜡油 50～100 毫升或大黄末 50～100 克，加入适量的水内服，用温的 2% 小苏打水或肥皂水反复深部灌肠，并配合腹部按摩，以软化结粪，一般能奏效。如在投服泻药后数小时，皮下注射新斯的明 2～5 毫克，或 2% 毛果芸香碱 0.5～1 毫升可提高疗效。

② 镇痛减压　腹痛症状明显的病重猪，应先用镇静剂，常注 20% 安乃近注射液 3～5 毫升，或 2.5% 盐酸氯丙嗪液 2～4 毫升。

③ 补液强心　纠正脱水失盐，调整酸碱平衡，缓解自体中毒，维护心脏功能。当心脏衰弱时，可皮下或肌内注射 10% 安钠咖 2～10 毫升或强尔心注射液 5～10 毫升。病猪极度衰弱时，应静注或腹腔注射 10% 葡萄糖液 250～500 毫升，每日 2～3 次。

④ 在保守疗法无效的情况下，对全身状况尚好的病猪可试用外科剖腹术。

（三）感冒

感冒是由于受寒冷刺激而引起的，以上呼吸道黏膜炎症为主症的急性全身性疾病。临床上以体温升高、咳嗽、羞明、流泪和流鼻涕为特征。

1.病因

此病多发于春秋气温多变的季节。病因有：饲养管理不当，寒冷突然袭击，风吹雨淋，贼风侵袭，猪舍防寒不良、阴暗潮湿、过于拥挤，追赶奔跑后遭遇冷水或暴雨冲淋；冬天夜晚寒冷而圈舍内猪挤压成堆，在里边的猪早上遇冷风吹袭；也有因为圈舍中放置垫草过多，或散养在外的猪钻入草堆中而发生。营养不良，长途运输，使猪体质下降，抵抗力减弱；天气突然变化，忽冷忽热，使机体对环境的适应性降低，都可诱发本病。

2. 临床症状

病猪精神沉郁，耳垂头低，眼半闭，喜睡，食欲减退，羞明流泪，结膜潮红，舌苔淡白，口色微红，体温升高达 40℃以上，畏寒怕冷，拱腰战栗，喜钻草堆。病猪突然精神沉郁，少食或不食，咳嗽，流清水或带沫的鼻液，畏寒怕冷，常打寒战。触摸耳尖和四肢发凉，手背感知皮肤则皮温不匀。常见呼吸加快，若延误治疗时间，很易继发肺炎。患猪可见剧烈咳嗽，呼吸困难，流脓性鼻液，肺部听诊有明显的啰音。呼吸加快，微有咳嗽，偶打喷嚏，脉搏增数，鼻流清涕，常便秘，少数腹泻，重症病例躺卧不起，食欲废绝。

3. 诊断

根据气温变化和临床症状一般可以确诊，病因调查主要了解患猪的饲养管理状况、患病前天气变化情况或患病前是否经过长途运输等。

4. 防制措施

（1）预防　　主要是加强饲养管理和增强猪体的抵抗力。避免猪舍潮湿、阴冷和贼风不断，在春秋天气多变季节，注意加强猪舍防寒设施。应防止猪群突然受寒，特别是在大出汗后要防止风吹雨淋。

（2）治疗　　解热镇痛，祛风散寒，防止继发感染。

① 解热镇痛　　内服阿司匹林或氨基比林 2～5 克/次，扑热息痛 1～2 克/次，亦可肌注 30% 安乃近液、复方奎宁液或安痛定 5～10 毫升，每日 1～2 次。

② 防止继发感染　　应用解热镇痛剂后，体温仍未下降、症状未见减轻时，可配合使用抗生素或磺胺类药物，如肌注氨苄青霉素 0.5 克，每日 2 次，连用 2～3 日。排粪迟滞时，可使用缓泻剂。

③ 祛风散寒　　可用中药治疗，可选用清热解毒药，如二花、连翘、黄芩和疏散风寒药柴胡、桂枝、羌活等。如紫苏叶、生姜各 10 克，葱头两根，水煎；或葱白、橘皮各 10 克，水煎服。也可用柴胡注射液，或穿心莲注射液，均为 3～5 毫升。

5. 鉴别诊断

本病应与猪流感相区别。二者临床症状相似，但发病率不同，猪流感发病率高达 100%，具有传染性，是由甲型流感病毒引起的特异性、急性、传染性呼吸道疾病，而感冒发病率低，通常为散发，病程短，发病不如猪流感急，没有传染性，没有特异性病原，多在动物生理机能失调、抵抗力降低时发病。

（四）中暑

中暑是日射病和热射病的总称，常发生于夏季高温高湿天气。

1. 病因

（1）强烈阳光照射时间过长，主要见于敞开的车船长途运输。

（2）暑热天猪舍内或在长途运输中的车厢封闭严密，由于通风不良，使猪长期处于高热的环境中。

2. 临床症状

突然发病，体温升高达 42℃ 以上。病猪呼吸急促，心跳加快，常见口吐白沫，行走不稳，最后倒地不起，四肢呈游泳状划动，神态昏迷，全身痉挛而死。一般短的仅几小时，长的可达 2~3 天。死亡猪可见鼻内流出带血的泡沫，肺、脑水肿。

3. 诊断

根据病史和症状诊断。

4. 防制措施

（1）预防　要做好猪舍和运输中的防暑降温工作，供给充足的饮水。当猪舍温度过高时，应向地面和猪体喷洒凉水。

（2）治疗　发现病猪应立即将其转移到阴凉的地方，并用冷水或冰水浇洒全身，同时在耳尖、尾尖和蹄尖放血。药物治疗可内服樟脑水或薄荷水。心脏衰弱的患猪可注射安钠咖或樟脑磺酸钠。有条件的地方可静脉注射 5% 的葡萄糖生理盐水。

（五）僵猪

僵猪是由于先天发育不足，后天营养不良所致的一种疾病，又称"小老猪""小赖猪"。临床上以饮食正常，但生长发育缓慢或停滞为特征，不同地区、不同品种的猪都有发生。

1. 病因

本病发生的原因主要以下几个方面。

（1）胎僵　近亲繁殖，造成后代品种退化，生长发育停滞；种猪年龄过大或过早交配，致使后代生长发育缓慢。

（2）奶僵　孕期因猪营养水平低，日粮中缺乏蛋白质、矿物质、微量元素及维生素，致使胎儿先天发育不足，影响后天的生长；或者产后在哺乳期对仔猪护理不当，如小猪出生后没有固定的乳头，弱仔猪吃不到好乳头等，加之母猪泌乳能力差、乳汁少、致使仔猪不能满足需要，生长停滞。

（3）食僵　仔猪断奶后，日粮品质不良，营养缺乏，或育成仔猪大群饲养，强者抢着吃，弱者吃不到料，处于饥饿状态，久而久之形成僵猪。

（4）病僵　仔猪蛔虫病、肺丝虫病、鞭虫病、姜片吸虫病、肾虫病等寄生虫病，副伤寒、气喘病等传染病，慢性胃肠炎及其他慢性疾病，阻碍仔猪的生长发育，变成了僵猪。

2. 临床症状

僵猪多发生于10～20千克体重的猪。临床表现为，被毛粗乱，体格瘦小，圆肚子，尖屁股，大脑袋，弓背缩腹，精神不振，只吃不长，平均每日长不到50克，有的6月龄才20千克，有的养1～2年尚未达到出售标准（图19-117、图19-118）。对于病僵，随疾病不同临床表现各异，如患喘气病有咳嗽和气喘症状；患仔猪副伤寒的长期腹泻且时好时坏；患寄生虫病时表现贫血，并且有异嗜现象。

图19-117 僵猪消瘦，体况较差　　图19-118 僵猪弯背弓腰，身体羸弱

3. 诊断

调查了解患猪父母的亲缘关系、母猪及患猪的饲养管理状况，以及患猪是否患有蛔虫病、肺丝虫病、鞭虫病等寄生虫病，副伤寒、痘病、气喘病等传染病，慢性胃肠炎及其他慢性疾病。

4. 防制措施

（1）预防　主要是加强饲养管理，针对发病原因采取相应措施，一般都能收到较好的效果。配种和妊娠期间：防止近亲交配和早配，加强妊娠母猪的饲养管理，根据不同妊娠阶段调整饲料配方，特别是妊娠后期，要给予足量的蛋白质、矿物质和维生素，以保证胎儿正常发育、母乳充足。母乳不足时，除加强母猪补料外，对小猪要进行人工补喂；哺乳仔猪生后 1 周左右开始补料，对个别弱小仔猪要特别关照；适时断奶，断乳仔猪要喂给全价饲料，以保证生长发育的需要。圈舍要保持清洁干燥；定期驱虫，发现疾病及时治疗；猪群中发现僵猪时，要及时采取措施。

（2）治疗　首先对僵猪分圈单养，然后针对病因采取相应治疗措施。调整日粮结构，保证营养全价，供给含蛋白质、矿物质、维生素丰富的饲料。驱虫、洗胃、健胃：驱虫可用左旋咪唑片 25 毫克 / 千克体重研细混入饲料中饲喂。第五天健胃，用大苏打片 2 片 /10 千克体重，分 3 次拌入饲料中喂服。药物治疗：①枳实、厚朴、大黄、甘草、苍术各 50 克，硫酸锌、硫酸亚铁、硫酸铜各 5 克，共研细末混合均匀，0.3～0.5 克 / 千克体重喂服，每日 2 次，连喂 3～5 日；②僵猪灵；③健康猪血，现采现用，每头僵猪肌注 5～10 毫升，每日 1 次，连用 3～5 天。以上方剂任选一方均有一定效果，有慢性疾病的僵猪要在先治愈原发病后，再选用上述药方进行调治。

六、产科病

产科病在养猪生产中是非常重要的一类病，防治不当时，所造成的损失甚至比传染病还要严重。

（一）不孕症

母猪因生殖机能障碍，暂时或长期不孕称为母猪的不孕。

1. 病因

（1）先天性不孕　病因与遗传有着很大关系，常见两性畸形、阴道闭锁不全等。

（2）生殖器官疾病　大部分见于经产母猪产后排泄不尽感染造成，有的可因配种时感染所致，有的因妊娠期患病或病原微生物侵入引起胎儿死亡过久，导致生殖器官的炎症。另外，当内分泌紊乱时可引起卵巢囊肿、持久黄体等，母猪虽然发情，但久配不孕。

（3）饲养管理不当　母猪营养（如蛋白质、维生素等）缺乏或能量过大造成母猪过肥都可引起母猪不能受孕，有的甚至不发情。有的母猪年龄过大，也会出现不能受孕。另外，公猪的配种次数过多，精子质量下降；公母猪运动不足；配种时机掌握不当，都可导致不孕。

2. 临床症状

母猪常见性欲减退或消失，发情无规律，发情延长或持续发情。有的虽正常发情，但不排卵。

3. 诊断

不孕症要根据发情情况，结合饲养、体质等各方面因素综合分析判定。阴道闭锁不全、两性畸形时配种不能成功。卵泡囊肿猪可见性欲亢进，经常爬跨猪但屡配不孕。持久黄体时可见久不发情。子宫或阴道炎病猪，发情正常但不能受孕，有的不发情。饲养管理不当时往往表现发情无规律、久不发情或发情推迟等。

4. 防制措施

（1）预防　做好母猪的选育，加强饲养管理，营养要合理搭配，经常运动。

（2）治疗　卵泡囊肿时，可注射黄体酮15～25毫克，1日1次，连用5天。持久黄体时，可注射前列腺素类物3～4毫克或孕马血清200～1000单位。因营养和管理不当造成的不孕应根据情况补充相应的营养物质，并采取相应的措施，加强公母猪的管理。对不发情的母猪，可应用下列药物注射催情。己烯雌酚每次肌内或皮下注射3～10毫克，1天1次，连用2天。促性腺激素每次肌内或皮下注射500～1000单位，6小时1次。雌二醇每次肌内注射1～2毫升，隔天重复1次。三合激素每次肌内注射2～6毫升，1天1次，连用3天。

（二）流产、死胎和假怀孕

在母猪配种后进入妊娠期时，经常会发生流产、死胎和假怀孕现象，引发这些疾病的原因很多。

1. 病因

（1）饲养管理不当　饲料中营养缺乏和饲料品质低劣，如霉败、变质等都可引起流产。

（2）外力因素　母猪因冲撞、追赶、突然惊吓等，也可发生流产。

（3）多种传染病引起　如前面已详述的布氏杆菌病、乙型脑炎、伪狂犬病、小病毒病等均可直接侵害胎儿，引起流产、死胎。

（4）患病后高烧、腹泻　孕猪体温达41℃以上或严重的腹泻症状时，都可直接引起流产、死胎等。

（5）用药不当　当怀孕猪投入大量的泻剂、利尿剂、兴奋剂、麻醉剂等均可引起流产。

（6）种猪因素　公猪精子品质低劣，或近亲交配等也可引起死胎等。

2. 临床症状

流产常见母猪怀孕期中，突然出现精神不安，少食或不食，阴户红肿，自阴道中流出黄白或黄褐色黏液，有时混有血液，并时有努责。以后无规律地产出死胎或无生活力的弱仔猪，流产母猪多能自行恢复，但也有个别母猪因流产不净而致子宫内膜发炎。产死胎母猪往往见有明显的全身症状。精神沉郁、食欲不振、体温可升高，母猪努责时，可自阴道中流出黄褐色恶臭的分泌物，并产出死胎或腐烂的胎儿。若死胎产不出来，患猪常因急性子宫内膜炎而引起败血症死亡。假怀孕母猪是由于胚胎早期死亡吸收，但妊娠黄体继续存在并继续分泌孕酮，虽未怀孕，但由于激素作用，肚腹仍天天增大，乳房发育膨大，并能挤出奶水。但最终并无仔猪产出，乳房、腹围也慢慢收缩回去。

3. 诊断

根据症状进行综合分析可以确诊。

4. 防制措施

（1）预防　对母猪饲喂营养丰富、易于消化的饲料。适当增加运

动，有病应严格遵守医嘱用药。驱赶要小心，避免外力撞击腹部。

（2）治疗 发现有流产先兆时应立即注射黄体酮。若救治失败已发生流产，要对流产物进行详细的化验检查，是传染病所致时，可深埋流产物，消毒污染场所。死胎、胎衣不下及子宫感染时，可注射催产素，一次10～50单位，间隔6小时重复注射1次。对严重的子宫感染，除肌内注射大剂量青霉素和链霉素外，还要及时冲洗子宫，然后向子宫内投入土霉素250万～500万单位，或大剂量青霉素（1600万单位）和链霉素（800万单位），或向子宫内灌入100毫升鱼肝油和维生素C（40克）。

（三）子宫内膜炎

子宫内膜炎是产仔母猪的一种常见病。许多优秀的母猪常常因此病而不得不淘汰。

1. 病因

配种时将病原菌带入子宫或分娩后病原菌自阴道侵入子宫而感染，或因助产时消毒不严细菌侵入子宫感染，流产后或胎衣滞留子宫内也可发生本病。

2. 临床症状

急性子宫内膜炎，常见产后不久发病。病猪体温高达41℃以上，精神不振，食欲废绝，并自阴道中流出恶臭分泌物。慢性子宫内膜炎常由急性内膜炎转化而来。慢性病例有些并没有分泌物排出，但由于炎症变化导致发情不正常或配后不能受孕，有的出现间时性的向外流出混浊液体（图19-119、图19-120）。慢性子宫内膜炎一般食欲、体温无明显变化。

3. 诊断

根据症状进行综合分析可以确诊。

4. 防制措施

（1）预防 加强圈舍的卫生，产后及时注射催产素、氯前列烯醇促进尽快排出胎衣等分泌物。助产或胎衣不下的病例，处理后应向子宫内注入抗菌药物或放置聚维酮碘栓。

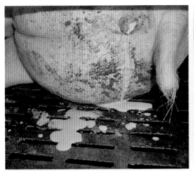

图19-119 患子宫内膜炎的母猪排出白色脓性分泌物

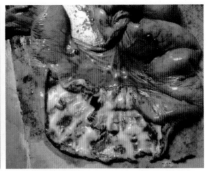

图19-120 患子宫内膜炎的患猪，子宫内膜上分布白色分泌物

（2）治疗

① 冲洗子宫。在发情期用 0.1% 的高锰酸钾，并让残存的药液排出，然后向子宫内注入青霉素和链霉素。

②缩宫排脓。注射缩宫素 3～4 毫升，1 天 1 次，连用 3 天。

③ 慢性炎症时，除肌内注射抗生素外，可同时向子宫内灌注维生素 C、鱼肝油液。

（四）少乳及无乳

少乳或无乳是母猪产仔后泌乳量不足或根本无乳汁分泌的一种疾病。母猪无乳是如今集约化养猪业中分娩母猪哺乳期的常见病，主要见于初产和老龄母猪。

1. 病因

（1）管理不当。

（2）因母猪妊娠期营养不良，饲料单一或给料不足，产后缺乏精料和青绿饲料。

（3）后备母猪早配或早产，乳腺发育不良。

（4）老龄体质过肥或过瘦，另外，当母猪产后发生少食或不食、发热等疾病时，可导致无乳症。

（5）内分泌失调造成分泌机能紊乱，一些疾病、运动不足、难产延长分娩时间、胎衣碎片滞留及子宫继发细菌感染，引起自身中毒及乳腺炎等都可造成少乳或无乳。此外母猪适应性差等也可引起泌乳量

缺乏。

2. 临床症状

常见母猪乳房干瘪收缩（乳腺炎时可见肿胀）。仔猪不停追赶、吮乳、叫唤，日渐消瘦。有的母猪因无乳发生啃咬仔猪现象。母猪在分娩时还有乳，在产后 1～2 天泌乳量减少或完全无乳，患猪食欲不振，精神沉郁，体温 39.5～41.5℃之间，鼻盘干燥，不愿站立，喜伏窝呈昏睡，对仔猪感情淡漠，不哺乳。仔猪因缺乏营养，消瘦、饿死，若不及时治疗，常发生整窝仔猪全部死亡，即便有幸存活也会成为僵猪。

3. 防制措施

（1）预防　加强母猪的饲养管理，在怀孕期间及产前产后要供给营养丰富的全价配合饲料，猪场应设有妊娠专用料，同时应减少噪声，若有专门的产房，母猪应提前 7 天转入消毒好的产房，适应新的环境。产前产后要注意温敷按摩，促进乳腺发育。及时检查母猪因产前乳的积聚所造成的乳腺炎，对患有乳腺炎的母猪要及时治疗。

（2）治疗　母猪在产后本身无乳分泌，多数与饲养、营养、母猪本身有关，应加以区别。

① 分娩前 1～2 天应减少部分精料，喂以麦麸。产后也喂以 2～3 天的麦麸，同时喂适量的白酒，临床证明有一定疗效。

② 母猪在产前、产后最好能注射少量广谱抗生素与穿心莲，对产前预防疾病、产后增强对疾病的抵抗力有好处；产后注射 3～4 毫升缩宫素有利于促进子宫收缩排出胎衣碎片和炎症分泌物。

③ 喂白酒 100～250 毫升，每日 2 次。经多年的实践，催乳效果确切。应避免一些对泌乳有影响药物的不合理使用。

④ 对于产前喂养过多精料造成的母猪乳腺炎，应积极用青霉素、庆大霉素等采用封闭疗法。另外，采用羟氨苄青霉素肌注有较好的疗效。

⑤ 对母猪可于产时喂以红糖块、母仔康，也有利于减少疾病。对一些营养不良的母猪，在能够吃的条件下，应增加高蛋白质饲料，如豆类、虾类。

⑥ 中药采用一些催乳药，如王不留行、漏芦、木通等有很好的疗效。

⑦ 对于初生仔猪可采用让其他产期相同或相近的母猪寄养，也可人工喂养，以免饿死造成经济损失。

⑧ 口服妈妈多片剂，1 次 5 片，1 天 2 次，连用 3 天。

（五）阴道和子宫脱出

阴道和子宫脱出是阴道和子宫的部分或全部脱出于阴门之外的疾病。

1. 病因

本病常发生于老龄猪，尤其是饲料中营养不足更易发生。另外，当母猪分娩时，腹压过大、胎儿过大或助产不当、拉出胎儿时用力过猛，常可导致阴道和子宫脱出。

2. 临床症状

阴道轻度脱出（图 19-121），当站立或改变站立位置时，脱出的阴道可回缩于阴门内。一般脱出部分呈红色球形或半球形。当脱出部分较多或脱出较久时，黏膜可发生水肿、干裂或溃烂。子宫不全脱出时，可见病猪弓背翘尾，阴道内有部分子宫角存在，子宫呈灌肠状脱出于阴门外（图 19-122），子宫脱出时间较长，可见黏膜瘀血、水肿，最后干裂、溃疡而坏死。

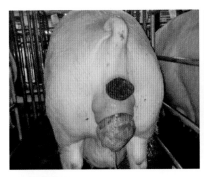

图19-121 病猪直肠、阴道均脱出

图19-122 病猪子宫脱出

3.防制措施

（1）预防　加强营养，提高抗病能力。

（2）治疗

① 子宫不全脱出　将患猪呈前高后低姿势保定，用涂上灭菌油类的手小心推压子宫角使之恢复原位，或向子宫中灌入灭菌生理盐水使子宫复位。

② 阴道全脱出　可用 2% 的明矾液或 0.1% 的高锰酸钾液体冲洗脱出部，用手将脱出部分还纳原位，然后用纽扣缝合法缝合阴门中上部，或用袋口缝合法缝合。数日后如果母猪不再努责或快要分娩时，可将线拆除。整复子宫全脱时，由于母猪体型较大，保定时可将猪置于梯子上捆缚结实，然后倾斜至 45°～60°，使之前低后高。由于脱出物较大，可由助手将冲洗干净的子宫托起，然后像翻肠那样，自子宫角开始整复，需选择猪不努责的间歇期用力推压，依次内翻将子宫推入腹腔恢复原位。最后在阴门处纽扣状缝合。送推子宫后常向子宫内注入抗菌药物，并同时肌内注射青霉素和链霉素等。

（六）种公猪繁殖障碍

1.性欲减退或缺乏

（1）病因　公猪使用过度，老龄公猪性欲衰退，运动不足或饲料中长期缺乏维生素 E 或维生素 A，可引起性腺退化。睾丸炎、肾炎、膀胱炎等也能引起性机能衰退。种公猪在酷暑季节性欲减弱，不愿爬跨配种，尤其是过肥的种猪更明显。不同品种也有差异性，大白猪和约克夏猪爬跨欲旺盛，而汉普夏、杜洛克猪性欲偏低。从内分泌角度上讲，种公猪性欲低下往往是由于睾丸间质细胞分泌的雄激素量减少所致，甲状腺机能不全也可能是本病发生的因素。

（2）症状　见发情母猪，性欲迟钝，厌配或拒配，公猪爬跨母猪阳痿不举，有些公猪交配时间不长，射精不足。

（3）防治　要有种公猪专用的配合饲料，建立配种制度，定期检查精液品质。对性欲不强、射精不足的种公猪，其精液严禁使用。对于缺乏性欲的种公猪可 1 次皮下或肌内注射甲睾酮 30～50 毫克。

2. 无法交配

有的种公猪虽然有性欲，但不能进行交配。主要原因有外伤、蹄炎及交配后跳落地时脱臼而产生疼痛不能交配，有的精液性状虽正常，但阴茎先天性不能勃起。对于性欲、精液正常的种公猪，可采集其精液进行人工授精而停止其交配。对阴茎损伤而不能交配的猪可用 2% 硼酸水洗净治疗，对于先天性不能交配的猪应予以淘汰。

3. 精液品质差

一般种公猪夏季精子生成机能减退，精液性状不良（精液量少、精子数少、活力降低），因此从夏天到秋季母猪的产仔数受到严重影响。对于患有精子减少症的公猪可肌注 PMSG200 国际单位。此外在人工授精和自然交配前应检查精子质量，母猪受胎要求有活力的精子在 20 亿个以上，精液量必须在 50 毫升以上。

4. 阴囊炎及睾丸炎

（1）病因　阴囊炎的发生常因打撞等引起，多数病例为一侧性的，睾丸炎是睾丸被打撞、咬伤、夏季高温以及其他热性疾患（如布病、棒状杆菌病）所引起。

（2）症状　以局部伴发痛性肿胀为主要特征，伴有剧痛、潮红、肿胀及硬固、呈全身性发热等症状。食欲降低，不愿行动。如为外伤性的，阴囊液则增加，并发生血肿。急性时疼痛严重，转为慢性时疼痛减轻。若转成睾丸实质炎则变硬。若进一步恶化、发展为坏疽，或引起腹膜炎而死于败血症、脓毒症。

（3）治疗　若种公猪阴囊发生红肿热痛并且全身体温持续性超过 40℃ 以上时，首选对阴囊用冷水敷，涂以鱼石脂软膏。其次再将抗生素、蛋白质分解酶注入阴囊，早期处理可经几个月自然恢复。若未及时处理，将导致种公猪因丧失生殖力而淘汰。

5. 死精、无精和弱精

无精症分真假无精症两种。真无精症是指睾丸生精细胞萎缩退化，不能产生精子，又称"先天性无精症"；假无精症是指睾丸能产生精子，但因输精管道阻塞而精子不能排出，又称"阻塞性无精症"。

弱精症是指精子活力低下；死精子症是指精液中绝大多数精子都是死亡的，或精子活力低下。

（1）病因

① 精子生成障碍　先天性畸形如无睾、隐睾、睾丸发育不全；睾丸外伤，输精管动脉外伤，睾丸扭转，流行性腮腺炎合并睾丸炎等所致的睾丸萎缩；内分泌紊乱，如性腺、垂体功能低下；维生素 A、维生素 C、维生素 E 及复合维生素 B 缺乏。

② 精子输送梗阻　先天性输精管缺失、阻塞；淋病性附睾炎、附睾前列腺结核并干酪样坏死；输精管阻塞。

③ 导致死精症的原因　当精子从睾丸的曲细精管产生后先进入附睾，精子通过输精管到精囊。精囊分泌的精囊液里含有精子生存所必需的营养物质。如尿道的细菌时常经过射精管潜入前列腺、精囊、输精管、附睾和睾丸，引起炎性病变，导致前列腺炎、精囊炎、输精管炎、附睾炎等。细菌在生殖道繁殖时，会分泌一些有害物质，破坏精子；细菌繁殖还需要消耗大量的养料，减少了精子生存所需的营养物质，破坏了精子生存的环境，使精子死亡；细菌繁殖时还排出大量的酸性产物，使生殖道的 pH 下降，精子发生酸中毒；细菌繁殖还会消耗大量的氧气，使精子因缺氧而死亡。

（2）症状　除不育外，多无临床症状与体征。部分有前列腺炎、精囊炎、附睾炎、附睾结核等病史。部分有睾丸发育不良、睾丸萎缩、附睾结节等局部体征和其他全身症状。不能生精的睾丸体积缩小，质地软，缺乏弹性；而梗阻性无精症者则睾丸体积多正常，饱满，有弹性。

（3）治疗　无精的猪多为不可逆性，建议尽早淘汰；加强饲养管理，增加营养，适当地加强运动有助于恢复。

（七）难产

母猪在分娩时胎儿不能顺利产出称为难产。

1. 病因

（1）饲养管理　当饲料配合比例不当，引起母猪过肥或过瘦，或因运动不足，常可导致分娩力弱、子宫收缩无力而发生难产。

（2）母猪原因　常见骨盆狭窄，或因配种过早而致的骨盆发育不全，或子宫颈口不开张及骨盆变形等，都可导致难产。

（3）胎儿原因　除胎儿过大、畸形外，胎儿在产出过程中因姿势异常导致也是经常遇到的。如单肢先出、头颈扭曲、背腹前置、双胎同生等。

2. 临床症状

母猪产期已到，虽有努责但不能产出。有的产出几头后随之中断，而产道中仍有胎儿滞留，但母猪努责减弱，不能使其产出。此时应尽早作出诊断，采取助产措施。

3. 防制措施

（1）分娩无力　当母猪体弱、努责无力或因过度疲劳无力产出胎儿，经检查胎位正常时，可注射缩宫素进行催产。若子宫颈口已开张，可向产道中注入石蜡油，将手消毒后伸入阴道，抓住胎儿头部或两后肢慢慢拉出。

（2）胎儿位置异常　胎儿位置在分娩中异常所引起的难产比较少，对于这种情况，在助产时可将手消毒后，伸入阴道，并将胎儿推回骨盆腔中，轻轻转动胎儿，纠正姿势，然后慢慢拉出。

（3）骨盆及胎儿异常　骨盆狭窄或胎儿过大，而用手助产不能成功时，可进行剖宫产手术。

（八）母猪产后瘫痪

本病是母猪产后突然发生的一种严重的急性神经障碍性疾病，常发生在产后1周内。

1. 病因

一般认为与产后血糖、血钙突然减少有关。从临床上观察，母猪产前10天内若出现发热、减食等，产后多发生不食和产后瘫痪。胎儿过大，助产时损伤骨盆神经等，也可引起产后瘫痪。

2. 临床症状

母猪产仔后，食欲降低，泌乳减少，后躯无力，行走乱晃，继而卧地不起，后躯麻痹，有时伏卧拒绝哺乳。

3. 防制措施

（1）预防　保证饲料的全价营养，并适当增加钙磷，给予足够的

运动和光照，对产前患病母猪应及时治疗。

（2）治疗　病猪可采取补钙措施。除饲料增加钙、磷外，还有以下几种方法：

① 静脉注射 10%～20% 的葡萄糖酸钙 50～100 毫升，或内服葡萄糖酸钙等。

② 肌内注射维丁胶性钙，1 次 2～4 毫升，1 日 1 次，连用 7～10 天。

③ 中药方　当归 15 克，芍药 15 克，焦山楂 20 克，泽兰叶 20 克，延胡索 15 克，羌活 15 克，独活 15 克，神曲 15 克，益母草 200 克，煎服，1 天 1 剂，连用 3～5 天。

（九）乳腺炎

乳腺炎是由多种细菌侵入乳房引起的乳腺炎症。临床常见数个乳头同时发炎。

1. 病因

乳头接触地面，细菌自乳孔侵入；乳房损伤感染发炎；仔猪数量少，由于乳汁充足，多数乳头无仔猪吮吸而使乳汁积聚，或因乳房受碰撞、挤压，损伤乳腺而引起发炎。另外，发生口蹄疫等传染病时，也可发生乳腺炎。

2. 临床症状

最明显的症状是母猪拒绝仔猪吮乳，全窝仔猪因饥饿不停叫唤，并很快衰竭、消瘦。母猪常见体温升高，粪干不食。早期乳房可见肿胀发红，皮肤紧张，乳房有硬结。严重病例可见乳房从前到后呈粗的条索状肿胀，乳房皮肤发紫，乳汁清稀如水。若不及时治疗，可形成乳房脓肿，久之自行破溃，流出恶臭脓液。有的病例因急性感染而致全身的败血症，最终导致死亡。

3. 诊断

通过仔细观察和触诊乳房容易确诊。

4. 防制措施

（1）预防　猪舍应严格进行卫生消毒，产仔前后要注意减少青绿多汁饲料，避免乳房的过度挤压。

（2）治疗　未形成化脓破溃的乳腺炎治疗及时，通常可痊愈。封闭疗法是治疗乳腺炎比较好的一种方法。用 0.25% 的普鲁卡因注射液 50～100 毫升，加 80 万～240 万单位青霉素进行乳房根部注射。注射时选用 9 号针头，以免损伤乳腺。一般注射两次即可。若同时用硫酸镁温敷乳房，效果更好。对未破溃的化脓性乳腺炎可用鱼石脂软膏涂擦，一旦破溃流脓，则需用处理脓创的外科方法处理。

七、猪的外科病

（一）疝

疝是猪的一种常发病，临床上根据疝的发生部位不同，命名也不同。最常见的是脐疝和阴囊疝，有时也会发生腹壁疝等。疝的形成是腹腔内脏器从自然孔道或破裂孔进入皮下或其他腔中而发生。

1.脐疝

由于脐孔闭锁不全，使腹腔脏器进入皮下而形成疝。主要见于幼龄猪。

（1）临床症状　脐疝多数随着年龄而增大，小的如蚕豆子，大的有拳头大小。脐疝内的内容物多为肠管、肠系膜等。发生脐疝的猪一般食欲变化不大，若不及早进行手术，常影响猪的生长发育。有的因肠管长期脱入疝囊引起粘连，形成不可复原的疝病。

（2）治疗　若脐孔小，猪龄小，可用压迫法使其自行愈合。或将内容物还纳腹腔后，在疝环周围肌肉层分点注射 95% 酒精，每点 1 毫升，注射 6～8 个点，使局部发生无菌性炎症肿胀，封闭疝环。当脐孔较大，或落入肠管发生粘连，则需要进行手术治疗。方法是：患猪仰卧保定，术部剪毛后用 5% 的碘酊消毒，局部用 1% 的盐酸普鲁卡因麻醉。将肠管还纳腹腔后，若疝孔小可不用切开皮肤，直接用手术线穿过疝环两边结扎，封闭疝环。若疝环大或已发生粘连，则需自疝轮与皮肤一致处切开皮肤，分离肠管后送入腹腔，并撒布青霉素和链霉素粉剂；然后用缝线穿过疝孔两侧的肌肉和腹膜进行间断内翻缝合。撒布抗生素后，皮肤用结节缝合，最后涂布碘酊。

2.腹股沟阴囊疝

腹股沟阴囊疝发生于小公猪，本病具有遗传性。由于腹股沟环宽大，腹腔中肠管落入鞘膜腔内形成疝。

（1）临床症状　腹股沟阴囊疝有的一侧发生，有的两侧发生。多数触压后或倒提时包囊消失，有的可连同睾丸一起流入腹腔。有的因肠管粘连出现嵌闭性疝，此时触压、倒提也不会缩小。

（2）治疗　手术时将患猪倒提保定：局部剪毛消毒后切开皮肤，剥离总鞘膜，并拉到切口外面，用手指将鞘膜腔内的肠管送入腹腔，握紧睾丸连同总鞘膜捻转数圈，用缝线将精索和总鞘膜结扎并缝在腹股沟外环上，距结扎1.5厘米处剪断。如果肠管粘连，可在鞘膜上做一能伸入手指的切口，分离粘连部分，并整复入腹腔，然后捻转总鞘膜和精索，结扎缝合环口边缘。创口撒布青霉素、链霉素，最后结节缝合皮肤，涂擦碘酊。

3.腹壁疝

腹壁疝常见于小母猪因阉割切口太大而造成。有的是因外力造成皮下肌肉、腹膜破裂，使腹腔内容物脱入皮下而形成。

（1）临床症状　常见腹壁上突然发生大小不等的脓肿。用力按压内容物可消失，指压触诊可感知腹壁的破裂孔。

（2）治疗　手术方法同脐疝。切开皮肤后将肠管送入腹腔，然后纽扣状缝合疝环，皮肤结节法缝合。创腔内注意撒布青霉素和链霉素，皮肤用碘酊涂擦。

（二）外伤

外伤的种类很多，猪的外伤常见有咬伤、刺伤以及因外力或冲撞引起的挫伤等。

1.临床症状

由于猪的抵抗力比较强，轻度外伤仅表现出血、疼痛等。但是新鲜外伤者不及时治疗，细菌可由创口侵入而引起感染。创伤若损伤面较大，可见创缘和创面肿胀，创口由内向外排出脓汁。若由于刺伤而感染或由于引流不畅（如小公猪阉割后、缝合伤口等）造成脓汁滞留，可形成脓肿。一般急性脓肿常伴随局部温度升高、肿胀、疼痛，经过一段病程，脓肿变软，最后破溃流脓。

2. 治疗

新鲜创伤者比较轻，仅有皮肤损伤者，一般应用 5% 的碘酊涂擦即可。若受伤面积大（如猪群群斗，有的全身大部分被咬伤），在外用消炎药的同时，需及时注射青霉素和链霉素等药物，以控制全身感染。若伤口又深又大，则需及时止血，可采用结扎、压迫或药物止血的方法。并仔细清理创腔内异物，注射抗感染药物。创腔清洗干净后可涂布磺胺软膏或青霉素、链霉素和维生素 C 的混合粉剂。伤口过大，可对伤口进行结节缝合，并在下方留好引流孔。对伤口已经感染化脓有全身症状的应注射青霉素、链霉素等抗感染药物。对开放创口可用 5% 双氧水或 0.1% 高锰酸钾溶液冲洗干净后，撒布抗菌药粉。未破溃的脓肿，可自有波动的地方消毒后切开排出脓汁和坏死组织，然后灌入 5%～7% 的碘酊或填塞硫酸镁或撒布抗菌药物。

（三）脓肿

由于组织或器官内发生局限性化脓性感染，病变组织坏死、溶解，形成的充满脓液的蓄脓腔称为脓肿，因脓肿所在部位深浅，可分为浅部脓肿和深部脓肿。

1. 病因

各种化脓菌如葡萄球菌、化脓性链球菌、铜绿假单胞菌、大肠杆菌和腐败杆菌等可通过受损的皮肤、黏膜进入体内，引起炎性浸润和脓肿。病原菌的进入常与以下原因有关，如皮肤、黏膜被尖锐物体刺伤，注射时消毒不严，外科手术时无菌操作不严等造成感染。病菌可在侵入的部位发生原发性感染，也可经血液和淋巴转移到其他器官形成脓肿。氯化钙、水合氯醛、浓盐水和新肿凡纳明等有刺激性的化学药物如使用不当、大量进入皮下或肌肉组织时，可发生非细菌性脓肿。另外结核杆菌、放线杆菌、布氏杆菌等也可导致缓慢地发生冷性脓肿。

2. 临床症状

猪的浅部脓肿常发于皮下结缔组织、筋膜下层及表层肌肉组织内。初期局部肿胀，稍高出皮肤表面，局部温度增高、坚硬，触之有痛感，以后逐渐在致病菌、白细胞和局部组织崩解的部位形成界限清楚的软化灶，触之有波动感。脓肿成熟后，自溃排脓，但因溃口太小，溃口常会闭合再形成脓肿，或遗留为化脓性窦道。浅部冷性脓肿一般发生缓慢，有明显的肿胀和波动感，但没有或仅有轻微的热感或痛感。深部脓肿常发于深层肌肉、肌间及实质器官，局部肿胀升温现象常觉察不到，但常出现皮肤及皮下结缔组织炎性水肿，触压有痛感和压痕。根据脓肿出现的不同部位，发生相应部位的功能障碍，而表现相应的临床症状，脓肿严重时还可引起败血症。

3. 诊断

了解近期皮肤黏膜是否受过伤；是否注射过药物、疫苗，注射时针头是否经过严格消毒，是否一个针头注射多头猪；是否进行过手术；是否使用过氯化钙、水合氯醛等刺激性药物；病猪是否患结核杆菌病、布氏杆菌病等。

4. 防制措施

（1）预防 加强饲养管理，消除能引起皮肤黏膜受伤的因素，在注射疫苗和药物时，注意注射用具的消毒，进行手术时，严格按无菌操作进行。另外在使用氯化钙、水合氯醛、浓盐水和新胂凡纳明等刺激性药物时，避免误注或漏注到静脉外，造成不良后果。

（2）治疗 浅部脓肿初期可用醋调制的复方醋酸铅散、鱼石脂酒精等进行消炎、止痛，并促进炎症产物的消散吸收，或用20%鱼石脂软膏、超短波疗法、温热疗法等促进脓肿的成熟。当脓肿成熟后，可用手术疗法进行治疗。手术疗法主要包括脓汁抽出法和手术切开法两种。

① 脓汁抽出法 主要针对关节脓肿，用注射器针头穿刺入脓腔，抽尽脓汁后，注入灭菌生理盐水冲洗净脓腔，然后抽尽脓腔中的液体，注入青霉素等抗生素。

② 手术切开法 切口应选择波动最明显且易排脓的部位，手术应按外科手术要求无菌操作，严格进行消毒，局部或全身麻醉。脓肿切开时，要做纵向切口，并有一定的长度，以保证脓汁顺利排出，若脓肿过大，为防止切开时脓汁四溅，可以用注射器先穿刺抽出些脓汁后，再行手术切开。切开脓肿后，要尽量在不影响脓肿膜的情况下清尽脓汁，最后用3%双氧水等消毒液冲洗，灭菌纱布吸尽消毒液，再

用碘酊或 0.5% 高锰酸钾溶液等涂布脓肿腔，同时用抗生素控制感染。深部脓肿切开时应注意避免损伤神经或血管，分层切开，出血的血管应注意止血，以防脓汁中的细菌进入血液引起转移性脓肿。对有明显包囊的慢性脓肿，手术时可以连同结缔组织包囊一起摘除。

第二节　临床常见综合征的诊断

一、呼吸系统综合征的诊断

在猪的传染性疾病中，有多种传染病均会导致感染猪群出现咳嗽、喘气、呼吸困难等相似的临诊症状，准确快速的诊断在防控这类疾病方面起着重要作用。鉴别诊断如下：

（一）猪蓝耳病

1. 病原

动脉炎病毒属的猪繁殖与呼吸综合征病毒。

2. 流行特点

妊娠母猪和哺乳仔猪易感，从未感染过的猪场发病率很高，仔猪死亡率很高，可以通过精液及母体传播。

3. 主要临诊症状

哺乳仔猪发热，呼吸困难，咳嗽，共济失调，常常发生急性死亡。母猪皮肤发紫，妊娠母猪怀孕中后期流产，常常产死胎、木乃伊胎。

4. 特征性病理变化

仔猪淋巴结肿大、出血，脾肿大，肺淤血、水肿、出现肉样病理变化。

5. 实验室诊断

分离鉴定病毒或 PCR 检测抗原或检测抗体。

6. 主要防治措施

有多种疫苗可以用于免疫接种，发病后无有效药物治疗。

（二）猪流感

1. 病原

猪流感病毒。

2. 流行特点

本病除猪外，其他多种动物也易感，发病率高、传播快、流行广、病程短，但是发病猪只的病死率低。

3. 主要临诊症状

病猪体温升高、咳嗽、喘气、呼吸困难，常常流鼻涕、眼泪。死亡率低。常无明显的肉眼可见的病理变化。

4. 实验室诊断

分离鉴定病毒。

5. 主要防治措施

无疫苗可以选用，发病后无有效药物治疗，但是可以使用抗生素控制继发感染。

（三）伪狂犬病

1. 病原

伪狂犬病病毒。

2. 流行特点

除猪外，其他多种动物也易感。妊娠母猪和新生仔猪最易感，感染率高，发病严重，仔猪死亡率高，该病一旦感染，很难清除。本病也可垂直传播。

3. 主要临诊症状

发病猪只体温升高至 40～42℃，咳嗽、呼吸困难或腹式呼吸，流鼻涕、腹泻、呕吐。有些病猪有中枢神经症状，共济失调，很快出现死亡。怀孕母猪往往发生流产，产死胎和木乃伊胎。

4. 特征性病理变化

患病猪只呼吸道及扁桃体出血、水肿，肺部水肿，出血性肠炎，常常可见胃底部出血，肾脏出现针尖大小弥漫性出血，并且可见脑膜充血和出血。

5. 实验室诊断

分离病毒接种家兔，看是否有典型的奇痒症状，通过检测抗体也可以间接诊断。

6. 主要防治措施

使用 *gE* 基因缺失疫苗免疫接种，可以有效预防本病的发生。发病猪场可以加大检测，闭群淘汰净化。

（四）喘气病

1. 病原

支原体。

2. 流行特点

各个阶段的猪只均会发生，感染猪发病率高，病死率低，感染喘气病的病猪往往反复发病，病程长。气候的突然变化和饲养管理对本病有较大的影响。

3. 主要临诊症状

发病猪只体温一般正常，常表现出咳嗽、喘气和呼吸高度困难，出现典型的痉挛性咳嗽，早晚、被驱赶或天气突变时，症状更明显，出现典型的腹式呼吸，同时伴有喘鸣音。

4. 特征性病理变化

肺脏出现气肿、水肿，肺脏发生肉变，呈现紫红、灰白、灰黄色。

5. 实验室诊断

分离支原体。

6. 主要防治措施

可以用弱毒或灭活疫苗预防，金霉素、强力霉素等有一定的预防

治疗作用。

（五）猪传染性萎缩性鼻炎

1. 病原

支气管败血波氏杆菌和巴氏杆菌。

2. 流行特点

断奶前感染易发鼻炎，断奶后感染多呈隐性，传播慢，流行期长，本病可以垂直传播。

3. 主要临诊症状

多数感染猪只表现咳嗽、喷嚏，鼻炎，面部变形，流泪、流鼻涕、流鼻血，体温一般无异常变化。

4. 特征性病理变化

鼻甲骨、鼻中隔萎缩、变形，严重者鼻中隔消失，鼻盘歪、不对称为典型特征性病变。

5. 实验室诊断

细菌的分离鉴定以及相关抗体的监测。

6. 主要防治措施

可以选用灭活疫苗免疫预防，抗生素、磺胺药物治疗有一定的效果。

（六）猪传染性胸膜肺炎

1. 病原

胸膜肺炎放线杆菌。

2. 流行特点

本病最易发生在架子猪上，初次发病时常常群发，死亡率较高，与饲养管理和环境因素有关，急性病猪病程短，常常呈现地方流行性。

3. 主要临诊症状

病猪体温升高，常呈现犬坐式呼吸、张口呼吸、伸出舌头，高度呼吸困难，口鼻流出黏液性泡沫，严重者泡沫红色，带有血液。耳、鼻、口部皮肤发绀。

4. 特征性病理变化

出血性、坏死性、纤维素性胸膜肺炎，心包炎胸水增多，腹水呈现淡黄色或暗红色，肺脏紫黑色或灰黑色，常常与胸膜粘连，不易剥离。

5. 实验室诊断

触片革兰氏染色镜检或细菌的分离鉴定。

6. 主要防治措施

可以选用疫苗免疫预防，抗生素、化学药物预防治疗有效果。

（七）猪肺疫

1. 病原

巴氏杆菌。

2. 流行特点

易发生在架子猪上，与饲养管理和环境因素有关，病程急、发病快、死亡率高。

3. 主要临诊症状

病猪体温升高，剧烈咳嗽，流鼻涕，用手触摸因疼痛而发生躲闪，常呈现犬坐式呼吸、张口伸舌，可视黏膜发绀。病猪往往先便秘后腹泻；皮肤出现瘀血、出血，往往因为心衰、窒息而亡。

4. 特征性病理变化

病猪咽、喉、颈部皮下水肿，纤维素性胸膜肺炎；肺水肿、肺气肿、肝变，切面呈大理石状条纹，胸腔、心包积液。

5. 实验室诊断

触片革兰氏染色镜检或细菌的分离鉴定。

6. 主要防治措施

抗生素、化学药物预防治疗有效果。

（八）副猪嗜血杆菌病

1. 病原

副猪嗜血杆菌。

2. 流行特点

2 周龄～4 月龄猪均易感。

3. 主要临诊症状

病猪发热、食欲不振、厌食、反应迟钝、呼吸困难、咳嗽、尖叫（疼痛），关节肿胀、跛行、颤抖、共济失调、可视黏膜发绀、消瘦、被毛凌乱、侧卧、随后发生死亡。

4. 特征性病理变化

腹膜、胸膜、心包膜、关节表面等可见浆液性和化脓性纤维蛋白渗出物。

5. 实验室诊断

触片革兰氏染色镜检或细菌的分离鉴定。

6. 主要防治措施

采用综合防控措施，可以选用疫苗接种和药物防治。

（九）猪链球菌病

1. 病原

链球菌。

2. 流行特点

各个年龄阶段的猪均易感，与饲养管理、卫生条件等有关；该病发病急、感染率高、流行期长。

3. 主要临诊症状

病猪发热，体温升高至 41～42℃，咳嗽、喘气，淋巴结肿大，脑膜炎和关节炎；耳尖、腹下及四肢皮肤发绀，常常伴有出血点。

4. 特征性病理变化

内脏器官有较为广泛的出血，脾脏肿大，化脓性淋巴结炎，关节发炎。

5. 实验室诊断

涂片革兰氏染色镜检，细菌的分离鉴定。

6. 主要防治措施

采用综合防控措施，可以选用抗菌药物防治。

（十）弓形体病

1. 病原

弓形体。

2. 流行特点

各个年龄阶段的猪均易感，与饲养管理、卫生条件等有关；该病发病急、感染率高、流行期长。

3. 主要临诊症状

病猪发热，体温升高至 40～42℃，咳嗽、喘气，呼吸困难，有神经症状，后期体表有紫色斑点及出血。

4. 特征性病理变化

皮肤出血，有出血性肺炎，肺脏肿大、间质增宽，脾脏肿大。

5. 实验室诊断

涂片检查虫体，测定抗体。

6. 主要防治措施

磺胺间甲氧嘧啶等磺胺类药物有效。

二、繁殖障碍综合征的诊断

（一）猪蓝耳病

1. 病原

动脉炎病毒属的猪繁殖与呼吸综合征病毒。

2. 流行特点

妊娠母猪和哺乳仔猪易感，无季节性，感染率高，新发病猪场发病严重，仔猪死亡率高，母猪无死亡。本病能垂直传播。

3. 主要临诊症状

妊娠母猪怀孕后期流产最为常见，偶尔可见木乃伊胎，母猪出现全身症状，而且影响下次配种，新生仔猪死亡率高。

4. 特征性病理变化

仔猪淋巴结肿大、出血，脾肿大，肺瘀血、水肿、出现肉样病理变化。

5. 实验室诊断

病毒的分离鉴定或 PCR 检测抗原或检测抗体。

6. 主要防治措施

有多种疫苗可以于免疫接种，发病后无有效药物治疗。

（二）伪狂犬病

1. 病原

伪狂犬病病毒。

2. 流行特点

本病除猪外，其他多种动物也易感。妊娠母猪和新生仔猪最易感，感染率高，发病严重，仔猪死亡率高，该病一旦感染，很难清除。无季节性，仔猪死亡率高，母猪主要流产。本病也可通过垂直传播。

3. 主要临诊症状

常常感染妊娠 40 天以上的母猪，导致母猪出现流产、死产、木乃伊胎以及多见弱仔。弱仔发病、死亡快，母猪无其他症状；仔猪出现呼吸道症状和神经症状，共济失调，很快出现死亡。

4. 特征性病理变化

患病猪只呼吸道及扁桃体出血、水肿，肺部水肿，出血性肠炎，常常可见胃底部出血，肾脏出现针尖大小弥漫性出血，并且可见脑膜充血和出血，非化脓性脑炎，脑组织有核内包涵体。

5. 实验室诊断

分离病毒，接种家兔，看是否有典型的奇痒症状，通过检测抗体也可以间接诊断。

6. 主要防治措施

使用 *gE* 基因缺失疫苗免疫接种，可以有效预防本病的发生。发病猪场可以加大检测，闭群淘汰净化。

（三）细小病毒感染

1. 病原

细小病毒。

2. 流行特点

本病只感染猪，大小猪均易感，但只有初产母猪表现症状，可通过垂直传播，流行期长。

3. 主要临诊症状

母猪妊娠早期感染，胚胎常常死亡，产仔数少或屡配不孕，中期感染的母猪产木乃伊胎，后期感染产仔正常。

4. 特征性病理变化

发育不良，死胎往往充血、水肿、出血、体腔积液或木乃伊化。

5. 实验室诊断

分离病毒，检测抗体也可以间接诊断。

6. 主要防治措施

可以使用灭活疫苗预防，药物治疗无效。

（四）乙型脑炎

1. 病原

乙型脑炎病毒。

2. 流行特点

夏秋蚊虫出现的季节多见。初产母猪、仔猪和育肥猪多发，人兽共患病，呈散发，感染率高，发病率低。

3. 主要临诊症状

妊娠各阶段均可感染，母猪多出现死胎及木乃伊胎，少数为活仔，1～2 天后多数也会发生死亡，公猪睾丸单侧肿胀、发热、疼痛。

4.特征性病理变化

胎儿脑膜、脊髓充血，脑水肿，常出现非化脓性脑炎，脑发育不全，皮下水肿，胸腹腔积液，肝脏、脾脏坏死。

5.实验室诊断

分离病毒，接种小鼠，检测抗体。

6.主要防治措施

可以使用减毒疫苗预防，药物治疗无效。

（五）猪瘟

1.病原

猪瘟病毒。

2.流行特点

本病只感染猪，不分年龄、品种，无季节性，发病率、死亡率均高，常呈流行性，流行期长，可以垂直传播。

3.主要临诊症状

发病猪只体温升高，达 40～41℃，病猪先便秘，后腹泻，皮肤出血明显，公猪包皮积尿，个别病猪有神经症状。

4.特征性病理变化

剖检常见败血症，全身皮肤及脏器广泛出血，雀斑肾，脾脏边缘出血性梗死，肠道纽扣状溃疡。

5.实验室诊断

分离病毒，检测抗体，接种家兔。

6.主要防治措施

疫苗预防，药物治疗无效，发病猪场可以采用紧急接种。

（六）链球菌病

1.病原

链球菌。

2. 流行特点

各个年龄阶段的猪均易感，地方流行性，无季节性，与饲养管理、卫生条件等有关；该病发病急、感染率高，流行期长。

3. 主要临诊症状

母猪多在急性暴发时发生大批流产，可见于妊娠各个时期，病猪发热，体温升高至 41~42℃，咳嗽、喘气，淋巴结肿大，脑膜炎和关节炎；耳尖、腹下及四肢皮肤发绀，常伴有出血点。

4. 特征性病理变化

内脏器官有较为广泛的出血，脾脏肿大，化脓性淋巴结炎，关节发炎。

5. 实验室诊断

涂片革兰氏染色镜检，细菌分离鉴定。

6. 主要防治措施

采用综合防控措施，可以选用疫苗免疫、抗菌药物防治。

（七）附红细胞体病

1. 病原

附红细胞体。

2. 流行特点

人兽共患病，感染率高，发病率低，环境突变等诱因加速发病，多继发于其他病。

3. 主要临诊症状

病猪发热、贫血、黄疸，怀孕母猪流产，很少死亡。

4. 特征性病理变化

黏膜黄染，弥漫性血管炎，浆细胞、淋巴细胞和单核细胞聚集；肝脾肿大变性、炎性坏死；心、肾脏炎性变化。

5. 实验室诊断

镜检，动物实验，血清学试验，PCR。

6. 主要防治措施

采用综合防控措施，可以选用疫苗免疫、抗菌药物防治。

三、具有腹泻症状的猪病及其病因

（一）流行性腹泻

1. 病原

冠状病毒。

2. 流行特点

各个年龄阶段的猪均可发生，10 日龄内哺乳仔猪病死率高，甚至可以达到 100%，其他阶段猪几乎不出现死亡，寒冷季节和天气突变时常发生，但最近几年发病的季节性不明显，许多疫区常年发病。

3. 主要临诊症状

猪群往往没有征兆忽然发病，母猪常常仅仅有减食征兆，仔猪先呕吐，随后很快腹泻，腹泻物黄色、灰白色不等，常带有未消化完的凝乳块，猪只全身污染严重，白猪变成斑点状，躺卧区地面及保温墙面也常常被污染，打开保温箱，腥臭无比。腹泻仔猪很快消瘦，死亡率高。同时，母猪往往伴有无乳症状。其他阶段的猪一过性腹泻，很快恢复。

4. 特征性病理变化

病死猪尸体消瘦，脱水明显，后躯污染严重，胃出现卡他性胃炎，肠壁变薄，肠腔扩张，积液，肠绒毛萎缩严重。

5. 实验室诊断

分离病毒接种易感猪，复制病例。

6. 主要防治措施

选择流行毒株的疫苗，同时对症治疗。

（二）传染性胃肠炎

1. 病原

冠状病毒。

2. 流行特点

与流行性腹泻相似，但死亡率和传播速度较低。

3. 主要临诊症状

与流行性腹泻相似，但是以水样腹泻为主，同时也有呕吐症状。

4. 特征性病理变化

与流行性腹泻相似。

5. 实验室诊断

分离病毒，抗原检测。

6. 主要防治措施

选择疫苗，同时对症治疗。

（三）轮状病毒感染

1. 病原

轮状病毒。

2. 流行特点

寒冷季节多发，仔猪发病严重，发病率高而死亡率低。

3. 主要临诊症状

与流行性腹泻相似，但是症状较轻缓，水样粪便为主。

4. 特征性病理变化

与流行性腹泻相似，但是病变较轻。

5. 实验室诊断

分离病毒，检测抗原。

6. 主要防治措施

选择疫苗，同时对症治疗。

（四）猪瘟

1. 病原

猪瘟病毒。

2. 流行特点

本病只感染猪，不分年龄品种，无季节性，发病率、死亡率均高，常呈流行性，流行期长，易发生继发感染和混合感染，可以垂直传播。

3. 主要临诊症状

发病猪只体温升高，达 40～41℃，病猪先便秘，后腹泻，便秘时粪便呈串珠样，表面带有黏液或血，腹泻时后躯交叉，尾部摇摆。颈部、下腹部、四肢内侧皮肤发绀，皮肤出血明显，公猪包皮积尿，眼角有脓性分泌物，个别病猪有神经症状。

4. 特征性病理变化

剖检常见败血症，全身皮肤及脏器广泛出血，雀斑肾，脾脏边缘出血性梗死，肠道纽扣状溃疡，淋巴结周边出血，呈黑紫色。常见怀孕母猪流产，产死胎和木乃伊胎。

5. 实验室诊断

分离病毒，接种家兔，检测抗体。

6. 主要防治措施

疫苗预防，药物治疗无效，发病猪场可以采用紧急接种。

（五）仔猪红痢

1. 病原

魏氏梭菌。

2. 流行特点

3 日龄内多见，常常通过母猪乳头感染，病死率高。

3. 主要临诊症状

红色带血痢，同时伴有灰白色或米黄色组织碎片，病猪消瘦，脱水很快，药物治疗效果不明显，几天后死亡。

4. 特征性病理变化

出血性、坏死性小肠炎，内容物带气泡，呈红色。

5. 实验室诊断

细菌分离鉴定。

6. 主要防治措施

疫苗预防；因产生大量外毒素，药物治疗无效。

（六）仔猪黄痢

1. 病原

致病性大肠杆菌。

2. 流行特点

3 日龄内多见，呈地方流行性，发病率和病死率均高。

3. 主要临诊症状

仔猪常突然发病，拉黄色、黄白色水样粪便，粪便中带有凝乳片、气泡，腥臭严重。病猪不吃乳，往往脱水、消瘦、昏迷而亡，往往来不及治疗，病死率 90% 以上。

4. 特征性病理变化

皮下及黏膜水肿，小肠内有黄色液体和气体，淋巴结有出血点，肠壁变薄，胃底有出血性溃疡。

5. 实验室诊断

细菌分离鉴定。

6. 主要防治措施

可选用疫苗预防，加强饲养管理，药物治疗效果不佳。

（七）仔猪白痢

1. 病原

致病性大肠杆菌。

2. 流行特点

10 日龄后的仔猪常见，呈地方流行性，发病率较高，病死率低，与环境温度波动有关。

3. 主要临诊症状

仔猪排白色或灰白色糊状至稀粥状稀粪，有腥臭，猪场内常常反复发作，发育迟缓，易继发其他疾病。

4. 特征性病理变化

小肠卡他性炎症，结肠充满糊状内容物。

5. 实验室诊断

细菌分离鉴定。

6. 主要防治措施

可选用疫苗预防，加强饲养管理，敏感抗菌药物治疗有效。

（八）仔猪副伤寒

1. 病原

沙门氏菌。

2. 流行特点

2～4月龄易发，呈地方流行性，与饲养管理、环境和气候有关，流行期长，发病率高。

3. 主要临诊症状

发病猪只体温升高，达41℃以上，病猪腹疼、腹泻，耳根、胸前、腹下发绀，慢性病例皮肤有痂状湿疹。

4. 特征性病理变化

脾脏肿大、大肠糠麸样坏死。

5. 实验室诊断

分离细菌、鉴定。

6. 主要防治措施

疫苗预防，敏感抗生素有效。

（九）猪痢疾

1. 病原

螺旋体。

2. 流行特点

2～4月龄多发，传播慢，流行期长，发病率高，病死率低。

3. 主要临诊症状

腹泻粪便中混有多量黏液及血液，常呈胶冻样。

4. 特征性病理变化

大肠出血性、纤维素性、坏死性肠炎。

5. 实验室诊断

染色镜检。

6. 主要防治措施

抗生素、痢菌净和磺胺药有效。

四、伴有神经症状猪病及其病因

（一）狂犬病

1. 病原

狂犬病病毒。

2. 流行特点

人兽共患病，无年龄、季节差异，散发，有咬伤或抓伤病史，潜伏期长，病死率高达100%。

3. 主要临诊症状

有典型的神经症状，狂躁、兴奋、攻击人、尖叫、流涎、恐水，2～3天死亡。

4. 特征性病理变化

无明显的肉眼变化，非化脓性脑炎，脑组织内有核内包涵体。

5. 实验室诊断

检测病毒及包涵体。

6. 主要防治措施

有咬抓伤情况时及时免疫接种，无法治疗。

（二）伪狂犬病

1.病原

伪狂犬病病毒。

2.流行特点

除猪外，其他多种动物也易感。妊娠母猪和新生仔猪最易感，感染率高，发病严重，仔猪死亡率高，该病一旦感染，很难清除。本病也通过垂直传播。

3.主要临诊症状

发病猪只体温升高至 40～42℃，咳嗽、呼吸困难或腹式呼吸，流鼻涕、腹泻、呕吐。有些病猪有中枢神经症状，共济失调，很快出现死亡。怀孕母猪往往发生流产，产死胎和木乃伊胎。

4.特征性病理变化

患病猪只呼吸道及扁桃体出血、水肿，肺部水肿，出血性肠炎，常可见胃底部出血，肾脏出现针尖大小弥漫性出血，并且可见脑膜充血和出血。

5.实验室诊断

分离病毒接种家兔，看是否有典型的奇痒症状，检测抗体也可以间接诊断。

6.主要防治措施

使用 *gE* 基因缺失疫苗免疫接种，可以有效预防本病的发生。发病猪场可以加大检测，闭群淘汰净化。

（三）乙型脑炎

1.病原

乙型脑炎病毒。

2.流行特点

人兽共患病，夏秋蚊虫出现的季节多见，发病与蚊虫叮咬有关，呈散发，感染率高，发病率低，妊娠母猪和仔猪多发。

3. 主要临诊症状

发热，少量猪后肢轻度麻痹，步态不稳，跛行、抽搐、摆头，妊娠各阶段均可感染，母猪多出现死胎及木乃伊胎，少数为活仔，1～2天后多数也会发生死亡，公猪睾丸单侧肿胀、发热、疼痛。

4. 特征性病理变化

胎儿脑膜、脊髓充血，脑水肿，常出现非化脓性脑炎，脑发育不全，皮下水肿，胸腹腔积液，肝脏、脾脏坏死。

5. 实验室诊断

分离病毒接种小鼠，检测抗体。

6. 主要防治措施

可以使用疫苗预防，药物治疗无效。

（四）血凝性脑脊髓炎

1. 病原

冠状病毒。

2. 流行特点

只感染猪，1～3周龄猪最易发，感染率高，发病率低，多在引种后发病，散发或地方流行性，冬春季多见。

3. 主要临诊症状

昏睡、呕吐、便秘、四肢发绀、呼吸困难、喷嚏、咳嗽、痉挛、磨牙、步态不稳、麻痹犬坐、泳动、转圈、角弓反张、眼球震颤失明。

4. 特征性病理变化

无明显的眼观变化，非化脓性脑炎，呕吐型则有胃肠炎变化。

5. 实验室诊断

分离病毒，检测抗体。

6. 主要防治措施

无法治疗，无药可救。

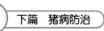
（五）李氏杆菌病

1. 病原

李氏杆菌。

2. 流行特点

人兽共患，断奶前后仔猪最易感，春冬季节多见，散发，致死率高，与应激因素有关。

3. 主要临诊症状

体温升高，共济失调，奔跑转圈，后退，头后仰呈观星状，麻痹，四肢泳动，抽搐尖叫，吐白沫。

4. 特征性病理变化

肺部、脑部充血水肿，脑脊液增多，淋巴结肿大出血，肝、脾肿大坏死。

5. 实验室诊断

细菌分离鉴定，接种动物。

6. 主要防治措施

早期可以用抗菌药物治疗，无疫苗。

（六）链球菌病

1. 病原

链球菌。

2. 流行特点

不分年龄，呈地方流行性，与饲养管理、卫生条件有关，发病急，感染率高，流行期长。

3. 主要临诊症状

体温升高，咳喘，淋巴结脓肿，关节炎，脑膜炎。耳端、腹下和四肢皮肤发绀，有出血点。

4. 特征性病理变化

内脏器官出血，脾肿大，有关节炎，淋巴结化脓。

5.实验室诊断

镜检，分离细菌。

6.主要防治措施

可用疫苗预防，青、链霉素有效。

（七）猪丹毒病

1.病原

猪丹毒杆菌。

2.流行特点

架子猪多发，散发，地方流行性，炎热雨季多见，病程短，发病急，病死率高。

3.主要临诊症状

体温升高 42℃ 以上，体表有规则或不规则疹块，可结痂、脱落。

4.特征性病理变化

脾肿大，菜花心，皮肤有红色疹块。

5.实验室诊断

镜检，分离细菌。

6.主要防治措施

用青、链霉素治疗有效。

（八）弓形虫病

1.病原

弓形虫。

2.流行特点

各年龄的猪均易感。

3.主要临诊症状

体温升高，咳喘，呼吸困难，有神经症状，体表有紫斑及出血点。

4. 特征性病理变化

皮肤出血，肺肿大、出血，间质增宽，脾肿大。

5. 实验室诊断

镜检，测定抗体。

6. 主要防治措施

磺胺类药有效。

五、断奶仔猪综合征

1. 仔猪断奶综合征的病因

（1）仔猪的生理机能还没有完全发育　当仔猪断奶时，由于仔猪的生理机能还没有完全发育，容易出现断奶综合征。仔猪出生8周后，其生理机能才发育健全，在仔猪还没断奶时，由于喝母乳，母乳中含有乳酸，所以仔猪的胃酸比较多，一旦断奶，胃酸的含量降低，消化功能下降，有害的大肠杆菌越来越多，导致仔猪容易出现断奶综合征。

（2）主要食物发生变化　仔猪断奶前母乳是主要食物，仔猪断奶后固体饲料是主要食物。主要食物发生变化，仔猪出现腹泻、水肿的现象，即出现了断奶综合征。

（3）生活环境的改变及免疫机能抑制　相比较来说，仔猪分娩舍的条件比保育舍的条件稍好一些。从分娩舍移到保育舍，温度、湿度都有很大的区别，仔猪的免疫能力比较差，产生应激反应，出现断奶综合征，不利于仔猪的健康生长。

（4）病菌感染　引发仔猪断奶综合征的致病菌有很多，主要有大肠杆菌、猪链球菌等。仔猪断奶后，不能吃母乳，不能获取母源抗体，仔猪的免疫力降低，致病菌会快速生长繁殖。

2. 仔猪断奶综合征的防治措施

（1）调节好仔猪的营养　在仔猪断奶综合征的防治措施中，调节好仔猪的营养非常重要，加入一些饲料补给，有利于仔猪的开食。对仔猪进行科学合理的喂养，可以在饲料中适当添加一些复合酶和柠檬酸，增加饲料营养，提高仔猪免疫力。

（2）减少应激反应的发生　减少应激反应的发生是非常必要的，仔猪在进行断奶时，需要科学合理地断奶，可采取逐步断奶法。逐步断奶法就是白天将仔猪与母猪分开，夜晚时放在一起，让仔猪逐步断奶，可以有效地减少应激反应的发生。

（3）加强仔猪的饲养管理　加强仔猪的饲养管理必须要做好防寒保暖，保证仔猪的生活环境舒适、干净，所有与仔猪有关的物品都要定期进行消毒，为仔猪的健康生长提供良好的生活环境。为仔猪选择易消化、适口性强的饲料，有利于仔猪的消化。

（4）做好病菌感染的防治　仔猪患上仔猪断奶综合征很大一部分原因是病菌感染，所以做好病菌感染的防治工作非常重要。对于病菌感染的防治，主要是以药物预防为主，可以在饲料中添加药物，提高仔猪的自身免疫力。

附录一

非洲猪瘟的防控措施

  非洲猪瘟是由非洲猪瘟病毒引起猪的一种以发热和全身各脏器出血为特征的急性、烈性、高度接触性传染病。该病一旦发生，危害发病国家生猪产业、食品安全和国际贸易，并导致严重的经济问题。2018年8月非洲猪瘟传入我国以来，给我国养猪业造成了巨大的经济损失和行业恐慌。非洲猪瘟进入我国后，短时间内彻底清除并不太现实，将会较长时间伴随国内养猪生产。

  非洲猪瘟病毒在不同的生物循环系统内持续存在——丛林传播循环、蜱-猪循环和家猪（猪-猪）循环，家猪最常见的情况是病毒持续感染。非洲猪瘟目前主要通过直接接触传播、间接接触传播和经口-鼻途径，通过接触感染动物、排泄分泌物，通过摄入猪肉或其他途经污染的产品，或通过污染物间接传播。病毒从一个养殖场传播到另外一个养殖场几乎完全是因为人的行为。例如：猪或设备的流动、喂养污染的饲料等。

  目前，全世界尚无有效疫苗和药物用于预防和治疗非洲猪瘟，因此，在后非洲猪瘟时代来临之时，对该病的防控仍然依赖于猪场生物安全措施，阻止病毒侵入猪场是保障猪场平稳生产的主要手段。

一、非洲猪瘟的传播方式

1. 接触传播

通过感染猪直接接触传播或者通过被感染猪的血液、粪便、尿液、唾液污染的环境、设备、工具、食物、泔水等间接传播，也可以通过带刺昆虫发生机械传播，这是病毒向邻近地区传播的主要方式。直接接触主要通过口鼻接触，气溶胶传播并不是主要方式，只是在非常短的距离（2 米内）时，在密切接触的猪群中可能发生。

2. 通过感染猪的肉制品和泔水传播

这是病毒远距离跨界传播的主要方式。如 1957 年，ASF 首次在非洲大陆之外的葡萄牙暴发，就是因为里斯本机场附近的猪食入航运废弃物而引起的。

3. 通过软蜱传播

叮咬感染猪的软蜱再次叮咬易感猪或被易感猪食入均可造成感染。软蜱是 ASFV 的储存宿主，即使一个地区的感染猪被完全捕杀，这一地区仍可能存在病毒。

4. 通过野猪传播

野猪感染后，可以传播病毒，同时，由于一些跨界野猪和蜱不能固定行踪，是病毒从暴发地区进一步传播的主要原因。

二、猪场生物安全风险因素评估

通过对非洲猪瘟传播方式、传播特点分析，养猪生产中非洲猪瘟防控最危险的生物安全风险因素主要包括运猪车、饲料车、菜市场采购的食物原材料、引入猪只与精液、外来肉类及制品；危险因素包括水源、回场人员及随身携带物、采购的疫苗兽药、饲料原粮以及各种用具，老鼠、鸟、苍蝇等生物因素等。

三、生物安全控制措施

目前，全世界尚无有效疫苗和药物用于预防和治疗非洲猪瘟，防控非洲猪瘟最重要的措施就是通过严格的生物安全措施，将非洲猪瘟病毒阻挡在猪场之外。

1. 硬件建设

猪场选址要求地势高燥，背风向阳，地面相对平坦；充分利用自然的地形地物，如沟壑、树林等作为场界天然屏障，距离河流 500 米以上；选择未被污染和没有发生过重大传染病的地方。场区一般分为生活管理区、生产区、粪污处理区三个功能区。同时，需要采用多点式设计，把公猪站、种猪繁育区、仔猪保育区、生长育肥区分点设计，不同点之间至少保持 5 千米以上（综合考虑包括蓝耳病、口蹄疫等重大疫病的生物安全距离）；修建猪场时考虑全封闭式圈舍，猪场建设专用出猪台，实体连廊与售猪圈舍相连，配置垂直升降平台。有条件的猪场投资修建料线自动供料，配置中转料塔。猪舍隔墙采用实体墙，排粪区不直接交叉，单槽采食、饮水。在距离猪场 3 千米左右可控区域，修建一级洗消中心（清洗、消毒）；在距离猪场 1 千米左右的可控区域（无外来车辆经过的地方），修建二级洗消中心（清洗、消毒和烘干）；猪场四周建实体围墙；猪场大门入口处设置车辆消毒池和人员更衣淋浴消毒间；猪场与外界修建专用道路相连通；场内净道与污道严格分开；生产区入口处设更衣淋浴消毒室，猪舍入口处在地面放置 60 厘米高的挡板；妊娠舍与分娩舍之间设置母猪热水洗猪间，猪舍内安装消毒清洗系统；猪舍内配备保温、降温、通风换气、光照等设施；公猪舍、妊娠舍、产仔舍等重点生产环节的圈舍需要密闭饲喂。

2. 软件管理

引猪前充分调研产地疫情状况以及待引生猪健康和免疫状况，采集唾液或血液检测非洲猪瘟感染情况，阴性方可引入。引进的生猪要进行隔离观察 42 天以上，期间专人饲喂，确保健康后才能入群。生猪生产过程中，采用"全进全出"的饲养方式，尽可能采取封闭饲养。每批生猪在出栏后，都要对猪舍进行彻底的清洗、消毒、空栏 7 天以上，方可转入下批次的猪只进行生产。

（1）车辆控制　不同的车辆安全等级执行不同的清洗、消毒程序。

① 场外运猪车　猪场车辆的管理每个环节落实到专门的责任人与监督人。生物安全的效果不仅在制度，更重要的是在执行力上。严格执行"洗、沥、消、烘干程序"：依次清洗、静置沥水、雾化消毒、静置沥水烘干。

a. 清楚车辆的背景，检查车辆基本信息，应符合相应的国家政策（备案）。

b. 检查车辆车厢内外是否有血渍、猪粪，如果发现其中之一，拒绝该车拉猪。

c. 猪场相关接待负责人给驾驶员（相关人员）讲解装猪基本程序，及各环节的注意事项。

d. 车到一级洗消站，清理出车厢内的杂物，用高压水枪冲洗，冲洗程序是从上到下、从内到外，司机脚垫取出冲洗后，加泡沫清洗剂清洗干净。沥水 10 分钟后再消毒，消毒药选用 1∶500 戊二醛（或其他消毒剂），喷雾消毒，车静置 30 分钟后到下一个处理程序。

e. 一级洗消站洗消结束后，车再到离猪场 1 千米左右的二级洗消站，进行清洗、沥水、烘干处理，再至中转猪台等候装猪。

② 场内中转运猪车

a. 外来车辆出入场道路与中转车之间不能交叉。

b. 中转台使用后由中转负责人马上彻底清洗，清洗干净后用烧碱消毒（3/1000）或其他消毒药消毒，装猪前再一次消毒。

c. 中转车使用后，中转负责人马上清洗，车厢先用高压水枪冲洗，冲洗程序是从上到下、从内到外、从高到低，沥水 10 分钟后，车厢与驾驶室消毒，消毒药选用 1∶500 戊二醛（或其他消毒药）喷雾消毒。

d. 中转司机将车开至中转台附近停泊。

e. 再次转猪前，再次消毒药喷雾消毒，静置 30 分钟后，方可靠近场内上猪台转猪。

f. 中转车不得驶出中转区域。

g. 中转人员卖猪期间穿一次性防疫服。

③ 饲料运输车

a. 拉饲料的车必须是专车专用。可根据收集到的疫情信息调整运行线路。

b. 与饲料厂加强沟通，饲料车装料前消毒处理。如果是饲料罐装车，直接在猪场围墙外将饲料打入中转料塔，请忽略下列步骤。

c. 饲料车到后先到一级洗消站高压冲洗，特别是车厢内外、轮胎、底盘等表面，冲到没有泥渍。加泡沫清洗剂清洗干净后，沥水 10 分钟再消毒，消毒药选用 1∶500 戊二醛（或其他消毒药）喷雾消毒，司机穿防护服，取下篷布（篷布不进场内），对篷布遮盖位置再消毒后，静置 30 分钟到下一个处理程序。

　　d. 一级洗消站消毒完成后，再到二级洗消站，使用 2.3% 次氯酸盐消毒药喷雾消毒，消毒药的浓度按疫情期间用药量，静置 30 分钟后，方可进入场内下料（附图 1）。

　　e. 建议猪场内人员自己下料，不用外来人员。

　　f. 如果是外来人员下料，公司应与其沟通，不得接触猪，进场加强对其沐浴监督（包括指甲清理）。

　　g. 司机进场后严禁下车，只能待在驾驶室。

　　h. 对运输饲料入场的车辆停留过的区域，半小时内完成消毒。

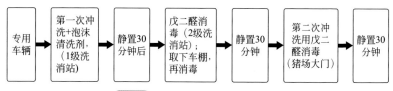

附图1　场内中转运猪车清洗流程

　　④ 其他场内车辆　无关车辆严禁进入场区，场内其他车辆每天使后，使用 8/1000 的烧碱喷雾消毒。

　　（2）饲料管理　避免饲料及原料来源于自有养猪场的供应商，以及运输原料的车辆不能有运输生猪的用途。饲料车运输饲料到猪场，车辆通过外围料塔和中转料塔中转，经料线输入，而不进入猪场，因为饲料车可能将外部病原带入猪场。无外围料塔和中转料塔的情况下，运料车用酚类或醛或碱类消毒药物多级清洗彻底消毒后，方能进入猪场。

　　（3）疫苗兽药管理　疫苗兽药入场，门卫室臭氧或甲醛熏蒸消毒后，再脱包（打开外包装箱、袋，拿出相关产品），然后进行第二次臭氧或甲醛熏蒸消毒（环境温度低于 20℃时，宜选用臭氧消毒），再入库保存。

　　（4）人员管理　猪场安排专人负责场外的协调工作（车辆的清洗、消毒、协调卖猪，不进管理区）。员工休假回来严格按照雾化消毒—换水鞋—随身物品熏蒸消毒—员工沐浴（衣服加消毒药洗）—彻底更衣—24 小时后再沐浴更衣后到生产区宿舍过夜—正常程序进入生产区。衣、裤、鞋、帽、袜即刻加入新洁尔灭，浸泡 30 分钟以上，再清洗、烘干（晾干），置入专用房间，下次出场再穿。生产区员工洗澡后统一着装生活区衣服、裤子和鞋。全程应该有监督人员并记录。

（5）赶猪与售猪

① 一次性把销售的猪准备好，再赶到售猪台。

② 全部辅助销售的饲养员，在销售区域保留一双专用水鞋，只在销售区域穿。

③ 出猪台设置踏足消毒桶，使用 8/1000 的烧碱，出该区域均需要踏足消毒。

④ 销售完成后，到升降台赶猪的员工处理好防疫服后，先用消毒药冲洗水鞋后才能离开升降台，所有到升降台的器具（包括赶猪板）均要消毒后才能放回，到升降台的赶猪板必须专用，并且单独放置。

⑤ 每栋猪舍两边设置一消毒桶（出入时烧碱踏足消毒），分区管理，尽量不串圈，进出圈舍脚踏消毒池（使用 8/1000 的烧碱）、消毒盆中（新洁尔灭）洗手后方可出入。

（6）消毒药物管理 必须选择对非洲猪瘟病毒敏感的消毒药（一定要看成分），浓度须按相关说明配制，现配现用为宜。

① 车辆、环境：用于车辆、圈舍环境喷雾或冲洗，选用苯及苯酚、过氧化物类、碱类（氢氧化钠或碳酸钠）

② 人员：用于人员洗手或喷雾，选用柠檬酸或碘类消毒剂。

③ 猪群：用于带猪消毒，选用过氧化物类或碘类消毒剂。

（7）其他控制措施

① 袋装饲料经过严格的熏蒸消毒后，方可使用。

② 水源：半年一次送检，检测水质。饮水中添加适宜浓度的消毒药。

③ 强调入场物资消毒，所有的外包装均禁止进入生产区（药品均需要熏蒸后，去除外包装入生产区）。

④ 加强员工入场私人物品的开包检查及登记，严禁员工携带食品进入生活、生产区。

⑤ 针对目前国内的疫情，建议增加物品进出消毒登记制度，生产资料和生活必需品要求集中采购，减少采购次数。所有物品要求拆开包装，熏蒸 12～24 小时后再登记后使用，严防动物源性食品入场。

建议如下:

　　a. 采购的食物(蔬菜)臭氧熏蒸 12 小时,分餐的器具加强消毒(使用消毒柜高温臭氧消毒),外购水果统一购置,熏蒸 12 小时后,使用可以对食品消毒的消毒药(卫可、新洁尔灭等)按食品消毒浓度进行浸泡处理。

　　b. 各生产舍负责人每天早晚 2 次巡视各自负责的区域,观察猪群健康状况。

　　c. 员工观察到有下列症状的异常猪只及时上报:是否减料、发热、皮肤发红或者发黄、血便、母猪流产、病猪治疗后血流不止等。每天下班后,主要技术人员沟通各自猪群的情况。

　　d. 加强员工出入生产区沐浴,要求出入均要严格按照沐浴程序洗澡换衣,员工指甲剪到平指头,不能藏污纳垢。手机、电子产品酒精消毒后入场。

　　e. 严禁不必要的串舍。

　　f. 免疫及注射时特别注意:免疫种猪一猪一针头,保育舍一注射器一针头,疾病治疗每头猪一个针头。

　　g. 停用红外体温计测量猪的体温。

　　h. 检查场区的各级围墙,保持围墙的有效性,无可供啮齿类动物出入的漏洞,围墙周边 1 米内没有杂草,并做到有专人至少每周巡视 1 次。

　　i. 加强蚊蝇的控制。

　　j. 全场彻底灭鼠。

附录二
发生非洲猪瘟猪场复养技术

一、复养的必备条件

不满足下列任何条件之一，均不能开展复养。

（1）发生非洲猪瘟疫情养殖场（户）全部清群、彻底清洗消毒后，空栏2个月以上；同期养殖场周边无非洲猪瘟疫情或疑似非洲猪瘟疫情发生。

（2）养殖场（户）经清洗、消毒和设施设备改造升级后，具备必要的生物安全设施，场内环境非洲猪瘟病毒检测为阴性。

（3）引进猪只来源清楚，须由具资质的第三方检测机构提供非洲猪瘟等病原检测报告，有安全的运输渠道，健康有保障。

（4）复养前养殖场（户）生物安全风险评估合格，具备人、财、物等基础保障条件，能严格落实复养过程中的消毒、清洗等饲养管理关键技术。

二、非洲猪瘟病毒清除

（1）场外环境　大中型规模养殖场外500米硬化路面、小型养殖场（户）的入场（户）道路和房前屋后使用2%烧碱溶液喷洒，每天2次，连续3天后清扫，以后每天喷洒1次，连续1周后每隔3天抛撒生石灰1次。对于非硬化地面每天用5%烧碱喷洒一次。道路两侧5米范围每天用5%烧碱消毒。严格限制外来车辆、人员通过。

（2）场内环境 遵循"消毒—清洗—再消毒"的原则。

① 场内公共环境 围墙、场内道路、硬化地面、上猪台、赶猪通道等区域，使用2%烧碱溶液喷洒，每天1次；1周后改用生石灰覆盖，每隔3天抛撒1次。

② 猪舍

a. 首次消洗与物品清理 首次消洗：对地面、墙面（内外两面）、屋顶、围栏、料槽、房间、通道及设施设备等使用5%烧碱喷洒。4小时后，使用高压高温水枪冲洗，不留死角；或使用发泡清洗剂喷洒30分钟后再冲洗。清洗后干燥24小时。物品清理：首次消洗后，彻底清扫。对能够拆卸的设备（栏杆、漏缝地板、料槽、饮水器、灯罩、灯泡、百叶窗等）集中用2%烧碱浸泡4小时，清水清洗、干燥后再次消毒。清理所有工作服、鞋帽、饲料药品及生产工具等，对留用的物品先用2%的戊二醛浸泡、彻底清洗、消毒、熏蒸后保存，其他物品无害化处理。生产系统：对料塔、料线、料槽等设施内部的余料、残渣等彻底清除（清除物用5%烧碱浸泡24小时无害化处理）后用烧碱冲刷，干燥后采用1%二氯异氰尿酸钠、2%戊二醛、5%过硫酸氢钾等喷雾、熏蒸或雾化消毒；对供水系统彻底清理后，使用1%二氯异氰尿酸钠清洗；对风机、管道、湿帘等设备彻底清理后，水池、湿帘、卷帘采用1%二氯异氰尿酸钠或2%戊二醛或过硫酸氢钾消毒，管道内部及隐藏部位熏蒸消毒；对粪沟、粪池使用2%烧碱无害化处理（要求达pH 13以上，维持15天后用盐酸调节pH到7左右，24小时后清空）。

b. 二次消洗 采取"碱—氯—熏"三步消毒法。第一步，烧碱（2%氢氧化钠）喷洒消毒：对地面、墙面、栏杆、设施设备、生产工具等喷洒、淋透，不留死角，24小时后清水冲洗，干燥24小时。第二步，氯制剂（1%二氯异氰尿酸钠）喷雾消毒：对猪舍、工作间内部地面、墙面到屋顶等所有地方和设施设备喷雾，密闭12小时，通风干燥12小时。第三步，过氧乙酸熏蒸消毒：密闭猪舍、工作间等，按照1克过氧乙酸/立方米加热熏蒸，湿度70%～90%，持续熏蒸1小时，通风4～8小时。采用三步消毒法，连续消毒三轮后彻底封闭。养猪场（户），也可采用火焰喷射对地面、墙面、栏杆等消毒后，使用烧碱石灰乳（50千克水加入2.5千克烧碱、10千克生石灰，搅拌均匀后纱网过滤，即配即用）涂刷。

③ 生活区

a. 首次消毒与物品清理　对区域内的办公室、寝室、浴室、库房、实验室、食堂、楼道等使用 1% 二氯异氰尿酸钠、2% 戊二醛、3% 双氧水等喷雾，大中型规模养殖场封闭 24 小时。对所有房间及物资清扫、清理，对使用过的工作服、鞋帽、办公用品及生活垃圾等集中焚烧销毁、无害化处理。小型养殖场对区域内的寝室、浴室和库房，散养户着重加强对住房等使用氯制剂、双氧水等喷雾后封闭 4~8 小时。

b. 二次消毒　对清理留下的衣物进行蒸煮，必需物资集中熏蒸；对房间地面、墙面以及其他物资采取"醛—氯—熏"三步消毒法，即 2% 戊二醛喷雾、1% 二氯异氰尿酸钠喷雾、5% 过硫酸氢钾熏蒸 24 小时（按照过硫酸氢钾 1：烟雾增强剂 5：水 20。如无烟雾增强剂，使用 5% 过硫酸氢钾喷雾）。生活区采用三步消毒法，连续三轮后将养殖场完全封闭。

④ 无害化处理区　对大中型规模养殖场的无害化处理区域，每天使用 2% 烧碱喷洒 1 次，连续 1 周后抛撒生石灰，设置警示标志。

三、设施设备改造升级

1. 场外区域

（1）哨卡　地方人民政府若认为必要，可在养殖村出入口设置非洲猪瘟防控哨卡，配套 24 小时值班室，配置高压清洗、消毒设备等。

（2）道路、围墙　大中型规模养殖场将入场道路与出场道路分开，场边界建 2.5 米高实心围墙。

（3）厨房　大中型规模养殖场将厨房移到生产区外，配套专用餐车、餐盒；在场第一消毒区、第二消毒区、第三消毒区分别设餐盒传递窗口，配套微波炉。

（4）饲料中转中心　有条件的大中型规模场可在场外上风口处建饲料中转中心，配套料仓或料塔，配置饲料罐车。饲料在中转中心贮存 24 小时并抽样检测阴性后分送至场内各猪舍料塔。

（5）洗消中心　大中型规模场距场区1000米外建洗消中心，由脏区、灰区、净区三部分构成，三区之间道路单向行驶，不交叉。脏区为进场车辆停放区，地面硬化，配套污水集中处理收集池。周边设雨水收集沟，雨水不得进入灰区与净区。灰区包括清洗区和烘干区。清洗区配置高压高温冲洗机、发泡机等设备，配套洗澡间、消毒间、厕所、休息区等。烘干区配套自动烘干设备。净区为清洗烘干后车辆停放区域，地面硬化，周边设置雨水收集沟。

（6）猪只中转站　大中型规模场在距场区500米外建出场猪只中转站，小型养殖场和散养户由当地人民政府组织以村为单位建设猪只中转站。选址于村内下风口，分为安全区、灰区及危险区。三区之间道路单向行驶，不交叉。安全区为猪场出口至中转站之间区域，须配套专用运输车辆和上下猪台等。灰区建中转猪舍，其大小根据每天出栏规模确定，配套饮水、防蚊纱窗、通风降温、高温高压清洗设备等。危险区为外来车辆等候区，配套粪污收集池及污水池等，配置车辆清洗设备。

（7）出猪台　养殖场（户）设出猪台，距场区50米以上并加盖防雨棚，在出猪台底部开设沟槽，防止雨水和冲洗水回流到猪舍。猪只单向流动，一旦进入出猪台，严禁返回。

2. 场内区域

猪场彻底清洗消毒封闭1个月后，改造升级场内设施设备。大中型规模场内按生活区、生产区、无害化处理区规划布局，生活区置于上风口，无害化处理区位于下风口和场区最低处，各功能区之间相对独立，避免人员、物品交叉。各区之间距离宜50米以上，须用高2.5米的实心墙隔离。场内净道与污道严格分开，不得交叉。分区设置沐浴更衣间、洗衣房，配套可加热洗衣机、烘干机、臭氧消毒机、紫外灯等，区域间不共用。

（1）生活区　分为办公和生产人员生活区（内勤区）。

① 大门　设大门消毒池，加盖防雨棚。增设自动化消洗设施。设门卫24小时值班室。

② 入场人员第一消毒区　紧临大门消毒池增设第一消毒区。消毒通道长3～6米、宽2～4米，配置自动喷雾消毒设备。场外更衣室配

置密码寄存柜、衣柜、鞋柜等物品，配套臭氧消毒机、消毒紫外灯。淋浴间配套洗浴设备。场内更衣室配置衣柜、鞋柜等物品，配套臭氧消毒机、消毒紫外灯。

③ 进场物资贮存消毒间 设进场物资贮存消毒间，大中型规模场用实心墙隔离为场外与场内贮物间，房间内配置镂空置物架、紫外线消毒灯、臭氧消毒机、喷雾消毒器，隔墙中间配置物品传递窗。

④ 隔离寝室 设进场人员隔离用寝室，配套相应设施设备。有条件的大型企业可以在场外设置进场人员隔离区。

⑤ 第二消毒区 在办公区和生产人员生活区之间设第二消毒区，内设消毒通道、场内外更衣室、淋浴间，同第一消毒区。

⑥ 第三消毒区 在生产人员生活区与生产区之间，设消毒通道。有条件大型规模养殖场设场内外更衣室、淋浴间。

（2）生产区

① 微雾消毒系统 在生产区围墙、每栋猪舍增设微雾消毒系统。微雾管和微雾喷头悬挂于围墙上沿、舍外2.5米处，舍内高2米处配套时控造雾机。

② 猪舍消毒通道与值班室 大中型规模场设猪舍消毒通道与值班室，小型养殖场设更衣室和消毒通道，散养户设消毒盆。猪舍入口设消毒通道，舍旁或舍内设值班室，配套卫生间、洗衣间，配置洗衣机、干衣机、蒸煮设备等；舍内单元入口处设脚踏消毒盆，挂衣、换鞋设施，洗手消毒盆等。

③ 供料和供水设施 供料：大中型规模场配置自动投料供料系统，推荐使用液态料线。供水：提倡使用自来水，地下水需配备水池、水塔。舍内通槽饮水改为独立饮水，宜采用鸭嘴式饮水器。大中型猪场推荐安装商业净水系统，中小型养殖场（户）使用酸化剂净水。

④ 生物媒介防控 中型规模场围墙外设5米宽隔离区，小微型场（户）猪舍外设2米宽隔离带，均铺5厘米厚碎石；猪舍间铺5厘米厚碎石，猪舍门、窗、进排风口、排粪口设鼠、鸟、蚊、蝇致密防腐铁丝网；赶猪过道和出猪台设置防鸟网；场内不保留鱼塘等水体。

⑤ 舍内改造 大、中型猪场宜改为全封闭猪舍，采用小单元模式，单元间用实心墙隔离，包括妊娠舍、分娩舍、保育舍、育肥舍等。栏位间宜用高1.0～1.2米实体墙或实心板隔离。若猪舍饲槽为通

槽，改为 1 栏 1 槽。小型养殖场、散养农户增加猪舍门窗或卷帘，确保猪舍密闭。

⑥ 其他改造 大中型规模养殖场设独立采精区，建精液质量分析室，配套精液质量分析与贮存等设备。有条件的大型规模养殖场还须配备独立的疫病检测中心。各舍间设转运猪只清洗间，配置高温高压清洗设施设备。

（3）无害化处理区

① 化尸池 推荐使用钢混结构一次性浇筑，也可采用砖混结构，做好防渗处理。池顶设投料口，加密封盖，可采取"泡菜坛式"水封。

② 尸体处理设施 大中型规模养殖场购置病死猪专用高温化制炉或焚尸设备。

3. 其他

（1）视频监控设备 大中型规模养殖场场区无线网络 WIFI 全覆盖，配置高清无线网络摄像头等视频监控设备，实现远程监控。

（2）智能化改造 鼓励大中型规模场进行智能化改造，建设"无人看守"猪舍。由中央系统集中控制环境控制、投料、消毒等过程。配备保育猪、育肥猪智能干湿料槽，哺乳仔猪智能保温箱等。

（3）物联网应用 大中型规模养殖场可利用天眼系统，对 500 米范围内猪只运输车辆实施动态监管；配置 PC 电脑监控中心及移动手机 APP 端，使用各种智能控制器，减少人员出入，实现猪场实时监测、数据采集、远程读取、远程控制、自动记录、联网报警等智能化管理。

四、复养关键技术

1.复养前风险评估

复养前对养殖场（户）内外环境再次按照第二部分相关内容彻底消毒。综合评估非洲猪瘟传入风险，重点对非洲猪瘟病毒传播途径（车辆、人员、物质、媒介生物等）和养殖场（户）的生物安全措施进行全面排查，对场区内外环境取样检测非洲猪瘟病毒，确保风险点安全无漏洞。

2.哨兵猪引进

哨兵猪宜选用后备猪和断奶仔猪，5～10 头 / 组，分别置于各猪舍饲养。分别在引种检测后的 21 天和 42 天检测非洲猪瘟病毒，合格且临床无异常，可逐步引进猪只，恢复生产。不合格的须重新消毒、空栏后，再次检测。

3. 种猪、仔猪引进及繁育

（1）种猪、仔猪引进　制定引种计划，拟引进的种猪须由具资质的第三方检测机构提供非洲猪瘟等病原检测报告，确保种猪健康。小型养殖场、散养户以村组为单位制定猪只补栏计划，统一组织引入，推荐引进 25 千克以上、基础免疫完成的健康商品仔猪进行育肥。运输须使用清洗消毒后的封闭式专用运输车；押运人员和司机在途中不得食用猪肉及猪肉制品；猪只到场消毒后，转入隔离舍观察；严禁从疫区引种。

（2）隔离观察　隔离舍由专人负责。在引种检测后的 21 天、42 天分别采集每头种猪唾液或血样，检测非洲猪瘟等病原，合格方可转入生产区。提倡小型养殖场和散养户在饲养 21 天后抽样检测非洲猪瘟病原。

（3）繁育模式　推荐采用自繁自养模式。中小型养殖场（户）父母代种猪可采用轮回杂交，即父母代种猪为大长组合，选用父系长白公猪为父本；父母代种猪为长大组合，选用父系大白公猪为父本，此后大白、长白公猪轮回使用，减少引种风险；对于散养户，为保障母猪基础产能，快速恢复生产，在目前种源短缺的情况可从健康的商品群中选择体型外貌符合要求的杜长大或杜大长青年母猪留种，父系大白猪或长白猪作为终端父本，不建议使用杜洛克作为终端父本；采用人工授精，精液须检测非洲猪瘟病毒等病原。

4. 生产管理

（1）人员管理

① 基本要求　大中型规模养殖场须配备大专以上的专业技术管理人员，小型养殖场、散养户从业人员须经过非洲猪瘟防控专业技术培训后，方可进行复养。

② 进出管理　杜绝外来人员进入场区。场内人员实行全封闭分区管理，严禁串区、串舍。大中型养殖场进场人员经非洲猪瘟检测合格后，在第一消毒区"消毒—洗澡—更衣"，进入办公区；饲养员、技

术员在办公区隔离 2 天后，在第二消毒区"消毒—洗澡—更衣"，进入生产人员生活区，经第三消毒区的消毒通道进入生产区。猪舍值守人员进出猪舍及舍内单元必须换衣帽、水鞋，脚踏消毒。消毒液 3 天更换 1 次。必须进出猪舍的非值守人员，须加穿"五件套"（一次性防护服、鞋套、口罩、手套、头套）。小型养殖场、散养户以村为单位在各村主要道路出入口设置哨卡，24 小时值守，管控好进村运猪车辆与人员。入舍须更衣换鞋，经消毒通道入舍，池内消毒液 3 天更换 1 次。换下的工作服（包括内衣、裤）蒸煮消毒、清洗烘干后备用。外请技术员还须身着"五件套"，出舍后及时焚烧、销毁。

③ 用餐管理　场内人员用餐由专人通过传递窗传送，传送人员须穿戴"五件套"，分区就餐，不交叉。餐后的餐具置于规定地点，由专人回收、清洗、消毒。小型养殖场、散养户场外就餐，购买猪肉及其制品须在防控岗哨处进行彻底煮熟处理，加工成熟肉或制品后再带回，接触生肉人员用过硫酸氢钾或戊二醛类消毒液洗手消毒，用未污染的一次性食品袋包装熟肉及其制品带回。

（2）饲料管理

① 饲料选择　选用高温制粒的配合饲料。调制温度 85～90℃、调制时间 3 分钟以上，维生素用量可在正常供给量基础上提高 30%～50%。

② 运输与贮存　使用经彻底清洗、消毒后的专用饲料运输车；运至饲料中转中心贮存 24 小时后抽检合格后分送至各舍料塔，有条件的可经管道分送至场内各猪舍料塔。对料塔料线定期检查各种设备，更换或维修破损料管、链条等，清除管内、转角内余料、霉料。推荐使用液态饲料饲喂系统。小型养殖场、散养户提倡选用经高温制粒的商品配合料。自配料须选用无非洲猪瘟病毒污染的饲料原料、浓缩饲料或添加剂预混料，禁用猪源性饲料原料；饲料加工房每次加工前后清扫干净，用氯制剂雾化消毒 1 次。提倡以村为单位使用密闭式专用饲料运输车集中配送，车辆须彻底清洗、消毒；散养户使用青绿饲料或自配料养殖，宜煮熟后饲喂。严禁泔水喂猪。

（3）饮水管理　饮水系统定期消毒，宜采用双水塔轮流消毒供水，或在总进水管处安装自动消毒机（如二氧化氯自动发生器）。小型养殖场、散养户可在饮水中投放 0.2% 的次氯酸钠。

（4）物品管理 大中型养殖场饲养管理人员个人用品包括电脑、手机等严禁携带入舍，猪舍内配备专用手机，限本区使用；各区域的工作服、鞋帽、手套、头套等以颜色标记，分区使用；场区人员每日洗澡、更衣换下的工作服（包括内衣、裤）等须蒸煮消毒、清洗烘干备用；一次性用品使用后及时焚烧、销毁。兽药、生活物资等其他物品选用 0.5% 过氧乙酸熏蒸 30 分钟，臭氧消毒 3 小时以上后，经传递窗进入场内贮物间，再经臭氧消毒 3 小时以上后进入场区。小型养殖场、散养户的生产、生活物资选用 0.5% 过氧乙酸熏蒸 30 分钟、紫外线照射 24 小时方能使用。

（5）车辆管理 进入场区车辆须在洗消中心清洗消毒，风干后进入烘干间，60～80℃、40 分钟以上。停放于指定位置。小型养殖场、散养户要禁止猪贩入村串户，提倡以村为单元做好运猪车辆清洗、消毒，鼓励养殖户全进全出。

（6）疫病防控

① 基础免疫 做好猪瘟、口蹄疫、伪狂犬等疾病的基础免疫及日常监测工作，每 1～2 月抽样检测抗原、抗体情况，并及时采取补免、预防性投药、淘汰阳性个体、净化猪群等措施。散养户要做好猪只"春防秋防"和日常健康观察，及时采取预防治疗措施。

② 猪群保健 按使用说明添加提高猪群抗病毒能力的保健制剂（如清热解毒类中药），提高猪群抗病力。

③ 定期消毒 大中型规模养殖场环境消毒由专人分区负责。每 3 天烧碱喷洒或者生石灰抛撒 1 次。围墙、猪舍屋檐采用氯制剂喷雾，每日 1 次，每次持续 1 小时。办公生活区消毒：使用 0.5% 过氧乙酸或 1000 毫克／升含氯消毒剂过氧乙酸喷雾，早晚各 1 次。办公室、过道、餐厅、传递窗、卫生间等放置免洗消毒液，随时进行手部消毒。生产区消毒由生产区专人负责，每 3 天 2% 烧碱喷洒 1 次；场区通道、过道每天 2% 烧碱、戊二醛喷洒 1 次；舍内值班室、器具每天喷雾消毒 1 次；每 7 天带猪消毒 1 次。猪群转运消毒：种猪清洗消毒后逐头转运，断奶猪用转猪笼按窝转运，保育猪分群转运，不相互交叉、混群。转运前后对单元、圈舍、连廊彻底清洗、消毒、干燥。小型养殖场和散养户的猪舍周围、入场（户）道路每天烧碱喷洒或者生石灰抛撒 1 次。围墙、猪舍屋檐采用 1000 毫克／升含氯制剂喷雾，每日 1 次，

每次持续 1 小时。过道每天烧碱喷洒 1 次，舍内房间、器具每天喷雾 1 次，饲料房每两周或者新料进场后使用福尔马林熏蒸 1 次，猪圈每 7 天带猪消毒 1 次。猪舍清群后按"二、非洲猪瘟病毒清除"推荐方法彻底消毒 1 次。消毒剂的选择与使用建议见附表 2-1。

④ 定期监测　每三周抽样采集唾液、环境样品检测非洲猪瘟病毒，连续检测 3 个月后，每两月检测一次。散养户商品仔猪只进场 21 天后，抽样检测非洲猪瘟感染情况。对不明原因突然死亡、厌食、高热、皮肤发红等症状的猪只，及时采样送检。

⑤ 生物媒介防控　日常紧闭大门，不留缝隙，防止流浪动物进入；场内禁止养殖猫、狗等动物；定期灭蚊、灭蝇、灭鼠、杀虫；定期对猪体和圈舍杀灭蜱虫和疥螨等寄生虫；定期除草，场内禁止种植树木、攀墙植物和果蔬。

（7）无害化处理　猪场病死猪、粪污等废弃物的处理严格按照农业农村部的相关规范执行。

① 胎衣、死胎等的处理　专人负责胎衣、死胎等废弃物的收集、转运及无害化处理。注意避免收集、转运过程的交叉污染，转运工具及时消毒、清洗，放置在规定地点。

② 病死猪处理　对疑似非洲猪瘟死亡猪只禁止解剖检查，及时上报并按要求采样送检。入舍清理病死猪人员须穿戴一次性防护服、口罩、头套、手套、水鞋。入舍原圈处理活猪，须佩戴绝缘手套，在保障人员安全的情况下操作电麻机。采用专用工具转运病死猪，处理完毕及时清洗、消毒，避免造成二次污染。

附表 2-1　消毒剂选择与使用建议

消毒剂	常用浓度	使用范围
氢氧化钠（烧碱）	2%～5%	道路、地面、圈舍、围栏、器具、车辆、水鞋、粪尿污水等
二氯异氰尿酸钠	0.5%～1%	猪舍内外环境、车辆、器具、带猪消毒，料线、粥线等
次氯酸钙（漂白粉）	1%～2%	饮水、水池、水管、料线、粥线、环境、车辆、器具等
双氧水（过氧化氢）	3%	房间、圈舍、车辆、器具、场地、过道、物品、猪等

续表

消毒剂	常用浓度	使用范围
氢氧化钙（生石灰）		道路、地面、墙面、水沟、粪尿污水等
过硫酸氢钾	0.20%	消毒通道人员进出喷雾消毒、带猪消毒等
	5%	进场物资、房间、圈舍、地面、通道、器具等熏蒸、喷雾消毒
新洁尔灭	0.10%	物资、器具、车辆、手、伤口等
百毒杀	1∶（100～300）	物资、器具、车辆、产床、保育栏、手套等
戊二醛	2%	物体表面喷洒、喷雾、熏蒸消毒

[1] 郭宗义，王金勇.现代实用养猪技术大全.北京：化学工业出版社，2010

[2] 陈溥言.兽医传染病学.5版.北京：中国农业出版社，2007

[3] 姜平.兽医生物制品学.2版.北京：中国农业出版社，2005

[4] 国家畜禽遗传资源委员会组.中国畜禽遗传资源志（猪志）[M].北京：中国农业出版社，2011.

[5] 郑瑞峰，王玉田.猪场消毒防疫实用技术.北京：机械工业出版社，2015

[6] 金洪成.健康养猪关键点操作四步法.北京：中国农业科学技术出版社，2018

[7] 李观题，李娟.现代养猪技术与模式.北京：中国农业科学技术出版社，2015

[8] 李和平，朱小普.高效养猪与猪病防治.北京：机械工业出版社，2014

[9] 桑润滋.动物高效繁殖理论与实践.北京：中国农业大学出版社，2011

[10] 赵兴绪.猪的繁殖调控.北京：中国农业出版社，2007

[11] 张忠诚.家畜繁殖学.3版.北京：中国农业出版社，2000

[12] 侯云鹏，周光斌，傅祥伟等.动物配子与胚胎冷冻保存原理及应用.2版.北京：科学出版社，2016

[13] 谢成侠，刘铁铮.家畜繁殖原理及应用.2版.南京：江苏科学技术出版社，1993

[14] 郑友民.家畜精子形态图谱[M].北京：中国农业出版社，2013

[15] 孙德林.猪人工授精技术推广丛书[M].北京：中国农业大学出版社，2009

[16] 戈新，张守全.猪常温精液生产与保存技术规范（GB/T 25172-2010）[S].北京：中国标准出版社，2010

[17] 胡慧艳，贾青，李晓敏，等.影响母猪繁殖力的主要因素分析.畜牧兽医科技信息，2016

[18] 田允波，郭金彪.提高初产母猪繁殖力的技术措施[J].养猪，2004

[19] 张亮，朱丹，潘红梅.北美母猪的定时输精和批次化管理研究进展[J].上海农业学报，2017

[20] 翁士乔，裘永浩，崔贞亮，等.德式母猪生产批次化技术流程管理[J].今日养猪业，2017